高等学校建筑类专业"十三五"规划教材

土木工程材料

主　编　贾淑明　赵永花

副主编　王生廷　胡　愈

　　　　山水龙　王宏东　杨苏宁

U0378975

西安电子科技大学出版社

内 容 简 介

　　本书依据高等学校土木工程专业指导委员会编写的《土木工程材料教学大纲》和最新修订的相关规范、标准编写而成。全书共十三章，分别为绪论、土木工程材料的基本性质、气硬性胶凝材料、水泥、混凝土、建筑砂浆、墙体和屋面材料、金属材料、木材、建筑功能材料、建筑塑料、装饰材料和土木工程材料试验等。

　　本书适用面宽，可作为高职高专、应用型本科院校土木工程类各专业的教学用书，也可作为土木工程设计、施工、科研、工程管理、监理等人员的参考用书。

图书在版编目(CIP)数据

土木工程材料/贾淑明，赵永花主编. —西安：西安电子科技大学出版社，2019.2
高等学校建筑类专业"十三五"规划教材
ISBN 978-7-5606-5245-0

Ⅰ. ① 土… 　Ⅱ. ① 贾… 　② 赵… 　Ⅲ. ① 土木工程—建筑材料—高等学校—教材
Ⅳ. ① TU5

中国版本图书馆 CIP 数据核字(2019)第 023725 号

策　　划　秦志峰
责任编辑　买永莲
出版发行　西安电子科技大学出版社(西安市太白南路 2 号)
电　　话　(029)88242885　88201467　　　邮　　编　710071
网　　址　www.xduph.com　　　　　　电子邮箱　xdupfxb001@163.com
经　　销　新华书店
印刷单位　陕西天意印务有限责任公司
版　　次　2019 年 2 月第 1 版　　2019 年 2 月第 1 次印刷
开　　本　787 毫米×1092 毫米　1/16　印　张　21
字　　数　499 千字
印　　数　1～3000 册
定　　价　48.00 元
ISBN 978-7-5606-5245-0/TU

XDUP 5547001-1

如有印装问题可调换

前　言

本书以高等学校土木工程专业指导委员会编写的《土木工程材料教学大纲》为依据编写而成。全书的编写风格和内容结构体现了高等学校教材编写的指导思想、原则和特色，符合高等教育的方向和社会对应用型人才培养的需求。本书主要讲述了常用土木工程材料的基本成分、原料及生产工艺、技术性质、应用、材料试验等基本理论及应用技术。通过对本书的学习，读者将能掌握主要土木工程材料的性质、用途、制备、使用方法以及检测和质量控制方法，并了解土木工程材料性质与材料结构的关系以及性能改善的途径；能针对不同工程合理选用材料，了解材料与设计参数及施工措施选择的相互关系。

本书突出一个"新"字，采用了最新的国家标准和行业规范，内容充实，理论联系实际，应用性强，并介绍了土木工程材料的新技术和发展方向。在内容组织上，本书突出能力培养，以基本理论和基本知识为基础，重点阐述各建筑材料的性能特点和应用。同时，为了帮助读者更好地理解土木工程材料的内容体系，本书的每章开头均有教学提示和教学要求，供读者参考。

本书由兰州工业学院的贾淑明和赵永花担任主编。全书共 13 章，其中，贾淑明编写了绪论和第 4 章，王生廷编写了第 1 章，山水龙编写了第 2 章，胡愈(河南工程学院)编写了第 3 章，王宏东编写了第 5 章，赵永花编写了第 6～11 章，杨苏宁编写了第 12 章。全书由贾淑明进行统稿。

鉴于土木工程材料涉及的范围广，相关的标准众多，加上编者水平有限，书中的不妥及疏漏之处在所难免，敬请广大读者批评指正。

编　者
2018 年 10 月

目　　录

绪　　论

教学提示　"土木工程材料"是土木工程专业的一门专业基础课程，其任务是使学生掌握常用土木工程材料的基本知识，在工程实践中具有合理选择与使用土木工程材料的能力，并为学习后续有关专业课程打下良好基础。学习中应注意本课程的特点和学习方法，一般应从材料的基本组成、原料及生产工艺、技术性质和工程应用等几个方面着手，重点放在材料的基本性质与应用上。

教学要求　掌握土木工程材料的定义，土木工程材料在土木工程中的地位与作用，土木工程材料的分类及其标准化；了解土木工程材料的发展，以及本课程的特点、学习目的和学习方法。

建筑业是国民经济的支柱产业之一，而土木工程材料是建筑业必不可少的物质基础，是构成房屋建筑的主体结构，也是每一个零部构件的原材料和重要组成部分。

在建筑工程总造价中，材料费用占有很大的比重，一般占工程总造价的60%左右。土木工程材料的性能、质量、品种和规格，直接影响到建筑工程的结构形式和施工方法，直接关系到建筑质量、建筑功能和建筑形式，对国民经济的发展、城乡建设及人民居住条件的改善，有着十分重要的影响。

建筑技术的现代化，在很大程度上是与传统土木工程材料的改造和新土木工程材料的研制分不开的，新结构形式的出现也往往是新土木工程材料产生的结果。因此，土木工程材料的科学研究及其生产工艺的迅速发展，对于现代化的经济建设，具有十分重要的意义。

0.1　土木工程材料的定义及分类

1. 土木工程材料的定义

从广义上讲，所谓的土木工程材料，是指用于建筑物或构筑物的所有材料，它是建筑工程(工业与民用建筑、水利、道路桥梁、港口等)中所有材料的总称。土木工程材料不仅包括构成建筑本身的材料(如钢材、木材、水泥、砂石等)，而且还包括在建筑施工过程中应用和消耗的材料(如脚手架、组合钢模板、安全防护网等)以及各种配套器材(如水、电、暖设备等)。从狭义上讲，所谓的土木工程材料，是指构成建筑物本身的材料。本课程讨论的是狭义的土木工程材料。

2. 土木工程材料的分类

为了方便使用和研究，常按一定的原则对土木工程材料进行分类。

土木工程材料根据来源，可分为天然材料和人工材料；根据其在土木工程中的功能，可分为结构材料和非结构材料、保温材料和隔热材料、吸声材料和隔声材料、装饰材料、防水材料等；根据其在土木工程中的使用部位，可分为墙体材料、屋面材料、地面材料、饰面材料等。最常见的分类原则是按照其化学成分来分类的，有无机材料、有机材料和复合材料三大类，如图 0-1 所示。

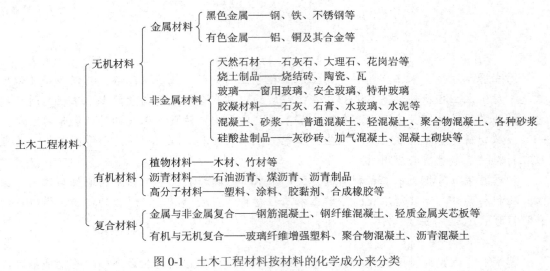

图 0-1　土木工程材料按材料的化学成分来分类

0.2　土木工程材料在工程中的地位和作用

1. 土木工程材料在工程中的地位

任何一种建筑物或构筑物都是将土木工程材料按某种方式组合而成的，没有土木工程材料就没有土木工程。因此，土木工程材料是一切土木工程的物质基础。土木工程材料在土木工程中应用量巨大，材料费用占工程总造价的 40%～70%。如何从品种和门类繁多的材料中选择物优价廉的材料，对降低工程造价具有重要意义。

土木工程材料的性能影响到土木工程的坚固性、耐久性和适用性。不难想象木结构、砌体结构、钢筋混凝土结构和砖混结构的建筑物性能之间的明显差异。例如，砖混结构建筑物的坚固性一般优于木结构建筑物，而舒适性不及后者。对于同类材料，性能也会有较大差异，例如用矿渣水泥制作的污水管较普通水泥制作的污水管耐久性好。因此，选用性能相适应的材料是土木工程质量的重要保证。

2. 土木工程材料在工程中的作用

任何一个土木工程都由建筑、材料、结构、施工四个方面组成，这里的"建筑"指建筑物(构筑物)，它是人类从事土木工程活动的目的，材料、结构、施工是实现这一目的的手段。其中，材料决定了结构形式，如木结构、钢结构、钢筋混凝土结构等，结构形式一经确定，施工方法也随之而定。土木工程中许多技术问题的突破，往往依赖于土木工程材料问题的解决。新材料的出现，往往会促使建筑设计、结构设计和施工技术产生革命性的变化。例如黏土砖的出现，产生了砖木结构；水泥和钢筋的出现，产生了钢筋混凝土结构；轻质高强度材料的出现，推动了现代建筑向高层和大跨度方向发展；轻质材料和保温材料的出现，对减轻建筑物的自重、提高建筑物的抗震能力、改善工作与居住环境条件等起到了十分重要的作用，并推动了节能建筑的发展。

总之，新材料的出现远比通过结构设计与计算和采用先进施工技术对土木工程的影响大。土木工程归根到底是围绕着土木工程材料来开展的生产活动，土木工程材料是土木工程的基础和核心。

0.3　土木工程材料的历史、现状及发展

随着人类文明及科学技术的不断发展，土木工程材料也在不断改进。现代土木工程中，传统的土、木、石等材料的主导地位已逐渐被新型材料所取代，新型合金、陶瓷、玻璃、有机材料及其他人工合成材料等在土木工程中占有越来越重要的位置。

1. 土木工程材料的历史

土木工程材料是随着社会生产力和科学技术水平的发展而发展的。

上古时期，人类居住于天然山洞或树巢中，以后逐步采用黏土、石块、木材等天然材料建造房屋。一万八千年前的北京龙骨山山顶洞人，住在天然岩洞里。在距今约六千年的西安半坡遗址中，发现已经采用木骨架泥墙建房，并有制陶窑场。当人类掌握了煅烧加工技术以后，就使用红烧土、白灰粉及土坯等建房，并逐渐懂得使用草筋泥和混合土等复合材料。河南安阳的殷墟是商朝后期的都城(约公元前 1401 年—公元前 1060 年)，其建筑技术有了明显提高，并有制陶、冶铜作坊，青铜工艺也已相当纯熟。烧土瓦在西周(公元前 1060 年—公元前 711 年)早期的陕西凤雏遗址中已有发现，并有了在土坯墙上采用三合土(石灰、黄砂、黏土混合)抹面。到战国时期(公元前 475 年—公元前 221 年)，筒瓦、板瓦已广泛使用，并且出现了大块空心砖和墙壁装修用砖。中国古代房屋建筑主要采用木结构，后来发展为砖石结构，其代表为著名的石拱桥——赵州桥(位于河北省石家庄市赵县)和密檐砖塔——嵩岳寺塔(位于河南省登封市)。欧洲于公元前 2 世纪已采用天然火山灰、石灰、碎石拌制天然混凝土用于建筑，直到 19 世纪初，才开始采用人工配料，再经煅烧、磨细制造水泥，由于它凝结后与英国波特兰岛的石灰石颜色相似，故称波特兰水泥(即我国的硅酸盐水泥)。此项发明于 1824 年由英国人阿斯普定(J·Aspdin)取得专利权，并于 1825 年用于泰晤士河水下公路隧道工程。钢材在建筑中的应用发生于 19 世纪中叶。1850 年法国人朗波制造了第一只钢筋混凝土小船，1872 年在纽约出现了第一所钢筋混凝土房屋。水泥和钢材这两种新材料的问世，为后来建造高层建筑和大跨度桥梁提供了物质基础。

新中国成立前，我国土木工程材料工业发展缓慢，19 世纪 60 年代在上海、汉阳等地相继建成炼铁厂，1865 年建成上海砖瓦锯木厂，1882 年建成中国玻璃制造厂，1890 年建成我国生产水泥的第一家工厂——唐山水泥厂。

新中国成立以后，为适应大规模经济建设的需要，建材工业迅速发展；尤其自改革开放以来，为满足现代工程建设的需要，一些特殊功能(如保温、隔热、吸声、防水、耐火等)的土木工程材料应运而生。近年来为适应现代建筑装修的需要，玻璃、陶瓷、塑料、铝合金、铜合金等建筑装饰材料更是层出不穷。

在我国上海、北京和沈阳等地现已能供应 C80 以上的商品预拌混凝土，这标志着我国混凝土技术正向着高性能的方向发展。此外，铝合金、镀膜玻璃、石膏板和合成高分子建材等工程材料发展迅速，特别是伴随着我国经济的崛起和奥运会的主办，土木工程领域新材料和新技术不断迈上新的台阶。如用钢铁编织成的国家体育场"鸟巢"，作为世界最大的钢结构工程，其外部钢结构的钢材用量为 4.2 万吨，整个工程包括混凝土中的钢材和螺纹钢等，总用钢量达到了 11 万吨，全部为国产钢。其中，大厚度 Q460E-Z35 钢板属世界首创。奥运游泳馆"水立方"采用了国际上最先进的 ETFE 膜(乙烯—四氟乙烯共聚物)材料，这是一种轻质新型材料，具有优秀的热学性能和透光性，可以调节室内环境，冬季保温、夏季隔热，而且还能避免建筑结构受到游泳中心内部环境的侵蚀。如果 ETFE 膜产生了破洞，不必更换，只需打上补丁，它便可自行"愈合"，即过一段时间后就会恢复原貌。这些都是现代土木工程材料飞速发展的结果。

随着土木工程材料生产和应用的发展，土木工程材料科学也已成为一门独立的新学科。采用现代的电子显微镜、X 衍射分析仪等先进仪器设备，可从微观和宏观两方面对材料的形成、组成、构造与性能之间的关系及其规律性和影响因素等进行研究。应用现代技术已可以按指定性能来设计和制造某些材料，以及对传统材料按要求进行各种改性。在不久的将来，更多高级的新型多功能土木工程材料将被研制出。

2. 土木工程材料的现状及要求

与以往相比，当代土木工程材料的物理力学性能已获得明显改善；随着施工工艺的改进和生产力的发展，其应用范围也有明显的变化。尽管目前土木工程材料在品种与性能上已有很大的进步，但与人们对于其性能要求的期望值还有较大差距。现从以下三方面说明当代对土木工程材料的要求。

1) 土木工程材料的来源

历史发展到今天，以往大量采用的黏土、砖瓦和木材等已经给社会的可持续发展带来了沉重的负担。从另一方面来看，由于人们对于各种建筑物性能的要求不断提高，传统土木工程材料的性能也越来越不能满足社会发展的需求。为此，以天然材料为主要材料的时代即将结束，取而代之的将是各种人工材料，这些人工材料将会向着再生化、利废化、节能化和绿色化等方向发展。

2) 土木工程材料的技术性能

土木工程对材料技术性能的要求越来越多，对其各种物理性能指标的要求也越来越高，从而表现为未来土木工程材料将具有多功能和高性能的特点。具体来说，就是土木工程材料将向着轻质高强、多功能、良好的工艺性和优良耐久性的方向发展。

3) 土木工程材料应用的发展趋势

为满足现代土木工程结构性能和施工技术的要求，材料应用也向着工业化的方向发展。例如，水泥混凝土等结构性能向着预制化和商品化的方向发展，材料向着半成品或成品的方向延伸，材料的加工、储存、使用、运输及其他施工技术的机械化、自动化水平不断提高，劳动强度逐渐下降等。这不仅改变着材料在使用过程中的性能表现，也逐渐改变着人们对于土木工程使用的手段和观念。

3. 土木工程材料的发展方向

众多迹象表明，进入 21 世纪以后，在我国甚至是全世界范围内，土木工程材料将向着以下方向发展：

1) 高性能

现今的钢筋混凝土结构材料的自重大(每立方米约 2500 kg)，限制了建筑物向高层、大跨度方向的进一步发展。减轻材料自重，从而减轻结构物自重，可提高经济效益。目前，世界各国都在研制轻质、高强、高耐久性、优异装饰性和多功能的材料，并充分利用和发挥各种材料的特性，采用复合技术，以制造出具有特殊功能的复合材料。

2) 节能化

土木工程材料的生产能耗和建筑物使用能耗在国家总能耗中一般占 20%～35%，研制和生产低能耗的新型节能材料，是构建节约型社会的需要。因此，应采用低能耗、无污染的生产技术，优先开发、生产低能耗的材料以及能降低建筑物使用能耗的节能型材料。

3) 利废化

充分利用工业废渣、生活废渣、建筑垃圾生产土木工程材料，将各种废渣尽可能资源化，以保护环境、节约自然资源，使人类社会向可持续方向发展。

4) 智能化

所谓智能化材料，是指材料本身具有自我诊断和预告破坏、自我修复的功能，以及可重复利用性。土木工程材料向智能化方向发展，是人类社会向智能化社会发展过程中降低成本的需要。

5) 多功能化

利用复合技术生产的多功能材料、特殊性能材料及高性能材料，对提高建筑物的使用功能、经济性及加快施工进度等有着十分重要的作用。

6) 绿色化

绿色建材又称生态建材、环保建材等，它是指采用清洁生产技术、少用天然资源和能源、大量使用工业或城市固态废弃物生产的无毒害、无污染、无放射性、有利于环境保护和人体健康的建筑材料。

0.4　土木工程材料的技术标准

目前，我国绝大多数土木工程材料都有相应的技术标准。这些技术标准涉及产品的规格、分类、技术要求、验收规则、代号与标志、运输与储存及抽样方法等内容。土木工程材料的技术标准是产品质量的技术依据。对于生产企业，必须按照标准生产，控制其质量；同时，这些标准又可促进企业改善管理，提高生产技术和生产效率。对于使用部门，应按照标准选用、设计、施工，并按标准验收产品。

我国常用的有关土木工程材料的技术标准有以下三大类。

1. 国家标准

国家标准有强制性标准(代号 GB)和推荐性标准(代号 GB/T)。强制性标准是全国必须执行的技术指导文件，产品的技术指标不能低于标准中的规定。推荐性标准是指在执行时也可以采用的其他标准。

2. 行业(或部颁)标准

行业(或部颁)标准是由某一行业制定并在本行业内执行的标准。如中国建筑工业行业标准(代号 JG)、中国建筑材料行业标准(代号 JC)、中国黑色冶金行业标准(代号 YB)、中国建筑工程标准(代号 JZ)、中国测绘行业标准(代号 CH)和中国石油化工行业标准(代号 SH)。

3. 地方标准和企业标准

地方标准(代号 DB)和企业标准(代号 QB)是由地方或企业制定并经有关部门批准的产品(技术)标准。根据国家标准法规定,对同一产品或技术,其企业标准的技术指标要求不低于国家标准或行业标准。

4. 标准的表示方法

标准的一般表示方法:由标准名称、部门代号、标准编号和颁布年份等构成。例如:

国家标准(强制性)——《通用硅酸盐水泥》(GB 175－2007)

建工行业标准——《普通混凝土用砂、石质量及检验方法标准》(JGJ 52－2006)

甘肃省地方标准——《建筑节能外墙保温施工技术规程》(DBJT 25－3035－2006)

自我国对外开放和加入世界贸易组织后,还涉及了一些与土木工程材料相关的国际标准和外国标准,具体内容见表 0-1。

表 0-1　常用的国际标准和外国标准及代号

名　　称	代　　号	名　　称	代　　号
国际标准化组织标准	ISO	法国国家标准	NF
国际标准化组织建议标准	ISO/R	意大利国家标准	UNI
欧洲标准化委员会标准	EN	俄罗斯国家标准	GOST
欧洲无损检测联盟标准	EFNDT	澳大利亚国家标准	AS
美国材料试验协会标准	ASTM	加拿大国家标准	CSA
美国国家标准	ANSI	日本标准	JIS
美国混凝土学会标准	ACI	英国标准	BS

0.5　本课程的特点、学习目的和学习方法

1. 本课程的特点

本课程的内容庞杂,各章之间的联系较少,且名词、概念和专业术语较多,公式的推导或定律的论证与分析方面的内容较少,与工程实际联系紧密。课程中常会遇到定性的描述或经验及规律的总结,讨论的内容涉及了土木工程专业并不开设的课程等。对于初学者来说,常常抓不住重点,不好掌握。鉴于本课程的内容特点,要想系统掌握,必须抓住重点,即材料的性能与应用。由于各材料的组成与结构不同而导致性能各异,因此在学习时必须把握不同材料之间所具有的共性及不同材料的个性,了解决定材料性能的内在因素和影响材料性能的外部环境条件,把握变化规律,有效采取应对措施。此外,还要学习并掌

握材料检测技能和评定方法，培养和锻炼动手能力。

2. 本课程的学习目的

本课程分为理论课和实验课两部分，目的在于使学生掌握主要土木工程材料的性质、用途、材料的制备和使用方法以及检测和质量控制方法；了解土木工程材料性质与材料结构的关系，以及材料性能改善的途径。通过本课程的学习，应能针对不同工程合理选用材料，并能与后续课程密切配合，了解材料与设计参数及不同施工措施的关系。

3. 本课程的学习方法

土木工程材料是一门实践性很强的课程，学习时应注意理论联系实际。为了深刻理解课堂讲授的知识，应利用一切机会观察周围已经建成的或正在施工的土木工程，在实践中理解和验证所学内容。

实验课是本课程的重要教学环节，通过实验可验证所学的基本理论。学会检验常用土木工程材料的实验方法，掌握一定的实验技能，并能对实验结果进行正确的分析和判断，对培养学习与工作能力及严谨的科学态度十分有利。

第1章 土木工程材料的基本性质

教学提示 土木工程材料的基本性质是土木工程各材料的共同性质。本章主要讲述土木工程材料的各项基本力学性质、物理性质、化学性质、耐久性等，材料之间的相互关系和在工程实践中的应用是应着重掌握的。

教学要求 了解材料的组成与结构及其与材料性质的关系；掌握材料的基本物理性质、与水有关的性质、与热有关的性质及其表示方法，并能熟练地运用；了解材料力学性质及耐久性的基本概念；熟悉本课程经常涉及到的有关材料性质的基本概念，为之后各章的学习打下良好的基础。

1.1 材料的组成与结构

土木工程材料的基本性质是指土木工程材料在实际工程使用中所表现出来的普遍的、最一般的性质。由于材料本身的工作状态和所处的环境不同，外界对它的作用和影响方式也不同，使得材料表现出的性质也综合体现在多个方面，具体包括物理性质、力学性质和耐久性。

1.1.1 材料的组成

材料的组成分为化学组成和矿物组成。

1. 化学组成

化学组成是指材料的化学成分，是构成材料的化学元素及化合物的种类及数量。无机非金属材料的化学组成以各种氧化物的形式表示。金属材料以元素含量来表示。化学组成决定着材料的化学性质，影响着其物理性质和力学性质。如碳素钢随着含碳量的增加，强度、硬度增大，而塑性、韧性降低。

2. 矿物组成

矿物是指由地质作用所形成的天然单质或化合物，它们具有相对固定的化学组成，呈固态者还具有确定的内部结构，在一定的物理化学条件范围内稳定，是组成岩石和矿石的基本单元。材料中的元素或化合物以特定的结合形式存在着，并决定着材料的许多重要性质。

矿物组成是无机非金属材料中化合物存在的基本形式。化学组成不同，矿物组成也就不同。即使化学组成相同，在不同的条件下结合成的矿物往往也是不同的。例如，化学组成为 CaO、SiO_2、Al_2O_3、Fe_2O_3 的水泥，其熟料的矿物组成为 $3CaO \cdot SiO_2$、$2CaO \cdot SiO_2$、

$3CaO \cdot Al_2O_3$、$4CaO \cdot Al_2O_3 \cdot Fe_2O_3$。原料的配合比、生产工艺决定了水泥熟料的矿物组成，而矿物组成决定了水泥的主要性能。由此可见，水泥性能的决定因素是其矿物成分。所以，掌握各类材料的基本组成，是了解材料本质的基础。

1.1.2 材料的结构

材料的性质除与其组成有关外，还与其结构和构造有密切的关系。材料的结构和构造泛指材料各组成部分之间的结合方式及其在空间排列分布的规律。目前，材料不同层次的结构和构造的名称及划分，在不同学科间尚未统一。通常，按材料的结构和构造的尺度范围，可将其分为宏观结构、亚微观结构和微观结构。材料的结构是决定材料性能的重要因素之一。

1. 宏观结构

宏观结构，亦称构造，是指用肉眼或放大镜即可分辨的毫米级组织，如材料内部的粗大孔隙、裂纹、岩石的层理及木材的纹理等。材料宏观结构的分类及其主要特性见表1-1。

表1-1 材料宏观结构的分类及其主要特性

结构类型	常见材料	主要特性
致密结构	钢材、玻璃、塑料	强度、硬度高，吸水性弱，抗渗、抗冻性好
多孔结构	泡沫塑料、加气混凝土	强度低，吸水性强，保温隔热性能好
微孔结构	烧结砖、石膏制品	孔隙尺寸小，强度低，吸水性强，保温隔热性能好
纤维结构	木材、竹材、石棉纤维及钢纤维制品	纤维的平行方向与垂直方向的性能差异较大(各向异性)
片状或层状结构	胶合板等人工板材、部分岩石(大多沉积岩)	综合性能好，具有解理、层理性质
散粒结构	砂子、石子、水泥	具有空隙，空隙的大小取决于颗粒形状、级配

2. 亚微观结构

亚微观结构(显微或细观结构)是指由光学显微镜所看到的微米级组织结构，是介于宏观和微观之间的结构。该结构主要涉及材料内部晶粒等的大小和形态、晶界或界面、孔隙、微裂纹等。

亚微观结构的尺度范围为 10^{-9} m～10^{-3} m。根据其尺度范围，还可将其分为显微结构和纳米结构。其中，显微结构是指用光学显微镜所能观察到的结构，其尺度范围为 10^{-7} m～10^{-3} m。

土木工程材料的显微结构，应根据具体材料来分类研究。对于水泥混凝土，通常是研究水泥石的孔隙结构及界面特性等；对于金属材料，通常是研究其金相组织、晶界及晶粒尺寸等；对于木材，通常是研究木纤维、管胞和髓线等组织结构。

一般而言，材料内部的晶粒越细小、分布越均匀，则材料的强度越高、脆性越小、耐久性越好。不同材料组成间的界面黏结或接触越好，则材料的强度、耐久性等越好。例如，钢材的晶粒越小，钢材的强度就越高；混凝土中毛细孔的数量越少，孔径越小，则混凝土的强度就越高，耐久性就越好。因此，从显微结构层次上研究并改善土木工程材料的性能十分重要。

3. 微观结构

微观结构是利用电子显微镜、X 射线、衍射线仪等手段来研究的原子和分子级的结构，包括材料物质的种类、形态、大小及其分布特征。土木工程材料的使用状态一般为固体，固体的微观结构可分为晶体和非晶体两大类。

1）晶体

晶体是质点(原子、离子、分子)按一定规律在空间重复排列的固体，具有特定的几何外形和固定的熔点。由于质点在各方向上排列的规律和数量不同，单晶体具有各向异性，但实际应用的材料是由细小的晶粒杂乱排列组成的，其宏观性质常表现为各向同性。无机非金属材料的晶体，其键的构成不是单一的，往往是由共价键、离子键等共同联结，其性质差异较大。常见材料的微观结构形式与主要特征如表 1-2 所示。

表 1-2 常见材料的微观结构形式与主要特征

微观结构			常见材料	主要特征
晶体	原子、离子、分子按一定规律排列	原子晶体(共价键)	金刚石、石英	强度、硬度、熔点高，密度较小
		离子晶体(离子键)	氯化钠、石膏、石灰岩	强度、硬度、熔点较高，但波动大；部分可溶，密度中等
		分子晶体(分子键)	蜡、斜方硫、萘	强度、硬度、熔点较低，大部分可溶，密度小
		金属晶体(库仑引力)	铁、钢、铜、铝及合金	强度、硬度变化大，密度大
非晶体	原子、离子、分子以共价键、离子键或分子键结合，但为无序排列		玻璃、矿渣、火山灰、粉煤灰	无固定的熔点和几何形状，与相同组成的晶体相比，强度、化学稳定性、导热性、导电性较差，各向同性

2）非晶体

非晶体是一种不具有明显晶体结构的结构状态，亦称为玻璃体或无定形体。熔融状态的物质经急冷后即可得到质点无序排列的玻璃体。具有玻璃体结构的材料具有各向同性、无一定的熔点、加热时只能逐渐软化等特点。由于玻璃体物质的质点未能处于最小内能状态，因此它有向晶体转变的趋势，是一种化学不稳定结构，具有良好的化学活性。粉煤灰、普通玻璃都是典型的玻璃体结构。

硅酸盐水泥水化后的主要产物水化硅酸钙凝胶体，也是非晶体。水化硅酸钙凝胶体的尺寸只有几十至几百微米，内表面积巨大，具有很高的胶凝性，硬化后具有很高的强度。

1.2　材料的物理性质

材料的物理性质可从三个方面来分析：一是与质量和体积有关的性质；二是与水有关的性质；三是与热有关的性质。

1.2.1　与质量和体积有关的性质

1. 材料的孔隙构造

大多数材料在宏观结构层次或亚微观结构层次上均含有一定大小和数量的孔隙，甚至是相当大的孔洞。由于孔的尺寸与构造不同，使得不同材料表现出不同的性能特点，也决定了它们在工程中的不同用途。

材料内部的孔隙构造包括孔隙尺寸的大小以及开口孔和闭口孔等内容。与外界相通的孔称为开口孔；与外界不连通且外界介质不能进入的孔称为闭口孔。材料内部的孔隙构造示意图如图1-1所示。

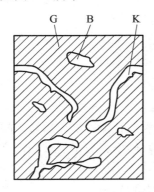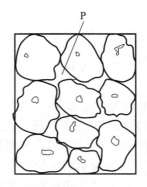

G—固体物质(体积V)；
B—闭口孔隙(体积V_B)；
K—开口孔隙(体积V_K)；
P—颗粒间空隙(体积V_P)

图1-1　材料内部的孔隙构造示意图

2. 材料的密度、表观密度与堆积密度

1) 密度(比重)

密度是指材料在绝对密实状态下单位体积的质量，计算公式如下：

$$\rho = \frac{m}{V} \tag{1-1}$$

式中：ρ——材料的密度(g/m^3 或 kg/m^3)。

　　　m——材料的质量(kg)。

　　　V——材料的绝对密实体积(m^3)。

绝对密实状态下的体积是指纯粹固体物质的体积，不包含材料内部的孔隙。工程中所用材料，如钢材、玻璃等可认为是不含孔隙的密实材料，测定密实材料的绝对密实体积，可以直接采用排液法。对于大多数含有孔隙的材料，测定它们绝对密实体积的方法是将其磨成细粉，干燥后再采用排液法，由此测得的粉末体积即为绝对密实体积。材料磨得越细，测得的体积越精确。

2) 表观密度(容重)

表观密度是指材料在自然状态下单位体积的质量，计算公式如下：

$$\rho_0 = \frac{m}{V_0} \tag{1-2}$$

式中：ρ_0——材料的表观密度(kg/m^3)。

　　　m——材料的质量(kg)。

V_0——材料在自然状态下的体积(m^3)，$V_0 = V + V_B$。

测定材料在自然状态下体积的方法较简单。若材料外观形状规则，可直接度量外形尺寸，按几何公式计算。若外观形状不规则，可用排液法测得，为了防止液体由孔隙渗入材料内部而影响测定值，应在材料表面涂上蜡。

当材料含水时，重量增大，体积也会发生变化，所以测定表观密度时须同时测定其含水率，注明含水状态。材料的含水状态有气干、烘干、饱和面干和湿润四种；一般为气干状态，烘干状态下的表观密度叫干表观密度。

3) 堆积密度

堆积密度是指粉状、粒状或纤维状的材料在自然堆积状态下单位体积的质量，计算公式如下：

$$\rho_0' = \frac{m}{V_0'} \tag{1-3}$$

式中：ρ_0'——散粒材料的堆积密度(kg/m^3)。

m——材料的质量(kg)。

V_0'——散粒材料的堆积体积(m^3)，$V_0' = V + V_B + V_K + V_P$。

散粒材料在自然堆积状态下的体积，是指既含颗粒内部的孔隙，又含颗粒之间空隙在内的总体积。散粒材料的体积可用已标定容积的容器测得。砂子、石子的堆积密度即可用此法求得。若以捣实体积计算，则称为紧密堆积密度。

常用土木工程材料的密度、表观密度和堆积密度如表1-3所示。

表1-3 常用土木工程材料的密度、表观密度和堆积密度

材料名称	密度(g/cm^3)	表观密度(kg/m^3)	堆积密度(kg/m^3)
石灰岩	2.6～2.8	1800～2600	—
花岗岩	2.7～2.9	2500～2800	—
水泥	2.8～3.1	—	900～1300(松散堆积) 1400～1700(紧密堆积)
混凝土用砂	2.5～2.6	—	1450～1650
混凝土用石	2.6～2.9	—	1400～1700
普通混凝土	—	2100～2500	—
黏土	2.5～2.7	—	1600～1800
钢材	7.85	7850	
铝合金	2.7～2.9	2700～2900	
烧结普通砖	2.5～2.7	1500～1800	
建筑陶瓷	2.5～2.7	1800～2500	
红松木	1.55～1.60	400～800	
玻璃	2.45～2.55	2450～2550	
泡沫塑料	—	20～50	

3．材料的密实度与孔隙率

1）密实度

密实度是指材料体积内被固体物质所充实的程度，即固体物质的体积占总体积的百分率，计算公式如下：

$$D = \frac{V}{V_0} = \frac{\rho_0}{\rho} \times 100\% \tag{1-4}$$

材料的密实度反映了材料内部的密实程度，含有孔隙的固体材料的密实度均小于1。

2）孔隙率

孔隙率是指材料体积内孔隙体积与总体积之比，计算公式如下：

$$P = \frac{V_0 - V}{V_0} = 1 - \frac{V}{V_0} = (1 - \frac{\rho_0}{\rho}) \times 100\% \tag{1-5}$$

孔隙率与密实度的关系：

$$P + D = 1 \tag{1-6}$$

材料孔隙率的大小直接反映着材料的密实程度，孔隙率小，则密实程度高。孔隙率相同的材料，它们的孔隙特征(即孔隙构造)可能不同。按孔隙的特征，材料的孔隙可分为连通孔和封闭孔两种，连通孔不仅彼此贯通且与外界相通，而封闭孔彼此不连通且与外界隔绝。

一般来说，材料的孔隙率小且开口孔隙少，则材料强度越高，吸水性、抗渗性和抗冻性越好。开口孔隙仅对吸声性有利，而含有大量微孔的材料，其导热性能较低，保温隔热性能较好。

4．材料的填充率与空隙率

1）填充率

填充率是指散粒材料在某容器的堆积体积中，被其颗粒填充的程度，计算公式如下：

$$D' = \frac{V_0}{V_0'} = \frac{\rho_0'}{\rho_0} \times 100\% \tag{1-7}$$

2）空隙率

空隙率是指散粒材料在某容器的堆积体积中，颗粒之间的空隙体积所占的比例，计算公式如下：

$$P' = \frac{V_0' - V_0}{V_0'} = 1 - \frac{V_0}{V_0'} = \left(1 - \frac{\rho_0'}{\rho_0}\right) \times 100\% \tag{1-8}$$

填充率与空隙率的关系：

$$P' + D' = 1 \tag{1-9}$$

填充率与空隙率从不同侧面反映了散粒材料在堆积状态下，颗粒之间的密实程度。可以通过压实或振实的方法获得较小的空隙率，以满足不同工程的需要。在条件允许的情况下，增大填充率，减小空隙率，可以改善混凝土骨料的级配，有利于节约胶凝材料。

1.2.2　与水有关的性质

1．材料的亲水性与憎水性

若水可以在材料表面铺展开，即材料表面可以被水浸润，则此种性质称为亲水性。具备亲水性的材料称为亲水性材料。若材料不能被水浸润，则称此种性质为憎水性，此类材料称为憎水性材料。

当材料与水在空气中接触时，将出现图 1-2 所示的两种情况。在材料、水、空气三者相交处，沿水滴的表面作切线，切线与水和材料接触面所成的夹角称为润湿边角(用 θ 表示)。θ 越小，表明材料越易被水润湿。一般认为，当 $\theta \leqslant 90°$ 时，材料表面吸附水分，能被水润湿，材料表现出亲水性；当 $\theta > 90°$ 时，则材料表面不易吸附水分，不能被水润湿，材料表现出憎水性；当 $\theta = 0°$ 时，材料完全被水润湿。

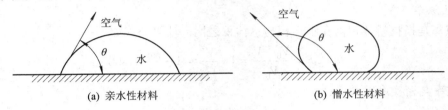

(a) 亲水性材料　　　　　　　　　　(b) 憎水性材料

图 1-2　材料的润湿边角

亲水性材料易被水润湿，且水能通过毛细管作用而被吸入材料内部。憎水性材料则能阻止水分渗入毛细管中，从而降低材料的吸水性。在土木工程中，许多材料属于亲水性材料，如石材、砖与砌块、混凝土与砂浆、木材等，它们与水接触时，表面很容易被水润湿，水能通过毛细管作用进入材料毛细管内部。另外，还有一些材料属于憎水性材料，如沥青、石蜡和塑料等，它们的表面不易被水润湿，水分难以进入毛细管内部，不易吸水，这类材料适宜作防水材料使用；也可将其涂覆在亲水性材料表面，起保护作用，以提高其防水、防潮性能。

2．吸水性与吸湿性

1) 吸水性

吸水性是材料在水中吸收水分的性质，用材料在吸水饱和状态下的吸水率来表示，分为质量吸水率(所吸收水的质量占绝对干燥材料质量的百分率)、体积吸水率(所吸收水的体积占自然状态下材料体积的百分率)。

质量吸水率的计算公式为

$$W_{m} = \frac{m_2 - m_1}{m_1} \times 100\% \tag{1-10}$$

体积吸水率的计算公式为

$$W_{V} = \frac{V_{w}}{V_0} = \frac{m_2 - m_1}{\rho_{w} \times V_0} \times 100\% \tag{1-11}$$

质量吸水率和体积吸水率的关系为

$$W_{V} = W_{m} \times \rho_0 \tag{1-12}$$

式中：W_{m}——材料的质量吸水率(%)。

$\quad\quad W_{V}$——材料的体积吸水率(%)。

$\quad\quad m_1$——材料在绝对干燥状态下的质量(g)。

$\quad\quad m_2$——材料在吸水饱和状态下的质量(g)。

V_w——材料所吸收水分的体积(cm^3)。

ρ_w——水的密度(kg/m^3)，常温下为 1000 kg/m^3。

ρ_0——材料在干燥状态的表观密度(kg/m^3)。

材料的吸水率不仅与材料的亲水性或憎水性有关，而且与材料的孔隙率和孔隙特征有关。材料所吸收的水分是通过开口孔隙吸入的。一般而言，孔隙率越大，开口孔隙越多，则材料的吸水率越高。但如果开口孔隙粗大，则不易存留水分，所以即使孔隙率较大，材料的吸水率也较低。另外，封闭孔隙因水分不能进入，吸水率也较低。

常用的土木工程材料，其吸水率一般采用质量吸水率来表示。对于某些轻质材料，如加气混凝土、木材等，由于其质量吸水率往往超过 100%，一般采用体积吸水率来表示。

2) 吸湿性

材料在潮湿空气中吸收水分的性质称为吸湿性。材料的吸湿性用含水率来表示，即材料中所含水分的质量与材料干燥状态下质量的百分比。其计算公式如下：

$$W_h = \frac{m_s - m_1}{m_1} \times 100\% \tag{1-13}$$

式中：W_h——材料的质量吸水率(%)。

m_s——材料含水时的质量(g)。

m_1——材料在绝对干燥状态下的质量(g)。

材料的吸湿性受所处环境的影响，随环境的温度、湿度的变化而变化。当空气的湿度保持稳定时，材料的湿度会与空气的湿度达到平衡，也即材料的吸湿与干燥达到平衡，这时的含水率称为平衡含水率。土木工程材料在正常使用状态下，均处于平衡含水状态。

影响材料吸湿性的因素，除材料本身(化学组成、结构、构造、孔隙)外，还有环境温度与空气湿度。材料的吸湿性随空气湿度和环境温度的变化而改变，当空气湿度较大且温度较低时，材料的含水率就高，反之则低。具有微小开口孔隙的材料，吸湿性特别强。如木材及某些绝热材料，在潮湿空气中能吸收很多水分。这类材料的内表面积大，故其吸附水的能力较强。

材料的吸水性和吸湿性均会对材料的性能产生不利影响。材料吸水后，其自重将增大，绝热性降低，强度和耐久性也将产生不同程度的下降。材料吸湿后则引起体积的变形，影响使用。在混凝土的施工配合比设计中要考虑砂、石料含水率的影响。

3. 耐水性

耐水性是指材料抵抗水破坏的能力，即材料长期在饱和水作用下不被破坏、强度也不显著降低的性质。材料的耐水性用软化系数来表示。其计算公式如下：

$$K_f = \frac{f_1}{f_0} \times 100\% \tag{1-14}$$

式中：K_f——材料的软化系数。

f_0——材料在干燥状态下的抗压强度(MPa)。

f_1——材料在饱和水状态下的抗压强度(MPa)。

软化系数反映了材料浸水饱和后强度降低的程度。软化系数越大，说明材料抵抗水破坏的能力越强，其耐水性越强。材料吸水后，其内部质点之间的结合力被削弱，故材料强度均有不同程度的下降，软化系数的数值介于 0~1 之间。

软化系数越小，说明材料吸水饱和后的强度降低越多，其耐水性越差。工程中将 $K_f > 0.85$ 的材料称为耐水性材料。经常处于水中或潮湿环境中的重要结构的材料，必须选用耐水性材料；用于受潮较轻或次要结构的材料，其软化系数不宜小于 0.75。

4. 抗渗性

材料抵抗压力水渗透的性质称为抗渗性。材料的抗渗性通常采用渗透系数来表示。渗透系数是指一定厚度的材料，在单位压力水头作用下，单位时间内透过单位面积的水量，用公式表示如下：

$$K = \frac{Qd}{AtH} \tag{1-15}$$

式中：K——材料的渗透系数(cm/h)。

Q——透过材料试件的水量(cm^3)。

d——材料试件的厚度(cm)。

A——透水面积(cm^2)。

t——透水时间(h)。

H——静水压力水头(cm)。

渗透系数反映了材料抵抗压力水渗透的能力。渗透系数越大，则材料的抗渗性越差。

混凝土和砂浆的抗渗性常用抗渗等级来表示。抗渗等级是以 28 天龄期的标准试件，按规定方法进行试验时所能承受的最大水压力来划分的。抗渗等级以"Pn"表示，其中 n 为该材料所能承受的最大水压力(MPa)的 10 倍值。混凝土的抗渗等级划分为 5 个，分别用 P4、P6、P8、P10 及 P12 来表示，分别表示材料能抵抗 0.4 MPa、0.6 MPa、0.8 MPa、1.0 MPa 及 1.2 MPa 的水压力而不渗透。

材料抗渗性的大小，与其孔隙率和孔隙特征有关。材料中存在连通的孔隙，且孔隙率较大，水分容易渗入，故这种材料的抗渗性较差。孔隙率小的材料具有较好的抗渗性。封闭孔隙因水分不能渗入，因此孔隙率虽然较大，但以封闭孔隙为主的材料，其抗渗性也较好。对于地下建筑、压力管道、水工构筑物等工程部位，因经常受到压力水的作用，要选择具有良好抗渗性的材料作为防水材料，要求其具有更高的抗渗性。

5. 抗冻性

抗冻性是指材料在饱和水状态下，能经受多次冻融循环作用而不被破坏，且强度也不显著降低的性质。

土木工程材料的抗冻性常用抗冻等级来表示。混凝土抗冻等级是采用 28 天龄期的试块在吸水饱和后，承受反复冻融循环，以抗压强度下降不超过 25% 且质量损失不超过 5% 时所能承受的最大冻融循环次数来确定的。抗冻等级以"Fn"表示，其中 n 为最大冻融循环次数。混凝土的抗冻等级划分为 F10、F15、F25、F50、F100、F150、F200、F250、F300 九个等级，分别表示混凝土能够承受的反复冻融循环次数为 10 次、15 次、25 次、50 次、100 次、150 次、200 次、250 次和 300 次。抗冻等级不小于 F50 的混凝土称为抗冻混凝土。

材料抗冻等级的选择，是根据建筑物的种类、材料的使用条件和部位、当地的气候条件等因素决定的。例如烧结普通砖、陶瓷面砖、轻混凝土等墙体材料，一般要求抗冻等级为 F15 或 F25，用于桥梁和道路的混凝土应为 F50、F100 或 F200 等级。

材料经受冻融循环作用而破坏，主要是因为材料内部孔隙中的水结冰所致。水结冰时体积要增大，若材料内部孔隙充满了水，则结冰产生的膨胀会对孔隙壁产生很大的应力；当此应力超过材料的抗拉强度时，孔壁将产生局部开裂，而随着冻融循环次数的增加，材料将逐渐被破坏。

材料抗冻性的好坏，取决于材料的孔隙率、孔隙的特征、吸水饱和程度和自身的抗拉强度。材料的变形能力大、强度高、软化系数大，则抗冻性较强。一般认为，软化系数小于 0.80 的材料，其抗冻性较差。寒冷地区及寒冷环境中的建筑物或构筑物，必须考虑所选择材料的抗冻性。

1.2.3　热工性质

1. 热容量与比热容

热容量是指材料在温度变化时吸收或放出热量的能力。比热容也叫比热，指单位质量的材料在温度每变化 1 K 时所吸收或放出的热量。

热容量的计算公式为

$$Q = Cm(T_1 - T_2) \tag{1-16}$$

比热容的计算公式为

$$C = \frac{Q}{m(T_1 - T_2)} \tag{1-17}$$

式中：Q——材料的热容量(kJ)。

　　　　C——材料的比热容(kJ/(kg · K))。

　　　　m——材料的质量(kg)。

　　　　T_1、T_2——材料受热或冷却前、后的温差(K)。

比热容与材料质量的乘积称为材料的热容量值，即材料温度上升 1 K 必须吸收的热量或温度降低 1 K 所放出的热量。材料的热容量值对于保持室内温度的稳定有很大作用。热容量值大的材料能在热流变化、采暖、空调不均衡时，缓和室内温度的波动。屋面材料也宜选用热容量值大的材料。

2. 导热性

导热性指材料传导热量的能力。导热性可用导热系数来表示，其计算公式如下：

$$\lambda = \frac{Qd}{At(T_2 - T_1)} \tag{1-18}$$

式中：λ——材料的导热系数(W/(m · K))。

　　　　Q——材料传导的热量(J)。

　　　　d——材料的厚度(m)。

　　　　A——材料的传热面积(m^2)。

　　　　t——传热时间(s)。

　　　　$T_2 - T_1$——材料两侧的温差(K)。

导热系数 λ 的物理意义是：厚度为 1 m 的材料，当其相对表面的温度差为 1 K 时，1 s 时间内通过 1 m^2 面积所传导的热量。λ 值越小，表明材料的绝热性能越好。不同材料的导热系数差别很大，大致在 0.035 W/(m·K)～3.5 W/(m·K) 之间。在所有材料中，静止状态下空气的导热系数($\lambda = 0.023$ W/(m·K))最小。工程中将 $\lambda < 0.175$ W/(m·K) 的材料称为绝热材料。

材料的导热性与孔隙率大小、孔隙特征等因素有关。孔隙率较大的材料，内部空气较多，由于密闭空气的导热系数很小($\lambda = 0.023$ W/(m·K))，其导热性较差。但如果孔隙粗大，空气会形成对流，材料的导热性反而会增大。材料受潮以后，水分进入孔隙，水的导热系数比空气的导热系数高很多($\lambda = 0.58$ W/(m·K))，从而使材料的导热性大大增加。材料若受冻，水结成冰，冰的导热系数是水导热系数的 4 倍，材料的导热性将进一步增加。

3. 耐火性

耐火性是指材料长期在高温作用下，其结构和工作性能基本稳定而不被破坏的性能，用耐火度表示。根据不同的耐火度，材料分为以下三大类：

(1) 耐火材料。耐火度不低于 1580℃，如各类耐火砖。

(2) 难熔材料。耐火度为 1350℃～1580℃，如难熔黏土砖、耐火混凝土。

(3) 易熔材料。耐火度低于 1350℃，如普通黏土砖和玻璃等。

耐火材料用于高温环境的工程或安装热工设备的工程。

4. 耐燃性

耐燃性是指材料能经受火焰和高温作用而不被破坏，强度也不显著降低的性能。根据不同的耐燃性，材料可分为以下三类：

(1) 不燃材料。不燃材料是指遇火和高温时不起火、不燃烧及不碳化的材料，如天然石材、陶瓷制品、混凝土和玻璃等无机非金属材料和金属材料等。某些材料虽然不燃烧，耐燃性好，但遇火烧或在高温下会发生较大的变形或熔融，因而耐火性差，如钢材是非燃烧材料，但其耐火极限仅有 0.25 小时，故钢材虽为重要的建筑结构材料，但其耐火性却较差，使用时须进行特殊的耐火处理。

(2) 难燃材料。难燃材料是指遇火和高温时难起火、难燃烧且难碳化，只有在火源持续存在时才能持续燃烧，火源撤去燃烧即停止的材料，如沥青混凝土和经过防火处理的木材等。

(3) 易燃材料。易燃材料是指遇火和高温时易于起火、燃烧，火源撤出后燃烧仍能持续进行的材料，如沥青和木材等。

1.3 材料的力学性质

材料的力学性质是指材料在外力作用下，抵抗破坏的能力和变形方面的性质。它对建筑物的正常使用及安全使用至关重要。

1.3.1 材料的强度与比强度

1. 强度

材料在外力(荷载)作用下抵抗破坏的能力称为强度，其值是以材料受破坏时单位面积所能承受的力的大小来表示的。

土木工程中材料所受的外力，主要有拉力、压力、弯曲及剪力等。材料抵抗这些外力破坏的能力，分别称为抗拉、抗压、抗弯和抗剪等强度。这些强度一般是通过静力试验来测定的，因而总称为静力强度。常见的构件受力示意图如图 1-3 所示。

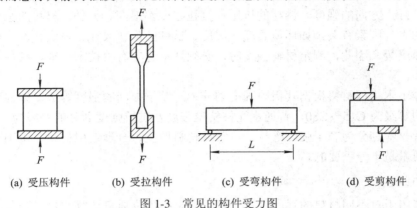

(a) 受压构件　　　(b) 受拉构件　　　(c) 受弯构件　　　(d) 受剪构件

图 1-3　常见的构件受力图

抗压、抗拉、抗剪强度可统一按下式计算：

$$f = \frac{F_{max}}{A} \tag{1-19}$$

式中：f——材料抗压、抗拉、抗剪强度(MPa)。

　　　　F_{max}——材料受压、受拉、受剪破坏时的极限荷载值(N)。

　　　　A——材料受力的截面面积(mm^2)。

材料的抗弯(抗折)强度随外力作用形式的不同而不同。一般采用矩形截面，将试件放在两支点间，在跨中点处作用集中荷载，此时抗弯(抗折)强度可按下式计算：

$$f_t = \frac{3F_{max}l}{2bh^2} \tag{1-20}$$

式中：f_t——材料的抗弯(抗折)强度(MPa)。

　　　　F_{max}——试件破坏时的极限荷载值(N)。

　　　　l——试件两支点间的间距(mm)。

　　　　b——试件矩形截面的宽度(mm)。

　　　　h——试件矩形截面的高度(mm)。

材料的静力强度，实际上只是在特定条件下测定的强度值。常用土木工程材料的强度值见表 1-4。

表 1-4　常用土木工程材料的强度值

材　料	抗压强度(MPa)	抗拉强度(MPa)	抗折强度(MPa)
花岗岩	100～250	5～8	10～14
普通混凝土	5～60	1～9	—
轻骨料混凝土	5～50	0.4～2	—
松木(顺纹)	30～50	80～120	60～100
钢材	240～1500	240～1500	—

材料的强度主要取决于材料的组成和构造。不同种类的材料具有不同的抵抗外力的特点。同一种类材料，也会由于其孔隙率和孔隙特征的不同，在强度上呈现出较大的差异。材料的结构往往越密实，即孔隙率越小，强度越高。混凝土、石材、砖和铸铁等脆性材料的抗压强度较高，而其抗拉强度及抗弯强度较低。木材在平行纤维方向的抗拉和抗压强度均大于垂直纤维方向的强度。钢材的抗压和抗拉强度都很高。另外，材料的强度还与试验条件涉及的多种因素有关，如环境温度、湿度、试件的形状尺寸、表面状态、内部含水率以及加荷速度等。因此，测定材料强度时，必须严格遵守有关技术标准，按规定的试验方法进行操作。

大部分土木工程材料根据其极限强度划分为了若干不同的强度等级，如混凝土按抗压强度划分的等级为 C15～C80，普通水泥按抗压强度及抗折强度划分的等级为 32.5～52.5。将土木工程材料划分为若干强度等级，对掌握材料性能、合理选用材料、正确进行设计和控制工程质量是十分重要的。

2．比强度

比强度用于对不同材料的强度进行比较。它是按单位质量计算的材料强度，其值等于材料的强度与其表观密度之比，它是衡量材料轻质高强性能的一个主要指标。

以钢材、木材和混凝土的抗压强度来作比较，从比强度来看，钢材比混凝土强，而松木又比钢材强。就三者比较而言，混凝土是质量大而强度低的材料。几种主要材料的比强度如表 1-5 所示。

表 1-5　几种主要材料的比强度

材　　料	表观密度(kg/m³)	强度(MPa)	比强度(m³·MPa/kg)
低碳钢	7850	420	0.054
普通混凝土(抗压)	2400	40	0.017
烧结普通砖(抗压)	1700	10	0.005
松木(顺纹抗拉)	500	100	0.200
玻璃钢	2000	450	0.225

随着高层建筑、大跨度结构的发展，土木工程中要求材料不仅要有较高的强度，而且要有尽可能轻的自重，即要求材料具有较高的比强度。轻质高强性能已经成为材料发展的一个重要方向。

1.3.2　材料的弹性与塑性

1．弹性

材料在外力作用下产生变形，当外力取消后，材料变形即可消失并能完全恢复原来形状的性质称为弹性，当外力取消后瞬间内即可完全消失的变形称为弹性变形。弹性变形属于可逆变形，其数值的大小与外力成正比。其相应应力与应变的比值 E，称为弹性模量。其计算公式如下：

$$E = \frac{\sigma}{\varepsilon} \qquad\qquad (1\text{-}21)$$

式中：E——材料的弹性模量(MPa)。

σ——材料的应力(MPa)。

ε——材料的应变。

弹性模量是衡量材料抵抗变形能力的一个指标。E愈大，材料愈不易变形。

2．塑性

材料在外力作用下产生变形，如果取消外力，仍保持变形后的形状尺寸，并且不产生裂纹的性质称为塑性。这种不能消失的变形称为塑性变形(或永久变形)。

许多材料受力不大时，仅产生弹性变形；受力超过一定限度后，即产生塑性变形。如建筑钢材，当外力值小于弹性极限时，仅产生弹性变形；若外力值大于弹性极限，则除了弹性变形外，还产生塑性变形。有的材料在受力时弹性变形和塑性变形同时产生，而取消外力后，弹性变形即消失，塑性变形则不会消失(如混凝土)。

1.3.3 材料的脆性与韧性

1．脆性

在外力作用下，当外力达到一定限度后，材料突然被破坏而又无明显的塑性变形的性质称为脆性。

脆性材料抵抗冲击荷载或震动作用的能力很差。其抗压强度比抗拉强度高得多，如混凝土、玻璃、砖、石、陶瓷等。

2．韧性

在冲击、震动荷载作用下，材料能承受很大的变形且不会被破坏的性质称为韧性。如建筑钢材、木材等属于韧性材料。建筑工程中，对于要承受冲击荷载和有抗震要求的结构，其所用的材料，都要考虑材料的韧性。

材料的韧性通过冲击试验来检验，用材料受冲击荷载作用破坏时单位面积所吸收的能量来表示，又称为冲击韧性。其计算公式如下：

$$\alpha_k = \frac{A_k}{A} \qquad\qquad (1\text{-}22)$$

式中：α_k——材料的冲击韧性(J/mm^2)。

A_k——材料被破坏时所消耗的能量(J)。

A——材料的受力面积(mm^2)。

1.3.4 材料的硬度与耐磨性

1．硬度

硬度是材料表面能抵抗其他较硬物体压入或刻划的能力。

不同材料的硬度测定方法不同。按刻划法，矿物的硬度分为10级(莫氏硬度)，其递增的顺序为：滑石1，石膏2，方解石3，萤石4，磷灰石5，正长石6，石英7，黄玉8，刚玉9，金刚石10。木材、混凝土、钢材等的硬度常用钢球压入法测定(布氏硬度HB)。

2．耐磨性

耐磨性是材料表面抵抗磨损的能力，常用磨损率(G)表示：

$$G = \frac{m_1 - m_2}{A} \tag{1-23}$$

式中：m_1、m_2——材料被磨损前、后的质量(g)。

　　　A——材料受磨损的面积(cm^2)。

建筑工程中，用于道路、地面、踏步等部位的材料均应考虑其硬度和耐磨性。一般来说，强度较高且密实的材料，其硬度较大、耐磨性好，但不易加工。

1.4　材料的耐久性

材料在使用过程中能抵抗周围各种介质侵蚀而不被破坏，也不易失去原有性能的性质，称为耐久性。

耐久性是材料的一种综合性质，诸如抗冻性、抗风化性、抗老化性、耐化学腐蚀等均属于耐久性的范围。此外，材料的强度、抗渗性、耐磨性等也与材料的耐久性有密切关系。

材料在使用过程中，除受到各种外力的作用外，还长期受到周围环境和各种自然因素的破坏作用。这些破坏作用一般可分为物理作用、化学作用及生物作用等。

(1) 物理作用，包括材料的干湿变化、温度变化及冻融变化等。这些变化可引起材料的收缩和膨胀，长时期或反复作用会使材料逐渐被破坏。

(2) 化学作用，包括酸、盐、碱等物质的水溶液及气体对材料产生的侵蚀作用，使材料产生质的变化而被破坏，例如钢筋的锈蚀等。

(3) 生物作用，指昆虫、菌类等对材料所产生的蛀、腐朽等破坏作用，如木材及植物纤维材料的腐烂等。

一般矿物质材料，如石材、砖瓦、陶瓷、混凝土等，暴露在大气中时，主要受到大气的物理作用。当材料处于水位变化区或水中时，还受到环境水的化学侵蚀作用。金属材料在大气中易被锈蚀。沥青及高分子材料，在阳光、空气及辐射的作用下，会逐渐老化、变质而破坏。

为了提高材料的耐久性，从而延长建筑的使用寿命和减少维修费用，可根据使用情况和材料特点采取相应措施。如设法减轻大气或周围介质本身对材料的破坏作用(降低湿度，排除侵蚀性物质等)，提高材料本身对外界作用的抵抗性(提高材料的密实度，采取防腐措施等)，也可用其他材料保护主体材料免受破坏(如采用覆面、抹灰、刷涂料等措施)。

总之，耐久性是一个复杂的综合性的概念。随着国内外大量工程经验的积累和教训的总结，工程界对材料的耐久性问题也越来越重视，并正在进行逐步深入的研究与实践。如我国苏通大桥耐久性设计年限为100年、三峡工程耐久性设计年限为500年。耐久性的研究，对于延长结构物的使用寿命，减少维修维护费用具有重要意义。实际工程中应根据工程材料所处的环境特点，具体地研究其耐久性特征，并结合实际情况采取相应的措施。

1. 何谓材料的密度、表观密度和堆积密度？如何计算？

2. 何谓材料的密实度和孔隙率？两者有什么关系？

3. 试说明材料导热系数的物理意义及影响因素。

4. 何谓材料的吸水性、吸湿性、耐水性、抗渗性和抗冻性？它们各用什么指标衡量？

5. 软化系数是反映材料什么性质的指标？为什么要控制这个指标？

6. 何谓材料的耐久性？它包括哪些内容？

7. 已知某砌块的外包尺寸为 240 mm × 240 mm × 115 mm，其孔隙率为 37%，干燥质量为 2487 g，浸水饱和质量为 2984 g，试求该砌块的表观密度、密度、质量吸水率。

8. 某种石子经完全干燥后，其质量为 482 g，将其放入盛有水的量筒中吸水饱和后，水面由原来的 452 cm³ 上升至 630 cm³，取出石子，擦干表面后称质量为 487 g，试求该石子的表观密度及吸水率。

第2章 气硬性胶凝材料

教学提示 气硬性胶凝材料是指只能在空气中凝结、硬化、保持和发展强度的胶凝材料，一般仅适用于地上和干燥环境中。本章可根据"原材料—生产—水化硬化—硬化体结构—性质—应用"这一主线来学习。

教学要求 掌握气硬性胶凝材料与水硬性胶凝材料的区别；熟悉和掌握石灰的主要品种及其特点和应用；掌握石灰、石膏及水玻璃等气硬性胶凝材料的硬化机理、性质及使用要点，并熟悉其主要用途。

胶凝材料也叫胶结材料，是用来把块状、颗粒状或纤维状材料黏结为整体的材料。建筑上使用的胶凝材料按其化学组成可分为无机胶凝材料和有机胶凝材料两大类。

无机胶凝材料以无机化合物为主要成分，掺入水或适量的盐类水溶液(或含少量有机物的水溶液)，经一定的物理化学变化过程产生强度和黏结力，可将松散的材料胶结成整体，也可将构件结合成整体。无机胶凝材料亦称矿物胶凝材料(例如各种水泥、石膏、石灰等)。有机胶凝材料是以天然或合成的高分子化合物(例如沥青、树脂、橡胶等)为基本组分的胶凝材料。

无机胶凝材料可按硬化的条件不同分为气硬性胶凝材料和水硬性胶凝材料两类。气硬性胶凝材料是只能在空气中凝结、硬化、保持和发展强度的胶凝材料，如石灰、石膏、水玻璃等；水硬性胶凝材料则是既能在空气中硬化，又能在水中凝结、硬化、保持并继续发展其强度的胶凝材料，如各种水泥等。

本章将重点讲述建筑上常用的三种气硬性胶凝材料：石灰、石膏和水玻璃。关于水硬性胶凝材料(如水泥)在第3章中学习。

2.1 石 灰

石灰是建筑上最早使用的气硬性胶凝材料之一。由于生产石灰的原料广泛、工艺简单、成本低廉，所以至今仍被广泛应用于建筑工程中。

2.1.1 石灰的品种和生产

1. 石灰的品种

石灰是将以碳酸钙($CaCO_3$)为主要成分的岩石(如石灰岩、贝壳石灰岩等)，经适当煅烧、分解、排出二氧化碳(CO_2)而制得的块状材料。其主要成分为氧化钙(CaO)，其次为氧化镁(MgO)。通常把这种白色轻质的块状物质称为块灰；以块灰为原料经粉碎、磨细制成的生石灰称为磨细生石灰粉或建筑生石灰粉。

根据生石灰中氧化镁含量的不同，生石灰分为钙质生石灰和镁质生石灰。钙质生石灰中的氧化镁含量小于5%；镁质生石灰中的氧化镁含量为5%～24%。

建筑用石灰有生石灰(块灰)、生石灰粉、熟石灰粉(又称建筑消石灰粉、消解石灰粉、水化石灰)和石灰膏等。

2. 石灰的生产

生产石灰的过程就是煅烧石灰石，使其分解为生石灰和二氧化碳的过程，其反应如下：

$$CaCO_3 \xrightarrow{900℃} CaO + CO_2 \uparrow \tag{2-1}$$

碳酸钙煅烧温度达到 900℃时，分解速度开始加快。但在实际生产中，由于石灰石密实程度、杂质含量及块度大小不同，并考虑到煅烧中的热损失，所以实际的煅烧温度在1000℃～1200℃，或者更高。当煅烧温度达到 700℃时，石灰石中的次要成分碳酸镁开始分解为氧化镁，反应如下：

$$MgCO_3 \xrightarrow{700℃} MgO + CO_2 \uparrow \tag{2-2}$$

一般而言，入窑石灰石的块度不宜过大，并力求均匀，以保证煅烧质量的均匀。石灰石越密实，要求的煅烧温度越高。当入窑石灰石块较大、煅烧温度较高时，石灰石块的中心部位达到分解温度时，其表面已超过分解温度，得到的石灰石晶粒粗大，遇水后熟化反应缓慢，称其为过火石灰。若煅烧温度较低，不仅煅烧周期延长，而且大块石灰石的中心部位还未完全分解，此时称其为欠火石灰。过火石灰熟化十分缓慢，其细小颗粒可能在石灰使用之后熟化，体积膨胀，致使硬化的砂浆产生"崩裂"或"鼓泡"现象，影响工程质量。欠火石灰降低了石灰的质量，也影响了石灰石的产灰量。

2.1.2 石灰的熟化和硬化

1. 石灰的熟化

石灰的熟化是指生石灰(CaO)加水之后水化为熟石灰 Ca(OH)$_2$ 的过程。其反应方程式如下：

$$CaO + H_2O = Ca(OH)_2 \tag{2-3}$$

生石灰具有强烈的消化能力，水化时放出大量的热(约 64.8 kJ/mol)，其放热量和放热速度比其他胶凝材料大得多。生石灰水化的另一个特点是：质量为一份的生石灰可生成 1.31份质量的熟石灰，其体积增大 1～2.5 倍。煅烧良好、氧化钙含量高、杂质含量低的生石灰(块灰)，其熟化速度快、放热量大、体积膨胀也大。

生石灰熟化的方法有淋灰法和化灰法。淋灰法就是在生石灰中均匀加入 70%左右的水(理论值为 31.2%)便可得到颗粒细小、分散的熟石灰粉。工地上调制熟石灰粉时，每堆放半米高的生石灰块，淋 60%～80%的水，再堆放再淋，使之成粉且不结块为止。化灰法是在生石灰中加入适量的水(约为块灰质量的 2.5～3 倍)，得到的浆体称为石灰乳；石灰乳沉淀后除去表层多余水分后得到的膏状物称为石灰膏。调制石灰膏通常在化灰池和储灰坑中完成。为了消除过火石灰在使用中造成的危害，石灰膏(乳)应在储灰坑中存放半个月以上，然后方可使用，这一过程称作"陈伏"。"陈伏"期间，石灰浆表面应敷盖一层水，以隔绝空气，防止石灰浆表面碳化。

2. 石灰的硬化

石灰的硬化过程包含以下几种：

(1) 干燥硬化。浆体中大量水分向外蒸发，使浆体中形成大量彼此相通的孔隙网，尚留于空隙内的自由水，由于水的表面张力，产生毛细管压力，使石灰粒子更加紧密，因而获得强度。浆体进一步干燥时，这种作用也随之加强。但这种由于干燥获得的强度类似于黏土干燥后的强度，其强度不高；而且，当再遇到水时，其强度又会丧失。

(2) 结晶硬化。浆体中高度分散的胶体粒子，为粒子间的扩散水层所隔开，当水分逐渐减少时，扩散水层逐渐减薄，因而胶体粒子在分子力的作用下互相黏结，形成凝聚结构的空间网，从而获得强度。在存在水分的情况下，由于氢氧化钙能溶解于水，故胶体凝聚结构逐渐由胶体变为晶体，再转变为较粗晶粒的结晶结构网，从而提高强度。但是，由于这种结晶结构网的接触点溶解度较高，故当再遇到水时会引起强度降低。

(3) 碳酸化硬化。浆体从空气中吸收 CO_2 气体，形成实际上不溶解于水的碳酸钙。这个过程称为浆体的碳酸化(简称碳化)。其反应式如下：

$$Ca(OH)_2 + CO_2 + nH_2O \rightarrow CaCO_3 + (n + 1)H_2O \tag{2-4}$$

生成的碳酸钙晶体相互共生，或与氢氧化钙颗粒共生，构成紧密交织的结晶网，从而使浆体强度提高。另外，由于碳酸钙的固相体积比氢氧化钙的固相体积稍有增大，故使硬化的浆体更趋坚固。显然，碳化对强度的提高和稳定都是有利的。但由于空气中二氧化碳的浓度很低，而且，表面形成碳化薄层以后，二氧化碳不易进入内部，故在自然条件下，石灰浆体的碳化十分缓慢。碳化层还能阻碍水分蒸发，反而延缓浆体的硬化。

上述硬化过程中的各种变化是同时进行的。在内部，对强度增长起主导作用的是结晶硬化，干燥硬化也起一定的附加作用，表层的碳化作用固然可以获得较高的强度，但进行得非常慢，而且从反应式看，这个过程的进行，一方面必须有水分存在，另一方面又放出较多的水，这将不利于干燥硬化和结晶硬化。由于石灰浆的这种硬化机理，故它不宜用于长期处于潮湿或反复受潮的地方。具体使用时，往往在石灰浆中掺入填充材料，如掺入砂配成石灰砂浆使用；掺入砂可减少收缩，更主要的是砂的掺入能在石灰浆内形成连通的毛细孔道，使内部水分蒸发并进一步碳化，以加速硬化。为了避免收缩裂缝，常加入纤维材料，制成石灰麻刀灰、石灰纸筋灰等。

2.1.3　石灰的技术要求

生石灰的质量是以石灰中活性氧化钙和氧化镁含量的高低、过火石灰和欠火石灰及其他杂质含量的多少作为主要指标来评价其优劣的。建筑生石灰和建筑生石灰粉划分为三个等级，具体指标见表 2-1、表 2-2。

建筑消石灰粉(熟石灰粉)按氧化镁含量分为钙质消石灰粉、镁质消石灰粉和白云石消石灰粉等，其分类界限见表 2-3。

表2-1 建筑生石灰的技术指标

项 目	钙质生石灰			镁质生石灰		
	优等品	一等品	合格品	优等品	一等品	合格品
CaO + MgO 含量(%)≥	90	85	80	85	80	75
未消化残渣含量 (5 mm 圆孔筛筛余)(%)≤	5	10	15	5	10	15
CO_2 含量(%)≤	5	7	9	6	8	10
产浆量(L/kg)≥	2.8	2.3	2.0	2.8	2.3	2.0

表2-2 建筑生石灰粉的技术指标

项 目		钙质石灰粉			镁质石灰粉		
		优等品	一等品	合格品	优等品	一等品	合格品
CaO+MgO 含量(%)≥		90	85	80	85	80	75
CO_2 含量(%)≤		5	7	9	6	8	10
细度	0.90 mm 筛筛余(%)≤	0.2	0.5	1.5	0.2	0.5	1.5
	0.125 mm 筛筛余(%)≤	7.0	12.0	18.0	7.0	2.0	18.0

表2-3 建筑消石灰粉按氧化镁含量的分类界限

品 种 名 称	MgO 指标
钙质消石灰粉	≤4%
镁质消石灰粉	4%～24%
白云石消石灰粉	25%～30%

消石灰粉的品质与有效物质和水分的相对含量及细度有关,消石灰粉颗粒愈细,有效成分愈多,其品质愈好。建筑消石灰粉的质量按《建筑消石灰粉》(JC/T 912—2003)规定也可分为三个等级,具体指标见表2-4。

表2-4 建筑消石灰粉的技术指标

项 目		钙质消石灰粉			镁质消石灰粉			白云石消石灰粉		
		优等品	一等品	合格品	优等品	一等品	合格品	优等品	一等品	合格品
CaO+MgO 含量(%)≥		70	65	60	65	60	55	65	60	55
游离水(%)		0.4～2	0.4～2	0.4～2	0.4～2	0.4～2	0.4～2	0.4～2	0.4～2	0.4～2
体积安定性		合格	合格	—	合格	合格	—	合格	合格	—
细度	0.90 mm 筛筛余(%)≤	0	0	0.5	0	0	0.5	0	0	0.5
	0.125 mm 筛筛余(%)≤	3	10	15	3	10	15	3	10	15

2.1.4 石灰的技术性质和应用

1. 石灰的主要技术性质

(1) 良好的保水性。石灰拌和水后,具有较强的保水性(即材料保持水分不泌出的能力)。这是由于生石灰熟化为石灰浆时,氢氧化钙粒子呈胶体分散状态。其颗粒极细,直径约为 $1~\mu m$,颗粒表面吸附着一层较厚的水膜。由于粒子数量很多,其总表面积很大,这是它保水性良好的主要原因。利用这一性质,将其掺入水泥砂浆中,配合成混合砂浆,克服了水泥砂浆容易泌水的缺点。

(2) 凝结硬化慢、强度低。由于空气中的 CO_2 含量低,而且碳化后形成的碳酸钙硬壳阻止 CO_2 向内部渗透,也阻止水分向外蒸发,结果使 $CaCO_3$ 和 $Ca(OH)_2$ 结晶体生成量少且缓慢,已硬化的石灰强度很低。

(3) 吸湿性强。生石灰吸湿性强、保水性好,是传统的干燥剂。

(4) 体积收缩大。石灰浆体凝结、硬化过程中,蒸发大量水分,由于毛细管失水收缩,引起体积收缩;其收缩变形会使制品开裂。因此,石灰不宜单独用来制作建筑构件及制品。

(5) 耐水性差。若石灰浆体尚未硬化之前,就处于潮湿环境中,由于石灰中水分不能蒸发出去,则其硬化停止;若是已硬化的石灰,长期受潮或受水浸泡,则由于 $Ca(OH)_2$ 易溶于水,会使已硬化的石灰溃散。因此,石灰胶凝材料不宜用于潮湿环境及易受水浸泡的部位。

(6) 化学稳定性差。石灰是碱性材料,与酸性物质接触时,容易发生化学反应,生成新物质。因此,石灰及含石灰的材料长期处在潮湿空气中,容易与二氧化碳作用生成碳酸钙,即"碳化"。石灰材料还容易遭受酸性介质的腐蚀。

2. 石灰的应用

(1) 石灰膏可用来粉刷墙壁和配制石灰砂浆或水泥混合砂浆。

将熟化并"陈伏"好的石灰膏,稀释成石灰乳,可用作内、外墙及顶棚的涂料,一般多用于内墙涂刷。由于石灰乳为白色或浅灰色,具有一定的装饰效果;还可掺入碱性矿质颜料,使粉刷的墙面具有需要的颜色。以石灰膏为胶凝材料,掺入砂和水后,拌和成砂浆,称为石灰砂浆。它作为抹灰砂浆,可用于墙面、顶棚等大面积暴露在空气中的抹灰层,也可以用作要求不高的砌筑砂浆。在水泥砂浆中掺入石灰膏后,可以提高水泥砂浆的保水性和砌筑、抹灰质量,节省水泥;这种砂浆叫做水泥混合砂浆,在建筑工程中用量很大。

(2) 熟石灰粉的应用。熟石灰粉主要用来配制灰土(熟石灰 + 黏土)和三合土(熟石灰 + 黏土 + 砂、石或炉渣等填料)。常用的三七灰土和四六灰土,分别表示熟石灰和砂土的体积比例为 3∶7 和 4∶6。

① 灰土的特性。灰土的抗压强度一般随塑性指数的增加而提高,不随含灰率的增加而一直提高,并且灰土的最佳含灰率与土壤的塑性指数成反比。一般地,最佳含灰率的重量百分比为 10%～15%,灰土的抗压强度随龄期(灰土制备后的天数)的增加而提高,当天的抗压强度与素土夯实相同,但在 28 天以后则可提高 2.5 倍以上;灰土的抗压强度亦随密实度的增加而提高。对常用的三七灰土(其重量比为 1∶2.5)多打一遍夯后,其 90 天的抗压强度可提高 44%。

灰土的抗渗性随土壤的塑性指数及密实度的增高而提高，且随着龄期的延长其抗渗性也有所提高。灰土的抗冻性与其是否浸水有很大关系。在空气中养护 28 天不经浸水的试件，历经三个冰冻循环，情况良好，其抗压强度不变，无崩裂破坏现象。但养护 14 天并接着浸水 14 天后的试件，经上述试验后则出现崩裂破坏现象。分析原因，是因为灰土龄期太短，灰土与水作用不完全，致使强度太差。

灰土的主要优点是可充分利用当地材料和工业废料(如炉渣灰土)，节省水泥，降低工程造价；灰土基础比混凝土基础可降低造价 60%～75%，在冰冻线以上代替砖或毛石基础可降低造价 30%，用于公路建设时比泥结碎石可降低造价 40%～60%。

② 注意事项。配制灰土或三合土时，一般熟石灰必须充分熟化，石灰不能消解过早，否则熟石灰碱性降低，减缓与土的反应，从而降低灰土的强度；所选土种以黏土、亚黏土及轻亚黏土为宜；准确掌握灰土的配合比；施工时将灰土或三合土混合均匀并夯实，使彼此黏结为一体。黏土等土中含有 SiO_2 和 Al_2O_3 等酸性氧化物，能与石灰在长期作用下反应，生成不溶性的水化硅酸钙和水化铝酸钙，使颗粒间的黏结力不断增强，灰土或三合土的强度及耐水性能也不断提高。

(3) 磨细生石灰粉的应用。磨细生石灰粉常用来生产无熟料水泥、硅酸盐制品和碳化石灰板。

在石灰的储存和运输中必须注意，生石灰要在干燥环境中储存和保管。若储存期过长，必须在密闭容器内存放。运输中要有防雨措施，要防止石灰受潮或遇水后水化，甚至由于熟化热量集中放出而发生火灾。磨细生石灰粉在干燥条件下储存期一般不超过一个月，最好是随生产随用。

2.2 石　膏

我国是一个石膏资源丰富的国家，石膏作为建筑材料的使用已有悠久的历史。由于石膏及石膏制品具有轻质、高强、隔热、耐火、容易加工等一系列优良性能，特别是近年来在建筑中广泛采用框架轻板结构，作为轻质板材主要品种之一的石膏板受到普遍重视，其生产和应用都得到迅速发展。生产石膏胶凝材料的原料有二水石膏和天然无水石膏以及来自化学工业的各种副产物——化学石膏。

2.2.1　石膏的生产与品种

建筑上常用的石膏，主要是由天然二水石膏(或称生石膏)经过煅烧、磨细而制成的。天然二水石膏出自天然石膏矿，因其主要成分 $CaSO_4 \cdot 2H_2O$ 中含两个结晶水而得名。又由于其质地较软，也被称为软石膏。将二水石膏在不同的压力和温度下煅烧，可以得到结构和性质均不同的石膏产品。

1. 建筑石膏和模型石膏

建筑石膏是将二水石膏(生石膏)加热至 110℃～170℃，部分结晶水脱出后得到半水石膏(熟石膏)，再经磨细得到粉状的建筑中常用的石膏品种，故称为"建筑石膏"。其反应式如下：

$$CaSO_4 \cdot 2H_2O \xrightarrow{\text{加热}} CaSO_4 \cdot \frac{1}{2}H_2O + \frac{3}{2}H_2O \tag{2-5}$$

将这种常压下的建筑石膏称为 β 型半水石膏。若在上述条件下煅烧优质的半水石膏，然后将其磨得更细些，则这种 β 型半水石膏称为模型石膏。模型石膏是建筑装饰制品的主要原料。

2. 高强度石膏

将二水石膏在 0.13 MPa、124℃的压蒸锅内蒸炼，则生成比 β 型半水石膏晶粒粗大的 α 型半水石膏，称为高强度石膏。由于高强度石膏晶粒粗大，比表面积小，调成可塑性浆体时需水量(35%~45%)只是建筑石膏需求量的一半，因此硬化后具有较高的密实度和强度。其 3 小时的抗压强度可达 9 MPa~24 MPa，抗拉强度也很高。7 天的抗压强度可达 15 MPa~39 MPa。高强度石膏的密度为 2.6 g/cm³~2.8 g/cm³。高强度石膏可以用于室内抹灰，制作装饰制品和石膏板。若掺入防水剂，则可制成高强度抗水石膏，在潮湿环境中使用。

3. 硬石膏

继续升温煅烧二水石膏，还可以得到几种硬石膏(无水石膏)。当温度升至 180℃~210℃时，半水石膏继续脱水，得到脱水半水石膏，其结构变化不大，仍具有凝结硬化性质。当煅烧温度升至 320℃~390℃时，得到可溶性硬石膏，其水化、凝结速度较半水石膏快，但它的需水量大、硬化慢、强度低。当煅烧温度达到 400℃~750℃时，石膏完全失去结合水，成为不溶性石膏，其结晶体变得紧密而稳定，密度达到 2.29 g/cm³，难溶于水，凝结很慢，甚至完全不凝；但若加入石灰激发剂，其又具有水化、凝结和硬化能力。当煅烧温度超过 800℃时，部分 $CaSO_4$ 分解出 CaO，磨细后的石膏称为高温煅烧石膏；由于它处于碱性激发剂作用下，因此具有活性；而在其硬化后有较高的强度和耐磨性，抗水性较好，所以也称其为地板石膏。

石膏的品种很多，虽然各品种的石膏在建筑中均有应用，但是用量最多、用途最广的是建筑石膏。

2.2.2 石膏的凝结与硬化

建筑石膏与适量水混合后，起初形成均匀的石膏浆体，但紧接着石膏浆体失去塑性，成为坚硬的固体。这是因为半水石膏遇水后，将重新水化生成二水石膏，放出热量并逐渐凝结、硬化的缘故。其反应式如下：

$$CaSO_4 \cdot \frac{1}{2}H_2O + \frac{3}{2}H_2O \rightarrow CaSO_4 \cdot 2H_2O \tag{2-6}$$

石膏凝结、硬化过程的机理如下：半水石膏遇水后发生溶解，并生成不稳定的过饱和溶液，溶液中的半水石膏经过水化成为二水石膏。由于二水石膏在水中的溶解度(20℃为 2.05 g/L)较半水石膏的溶解度(20℃为 8.16 g/L)小得多，所以二水石膏溶液会很快达到过饱和状态，因此很快析出胶体微粒并且不断转变为晶体。由于二水石膏的析出破坏了原来半水石膏溶解的平衡状态，这时半水石膏会进一步溶解，以补偿二水石膏析晶而在液相中减少的硫酸钙含量。如此不断地进行半水石膏的溶解和二水石膏的析出，直到半水石膏完全水化为止。与此同时，浆体中自由水因水化和蒸发逐渐减少，浆体变稠，失去塑性。之后水化物晶体继续增长，直至完全干燥，强度发展到最大值，石膏硬化。

2.2.3 建筑石膏的技术要求

建筑石膏呈洁白的粉末状，密度约为 2.6 g/cm³～2.75 g/cm³，堆积密度约为 0.8 g/cm³～1.1 g/cm³。建筑石膏的技术要求主要有细度、凝结时间和强度。按强度和细度的差别，根据《建筑石膏》(GB/T 9776—2008)标准，按 2 小时强度(抗折)可将建筑石膏分为 3.0、2.0、1.6 三个等级。根据建材行业国家标准，建筑石膏技术要求的具体指标见表 2-5。

表 2-5　建筑石膏等级标准

等级	细　　度	凝结时间(min)		2 小时强度(MPa)	
	0.2 mm 方孔筛筛余(%)	初凝	终凝	抗折	抗压
3.0				≥3.0	≥6.0
2.0	≤10	≥3	≤30	≥2.0	≥4.0
1.6				≥1.6	≥3.0

建筑石膏容易受潮吸湿，凝结、硬化快，因此在运输、储存的过程中，应注意避免受潮。石膏长期存放其强度也会降低。一般储存三个月后，强度下降 30%左右。所以，建筑石膏储存时间不宜过长，若超过三个月，应重新检验并确定其等级。

2.2.4 石膏的性质与应用

1. 石膏的性质

与石灰等胶凝材料相比，石膏具有如下性质：

(1) 凝结、硬化快。建筑石膏的初凝和终凝时间很短，加水后 6 min 即可凝结，终凝不超过 30 min，在室温自然干燥条件下，约 1 周时间可完全硬化。为施工方便，常掺加适量缓凝剂，如硼砂、纸浆废液、骨料、皮胶等。

(2) 空隙率大，表观密度小，保温、吸声性能好。建筑石膏水化反应的理论需水量仅为其质量的 18.6%；但施工中为了保证浆体有必要的流动性，其加水量常达到 60%～80%；多余水分蒸发后，将形成大量孔隙，硬化体的孔隙率可达到 50%～60%。硬化体的多孔结构特点，使建筑石膏制品具有表观密度小、质轻，保温隔热性能好和吸声性强等优点。

(3) 具有一定的调湿性。由于多孔结构的特点，石膏制品的热容量大、吸湿性强；当室内温度变化时，由于制品的"呼吸"作用，环境温度、湿度能得到一定的调节。

(4) 耐水性、抗冻性差。石膏是气硬性胶凝材料，吸水性大，长期在潮湿环境中，其晶体粒子间的结合力会削弱，直至溶解，因此不耐水、不抗冻。

(5) 凝固时体积微膨胀。建筑石膏在凝结、硬化时具有微膨胀性，其体积膨胀率为0.05%～0.15%。这种特性可使成型的石膏制品表面光滑、轮廓清晰、线角饱满、尺寸准确，干燥时不产生收缩裂缝。

(6) 防火性好。二水石膏遇火后，结晶水蒸发，形成蒸汽幕，可阻止火势蔓延，起到了防火作用。但建筑石膏不宜长期在 65℃以上的高温部位使用，以免二水石膏缓慢脱水分解而降低强度。

2. 石膏的应用

不同品种石膏其性质各异，用途也不一样。二水石膏可以作为石膏工业的原料、水泥的调节剂等；煅烧的硬石膏可用来浇筑地板和制造人造大理石，也可以作为水泥的原料；建筑石膏(半水石膏)在建筑工程中可用作室内抹灰、粉刷、油漆打底等材料，还可以制造建筑装饰制品、石膏板，以及水泥原料中的调凝剂和激发剂等。

(1) 作为室内抹灰及粉刷材料。将建筑石膏加水调成浆体，可用作室内粉刷材料。石膏浆中还可以掺入部分石灰，或将建筑石膏加水、砂拌和成石膏砂浆，用于室内抹灰或作为油漆打底。石膏砂浆具有隔热保温性能好、热容量大、吸湿性大等特点，因此能够调节室内温、湿度，使其经常保持均衡状态，从而给人以舒适感。用其粉刷后的表面光滑、细腻、洁白、美观。这种抹灰墙面还具有绝热、阻火、吸声以及施工方便、凝结硬化快、黏结牢固等特点，所以称其为室内高级粉刷和抹灰材料。石膏抹灰的墙面及顶棚，可以直接涂刷油漆及粘贴墙纸。

(2) 制作建筑装饰制品。以模型石膏为主要原料，掺加少量纤维增强材料和胶料，加水搅拌成石膏浆体；将浆体注入各种各样的金属(或玻璃)模具中，就获得了式样不同的石膏装饰制品，如平板、多孔板、花纹板、浮雕板等。石膏装饰板具有色彩鲜艳、品种多样、造型美观、施工方便等优点，是公用建筑物和顶棚常用的装饰制品。

(3) 制作石膏板。石膏板具有轻质、隔热保温、吸声、不燃以及施工方便等性能；除此之外，还具有原料来源广泛、燃料消耗低、设备简单、生产周期短等优点。常见的石膏板主要有纸面石膏板、纤维石膏板和空心石膏板。另外，新型石膏板不断涌现。

2.3　水　玻　璃

水玻璃是一种气硬性胶凝材料，在建筑工程中常用来配制水玻璃胶泥和水玻璃砂浆、水玻璃混凝土，以及单独使用水玻璃为主要原料配置涂料。水玻璃在防酸工程和耐热工程中的应用非常广泛。

2.3.1　水玻璃的生产与组成

1. 水玻璃的生产

制造水玻璃的方法很多，大体分为湿制法和干制法两种。其主要原料是含 SiO_2 为主的石英岩、石英砂、砂岩、无定形硅石及硅藻土等，以及含 Na_2O 为主的纯碱(Na_2CO_3)、小苏打、硫酸钠(Na_2SO_4)及苛性钠($NaOH$)等。

(1) 湿制法。该方法生产硅酸钠水玻璃是根据石英砂能在高温烧碱中溶解生成硅酸钠的原理进行的。其反应式如下：

$$SiO_2 + 2NaOH \longrightarrow Na_2SiO_3 + H_2O \qquad (2\text{-}7)$$

(2) 干制法。该方法根据原料的不同可分为碳酸钠法、硫酸法等。最常用的碳酸钠法生产是根据纯碱(Na_2CO_3)与石英砂(SiO_2)在高温(1350℃)熔融状态下反应后生成硅酸钠的原理进行的。其生产工艺主要包括配料、煅烧、浸溶、浓缩几个过程，反应式如下：

$$\mathrm{Na_2CO_3} + n\mathrm{SiO_2} \xrightarrow{1400℃\sim1500℃} \mathrm{Na_2O} \cdot n\mathrm{SiO_2} + \mathrm{CO_2}\uparrow \qquad (2\text{-}8)$$

所得产物为固体块状的硅酸钠,然后用非蒸压法(或蒸压法)溶解,即可得到常用的水玻璃。

如果采用碳酸钾代替碳酸钠,则可得到相应的硅酸钾水玻璃。由于钾、锂等碱金属盐类价格较贵,故相应的水玻璃生产得较少。不过,近年来水溶性硅酸锂的生产也有所发展,多用于要求较高的涂料和胶黏剂。

通常水玻璃成品分为三类:

(1) 块状、粉状的固体水玻璃。它是由熔炉中排出的硅酸盐冷却而得到的,不含水分。

(2) 液体水玻璃。它是由块状水玻璃溶解于水而得到的,产品的模数、浓度、相对密度各不相同。经常生产的品种有:$\mathrm{Na_2O} \cdot 2.4\mathrm{SiO_2}$ 溶液,浓度有 40°、50° 和 56° 波美度三种,模数波动于 2.5~3.2;$\mathrm{Na_2O} \cdot 2.8\mathrm{SiO_2}$ 及 $\mathrm{K_2O} \cdot \mathrm{Na_2O} \cdot 2.8\mathrm{SiO_2}$ 溶液,浓度为 45° 波美度,模数波动于 2.6~2.9;$\mathrm{Na_2O} \cdot 3.3\mathrm{SiO_2}$ 溶液,浓度为 40° 波美度,模数波动于 3~3.4;$\mathrm{Na_2O} \cdot 3.6\mathrm{SiO_2}$ 溶液,浓度为 35° 波美度,模数波动于 3.5~3.7。

(3) 含有化合水的水玻璃。这种水玻璃也称为水化玻璃,它在水中的溶解度比无水水玻璃大。

2. 水玻璃的组成

水玻璃俗称"泡花碱",是一种无色或淡黄、青灰色的透明或半透明的黏稠液体,是一种能溶于水的碱金属硅酸盐。其化学通式为 $R_2O \cdot n\mathrm{SiO_2}$。$R_2O$ 为碱金属氧化物,多为 $\mathrm{Na_2O}$,其次是 $\mathrm{K_2O}$;通常把 n 称为水玻璃的模数。我国生产的水玻璃模数一般都在 2.4~3.3 的范围内,建筑中常用模数为 2.6~2.8 的硅酸钠水玻璃。水玻璃常以水溶液的状态存在,表示为 $R_2O \cdot n\mathrm{SiO_2} + m\mathrm{H_2O}$。

水玻璃在其水溶液中的含量(或称浓度)用相对密度来表示。建筑中常用的水玻璃的相对密度为 1.36~1.5。一般来说,当相对密度大时,表示水溶液中水玻璃的含量高,其黏度也大。

2.3.2 水玻璃的硬化

水玻璃是气硬性胶凝材料,在空气中能与 $\mathrm{CO_2}$ 发生反应生成硅胶。其反应方程式为

$$\mathrm{Na_2O} \cdot n\mathrm{SiO_2} + \mathrm{CO_2} + m\mathrm{H_2O} = \mathrm{Na_2CO_3} + n\mathrm{SiO_2} \cdot m\mathrm{H_2O} \qquad (2\text{-}9)$$

硅胶($n\mathrm{SiO_2} \cdot m\mathrm{H_2O}$)脱水析出固态的 $\mathrm{SiO_2}$。但这种反应很缓慢,所以水玻璃在自然条件下的凝结与硬化速度也缓慢。

若在水玻璃中加入固化剂,则硅胶析出速度大大加快,从而加速了水玻璃的凝结与硬化。常用的固化剂为氟硅酸钠($\mathrm{Na_2SiF_6}$),其反应方程式为

$$2\left(\mathrm{Na_2O} \cdot n\mathrm{SiO_2}\right) + m\mathrm{H_2O} + \mathrm{Na_2SiF_6} = (2n+1)\mathrm{SiO_2} \cdot m\mathrm{H_2O} + 6\mathrm{NaF}$$

$$\mathrm{SiO_2} \cdot m\mathrm{H_2O} = \mathrm{SiO_2} + m\mathrm{H_2O}\uparrow \qquad (2\text{-}10)$$

生成物硅胶脱水后由凝胶转变成固体 $\mathrm{SiO_2}$,具有强度及 $\mathrm{SiO_2}$ 的其他一些性质。

氟硅酸钠的掺量一般情况下占水玻璃质量的 12%～15%较为适宜。若掺量少于 12%，则其凝结与硬化慢、强度低，并且存在没参加反应的水玻璃，当遇水时，残余水玻璃易溶于水；若其掺量超过 15%，则凝结与硬化快，造成施工困难，水玻璃硬化后的早期强度高而后期强度降低。

水玻璃的模数和相对密度对于凝结、硬化速度影响较大。当模数高时(即 SiO_2 相对含量高)，硅胶容易析出，水玻璃凝结、硬化快。当水玻璃相对密度小时，溶液黏度小，反应和扩散速度快，凝结、硬化速度也快。当模数低或者相对密度大时，则凝结、硬化都较慢。

此外，温度和湿度对水玻璃凝结、硬化速度也有明显影响。温度高、湿度小时，水玻璃反应加快，生成的硅酸凝胶脱水亦快；反之水玻璃凝结、硬化速度也慢。

2.3.3 水玻璃的性质

以水玻璃为胶凝材料配制的材料，硬化后，变成以 SiO_2 为主的人造石材；它具有 SiO_2 的许多性质，如强度高、耐酸和耐热性能优良等。

1. 强度

水玻璃硬化后具有较高的黏结强度、抗拉强度和抗压强度。水玻璃砂浆的抗压强度以边长 70.7 mm 的立方体试块为准。水玻璃混凝土则以边长为 150 mm 的立方体为准。将水玻璃按规范规定的方法成型，然后在温度为 20℃～25℃、相对湿度小于 80%的空气中养护(硬化)2 天后拆模，再养护至龄期达 14 天时，测得强度值作为其标准抗压强度。

水玻璃硬化后的强度与水玻璃的模数、相对密度、固化剂用量及细度，以及填料、砂和石的用量及配合比等因素有关，同时还与配制、养护、酸化处理等施工质量有关。

2. 耐酸性

硬化后的水玻璃，其主要成分为 SiO_2，所以它的耐酸性很高，尤其是在强氧化性酸中具有较高的化学稳定性。除氢氟酸、20%以下的氟硅酸、热磷酸和高级脂肪酸以外，它几乎在所有酸性介质中都有较高的耐腐蚀性。如果硬化得完全，水玻璃类材料耐稀酸，甚至耐酸性水腐蚀的能力也是很高的。水玻璃类材料不耐碱性介质的侵蚀。

3. 耐热性

水玻璃硬化后形成了 SiO_2 空间网状骨架，因此具有良好的耐热性能。若以铸石粉为填料，调成的水玻璃胶泥，其耐热度可达 900℃～1100℃。对于水玻璃混凝土，其耐热度还受骨料品种的影响。若用花岗岩为骨料，其耐热度仅在200℃以下；若用石英岩、玄武岩、辉绿岩、安山岩，其使用温度在 500℃以下；若以耐火黏土砖类耐热骨料配制水玻璃混凝土，使用温度一般在800℃以下；若以镁质耐火材料为骨料，则其耐热度可达 1100℃。

2.3.4 水玻璃的应用

水玻璃具有黏结和成膜性好、不燃烧、不易腐蚀、价格便宜、原料易得等优点，多用于建筑涂料、胶结材料及防腐、耐酸材料。

1. 涂刷材料表面，浸渍多孔性材料，加固土壤

以水玻璃涂刷石材表面，可提高其抗风化能力，提高建筑物的耐久性。以相对密度为

1.35 g/cm³ 的水玻璃浸渍或多次涂刷黏土砖、水泥混凝土等多孔材料，可以提高材料的密实度和强度，从而提高其抗渗性和耐水性。这是由于水玻璃生成硅胶，与材料中的 $Ca(OH)_2$ 作用生成硅酸钙凝胶体，填充在孔隙中，从而使材料变得密实。但需要注意的是，切不可用水玻璃处理石膏制品。因为含 $CaSO_4$ 的材料与水玻璃生成 $NaSO_4$，具有结晶膨胀性，会使材料因结晶膨胀作用而破坏。若将模数为 2.5～3 的水玻璃和氯化钙溶液一起灌入土壤中，则生成的冻状硅酸凝胶在潮湿环境下，因吸收土壤中水分而处于膨胀状态，可使土壤固结，抗渗性得到提高。

2. 配制防水剂

以水玻璃为基料，加入两种或四种矾的水溶液，可配制成二矾或四矾防水剂。这种防水剂可以掺入硅酸盐水泥浆或混凝土中，以提高砂浆或混凝土的密实性和凝结硬化速度。

二矾防水剂是将 1 份胆矾($CuSO_4 \cdot 5H_2O$)和 1 份红矾($K_2Cr_2O_7 \cdot 2H_2O$)，加入 60 份的沸水中，再将冷却至 30℃～40℃的水溶液加入 400 份的水玻璃溶液中，静止半小时后配制成的。

四矾防水剂与二矾防水剂所不同的是除加入胆矾和红矾外，还加入明矾 ($KAl(SO_4)_2 \cdot 12H_2O$)和紫矾($KCr(SO_4)_2 \cdot 12H_2O$)，并控制四矾水溶液加入水玻璃时的温度为 50℃。这种四矾防水剂凝结速度快，一般不超过 1 min，适用于堵塞漏洞、缝隙等抢修工程。

3. 配制水玻璃混凝土

以水玻璃为胶结材料，以氟硅酸钠为固化剂，掺入铸石粉等粉状填料和砂、石骨料，经混合搅拌、振捣成型、干燥养护及酸化处理等加工而成的复合材料叫水玻璃混凝土。若采用的填料和骨料为耐酸材料，则称为水玻璃耐酸混凝土；若选用耐热的砂、石骨料，则称为水玻璃耐热混凝土。

水玻璃混凝土具有机械强度高、耐酸和耐热性能好、整体性强、材料来源广泛、施工方便、成本低及使用效果好等特点，适用于耐酸地坪、墙裙、踢脚板、设备基础和支架、烟囱内衬以及耐酸池、槽、罐等设备外壳或内衬，还可以配筋后制成预制件。

2.4 菱 苦 土

菱苦土是一种气硬性无机胶凝材料，主要成分是氧化镁(MgO)，是一种白色或黄色的粉末，属镁质胶凝材料；它的原材料主要来源于天然菱镁矿($MgCO_3$)，也可利用蛇纹石 ($3MgO \cdot 2SiO_2 \cdot 2H_2O$)、白云石($MgCO_3 \cdot CaCO_3$)、冶炼镁合金的炉渣($MgO$ 含量不低于 25%) 或从海水中提取。

菱镁矿中的 $MgCO_3$ 一般在 400℃时开始分解，在 600℃～650℃时反应剧烈进行；生产菱苦土时，煅烧温度通常控制在约 750℃～850℃，其反应式如下：

$$MgCO_3 \rightarrow MgO + CO_2 \uparrow \tag{2-11}$$

煅烧得到的块状产物经磨细后，即可得到菱苦土。其密度为 3.10 g/cm³～3.40 g/cm³，堆积密度为 800 kg/m³～900 kg/m³。

菱苦土在运输或储存时应避免受潮，也不可久存。菱苦土会吸收空气中的水分而变成

$Mg(OH)_2$，再碳化成 $MgCO_3$，从而失去化学活性。

另外，将白云石在 $650℃\sim750℃$ 温度下煅烧，可生产出以 MgO 和 $CaCO_3$ 为主的混合物，称为苛性白云石，其反应式如下：

$$MgCO_3 \cdot CaCO_3 \rightarrow MgO + CaCO_3 + CO_2 \uparrow \tag{2-12}$$

苛性白云石也属镁质胶凝材料，性质及用途与菱苦土相似。

2.4.1 菱苦土的硬化

菱苦土在加水拌合时，MgO 发生水化反应，生成 $Mg(OH)_2$，并放出大量热，其反应式如下：

$$MgO + H_2O \rightarrow Mg(OH)_2 \tag{2-13}$$

用水调和浆体时，凝结硬化很慢，硬化后的强度也很低。所以经常使用调和剂，以加速其硬化过程的进行，最常用的调和剂是氯化镁溶液，其反应式如下：

$$\begin{cases} x MgO + y MgCl_2 \cdot z H_2O \rightarrow x MgO \cdot y MgCl_2 \cdot z H_2O \\ \\ MgO + H_2O \rightarrow Mg(OH)_2 \end{cases} \tag{2-14}$$

反应生成的氯氧化镁($x MgO \cdot y MgCl_2 \cdot z H_2O$)和 $Mg(OH)_2$ 从溶液中逐渐析出，并凝结和结晶，使浆体凝结硬化。加入调和剂后，不仅凝结硬化的速度加快，而且强度也得以显著提高。

2.4.2 菱苦土的技术指标

菱苦土产品按化学成分和物理性能分为优等品(A)、一等品(B)和合格品(C)，主要技术指标见表2-6。

表 2-6　菱苦土的主要技术指标

项 目 类 别		优等品(A)	一等品(B)	合格品(C)
MgO(%)≥		80	75	70
游离 CaO(%)≤		2	2	2
细度 0.08 mm 方孔筛筛余(%)≤		15	15	20
凝结时间	初凝(min)≥	40	40	40
	终凝(h)≤	7	7	7
抗折强度(MPa)≥	1d	5.0	4.0	3.0
	3d	7.0	6.0	5.0
抗压强度(MPa)≤	1d	25.0	20.0	15.0
	3d	30.0	25.0	20.0

2.4.3 菱苦土的性质与应用

菱苦土与植物纤维黏结性好，不会引起纤维的分解。因此，菱苦土常与木丝、木屑等木质纤维混合应用，制成菱苦土木屑地板、木丝板及木屑板等制品。

为了提高制品的强度及耐磨性，菱苦土中除加入木屑、木丝外，还加入了滑石粉、石棉、细石英砂、砖粉等填充材料。以大理石或中等硬度的岩石碎屑为骨料，可制成菱苦土磨石地板。

菱苦土地板具有保温、无尘土、耐磨、防火、表面光滑和弹性好等特性，若掺入耐碱矿物颜料，可为地面着色，是良好的地面材料。

菱苦土板有较高的紧密度与强度，可以代替木材制成垫木、柱子等构件。在菱苦土中加入泡沫剂可制成轻质多孔的绝热材料。菱苦土耐水性较差，故这类制品不宜用于长期潮湿的地方。菱苦土在使用过程中，常用氯化镁溶液调制，其氯离子对钢筋有锈蚀作用，故其制品中不宜配制钢筋。

思考与练习

1. 有机胶凝材料和无机胶凝材料有何差异？气硬性胶凝材料和水硬性胶凝材料有何区别？

2. 简述石灰的熟化特点。

3. 确定石灰质量等级的主要指标有哪些？根据这些指标如何确定石灰的质量等级？

4. 灰土在制备和使用中有什么要求？

5. 生石灰块灰、生石灰粉、熟石灰粉和石灰膏等几种建筑石灰在使用时有何特点？使用中应注意哪些问题？

6. 石膏的生产工艺和品种有何关系？

7. 简述石膏的性能特点。

8. 石膏制品为什么具有良好的保温隔热性和阻燃性？

9. 水玻璃模数、密度与水玻璃的性质有何关系？

10. 水玻璃的硬化有何特点？

11. 水玻璃性能的优缺点有哪些？

12. 为什么菱苦土在使用时不能单独用水拌合？

13. 总结自己周围所使用的有代表性的建筑材料，说出它们的优点。

第3章 水　　泥

教学提示　本章重点学习硅酸盐类水泥，可按"原材料—熟料矿物—水化产物—水泥石结构—技术性质—水泥石腐蚀与防止"这一主线来学习。硅酸盐类水泥根据特性相近性可分为两大部分，第一部分是硅酸盐水泥和普通水泥，第二部分是矿渣水泥、粉煤灰水泥、火山灰水泥和复合水泥。水泥的特性决定了其适用条件与范围。

教学要求　熟练掌握硅酸盐水泥和掺加混合材料硅酸盐水泥的定义、技术性质及选用原则；掌握硅酸盐水泥和掺加混合材料硅酸盐水泥的矿物组成、水化产物、检测方法、水泥石的腐蚀与防止等；了解硅酸盐水泥的硬化机理、其他水泥品种及其性质和使用特点。

水泥是土木工程中使用较为广泛的无机胶凝材料，加入适量水后，可成为塑性浆体，不仅能在空气中凝结硬化，而且能更好地在水中凝结硬化，保持并发展其强度，是一种水硬性胶凝材料。

水泥是最主要的建筑材料之一，它能将砂和石等材料牢固地胶结在一起，配制成各种混凝土和砂浆，广泛应用于建筑、交通、水利、电力和国防等工程。水泥混凝土已经成为了现代社会的基石，在经济社会发展中发挥着重要作用。

土木工程中应用的水泥品种众多，按其水硬性矿物名称主要分为硅酸盐水泥、铝酸盐水泥、硫铝酸盐水泥、铁铝酸盐水泥、氟铝酸盐水泥等系列。国家标准《水泥的命名、定义和术语》(GB/T 4131—2014)规定，水泥按其性能及用途可分为两大类，即用于一般土木工程的通用水泥，主要包括硅酸盐水泥、普通硅酸盐水泥、矿渣硅酸盐水泥、火山灰质硅酸盐水泥、粉煤灰硅酸盐水泥和复合硅酸盐水泥等六大硅酸盐系水泥；具有特殊性能和用途的特种水泥，如道路水泥、砌筑水泥和油井水泥、快硬硅酸盐水泥、白色硅酸盐水泥、抗硫酸盐硅酸盐水泥、低热硅酸盐水泥和膨胀酸盐水泥等。

本章主要介绍硅酸盐系列的水泥，并在此基础上介绍其他品种的水泥。

3.1　硅酸盐水泥

3.1.1　硅酸盐水泥的生产工艺

按现行国家标准《通用硅酸盐水泥》(GB 175—2007)的定义：通用硅酸盐水泥是指以硅酸盐水泥熟料和适量的石膏及规定的混合材料制成的水硬性胶凝材料。本节主要讲述通用硅酸盐水泥中的硅酸盐水泥。硅酸盐水泥分为两种类型，不掺加混合材料的称为Ⅰ型硅酸盐水泥，代号为 P·Ⅰ；在硅酸盐水泥粉磨时，掺入不超过水泥质量5%的石灰石或粒化高炉矿渣混合材料的称为Ⅱ型硅酸盐水泥，代号为P·Ⅱ。

生产硅酸盐水泥的原料主要有石灰石、黏土和铁矿石粉，煅烧一般用煤作燃料。石灰石主要提供CaO，黏土主要提供SiO_2、Al_2O_3和Fe_2O_3，铁矿石粉主要是补充Fe_2O_3的不足。

硅酸盐水泥的生产过程分为制备生料、煅烧熟料、粉磨水泥三个主要阶段。该生产工艺过程可概括为"两磨一烧"，硅酸盐水泥的生产工艺流程如图3-1所示。

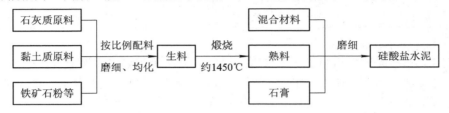

图3-1 硅酸盐水泥的生产工艺流程

生料在煅烧过程中形成水泥熟料的物理化学过程十分复杂，大体可分为下述几个步骤：

生料的干燥与脱水→碳酸钙分解→固相反应→烧成阶段→熟料的冷却

其主要反应可简述为：生料进入窑中后，即开始被加热，水分逐渐蒸发而干燥。当温度上升到500℃~800℃时，首先是有机物质被烧尽，其次是黏土中的高岭石脱水并分解为无定形的SiO_2和Al_2O_3。当温度达到800℃~1000℃时，碳酸钙进行分解，分解出的CaO即开始与黏土分解产物SiO_2、Al_2O_3及Fe_2O_3发生固相反应。随着温度的继续升高，固相反应加速进行，逐步形成$2CaO·SiO_2$、$3CaO·Al_2O_3$及$4CaO·Al_2O_3·Fe_2O_3$。当温度达到1300℃时，固相反应基本完成，这时物料中仍剩余一部分未反应的CaO。当温度从1300℃升到1450℃再降到1300℃时为烧成阶段，这时$3CaO·Al_2O_3$及$4CaO·Al_2O_3·Fe_2O_3$烧至熔融状态，出现液相，把剩余的CaO及部分$2CaO·SiO_2$溶解于其中；在此液相中，$2CaO·SiO_2$吸收CaO形成$3CaO·SiO_2$。这一过程是煅烧水泥的关键，必须达到足够的温度及停留适当长的时间，使生成$3CaO·SiO_2$的反应更为充分，否则熟料中仍有残余的游离CaO，影响水泥的质量。煅烧完成后，经迅速冷却，即得到熟料。

在硅酸盐水泥的生产中须加入适量的石膏和混合材料，加入石膏的目的是延缓水泥的凝结时间，以满足使用的要求；加入混合材料则是为了改善其品种和性能，扩大其使用范围。

3.1.2 硅酸盐水泥的材料及主要矿物组成

1. 硅酸盐水泥

1) 硅酸盐水泥熟料

由水泥原料经配比后煅烧得到的块状料即为水泥熟料，是水泥的主要组成部分。按水泥熟料的组成成分可分为化学成分和矿物成分两类。硅酸盐水泥熟料的化学成分主要是氧化钙(CaO)、氧化硅(SiO_2)、氧化铝(Al_2O_3)、氧化铁(Fe_2O_3)四种氧化物，占熟料质量的94%左右。其中，CaO约占60%~67%，SiO_2约占20%~24%，Al_2O_3约占4%~9%，Fe_2O_3约占2.5%~6%。

以上几种氧化物经过高温煅烧后，反应生成多种具有水硬性的矿物，成为水泥熟料。硅酸盐水泥熟料的主要矿物有以下四种，其名称及含量范围如表3-1所示。

表 3-1　水泥熟料的主要矿物组成

矿物成分名称	基本化学组成	矿物成分简写	一般含量范围
硅酸三钙	$3CaO \cdot SiO_2$	C_3S	36%～60%
硅酸二钙	$2CaO \cdot SiO_2$	C_2S	15%～37%
铝酸三钙	$3CaO \cdot Al_2O_3$	C_3A	7%～15%
铁铝酸四钙	$4CaO \cdot Al_2O_3 \cdot Fe_2O_3$	C_4AF	10%～18%

2) 石膏

一般水泥熟料磨成细粉与水相遇会很快凝结，无法施工。水泥磨制过程中加入适量石膏的目的主要是起到缓凝作用，同时还有利于提高水泥的早期强度及降低干缩变形等性能。

用于水泥中的石膏主要是天然石膏和工业副产石膏。

3) 混合材料

为了达到改善水泥的性能、增加品种、提高产量、降低成本以及扩大水泥的使用范围等目的，在水泥生产过程中加入的矿物质材料，称为混合材料。按照矿物质材料的性质，用于水泥中的混合材料可划分为活性混合材料和非活性混合材料。

活性混合材料是指具有火山灰性或潜在水硬性的混合材料，与石灰及石膏一起加水拌和后能形成水硬性的化合物，如粒化高炉矿渣、火山灰质混合材料以及粉煤灰等。

非活性混合材料在水泥中主要起填充作用，本身不具有(或具有微弱的)潜在的水硬性或火山灰性，但可以起到调节水泥强度、增加水泥产量、降低水化热等作用。常用的非活性混合材料有磨细的石灰石、石英岩、黏土、慢冷矿渣及高硅质炉灰等。

4) 窑灰

窑灰是回转窑在生产硅酸盐水泥熟料时，从窑尾废气中经收尘设备收集下来的干燥粉状材料。

2. 通用硅酸盐水泥的组分

根据国家标准《通用硅酸盐水泥》(GB 175－2007)，通用硅酸盐水泥的组分应符合表3-2 的规定。

表 3-2　通用硅酸盐水泥的组分

品　种	代号	组　分(%)				
		熟料＋石膏	粒化高炉矿渣	火山灰质混合材料	粉煤灰	石灰石
硅酸盐水泥	P·Ⅰ	100	—	—	—	—
	P·Ⅱ	≥95	≤5	—	—	—
		≥95	—	—	—	≤5
普通硅酸盐水泥	P·O	≥80 且＜95	＞5 且≤20[a]			—
矿渣硅酸盐水泥	P·S·A	≥50 且＜80	＞20 且≤50[b]	—	—	—
	P·S·B	≥30 且＜50	＞50 且≤70[b]	—	—	—
火山灰质硅酸盐水泥	P·P	≥60 且＜80	—	＞20 且≤40[c]	—	—
粉煤灰硅酸盐水泥	P·F	≥60 且＜80	—	—	＞20 且≤40[d]	—
复合硅酸盐水泥	P·C	≥50 且＜80	＞20 且≤50[e]			

3.1.3 硅酸盐水泥的水化与凝结硬化

1. 硅酸盐水泥熟料矿物的水化硬化

硅酸盐水泥熟料由四种主要矿物组成,这些矿物的水化硬化性质决定了水泥的性质。因此,研究水泥的水化硬化,必须首先研究各种矿物的水化硬化。硅酸盐水泥加水拌和后,常温下其熟料成分的水化反应如下:

(1) 硅酸三钙(C_3S)的水化反应式为

$$2(3CaO \cdot SiO_2) + 6H_2O \rightarrow 3CaO \cdot 2SiO_2 \cdot 3H_2O + 3Ca(OH)_2 \tag{3-1}$$

C_3S 的水化产物为水化硅酸钙($3CaO \cdot 2SiO_2 \cdot 3H_2O$)和氢氧化钙($Ca(OH)_2$),水化反应速度较快。

(2) 硅酸二钙(C_2S)的水化反应式为

$$2(2CaO \cdot SiO_2) + 4H_2O \rightarrow 3CaO \cdot 2SiO_2 \cdot 3H_2O + Ca(OH)_2 \tag{3-2}$$

C_2S 的水化产物与 C_3S 的相同,但是水化反应速度很慢。

(3) 铝酸三钙(C_3A)的水化反应式为

$$3CaO \cdot Al_2O_3 + 6H_2O \rightarrow 3CaO \cdot Al_2O_3 \cdot 6H_2O \tag{3-3}$$

C_3A 水泥反应迅速、放热快,其水化产物受液相 CaO 浓度和温度影响较大,最终转化为水化铝酸钙(C_3AH_6,又称水石榴石)。

为了调节 C_3A 的水化反应速度,粉磨水泥时需加入适量的石膏($CaSO_4 \cdot 2H_2O$),在有石膏的条件下,反应式为

$$3CaO \cdot Al_2O_3 \cdot 6H_2O + 3(CaSO_4 \cdot 2H_2O) + 19H_2O \rightarrow 3CaO \cdot Al_2O_3 \cdot 3CaSO_4 \cdot 31H_2O \tag{3-4}$$

其水化产物为三硫型水化硫铝酸钙,简称钙矾石。若石膏掺量少,在 C_3A 完全水化前反应完,则钙矾石与 C_3A 作用生成单硫型水化硫铝酸钙($3CaO \cdot Al_2O_3 \cdot CaSO_4 \cdot 12H_2O$)。

(4) 铁铝酸四钙(C_4AF)的水化反应式为

$$4CaO \cdot Al_2O_3 \cdot Fe_2O_3 + 7H_2O \rightarrow 3CaO \cdot Al_2O_3 \cdot 6H_2O + CaO \cdot Fe_2O_3 \cdot H_2O \tag{3-5}$$

C_4AF 的水化速度比 C_3A 慢,水化热也较低,其主要水化产物为 C_3AH_6 和水化铁铝酸钙。

硅酸盐水泥熟料矿物的水化硬化特性见表3-3,熟料矿物的强度增长情况比较如图3-2所示。

表 3-3　熟料矿物的水化硬化特性

矿物名称	水化速度	18d 水化热	凝结硬化速度	强度		耐化学侵蚀
				早期	后期	
C_3S	快	多	快	高	高	中
C_2S	慢	少	慢	低	高	良
C_3A	最快	最多	最快	低	低	差
C_4AF	快	中	快	低	低	优

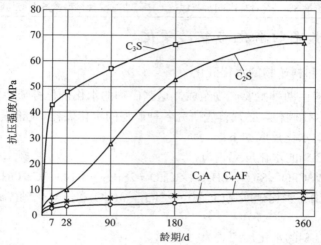

图 3-2　水泥熟料矿物的强度增长曲线

以上硅酸盐水泥熟料的水化反应中，铝酸三钙的凝结速度最快，水化时放热量最大，其主要作用是促进水化早期强度的增长，特别是在水化到 3 天的龄期时，但对后期强度贡献较小。硅酸三钙凝结硬化较快，水化反应放热也较大，在水化反应前 28 天内，提供水泥石的主要强度。硅酸二钙水化反应的产物与硅酸三钙基本相同，但是水化反应速度很慢，水化反应放热量也小，在水泥石中后期，即 28 天到 1 年左右才发挥其强度作用。铁铝酸四钙水泥石强度形成作用中等。

为了改善水泥的某些性能并达到增产的目的，在水泥生产过程中有时还要加入一些混合材料。混合材料一般按矿物性质分为活性混合材料和非活性混合材料。活性混合材料有粒化高炉矿渣、火山灰质混合材料和粉煤灰等。非活性混合材料主要有磨细的石灰石、石英岩、黏土及高硅质炉灰等。

由此可知，几种矿物成分的性能表现各不相同，它们在熟料中的相对含量改变时，水泥的技术性质也随之改变。例如，要使水泥具有快硬高强的性能，应适当提高熟料中 C_3S 及 C_3A 的相对含量；若要求水泥的发热量较低，可适当提高 C_2S 及 C_4AF 的含量而控制 C_3S 及 C_3A 的含量。因此，掌握硅酸盐水泥熟料中各矿物成分的含量及特性，就可以大致了解该水泥的性能特点。

2．硅酸盐水泥的凝结硬化

水泥水化后，将生成各种水化产物，且随着时间的推延，水泥浆的塑性将逐渐失去，而成为具有一定强度的固体，这一过程称为水泥的凝结硬化。凝结硬化是一个连续而复杂的物理化学变化过程，可以用四个阶段来描述。水泥凝结硬化过程示意图如图 3-3 所示。

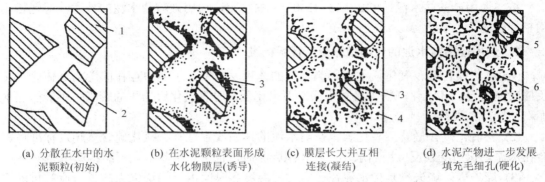

(a) 分散在水中的水   (b) 在水泥颗粒表面形成   (c) 膜层长大并互相   (d) 水泥产物进一步发展
    泥颗粒(初始)   水化物膜层(诱导)   连接(凝结)   填充毛细孔(硬化)

1—水泥颗粒；2—水；3—凝胶；4—晶体；5—未水化水泥内核；6—毛细孔

图 3-3　水泥凝结硬化过程示意图

水泥加水拌和后，水泥颗粒表面很快就与水发生化学反应，生成相应的水化产物，形成"水泥—水—水化产物"混合体系，这一阶段称为初始反应期，如图 3-3(a)所示。水化初期生成的产物迅速扩散到水中，水化产物在溶液中很快达到饱和或过饱和状态而不断析出，在水泥颗粒表面形成水化物膜层，使得水化反应进行得较慢，这一阶段称为诱导期。在此期间，水泥颗粒仍然分散，水泥浆体具有良好的可塑性，如图 3-3(b)所示。

随着水化的继续进行，自由水分逐渐减少，水化产物不断增加，水泥颗粒表面的新生物厚度逐渐增大，使水泥浆中固体颗粒间的间距逐渐减小，而越来越多的颗粒相互连接形成网架结构，使水泥浆体逐渐变稠，慢慢失去可塑性，这一阶段称为凝结期，如图 3-3(c)所示。

水化反应进一步进行，水化产物不断生成，水泥颗粒之间的毛细孔不断被填实，结构更加密实，水泥浆体逐渐硬化，形成具有一定强度的水泥石，且强度随时间不断增长，这一阶段称为硬化期，如图 3-3(d)所示。水泥的硬化期可以延续至很长时间，但 28 天时基本表现出了大部分强度。

水泥的水化是从表面开始向内部逐渐深入进行的，在最初的 1～3 天，水化产物增加迅速，强度发展很快；而随着水化反应的不断进行，水化产物增加的速度逐渐变慢，强度增长的速度也逐渐变缓，28 天之后显著减慢。但是，只要维持适当的温度与湿度，水泥石中未水化的水泥颗粒仍将继续水化，使水泥石的强度在几个月、几年甚至几十年后还会继续增长。

水泥水化反应过程中的影响因素包括环境的温度与湿度。如果水泥处于干燥状态，水泥浆中水分被蒸发，则水泥水化反应无法继续，强度也不再增长。所以，在工程施工时，混凝土工程要在浇注后 2～3 周内进行养护，保持湿润，保证水化反应正常进行。温度对水泥凝结硬化的影响也很大，温度高时，水化反应速度快，强度增长快；温度低时，水化反应速度慢，强度增长慢；温度低于 0℃时，水化反应停止。因此，在施工时应根据不同情况采取蒸汽养护的方法加速水化反应，使水泥、混凝土工程达到设计强度。采取保温等措施，可在 0℃以下进行施工，加快施工进度。

3.1.4 硅酸盐水泥的技术性质和技术标准

按《通用硅酸盐水泥》(GB 175—2007)中的规定,通用硅酸盐水泥的技术性质包括化学指标和物理力学指标。

1. 通用硅酸盐水泥的化学指标及其技术标准

(1) 氧化镁含量。氧化镁主要影响水泥的体积安定性。水泥中存在的游离氧化镁水化反应时速度慢,其水化产物为氢氧化镁,而水化反应时氢氧化镁体积的膨胀,可能引起水泥石结构产生裂缝。

(2) 三氧化硫含量。三氧化硫也影响水泥的体积安定性。三氧化硫含量超过标准后,会在水泥硬化后继续反应;当水化产物体积膨胀时,也可能引起水泥石结构产生裂缝。

(3) 烧失量。烧失量是指水泥在一定灼烧温度和时间内,灼烧失去的量占原质量的百分比。Ⅰ型硅酸水泥烧失量不得大于 3.0%;Ⅱ型硅酸盐水泥的烧失量不得大于 3.5%。产生烧失量超标的原因一般是水泥煅烧不合格或水泥受潮。

(4) 碱含量。水泥中碱含量按 $Na_2O+0.685K_2O$ 计算值来表示。水泥中碱含量不得大于 0.6%或由供需双方商定。水泥中碱含量过高,会与骨料中的活性物质发生碱—骨料反应;当水化产物体积膨胀时,易造成水泥石结构破坏。

(5) 不溶物含量。不溶物是指在水泥煅烧过程中存留的残渣,它主要影响水泥的黏结性能。Ⅰ型硅酸盐水泥的不溶物含量不得超过 0.75%;Ⅱ型硅酸盐水泥的不溶物含量不得超过 1.5%。

通用硅酸盐水泥的化学指标应符合表 3-4 规定。

表 3-4 通用硅酸盐水泥的化学指标

品 种	代号	不溶物 (质量分数)	烧失量 (质量分数)	三氧化硫(质量分数)	氧化镁 (质量分数)	氯离子 (质量分数)
硅酸盐水泥	P·Ⅰ	≤0.75	≤3.0	≤3.5	≤5.0ᵃ	≤0.06ᶜ
	P·Ⅱ	≤1.50	≤3.5			
普通硅酸盐水泥	P·O	—	≤5.0			
矿渣硅酸盐水泥	P·S·A	—	—	≤4.0	≤6.0ᵇ	
	P·S·B	—	—		—	
火山灰质硅酸盐水泥	P·P	—	—	≤3.5	≤6.0ᵇ	
粉煤灰硅酸盐水泥	P·F					
复合硅酸盐水泥	P·C					

注:a. 如果水泥压蒸试验合格,则水泥中氧化镁的含量(质量分数)允许放宽至 6.0%。

　　b. 如果水泥中氧化镁的含量(质量分数)大于 6.0%,则需进行水泥压蒸安定性试验至合格。

　　c. 当有更低要求时,该指标由买卖双方协商确定。

2. 通用硅酸盐水泥的物理力学指标和技术标准

(1) 细度。细度是指水泥颗粒粗细的程度。细度主要影响水泥需水量、凝结时间、强度和体积安定性等指标。颗粒愈细,比表面积愈大,水化反应愈充分,水泥石强度愈高;同时,反应产物体积收缩也愈大。由于水泥颗粒愈细,则水泥熟料磨制时,其成本较高,所以要合理控制水泥细度，使其既具有良好的性能又能保证经济性。

硅酸盐水泥和普通硅酸盐水泥的细度以比表面积表示，其值不小于 300 m²/kg；矿渣硅酸盐水泥、火山灰质硅酸盐水泥、粉煤灰硅酸盐水泥和复合硅酸盐水泥以筛余百分比表示，80 μm 方孔筛筛余不大于 10%或 45 μm 方孔筛筛余不大于 30%。

水泥细度可以采用筛析法和比表面积法来测定。采用筛析法时，根据《水泥细度检验方法筛析法》(GB/T 1345－2005)的规定，以 80 μm 方孔筛或 45 μm 方孔筛的筛余量百分率表示。筛析法有负压筛析法、水筛法和手工筛析法三种；当测定结果发生争议时，以负压筛析法为准。采用比表面积法，根据《水泥比表面积测定方法 勃氏法》(GB/T 8074－2008)的规定，以每千克水泥所具有的总表面积来表示。水泥比表面积测定方法的原理是，根据一定量的空气通过具有一定空隙率和固定厚度的水泥层时，所受阻力不同而引起的流速的变化。在一定空隙率的水泥层中，空隙的大小和数量是颗粒尺寸的函数，同时也决定了通过料层的气流速度。

(2) 标准稠度用水量。在测定水泥凝结时间和安定性时，为保证测试结果具有可比性，须将水泥净浆调制为标准稠度的水泥净浆。水泥标准稠度用水量，是指水泥净浆达到标准稠度时所需要的用水量。按《水泥标准稠度用水量、凝结时间、安定性检验方法》(GB/T 1346－2011)的规定，标准稠度用水量采用标准法维卡仪测定，以试杆沉入并距底板(6±1)mm 时水泥净浆的用水量(标准稠度用水量)与水泥质量之比的百分数表示。

(3) 凝结时间。凝结时间是指水泥从加水开始，到水泥浆失去流动性，直到失去可塑性所用的时间。它分为初凝和终凝。初凝时间为水泥从加水拌和到水泥浆开始失去可塑性所经历的时间；终凝是水泥浆完全失去可塑性所需的时间。水泥凝结时间对施工有重大影响。水泥的初凝时间过短，会影响水泥应用时搅拌、运输、浇注、抹灰等工作的操作时间。同理，水泥终凝时间过长，在完成以上工序后不能正常硬化，会影响施工进度。

国家标准规定，硅酸盐水泥的初凝时间不小于 45 min，终凝时间不大于 390 min。普通硅酸盐水泥、矿渣硅酸盐水泥、火山灰质硅酸盐水泥、粉煤灰硅酸盐水泥和复合硅酸盐水泥的初凝时间不小于 45 min，终凝时间不大于 600 min。

水泥的凝结时间按《水泥标准稠度用水量、凝结时间、安定性检验方法》(GB/T 1346－2011)规定测定，详见第 12 章。

(4) 体积安定性。体积安定性是指水泥水化反应后水泥石体积变化的稳定性。若水泥成分中的有害物质超过一定限度，则在水化反应过程中将使水泥石体积膨胀而产生不均匀变化，并使水泥石结构遭受破坏，从而造成建筑结构损坏。

体积安定性不达标的主要原因是熟料中含有游离氧化镁、游离氧化钙、三氧化硫或掺入的石膏过多，这些物质在水化反应过程中也参与反应，使产生的水化物体积膨胀，从而使水泥石结构开裂。国家标准中规定，硅酸盐水泥熟料中游离氧化镁含量不得超过 5.0%，三氧化硫含量不得超过 3.5%。水泥体积安定性根据《水泥标准稠度用水量、凝结时间、安定性检验方法》(GB/T 1346－2011)规定进行测定。

(5) 强度。强度是水泥力学性质的一项重要指标，是确定其等级的依据。

根据《水泥胶砂强度检验方法》(GB/T 17671—1999)的规定，将水泥、标准砂和水按规定比例(水泥：标准砂：水=1：3.0：0.5)、用规定方法制成的规格为 40 mm×40 mm×160 mm 的标准试件，在标准养护条件下，测其 3 天、28 天的抗压强度、抗折强度。按照 3 天、28 天的抗压强度、抗折强度，将硅酸盐水泥分为 42.5、42.5R、52.5、52.5R、62.5、62.5R 六个强度等级。为提高水泥的早期强度，现行标准将水泥分为普通型和早强型，用 R 表示。各等级、各龄期的强度值不得低于表 3-5 中的数值。

表 3-5　通用硅酸盐水泥的强度

品　种	强度等级	抗压强度(MPa)		抗折强度(MPa)	
		3d	28d	3d	28d
硅酸盐水泥	42.5	≥17.0	≥42.5	≥3.5	≥6.5
	42.5R	≥22.0		≥4.0	
	52.5	≥23.0	≥52.5	≥4.0	≥7.0
	52.5R	≥27.0		≥5.0	
	62.5	≥28.0	≥62.5	≥5.0	≥8.0
	62.5R	≥32.0		≥5.5	
普通硅酸盐水泥	42.5	≥17.0	≥42.5	≥3.5	≥6.5
	42.5R	≥22.0		≥4.0	
	52.5	≥23.0	≥52.5	≥4.0	≥7.0
	52.5R	≥27.0		≥5.0	
矿渣硅酸盐水泥 火山灰质硅酸盐水泥 粉煤灰硅酸盐水泥 复合硅酸盐水泥	32.5	≥10.0	≥32.5	≥2.5	≥5.5
	32.5R	≥15.0		≥3.5	
	42.5	≥15.0	≥42.5	≥3.5	≥6.5
	42.5R	≥19.0		≥4.0	
	52.5	≥21.0	≥52.5	≥4.0	≥7.0
	52.5R	≥23.0		≥4.5	

我国现行的国家标准《通用硅酸盐水泥》(GB 175－2007)规定，不溶物含量、烧失量、三氧化硫含量、氧化镁含量、氯离子含量、凝结时间、体积安定性及强度均符合标准的，为合格品；不溶物含量、烧失量、三氧化硫含量、氧化镁含量、氯离子含量、凝结时间、体积安定性及强度中任何一项的技术要求不符合标准的，都为不合格品。

3.1.5　水泥石的侵蚀和防止

硬化水泥石在通常条件下具有较好的耐久性；但在流动的淡水和某些侵蚀介质存在的环境中，其结构会受到侵蚀，直至破坏。这种现象称为水泥石的腐蚀。它对水泥耐久性影响较大，必须采取有效措施予以防止。

1. 水泥石的主要腐蚀类型

1) 软水腐蚀(溶出性腐蚀)

硅酸盐水泥属于水硬性胶凝材料，对一般的江、河、湖水等具有足够的抵抗能力，而在面对软水如冷凝水、雪水、蒸馏水、碳酸盐含量甚少的河水及湖水时，会遭受腐蚀。其腐蚀原因如下：当水泥石长期与软水接触时，水泥石中的氢氧化钙会溶出；在静水及无压水的情况下，氢氧化钙很快处于饱和溶液中，溶解作用中止，而溶出仅限于表层，危害不大。但在流动水及压力水的作用下，溶解的氢氧化钙会不断流失，而且水愈纯净，水压愈大，氢氧化钙流失得愈多；其结果一方面使水泥石变得疏松，另一方面使水泥石的碱度降低，导致了其他水化产物的分解溶蚀，最终使水泥石受到破坏。

当环境水中含有重碳酸盐($Ca(HCO_3)_2$)时，由于同离子效应的缘故，氢氧化钙的溶解受到抑制，从而减轻了侵蚀作用；重碳酸盐还可以与氢氧化钙起反应，生成几乎不溶于水的碳酸钙。生成的碳酸钙积聚在水泥石的孔隙中，形成了密实的保护层，阻止了外界水的侵入和内部氢氧化钙的扩散析出：

$$Ca(HCO_3)_2 + Ca(OH)_2 \rightarrow 2CaCO_3 + 2H_2O \tag{3-6}$$

因此，对需与软水接触的水泥石，应预先在空气中放置一段时间，使水泥石中的氢氧化钙与空气中的 CO_2 作用形成碳酸钙外壳，则可对溶出性侵蚀起到一定的保护作用。

2）盐类腐蚀

(1) 硫酸盐腐蚀(膨胀腐蚀)。硫酸盐腐蚀是指在海水、湖水、盐沼水、地下水、某些工业污水等中常含有钾、钠和氨等的硫酸盐，它们与水泥石中的 $Ca(OH)_2$ 发生置换反应，生成硫酸钙。硫酸钙与水泥石中的水化铝酸钙作用会生成高硫型水化硫铝酸钙(钙矾石)，其反应式为

$$Ca(OH)_2 + Na_2SO_4 + 2H_2O = CaSO_4 \cdot 2H_2O + 2NaOH \tag{3-7}$$

$$4CaO \cdot Al_2O_3 \cdot 19H_2O + 3(CaSO_4 \cdot 2H_2O) + 7H_2O = 3CaO \cdot Al_2O_3 \cdot 3CaSO_4 \cdot 31H_2O + Ca(OH)_2 \tag{3-8}$$

$$3CaO \cdot Al_2O_3 \cdot 6H_2O + 3(CaSO_4 \cdot 2H_2O) + 19H_2O = 3CaO \cdot Al_2O_3 \cdot 3CaSO_4 \cdot 31H_2O \tag{3-9}$$

生成的高硫型水化硫铝酸钙晶体比原有水化铝酸钙体积增大 1～1.5 倍，硫酸盐浓度高时还会在孔隙中直接结晶形成二水石膏，比 $Ca(OH)_2$ 的体积增大 1.2 倍以上。由此引起水泥石内部膨胀，致使结构胀裂，强度下降而遭到破坏。由于生成的高硫型水化硫铝酸钙晶体呈针状，故又形象地称其为"水泥杆菌"。

(2) 镁盐腐蚀。镁盐腐蚀是指在海水及地下水中，常含有大量的镁盐，主要是硫酸镁和氯化镁，它们可与水泥石中的 $Ca(OH)_2$ 发生如下反应：

$$MgSO_4 + Ca(OH)_2 + 2H_2O = CaSO_4 \cdot 2H_2O + Mg(OH)_2 \tag{3-10}$$

$$MgCl_2 + Ca(OH)_2 = CaCl_2 + Mg(OH)_2 \tag{3-11}$$

所生成的 $Mg(OH)_2$ 松软而无胶凝性，$CaCl_2$ 易溶于水，会引起溶出性腐蚀，二水石膏又会引起膨胀腐蚀。所以硫酸镁对水泥起硫酸盐和镁盐的双重腐蚀作用，危害更严重。

3）酸类腐蚀

(1) 碳酸水的腐蚀。雨水、泉水及某些工业废水中常溶解有较多的 CO_2，当其含量超过一定浓度时，将会对水泥石产生破坏作用，其反应式如下：

$$Ca(OH)_2 + CO_2 + H_2O \rightarrow CaCO_3 + 2H_2O \tag{3-12}$$

$$CaCO_3 + CO_2 + H_2O \rightleftharpoons Ca(HCO_3)_2 \tag{3-13}$$

反应式(3-13)是可逆反应，若水中含有较多的碳酸，超过平衡浓度时，该式向右进行，水泥石中的 $Ca(OH)_2$ 经过上述两个反应式转变为 $Ca(HCO_3)_2$ 而溶解，进而导致其他水泥水化产物分解和溶解，使水泥石结构受到破坏；若水中的碳酸含量不高，低于平衡浓度，则

反应进行到反应式(3-12)为止，对水泥石并不起破坏作用。

(2) 一般酸的腐蚀。在工业污水和地下水中常含有无机酸(HCl、H_2SO_4、HPO_3等)和有机酸(醋酸、蚁酸等)，而各种酸对水泥都有不同程度的腐蚀作用；它们与水泥石中的$Ca(OH)_2$作用，生成的化合物或溶于水，或体积膨胀而导致破坏。腐蚀作用最快的是无机酸中的盐酸、氢氟酸、硝酸、硫酸和有机酸中的醋酸、蚁酸和乳酸等。

例如，盐酸与水泥石中的$Ca(OH)_2$作用生成极易溶于水的氯化钙，导致溶出性化学侵蚀：

$$2HCl + Ca(OH)_2 \rightarrow CaCl_2 + 2H_2O \tag{3-14}$$

硫酸与水泥石中的$Ca(OH)_2$作用：

$$H_2SO_4 + Ca(OH)_2 \rightarrow CaSO_4 \cdot 2H_2O \tag{3-15}$$

生成的二水石膏在水泥石孔隙中结晶，致使体积膨胀。二水石膏也可以再与水泥石中的水化铝酸钙作用，生成高硫型水化硫铝酸钙。生成的高硫型水化硫铝酸钙含有大量的结晶水，体积膨胀$1\sim1.5$倍，破坏作用更大。

4) 强碱的腐蚀

浓度不高的碱类溶液，一般对水泥石无害。但若水泥石长期处于较高浓度(大于 10%)的含碱溶液中，也能发生缓慢腐蚀，主要是化学腐蚀和结晶腐蚀。

化学腐蚀，如氢氧化钠与水化产物反应，生成胶结力不强、易溶析的产物，反应式为

$$2CaO \cdot SiO_2 \cdot nH_2O + 2NaOH = 2Ca(OH)_2 + Na_2O \cdot SiO_2 + (n-1)H_2O$$

$$3CaO \cdot Al_2O_3 \cdot 6H_2O + 2NaOH = 3Ca(OH)_2 + Na_2O \cdot Al_2O_3 + 4H_2O$$

结晶腐蚀，如氢氧化钠渗入水泥石后，与空气中的二氧化碳反应生成含结晶水的碳酸钠，而碳酸钠在毛细孔中结晶，致使体积膨胀，从而使水泥石开裂而导致破坏。

5) 其他腐蚀

除了上述四种主要的腐蚀类型外，其他一些物质对水泥石也有腐蚀作用，如糖、氨盐、酒精、动物脂肪、含环烷酸的石油产品及碱－骨料反应等。它们或是影响水泥的水化，或是影响水泥的凝结，或是体积变化引起开裂，或是影响水泥的强度。总之，它们会从不同的方面造成水泥石的性能下降甚至破坏。

实际工程中，水泥石的腐蚀是一个复杂的物理化学作用过程，腐蚀的作用往往不是单一的，而是几种腐蚀同时存在、相互影响的。

2. 腐蚀的防止

水泥石腐蚀是内外因并存的，内因是水泥石中存在着引起腐蚀的氢氧化钙和水化铝酸钙，以及水泥石本身的结构不密实，有毛细管渗水通道；外因是在水泥石周围有以液相形式存在的侵蚀性介质。

由此，水泥石腐蚀的基本原因归纳为：一是水泥石中存在易被腐蚀的组分，主要是$Ca(OH)_2$和水化铝酸钙；二是有能产生腐蚀的介质和环境条件；三是水泥石本身不密实，有许多毛细孔，使侵蚀介质能进入其内部。防止水泥石腐蚀的措施如下：

1) 根据环境特点，合理选择水泥品种

水泥品种不同，其矿物组成就不同，对腐蚀的抵抗能力也就不同。

在水泥的生产中，调整矿物的组成，掺加相应耐腐蚀性强的混合材料，就可制成具有相应耐腐蚀性能的特性水泥。使用水泥时，必须根据腐蚀环境的特点，合理地选择品种。

例如，硅酸盐水泥水化时产生大量 Ca(OH)$_2$，易受各种腐蚀的作用，抵抗腐蚀的能力较差；而掺加活性混合材料的水泥，其熟料比例得以降低，水化时 Ca(OH)$_2$ 较少，抵抗各种腐蚀的能力就较强；铝酸钙含量低的水泥，其抗硫酸盐、抗碱腐蚀的性能较强。

2) 提高水泥石的密实度，改善孔隙结构

水泥石的构造是一个多孔体系，因多余水分蒸发而形成的毛细孔是连通的孔隙，介质能渗入其内部，造成腐蚀。因此，提高水泥石的密实度，减少孔隙，就能有效地阻止或减少腐蚀介质的侵入，提高耐腐蚀能力。

改善水泥石的孔隙结构，引入密闭孔隙，减少毛细连通孔，是提高其耐腐蚀能力的有效措施。

3) 在水泥石表面敷设保护层

当腐蚀作用较强时，应在水泥石表面加做不透水的保护层，隔断腐蚀介质的接触。保护层材料可选用耐腐蚀性强的石料、陶瓷、玻璃、塑料、沥青和涂料等；也可用化学方法进行表面处理，形成保护层，如表面碳化形成密实的碳酸钙、表面涂刷草酸形成不溶的草酸钙等；对于特殊抗腐蚀的要求，则可采用抗蚀性强的聚合物混凝土。

3.1.6　硅酸盐水泥的特性及应用

1. 硅酸盐水泥的特性

(1) 水化、凝结硬化速度快，强度高，尤其是早期强度更高。由于硅酸盐水泥中，C$_3$A 和 C$_3$S 含量大，使硅酸盐水泥水化、凝结硬化速度加快，强度(主要是早期强度)发展也快，这对要求早强的结构工程，大跨度、高强度、预应力结构等重要结构的混凝土工程有利。

(2) 水化热大，且放热较集中。硅酸盐水泥早期的水化放热量大，放热持续时间也较长，其 3 天内的水化放热量约占其总放热量的 50%，有利于冬季施工，但它不适宜在大体积混凝土工程中使用。

(3) 抗腐蚀性差。硅酸盐水泥水化产物中有较多的氢氧化钙和水化铝酸钙，耐软水及耐化学腐蚀能力差。

(4) 碱度高，抗碳化能力强。碳化是指水泥石中的氢氧化钙与空气中的二氧化碳反应生成碳酸钙的过程。碳化对水泥石(或混凝土)本身是有利的，但碳化会使水泥石(混凝土)内部碱度降低，从而失去对钢筋的保护作用。

(5) 抗冻性好。由于硅酸盐水泥未掺或掺很少量的混合材料，故其抗冻性好。

(6) 耐热性差。硅酸盐水泥中的一些重要成分在 250℃ 的温度时会发生脱水或分解，使水泥石强度下降；当受热 700℃ 以上时，将遭受破坏。

(7) 耐磨性好。硅酸盐水泥强度高，耐磨性好。

2. 硅酸盐水泥的应用

硅酸盐水泥适用于配制重要结构用的高强度混凝土和预应力混凝土；适用于有早强要求的工程及冬季施工的工程；适用于严寒地区遭受反复冻融的工程及干湿交替的部位；适用于一般地上工程和不受侵蚀的地下工程、无腐蚀性水中的受冻工程。

硅酸盐水泥不宜用于海水和腐蚀介质存在的工程、大体积工程和高温环境工程；不适宜蒸汽或蒸压养护的混凝土工程。

3.1.7 硅酸盐水泥的包装、标志与储运

1. 硅酸盐水泥的包装

硅酸盐水泥可以散装或袋装，袋装水泥每袋净含量为 50 kg，且应不少于标志质量的 99%；随机抽取 20 袋总质量(含包装袋)应不少于 1000 kg；其他包装形式可由供需双方协商确定，但有关的袋装质量要求，应符合上述规定。水泥包装袋应符合《水泥包装袋》(GB 9774—2010)的规定。

2. 硅酸盐水泥的标志

硅酸盐水泥包装袋上应清楚标明执行标准、水泥品种、代号、强度等级、生产者名称、生产许可证标志(QS)及编号、出厂编号、包装日期、净含量；包装袋两侧应根据水泥的品种采用不同的颜色印刷水泥名称和强度等级，硅酸盐水泥和普通硅酸盐水泥采用红色，矿渣硅酸盐水泥采用绿色，火山灰质硅酸盐水泥、粉煤灰硅酸盐水泥和复合硅酸盐水泥采用黑色或蓝色。

散装发运时应提交与袋装标志相同内容的卡片。

3. 硅酸盐水泥的运输与储存

硅酸盐水泥厂生产的水泥分散装水泥和袋装水泥。散装水泥出厂运输时用专用的散装水泥运输车进行，并放入专用的水泥罐储存。发展散装水泥有较好的社会和经济效益，因此国家鼓励使用散装水泥。

袋装水泥运输、储存方便，但堆放时应注意防水、防潮，堆放高度一般不得超过 10 袋。

不论散装水泥还是袋装水泥，运输和保管时，不得混入杂质；不同品种、不同强度等级及出厂日期的水泥应分别存放，并加以标识，不得混杂；使用时应考虑先存先用的原则。水泥存放期一般不超过 3 个月。袋装水泥储存 3 个月后，强度将降低 10%～20%，6 个月后将降低 15%～30%，故储存超过 6 个月的水泥重新试验后才能使用。

3.2 掺加混合材料的硅酸盐水泥

3.2.1 混合材料

混合材料是指在生产水泥时为改善水泥的某些性能、调节水泥的强度等级而掺入的人工或天然矿物材料。混合材料的加入可以改善水泥的某些性能，拓宽水泥强度等级，扩大应用范围，并能降低水泥生产成本。采用工业废料作为混合材料，能有效减少污染，并有利于环境的保护和可持续发展。

水泥混合材料包括非活性混合材料、活性混合材料和窑灰，其中活性混合材料的应用量最大。为确保工程质量，凡国家标准中没有规定的混合材料品种，严格禁止使用。

1. 活性混合材料

活性混合材料是具有火山灰性或潜在水硬性，或兼有火山灰性和潜在水硬性的矿物质材料。

火山灰性是指磨细的矿物质材料和水拌和成浆后，单独不具有水硬性，但在常温下与外加的石灰水拌和后的浆体，能形成具有水硬性化合物的性能，如火山灰、粉煤灰、硅藻土等。潜在水硬性是指该类矿物质材料只需在少量外加剂的激发条件下，即可利用自身溶出的化学成分，生成具有水硬性化合物的性能，如粒化高炉矿渣等。

常用的活性混合材料有粒化高炉矿渣、火山灰质材料和粉煤灰等。

1) 粒化高炉矿渣

粒化高炉矿渣是高炉冶炼生铁时，将浮在铁水表面的熔融物经水淬等急冷处理而成的松散颗粒，又称为水淬矿渣。粒化高炉矿渣的主要化学成分是 CaO、SiO_2、Al_2O_3 和少量的 MgO、Fe_2O_3。急冷的矿渣结构为不稳定的玻璃体，具有较大的化学潜能，其主要活性成分是活性 SiO_2 和活性 Al_2O_3，常温下能与 $Ca(OH)_2$ 反应，生成水化硅酸钙、水化铝酸钙等具有水硬性的物质，从而产生强度。在用石灰石作熔剂的矿渣中，含有少量 C_2S，其本身就具有一定的水硬性，加入激发剂再磨细就可制得无熟料水泥。

2) 火山灰质材料

天然火山灰质材料是火山喷发时形成的一系列矿物，如火山灰、凝灰岩、浮石、沸石和硅藻土等。人工火山灰是与天然火山灰成分和性质相似的人造矿物或工业废渣，如烧黏土、粉煤灰、煤矸石渣和煤渣等。火山灰的主要活性成分是活性 SiO_2 和活性 Al_2O_3，在激发剂作用下，可发挥出水硬性。其技术性能可参见《用于水泥中的火山灰质混合材料》(GB/T 2847—2005)中的规定。

3) 粉煤灰

粉煤灰是火力发电厂以煤粉作燃料，燃烧后收集下来的极细的灰渣颗粒，为球状玻璃体结构，也是一种火山灰质材料。粉煤灰的矿物组成主要是铝硅玻璃体，也是粉煤灰具有活性的主要组成部分；其含量越多，粉煤灰的活性越高。粉煤灰的烧失量越低，活性也越高。按《用于水泥和混凝土中的粉煤灰》(GB/T 1596—2017)的规定，粉煤灰的烧失量不应大于 8%，过大时可用浮选法等处理，以改善质量。

2. 非活性混合材料

在水泥中主要起填充作用而不参与水泥水化反应或水化反应很微弱的矿物材料，称为非活性混合材料。

非活性混合材料掺入水泥中的目的主要是提高水泥产量，调节水泥强度等级。实际上，非活性混合材料在水泥中仅起填充和分散作用，所以又称为填充性混合材料或惰性混合材料。磨细的石英砂、石灰石、黏土、慢冷矿渣及各种废渣等都属于非活性材料。另外，凡不符合技术要求的粒化高炉矿渣、火山灰质混合材料及粉煤灰均可作为非活性混合材料使用。

3. 窑灰

窑灰是干水泥回转窑窑尾废气中收集下的粉尘，活性较低，一般作为非活性混合材料加入，以减少污染，保护环境。

3.2.2 掺加混合材料的硅酸盐水泥种类

工程中常用的掺加了混合材料的硅酸盐水泥有普通硅酸盐水泥、矿渣硅酸盐水泥、火山灰质硅酸盐水泥、粉煤灰硅酸盐水泥及复合硅酸盐水泥等。

1. 普通硅酸盐水泥

普通硅酸盐水泥简称为普通水泥。根据国家标准《通用硅酸盐水泥》(GB 175—2007)的规定,普通硅酸盐水泥是指(熟料和石膏)组分≥80%且<95%,掺加>5%且≤20%的粉煤灰、粒化高炉矿渣或火山灰等活性混合材料,其中允许用不超过水泥质量8%的非活性混合材料或不超过水泥质量5%的窑灰来代替活性混合材料,共同磨细制成的水硬性胶凝材料,代号为 P·O。

普通硅酸盐水泥的成分中,绝大部分仍是硅酸盐水泥熟料,故其基本特征与硅酸盐水泥相近。但由于普通硅酸盐水泥中掺入了少量的混合材料,故某些性能与硅酸盐水泥稍有些差异。普通硅酸盐水泥的细度同硅酸盐水泥一样,用比表面积表示,根据规定应不小于 $300 \text{ m}^2/\text{kg}$;初凝时间不小于 45 min,终凝时间不大于 600 min;体积安定性必须合格。

普通硅酸盐水泥被广泛用于各种混凝土、钢筋混凝土工程,是我国目前主要的水泥品种之一。

2. 矿渣硅酸盐水泥

矿渣硅酸盐水泥简称为矿渣水泥。根据国家标准《通用硅酸盐水泥》(GB 175—2007)的规定,矿渣硅酸盐水泥有两个品种:

(1) (熟料和石膏)组分≥50%且<85%,掺加>20%且≤50%的粒化高炉矿渣活性混合材料,其中允许用不超过水泥质量8%的其他活性混合材料、非活性混合材料或窑灰中的任一种代替,代号为 P·S·A。

(2) (熟料和石膏)组分≥30%且<50%,掺加>50%且≤70%的粒化高炉矿渣活性混合材料,其中允许用不超过水泥质量8%的其他活性混合材料、非活性混合材料或窑灰中的任一种代替,代号为 P·S·B。

矿渣水泥加水后,首先是水泥熟料颗粒开始水化,然后矿渣受熟料水化时所析出的 $Ca(OH)_2$ 的激发,活性 SiO_2、Al_2O_3 即与 $Ca(OH)_2$ 作用形成具有胶凝性能的水化硅酸钙和水化铝酸钙。

矿渣水泥中加入的石膏,一方面可调节水泥的凝结时间,另一方面又是矿渣的激发剂。因此,石膏的掺入量一般可比硅酸盐水泥中稍多一些。但若掺入量太多,也会降低水泥的质量。根据《通用硅酸盐水泥》(GB 175—2007)的规定,矿渣水泥中的 SO_3 含量不得超过4.0%。矿渣水泥的化学指标详见表 3-4。

矿渣水泥的主要特点及适用范围:

(1) 适用于地面上的各类工程,使用时用水量要严格控制。矿渣水泥易泌水,易产生裂缝,应加强养护。

(2) 适用于地下或水中工程,尤其是软水和硫酸盐的水环境中或海工建筑中。

(3) 水化热低,适用于大体积混凝土工程。

(4) 适用于蒸汽养护的混凝土工程。

(5) 适用于受热(200℃)的混凝土工程。

(6) 不适用于受冻融或干湿交替环境中的混凝土工程。

(7) 不适用于低温环境和有早强要求的混凝土工程。

3．火山灰质硅酸盐水泥

火山灰质硅酸盐水泥简称为火山灰水泥。根据《通用硅酸盐水泥》(GB 175—2007)的规定，火山灰质硅酸盐水泥是指(熟料和石膏)组分≥60%且＜80%，掺加＞20%且≤40%的火山灰质活性混合材料磨细制成的水硬性胶凝材料，代号为 P·P。火山灰质硅酸盐水泥的化学指标详见表 3-4。

火山灰质硅酸盐水泥的主要特点及适用范围：

(1) 适用于地下或水中工程，例如抗渗、抗软水及抗硫酸盐侵蚀的混凝土工程。

(2) 适用于蒸汽养护的生产工艺的混凝土工程。

(3) 适用于大体积混凝土工程。

(4) 适用于有早强要求、抗冻要求的混凝土工程。

(5) 不适用于有较高耐磨性要求的混凝土工程。

4．粉煤灰硅酸盐水泥

粉煤灰硅酸盐水泥简称为粉煤灰水泥。根据国家标准《通用硅酸盐水泥》(GB 175—2007)的规定，粉煤灰硅酸盐水泥是指(熟料和石膏)组分≥60%且＜80%，掺加＞20%且≤40%的粉煤灰活性混合材料磨细制成的水硬性胶凝材料，代号为 P·F。粉煤灰硅酸盐水泥的化学指标详见表 3-4。

粉煤灰水泥的主要特点是干缩性较小，有些甚至比硅酸盐水泥及普通水泥还小，因而抗裂性较好。用粉煤灰水泥配制的混凝土和易性较好，这主要是由于粉煤灰中的细颗粒多呈球形(玻璃微珠)，且较为密实，吸水性较小，而且还起着一定的润滑作用的缘故。

由于粉煤灰水泥具有干缩性较小、抗裂性较好的优点，再加上它的水化热较硅酸盐水泥及普通水泥低，抗侵蚀性较强，因此特别适用于水利工程及大体积工程。

5．复合硅酸盐水泥

复合硅酸盐水泥简称为复合水泥。根据国家标准《通用硅酸盐水泥》(GB 175—2007)的规定，复合硅酸盐水泥是指(熟料和石膏)组分≥50%且＜80%，掺加两种(或两种以上)的活性或非活性混合材料(掺加量＞20%且≤50%)，其中，允许用不超过水泥质量 8%的窑灰代替，磨细制成的水硬性胶凝材料，代号为 P·C。掺加矿渣时，混合材料掺入量不得与矿渣硅酸盐水泥重复。复合硅酸盐水泥的化学指标详见表 3-4。

复合水泥中掺入的混合材料有多种，除符合国家标准的粒化高炉矿渣、粉煤灰及火山灰质混合材料外，还可掺入符合标准的粒化精炼铬铁渣、粒化增钙液态渣及各种新研发的活性混合材料、各种非活性混合材料。因此，复合水泥扩大了混合材料的使用范围，既利用了混合材料资源，缓解了工业废渣的污染问题，又大大降低了水泥的生产成本。

普通硅酸盐水泥、矿渣硅酸盐水泥、火山灰质硅酸盐水泥、粉煤灰硅酸盐水泥和复合硅酸盐水泥的初凝时间均不小于 45 min，终凝时间均不大于 600 min。

矿渣硅酸盐水泥、火山灰质硅酸盐水泥、粉煤灰硅酸盐水泥和复合硅酸盐水泥的细度以筛余表示，80 μm 方孔筛筛余不大于 10%或 45 μm 方孔筛筛余不大于 30%。

硅酸盐水泥的强度等级分为 42.5、42.5R、52.5、52.5R、62.5、62.5R 六个等级。

普通硅酸盐水泥的强度等级分为 42.5、42.5R、52.5、52.5R 四个等级。

矿渣硅酸盐水泥、火山灰质硅酸盐水泥、粉煤灰硅酸盐水泥、复合硅酸盐水泥的强度等级分为 32.5、32.5R、42.5、42.5R、52.5、52.5R 六个等级。

火山灰质硅酸盐水泥、粉煤灰硅酸盐水泥、复合硅酸盐水泥和掺火山灰质混合材料的普通硅酸盐水泥在进行胶砂强度检验时，其用水量按 0.50 的水胶比和胶砂流动度不小于 180 mm 来确定；当流动度小于 180 mm 时，须以 0.01 的整倍数递增的方法将水胶比调整至胶砂流动度不小于 180 mm。通用硅酸盐水泥的强度见表 3-5。

不同品种的通用硅酸盐系水泥的适用环境与选用原则见表 3-6。

表 3-6　不同品种的通用硅酸盐系水泥的适用环境与选用原则

		工程特点及所处环境	优先选用	可以选用	不宜选用
普通混凝土	1	一般气候环境中的混凝土	普通水泥	矿渣水泥、火山灰水泥、粉煤灰水泥、复合水泥	—
	2	干燥气候环境中的混凝土	普通水泥	矿渣水泥	火山灰水泥
	3	高湿环境中或长期处于水中的混凝土	矿渣水泥、火山灰水泥、粉煤灰水泥、复合水泥	普通水泥	—
	4	大体积混凝土	矿渣水泥、火山灰水泥、粉煤灰水泥、复合水泥	—	硅酸盐水泥、普通水泥
有特殊要求的混凝土	1	要求快硬、高强的混凝土	硅酸盐水泥	普通水泥	矿渣水泥、火山灰水泥、粉煤灰水泥、复合水泥
	2	严寒地区的露天混凝土，寒冷地区处于水位升降范围内的混凝土	普通水泥	矿渣水泥(强度等级>32.5)	火山灰水泥
	3	严寒地区处于水位升降范围内的混凝土	普通水泥(强度等级>42.5)	—	矿渣水泥、火山灰水泥、粉煤灰水泥、复合水泥
	4	有抗渗要求的混凝土	普通水泥	—	矿渣水泥
	5	有耐磨要求的混凝土	硅酸盐水泥、普通水泥	矿渣水泥(强度等级>32.5)	火山灰水泥、粉煤灰水泥
	6	受侵蚀性介质作用的混凝土	矿渣水泥、火山灰水泥、粉煤灰水泥、复合水泥	—	硅酸盐水泥、普通水泥

3.3　其他品种水泥

3.3.1　铝酸盐水泥

根据《铝酸盐水泥》(GB/T 201—2015)的定义，凡以铝酸钙为主的铝酸盐水泥熟料，磨细制成的水硬性胶凝材料均称为铝酸盐水泥，代号为 CA。根据需要也可以在磨制 CA70 水泥和 CA80 水泥时掺加适量的 α-Al_2O_3 粉。

1. 铝酸盐水泥的矿物成分与水化反应

铝酸盐水泥的主要原料是矾土(铝土矿)和石灰石，矾土提供 Al_2O_3，石灰石提供 CaO。其主要化学成分是 CaO、Al_2O_3、SiO_2，主要矿物成分是铝酸一钙($CaO \cdot Al_2O_3$ 简写为 CA)、二铝酸一钙($CaO \cdot 2Al_2O_3$ 简写为 CA_2)、七铝酸十二钙($C_{12}A_7$)，此外还有少量的其他铝酸盐和硅酸二钙。

根据国家标准《铝酸盐水泥》(GB/T 201—2015)的规定，铝酸盐水泥按其熟料中 Al_2O_3 的含量百分数分为以下四类：

CA50　　　　$50\% \leqslant Al_2O_3 < 60\%$

CA60　　　　$60\% \leqslant Al_2O_3 < 68\%$

CA70　　　　$68\% \leqslant Al_2O_3 < 77\%$

CA80　　　　$77\% \leqslant Al_2O_3$

其中，CA50 根据强度分为 CA50-Ⅰ、CA50-Ⅱ、CA50-Ⅲ和 CA50-Ⅳ；CA60 根据主要矿物组成分为 CA60-Ⅰ(以铝酸一钙为主)和 CA60-Ⅱ(以铝酸二钙为主)。

铝酸盐水泥熟料的水化作用如下：

温度低于 20℃时，

$$CaO \cdot Al_2O_3 + 10H_2O \rightarrow CaO \cdot Al_2O_3 \cdot 10H_2O \tag{3-16}$$

温度为 20℃～30℃时，

$$2(CaO \cdot Al_2O_3) + 11H_2O \rightarrow 2CaO \cdot Al_2O_3 \cdot 8H_2O + Al_2O_3 \cdot 3H_2O \tag{3-17}$$

温度高于 30℃时，

$$3(CaO \cdot Al_2O_3) + 12H_2O \rightarrow 3CaO \cdot Al_2O_3 \cdot 9H_2O + 2Al_2O_3 \cdot 3H_2O \tag{3-18}$$

在较低温度下，水化物主要是 CAH_{10}($CaO \cdot Al_2O_3 \cdot 10H_2O$)和 C_2AH_8($2CaO \cdot Al_2O_3 \cdot 8H_2O$)，为细长针状和板状结晶连生体，形成骨架，而析出的铝胶填充于骨架空隙中，形成密实的水泥石，所以铝酸盐水泥水化后密实度大，强度高。经 5～7 天后，水化物的数量就很少增加。因此，铝酸盐水泥的早期强度增长很快，24 小时即可达到极限强度的 80%左右，后期强度增长不显著。在温度大于 30℃时，水化生成物为 C_3AH_6($3CaO \cdot Al_2O_3 \cdot 6H_2O$)，密实度较小，强度则大为降低。

铝酸一钙是铝酸盐水泥中最主要的矿物，占其总量的 40%～50%，具有很高的活性，具有凝结硬化迅速的特点。它是铝酸盐水泥强度的主要来源。二铝酸一钙占其总量的 20%～35%，凝结硬化慢，早期强度低，但后期强度较高。

2. 铝酸盐水泥的技术性质

《铝酸盐水泥》(GB/T 201—2015)中规定铝酸盐水泥的主要技术性质如下：

(1) 细度。对铝酸盐水泥细度的要求是，比表面积不小于 300 m^2/kg 或 0.045 mm 筛筛余不大于 20%，由供需双方商定，而在无约定情况下发生争议时以比表面积为准。

(2) 凝结时间。铝酸盐水泥的凝结时间如表 3-7 所示。

表 3-7 铝酸盐水泥的凝结时间

水泥类型		初凝时间(min)	终凝时间(h)
CA50、CA70、CA80		≥30	≤6
CA60	CA60-Ⅰ	≥30	≤6
	CA60-Ⅱ	≥60	≤18

(3) 强度。强度试验按国家标准《水泥胶砂强度检验方法(ISO 法)》(GB/T 17671－1999)规定的方法进行，但水胶比应按《铝酸盐水泥》(GB/T 201－2015)的规定调整，各类型、各龄期强度值不得低于表 3-8 规定的数值。

表 3-8 铝酸盐水泥胶砂强度

类型		抗压强度(MPa)				抗折强度(MPa)			
		6h	1d	3d	28d	6h	1d	3d	28d
CA50	CA50-Ⅰ	≥20[a]	≥40	≥50	—	≥3.0[a]	≥5.5	≥6.5	—
	CA50-Ⅱ		≥50	≥60			≥6.5	≥7.5	—
	CA50-Ⅲ		≥60	≥70			≥7.5	≥8.5	—
	CA50-Ⅳ		≥70	≥80			≥8.5	≥9.5	—
CA60	CA60-Ⅰ	—	≥65	≥85	—	—	≥7.0	≥10.0	—
	CA60-Ⅱ		≥20	≥45	≥85	—	≥2.5	≥5.0	≥10.0
CA70		—	≥30	≥40			≥5.0	≥6.0	
CA80			≥25	≥30			≥4.0	≥5.0	

注：a. 当用户需要时，生产厂应提供结果。

强度试验按国家标准《水泥胶砂强度检验方法(ISO 法)》(GB/T 17671－1999)，作如下规定：

① CA50 成型时，水胶比按 0.44 和胶砂流动度达到 145 mm～165 mm 来确定。当用 0.44 水胶比制成的胶砂的流动度正好为 145 mm～165 mm 时，即采用 0.44 水胶比。当胶砂流动度超出该流动度范围时，应在 0.44 基数上以 0.01 的整数倍增加或减少水胶比，使制成的胶砂的流动度达到 145 mm～155 mm 或减至 165 mm～155 mm，试件成型时采用达到上述要求流动度的水胶比来制备胶砂。

CA60、CA70、CA80 成型时，水胶比按 0.40 和胶砂流动度达到 145 mm～165 mm 来确定，若用 0.40 水胶比制成的胶砂的流动度超出上述范围，则按 CA50 的方法进行调整。

胶砂流动度试验，除胶砂组成外，操作方法按《水泥胶砂流动度测定方法》(GB/T 2419－2005)进行。

② 试体成型后连同试模一起放在温度为(20±1)℃、相对湿度大于 90%的湿气养护箱中养护 6 小时后脱模，除 6 小时龄期试体外，脱模后的试体应尽快放入(20±1)℃的水中养护。养护时不得与其他品种的水泥试体放在一起。

当因脱模可能影响试体强度试验结果时，可以延长养护时间，并作记录。

③ 各龄期强度试验时间要求为：6 h±15 min，1 d±30 min，3 d±2h，28 d±4h。

3. 铝酸盐水泥的主要性质及应用

(1) 快硬早强，后期强度下降。铝酸盐水泥加水后迅速与水发生水化反应，其 1 天的强度即可达到极限强度的 80%左右，3 天可达到 100%；在低温环境下(5℃～10℃)能很快硬化，强度高，而在温度超过 30℃以上的环境下，强度急剧下降。因此，铝酸盐水泥适用于紧急抢修、低温季节施工、早期强度要求高的特殊工程，而不宜用于高温季节的施工。另外，铝酸盐水泥硬化体中的晶体结构在长期使用中会发生转移，引起强度下降，因此，一般不宜用于长期承载的结构工程。

(2) 水化热高，放热快。铝酸盐水泥硬化过程中放热量大且主要集中在早期，1 天内即可放出水化热总量的 70%～80%。因此，它适合于寒冷地区的冬季施工，但不宜用于大体积混凝土工程。

(3) 抗渗性及耐侵蚀性强。硬化后的铝酸盐水泥石中没有氢氧化钙，且水泥石结构密实，因而具有较高的抗渗、抗冻性；同时具有良好的抗硫酸盐、盐酸、碳酸等侵蚀性溶液的作用。铝酸盐水泥适用于有抗硫酸盐要求的工程，但铝酸盐水泥对碱的侵蚀无抵抗能力。

(4) 耐热性好。铝酸盐水泥硬化时不宜在较高温度下进行，但硬化后的水泥石在高温下(1000℃以上)仍能保持较高强度(约 53%)；这主要是因为在高温下各组分发生固相反应成烧结状态，代替了水化结合。因此，铝酸盐水泥有较好的耐热性，如采用耐火的粗细骨料(如铬铁矿等)可以配制成使用温度为 1300℃～1400℃的耐热混凝土，用于窑炉炉衬。

(5) 不得与硅酸盐水泥、石灰等能析出 $Ca(OH)_2$ 的材料混合使用。铝酸盐水泥水化过程中遇到 $Ca(OH)_2$ 将出现"闪凝"现象，无法施工，而且硬化后强度很低。此外，铝酸盐制品也不能进行蒸汽养护。

3.3.2 快硬硅酸盐水泥

1. 快硬水泥的定义

凡以硅酸盐水泥熟料和适量石膏磨细制成的，以 3 天抗压强度表示强度等级的水硬性胶凝材料，称为快硬硅酸盐水泥，简称快硬水泥。

快硬水泥制造过程与硅酸盐水泥基本相同，只是适当增加了熟料中硬化快的矿物含量，如硅酸三钙含量为 50%～60%，铝酸三钙含量为 8%～14%，铝酸三钙和硅酸三钙的总量应不少于 60%～65%，同时适当增加石膏的掺入量(达 8%)及提高水泥细度，通常比表面积达 450 m²/kg。

2. 快硬水泥的技术要求

(1) 细度。快硬水泥的细度用筛余百分数来表示，其值不得超过 10%。

(2) 凝结时间。初凝时间不得早于 45 min，终凝时间不得迟于 10 h。

(3) 体积安定性。快硬水泥用沸煮法来检验其体积安定性，必须合格。

(4) 强度。快硬水泥以 3 天强度定等级，分为 32.5、37.5、42.5 三种，各龄期强度不得低于表 3-9 中的数值。

表 3-9 快硬水泥的主要技术参数

强度等级	细度	凝结时间		抗压强度(MPa)			抗折强度(MPa)		
		初凝	终凝	1d	3d	28d	1d	3d	28d
32.5	0.08 mm 方孔筛 筛余≤10%	≥45 min	≤10 h	15.0	32.5	52.5	3.5	5.0	7.2
37.5				17.0	37.5	57.5	4.0	6.0	7.6
42.5				19.0	42.5	62.5	4.5	6.4	8.0

3. 快硬水泥的特点

(1) 凝结硬化快，但干缩性较大。

(2) 早期强度及后期强度均高，抗冻性好。

(3) 水化热大，耐腐蚀性差。

4. 快硬水泥的应用

快硬硅酸盐水泥主要用于紧急抢修工程、军事工程、冬季施工和混凝土预制构件，但不能用于大体积混凝土工程及经常与腐蚀介质接触的混凝土工程。

此外，由于快硬水泥细度大，易受潮变质，故在运输和储存中应注意防潮；一般储存期不宜超过一个月；已风化的水泥必须对其性能重新检验，合格后方可使用。

凡以适当成分的生料、烧至部分熔融，所得以硅酸三钙、氟铝酸钙为主的熟料，再加入适量的硬石膏、粒化高炉矿渣、无水硫酸钠，经过磨细制成的凝结快、小时强度增长快的水硬性胶凝材料，称为快凝快硬硅酸盐水泥(双快水泥)。

快凝快硬硅酸盐水泥的标号系按 4 小时强度而定，分为双快 150、双快 200 两个标号。

快凝快硬硅酸盐水泥的技术要求见表 3-10。

表 3-10　快凝快硬硅酸盐水泥的技术要求

标号	比表面积 (m²/kg)	初凝时间		抗压强度(kg/cm²)			抗折强度(kg/cm²)		
		初凝	终凝	4h	1d	28d	4h	1d	28d
双快 150	≥450	≥10 min	≤60 min	150	190	325	28	35	55
双快 200				200	250	425	34	46	64

快凝快硬硅酸盐水泥适用于机场道面、桥梁、隧道和涵洞等紧急抢修工程，以及冬季施工、堵漏等工程。

3.3.3　道路硅酸盐水泥

按国家标准《道路硅酸盐水泥》(GB 13693—2017)的规定，道路硅酸盐水泥熟料和适量石膏，加入符合规定的混合材料，磨细制成的水硬性胶凝材料，称为道路硅酸盐水泥，简称道路水泥，代号为 P·R。

1. 道路水泥的材料要求

道路水泥熟料中铝酸三钙的含量应不超过 5.0%；铁铝酸四钙的含量应不低于 15.0%；游离氧化钙的含量不大于 1.0%。活性混合材料的掺加量按质量计为 0～10%，混合材料可为符合相关标准的 F 类粉煤灰、粒化高炉矿渣、粒化电炉磷渣或钢渣。

2. 道路水泥的技术要求

道路水泥的技术要求见表 3-11。

表 3-11　道路水泥的技术要求

强度等级	比表面积 (m²/kg)	氧化镁	三氧化硫	烧失量	28d 干缩率	凝结时间		抗折强度(MPa)		抗压强度(MPa)	
						初凝	终凝	3d	28d	3d	28d
7.5	300～450	≤5.0%	≤3.5%	≤3.0%	≤0.10%	≥1.5h	≤12h	≥4.0	≥7.5	≥21.0	≥42.5
8.5								≥5.0	≥8.5	≥26.0	≥52.5

3．道路水泥的特性和应用

道路水泥是一种专用水泥，其主要特性是抗折强度高、干缩性小、耐磨性好，抗冲击性、抗冻性、抗硫酸盐能力较好，可以较好地承受高速车辆的车轮摩擦、循环负荷、冲击和震荡、货物起卸时的骤然负荷，较好地抵抗路面与路基的温差和干湿度差产生的膨胀应力，抵抗冬季的冻融循环。它特别适合于道路路面、飞机跑道、车站和公共广场等对耐磨、抗干缩性能要求较高的混凝土工程。

3.3.4 白色硅酸盐水泥及彩色硅酸盐水泥

1．白色硅酸盐水泥

根据国家标准《白色硅酸盐水泥》(GB/T 2015－2017)的定义，由氧化铁含量少的硅酸盐水泥熟料、适量石膏及混合材料(石灰石或窑灰)磨细制成的水硬性胶凝材料，称为白色硅酸盐水泥，简称白水泥，代号为 P·W。

1) 白色硅酸盐水泥的材料要求

硅酸盐水泥中若 Fe_2O_3 含量在 0.5%以下，则水泥接近白色。所以白色水泥在加工时应选用铁、铬、锰等含着色杂质极少的原材料，如纯净的高岭土、纯石英砂、纯石灰石、白垩等；在烧制磨细和运输包装过程中，也应减少着色杂质的混入。

白水泥熟料中氧化镁的含量不宜超过 5.0%；如果水泥经压蒸安定性试验后为合格，则其熟料中氧化镁的含量允许放宽到 6.0%。混合材料掺入量为水泥质量的 0～10%。石灰石中的 Al_2O_3 含量应不超过 2.5%。

2) 白色硅酸盐水泥的技术要求

白色硅酸盐水泥中的三氧化硫的含量应不超过 3.5%；细度方面，用 45 μm 方孔筛筛余应不超过 30.0%；初凝时间应不早于 45 min，终凝时间应不迟于 10 h；体积安定性用沸煮法检验，必须合格；水泥白度值应不低于 87。

白水泥分为两个等级，1 级白度(P·W-1)不小于 89；2 级白度(P·W-1)不小于 87。

白色硅酸盐水泥强度等级分为 32.5、42.5、52.5 三级。各龄期强度不得低于表 3-12 中的规定。

表 3-12　白色硅酸盐水泥的强度标准

强度等级	抗压强度(MPa)		抗折强度(MPa)	
	3d	28d	3d	28d
32.5	≥12.0	≥32.5	≥3.0	≥6.0
42.5	≥17.0	≥42.5	≥3.5	≥6.5
52.5	≥22.0	≥52.5	≥4.0	≥7.0

3) 白色硅酸盐水泥的应用

白水泥具有强度高、色泽洁白等特点，在建筑装饰工程中常用来配制彩色水泥浆，用于建筑物内、外墙的粉刷及天棚、柱子的粉刷，还可用于贴面装饰材料的勾缝处理。配制的各种彩色砂浆可用于装饰抹灰，如常用的水刷石、斩假石等，模仿天然石材的色彩、质感，具有较好的装饰效果。白水泥还可用来配制彩色混凝土，制作彩色水磨石等。

2. 彩色硅酸盐水泥

根据建材行业标准《彩色硅酸盐水泥》(JC/T 870－2012)的规定，凡由硅酸盐水泥熟料及适量石膏(或白色硅酸盐水泥)、混合材料及着色剂磨细或混合制成的带有色彩的水硬性胶凝材料称为彩色硅酸盐水泥(彩色水泥)。

1) 彩色硅酸盐水泥的材料要求

彩色硅酸盐水泥熟料应符合《硅酸盐水泥熟料》(GB/T 21372—2008)的要求。

天然石膏应符合《天然石膏》(GB/T 5483—2008)中规定的 G 类或 A 类二级(含)以上的石膏或硬石膏标准。工业副产石膏是工业生产中以硫酸钙为主要成分的副产品。采用工业副产石膏时，必须经过验证，证明对水泥性能无害。

当生产中需使用混合材料时，应选用已有相应标准的混合材料，并且要符合相应的标准。

2) 彩色硅酸盐水泥的技术要求

彩色硅酸盐水泥的基本色有红色、黄色、蓝色、绿色、棕色和黑色等。

彩色硅酸盐水泥中三氧化硫的含量不得超过 4.0%；细度方面，用 80 μm 方孔筛筛余应不超过 6.0%；初凝时间不早于 1 h，终凝时间应不迟于 10 h；体积安定性用沸煮法检验，必须合格。

彩色硅酸盐水泥的强度等级分为 27.5、32.5、42.5 三级。

白水泥和彩色水泥主要用于建筑物内外面的装饰，如地面、楼面、墙柱、台阶；建筑立面的线条、装饰图案、雕塑等。白水泥和彩色水泥配以彩色大理石、白云石和石英砂作粗细骨料，可拌制彩色砂浆和彩色混凝土，做成水磨石、水刷石、斩假石等饰面，物美价廉。

3.3.5 膨胀水泥及自应力水泥

一般硅酸盐水泥在空气中硬化时，通常都会产生一定的收缩，使约束状态下的混凝土内部产生拉应力；当拉应力大于混凝土的抗拉强度时，会形成微裂缝，影响结构的抗渗、抗冻、耐腐蚀等性能，对混凝土的整体性不利。若用硅酸盐水泥来填灌装配式构件的接头、填塞孔洞及修补缝隙等，均达不到预期的效果。而膨胀水泥在硬化过程中体积不会发生收缩，只是略有膨胀，可以解决收缩带来的不利后果。

膨胀水泥是一种能在水泥凝结之后的早期硬化阶段产生体积膨胀的水泥。过量的膨胀会导致硬化水泥浆体的开裂，但约束条件下适量的膨胀可在结构内部产生预压应力(0.1 MPa～0.7 MPa)，从而抵消部分因约束条件下干燥收缩引起的拉应力。

常用的膨胀水泥按基本组成可分为以下品种：

1) 硅酸盐膨胀水泥

硅酸盐膨胀水泥是以硅酸盐水泥为主，外加铝酸盐水泥和石膏配制而成的。它主要用于制造防水砂浆和防水混凝土，适用于加固结构、浇筑机器底座或固结地脚螺栓，并可用于接缝及修补工程，但禁止在有硫酸盐侵蚀的水环境工程中使用。

2) 铝酸盐膨胀水泥

铝酸盐膨胀水泥是以铝酸盐水泥为主，外加石膏组成的。它主要用于浇筑构件节点及应用于抗渗和补偿收缩的混凝土工程中。

3) 硫铝酸盐膨胀水泥

硫铝酸盐膨胀水泥是以无水硫铝酸钙和硅酸二钙为主要成分，外加石膏组成的。

4) 铁铝酸盐膨胀水泥

铁铝酸盐膨胀水泥是由铁铝酸盐水泥熟料，加入适量石膏，再磨细而成的。有膨胀铁铝酸盐水泥与自应力铁铝酸盐水泥。

上述四种膨胀水泥的膨胀均是由水泥石中形成的钙矾石产生体积膨胀所致的。调整各种组成的配合比，控制生成钙矾石的数量，可以制得不同膨胀值的膨胀水泥。

膨胀水泥按自应力的大小，可分为两类：自应力值小于 2.0 MPa(通常约为 0.5 MPa)的称为膨胀水泥；自应力值大于或等于 2.0 MPa 的则称为自应力水泥。

膨胀水泥适用于补偿混凝土收缩的结构工程，作防渗层或防渗混凝土、填灌构件的接缝及管道接头、结构的加固与修补、固结机器底座及地脚螺栓等。自应力水泥适用于制造自应力钢筋混凝土压力管及其配件等。

3.3.6 抗硫酸盐硅酸盐水泥

按《抗硫酸盐硅酸盐水泥》(GB 748—2005)的规定，抗硫酸盐硅酸盐水泥按其抗硫酸盐的性能分为中抗硫酸盐硅酸盐水泥、高抗硫酸盐硅酸盐水泥两类。

中抗硫酸盐硅酸盐水泥是指在以特定矿物组成的硅酸盐水泥熟料中加入适量石膏，再磨细制成的具有抵抗中等浓度硫酸根离子侵蚀的水硬性胶凝材料，简称中抗硫酸盐水泥，代号为 P·MSR。

高抗硫酸盐硅酸盐水泥是指在以特定矿物组成的硅酸盐水泥熟料中加入适量石膏，再磨细制成的具有抵抗较高浓度硫酸根离子侵蚀的水硬性胶凝材料，简称高抗硫酸盐水泥，代号为 P·HSR。

1. 抗硫酸盐硅酸盐水泥的材料要求

(1) 硅酸盐水泥熟料。将适当成分的生料，烧至部分熔融，所得的以硅酸钙为主的特定矿物组成即硅酸盐水泥熟料。

(2) 石膏。天然石膏应符合《天然石膏》(GB/T 5483—2008)中规定的 G 类或 A 类二级(含)以上的石膏或硬石膏标准。工业副产石膏是工业生产中以硫酸钙为主要成分的副产品。采用工业副产石膏时，应经过试验，证明对水泥性能无害。

(3) 助磨剂。水泥粉磨时允许加入助磨剂，其加入量应不超过水泥质量的 1%，助磨剂应符合《水泥助磨剂》(GB/T 26748—2011)中的规定。

(4) 强度等级。中抗硫酸盐水泥和高抗硫酸盐水泥强度等级分为 32.5、42.5 两级，其强度如表 3-13 所示。

表 3-13 抗硫酸盐硅酸盐水泥的强度标准

分 类	强度等级	抗压强度(MPa)		抗折强度(MPa)	
		3d	28d	3d	28d
中抗硫酸盐水泥	32.5	10.0	32.5	2.5	6.0
高抗硫酸盐水泥	42.5	15.0	42.5	3.0	6.5

2．抗硫酸盐硅酸盐水泥的技术要求

水泥中硅酸三钙和铝酸三钙的含量应符合表 3-14 中的规定。

表 3-14　水泥中硅酸三钙和铝酸三钙的含量

分　类	硅酸三钙含量(质量百分数)(%)	铝酸三钙含量(质量百分数)(%)
中抗硫酸盐水泥	≤55.0	≤5.0
高抗硫酸盐水泥	≤50.0	≤3.0

抗硫酸盐硅酸盐水泥中烧失量应不大于 3.0%，氧化镁的含量应不大于 5.0%。如果水泥经压蒸安定性试验后为合格，则水泥中氧化镁的含量允许放宽到 6.0%，三氧化硫的含量应不大于 2.5%，不溶物应不大于 1.50%。其比表面积应不小于 280 m^2/kg；初凝时间应不早于 45 min，终凝时间应不迟于 10 h；体积安定性用沸煮法检验，必须合格；碱含量由供需双方商定，若使用活性骨料，用户要求提供低碱水泥时，水泥中的碱含量按 $\omega(Na_2O)$ +0.658$\omega(K_2O)$计算，应不大于 0.60%。

抗硫酸盐硅酸盐水泥的抗硫酸盐侵蚀的能力很强，同时也具有较强的抗冻性及较低的水化热，适用于同时受硫酸盐侵蚀、冻融和干湿作用的海港工程、水利及地下等工程。

3.3.7　中、低热硅酸盐水泥

按《中热硅酸盐水泥、低热硅酸盐水泥》(GB/T 200—2017)中的定义，中热硅酸盐水泥，简称中热水泥，是以适当成分的硅酸盐水泥熟料，加入适量石膏，经磨细制成的具有中等水化热的水硬性胶凝材料，代号为 P•MH。低热硅酸盐水泥，简称低热水泥，是以适当成分的硅酸盐水泥熟料，加入适量石膏，经磨细制成的具有低水化热的水硬性胶凝材料，代号为 P•LH。

1．中、低热硅酸盐水泥的材料要求

(1) 组成。低热矿渣水泥中粒化高炉矿渣掺入量按质量百分比计为 20%～60%，允许用不超过混合材料总量 50%的粒化电炉磷渣或粉煤灰代替部分粒化高炉矿渣。

(2) 硅酸盐水泥熟料。

① 中热硅酸盐水泥熟料中，硅酸三钙($3CaO•SiO_2$)的含量应不超过 55%，铝酸三钙 ($3CaO•Al_2O_3$)的含量应不超过 6.0%，游离氧化钙的含量应不超过 1.0%。

② 低热硅酸盐水泥熟料中，硅酸二钙($2CaO•SiO_2$)的含量应不小于 40%，铝酸三钙 ($3CaO•Al_2O_3$)的含量应不超过 6.0%，游离氧化钙的含量应不超过 1.0%。

(3) 石膏。天然石膏应符合《天然石膏》(GB/T 5483—2008)中规定的 G 类或 M 类二级 (含)以上的石膏或硬石膏标准。工业副产石膏是工业生产中以硫酸钙为主要成分的副产品。采用工业副产石膏时，应经过试验，证明对水泥性能无害。

(4) 助磨剂。水泥粉磨时允许加入助磨剂，其加入量应不超过水泥质量的 1%，助磨剂应符合《水泥助磨剂》(GB/T 26748—2011)中的规定。

(5) 强度等级。中热水泥强度等级均为 42.5；低热水泥强度等级分为 32.5 和 42.5 两个等级。

2．中、低热硅酸盐水泥的技术要求

根据《中热硅酸盐水泥、低热硅酸盐水泥》(GB/T 200—2017)的规定，其具体技术要求如下：

(1) 氧化镁、三氧化硫及安定性。中热水泥和低热水泥中氧化镁的含量不宜大于 5.0%。如果水泥经压蒸安定性试验合格，则中热水泥和低热水泥中氧化镁的含量允许放宽到 6.0%。水泥中三氧化硫的含量应不大于 3.5%。其安定性用沸煮法检验，应合格。

(2) 碱含量。碱含量由供需双方商定。当水泥在混凝土中和骨料可能发生有害反应并经用户提出低碱要求时，中热水泥和低热水泥中的碱含量应不超过 0.60%。

(3) 烧失量。中热水泥和低热水泥的烧失量应不大于 3.0%。

(4) 细度、凝结时间。水泥的比表面积应不低于 250 m^2/kg。初凝时间应不早于 60 min，终凝时间应不迟于 12 h。

(5) 强度。水泥各龄期强度值见表 3-15。

表 3-15　中、低热水泥及低热矿渣水泥各龄期强度值

品　　种	强度等级	抗压强度(MPa)			抗折强度(MPa)		
		3d	7d	28d	3d	7d	28d
中热水泥	42.5	≥12.0	≥22.0	≥42.5	≥3.0	≥4.5	≥6.5
低热水泥	32.5	—	≥10.0	≥32.5	—	≥3.0	≥5.5
	42.5	—	≥13.0	≥42.5	—	≥3.5	≥6.5

(6) 水化热。中、低热水泥要求水化热不得超过表 3-16 的规定。

表 3-16　中、低热水泥各龄期水化热值

品　　种	强度等级	水化热(kJ/kg)	
		3d	28d
中热水泥	42.5	≤251	≤293
低热水泥	32.5	≤197	≤230
	42.5	≤230	≤260

中热水泥主要适用于大坝溢流面或大体积建筑物的面层和水位变化区等部位，要求低水化热和较高耐磨性、抗冻性的工程。低热水泥和低热矿渣水泥主要适用于大坝或大体积混凝土内部及水下等要求低水化热的工程。

思考与练习

1. 何谓通用水泥？它主要指哪六大品种水泥？

2. 硅酸盐水泥熟料是由哪几种矿物组成的？它们的水化产物各是什么？

3. 硅酸盐水泥的凝结硬化过程是怎样进行的？加入石膏的目的和作用是什么？

4. 硅酸盐水泥有哪些主要技术性质？如何测试与判别？

5. 什么是细度？为什么要对水泥的细度作规定？硅酸盐水泥和普通硅酸盐水泥的细度指标各是什么？

6. 为什么生产硅酸盐水泥时掺入适量石膏对水泥不起破坏作用，而硬化时水泥石遇到有硫酸盐溶液的环境后产生出石膏就有破坏作用？

7. 影响硅酸盐水泥强度发展的主要因素有哪些?

8. 何谓水泥的初凝和终凝? 凝结时间对建筑工程施工有何影响?

9. 水泥石中的 $Ca(OH)_2$ 是如何产生的? 它对水泥石的抗软水及海水的侵蚀性有何影响?

10. 什么是水泥的混合材料? 在硅酸盐水泥中掺入混合材料起什么作用?

11. 与硅酸盐水泥和普通水泥相比,粉煤灰水泥、矿渣水泥和火山灰水泥有什么特点(共性)? 它们又各有什么特性?

12. 简述快硬硅酸盐水泥、抗硫酸盐水泥的特性和应用。

13. 铝酸盐水泥的主要矿物成分是什么? 它适用于哪些地方? 使用时应注意什么?

14. 试述中、低热硅酸盐水泥及低热矿渣硅酸盐水泥的特性和用途。

第4章 混 凝 土

教学提示 本章是全书的重点，将以普通混凝土为学习基础，按"原材料—硬化前的性能(和易性)—硬化后的性能(强度、变形性、耐久性)—配合比设计—质量控制与评定"这一主线来学习。配合比设计是本章的重点，学习时要掌握普通混凝土配合比的设计方法，了解混凝土技术的新进展及其发展趋势。

教学要求 掌握普通混凝土的组成、原材料的质量控制，以及普通混凝土的主要技术性质(和易性、强度、变形和耐久性等)；了解混凝土外加剂的性能特点及使用注意事项；掌握普通混凝土的配合比设计方法；了解普通混凝土的质量控制以及其他品种混凝土的特点及应用。

混凝土一般是指由胶凝材料(胶结料)，粗、细骨料(或称集料)，水及其他材料，按适当比例配制并硬化而成的具有所需形状、强度和耐久性的人造石材。混凝土是目前世界上用量最大的人工建筑材料，广泛应用于建筑、水利、水电、道路和国防等工程。

1. 混凝土的分类

1) 按表观密度分类

(1) 重混凝土。重混凝土是指干表观密度大于 2800 kg/m³ 的混凝土，常用密度很大的重晶石、铁矿石、铁屑等重骨料和钡水泥、锶水泥等重水泥配置而成。由于厚重密实，具有不透 X 射线和 γ 射线的性能，故主要用作防辐射的屏蔽结构材料。

(2) 普通混凝土。普通混凝土是指干表观密度为 2000 kg/m³～2800 kg/m³ 的混凝土，一般采用普通的天然砂、石作骨料配制而成，是建筑工程中最常用的混凝土，主要用于各种建筑的承重结构。

(3) 轻混凝土。轻混凝土是干表观密度小于 2000 kg/m³ 的混凝土。它是采用陶粒等轻质多孔骨料配制的混凝土以及无砂的大孔混凝土，或者不采用骨料而掺入引气剂或泡沫剂，形成多孔结构的混凝土，主要用作轻质结构材料和保温隔热材料。

轻混凝土可以分为三种：轻骨料混凝土(用膨胀珍珠岩、浮石、陶粒、煤渣等轻质材料作骨料)、多孔混凝土(泡沫混凝土、加气混凝土等)和无砂大孔混凝土(组成材料中不加细骨料)。

2) 按所用胶凝材料分类

按所用胶凝材料的不同，混凝土可分为水泥混凝土、沥青混凝土、石膏混凝土、水玻璃混凝土、聚合物混凝土等。其中，水泥混凝土在建筑工程中用量最大、用途最广。

3) 按强度等级分类

(1) 普通混凝土。普通混凝土是指抗压强度在 60 MPa 以下的混凝土。其中，抗压强度小于 30 MPa 的混凝土为低强度等级混凝土，抗压强度为 30 MPa～60 MPa 的为中强度混凝土。

(2) 高强混凝土。高强混凝土是指抗压强度为 60 MPa～100 MPa 的混凝土。

(3) 超高强混凝土。超高强混凝土是指抗压强度在 100 MPa 以上的混凝土。

4) 按用途分类

按用途的不同，混凝土主要有结构混凝土、装饰混凝土、防水混凝土、道路混凝土、防辐射混凝土、耐热混凝土和耐酸混凝土等。

5) 按生产和施工方法分类

按生产和施工方法的不同，混凝土可分为现场浇筑混凝土、泵送混凝土、喷射混凝土、碾压混凝土、真空脱水混凝土、离心密实混凝土、压力灌浆混凝土及预拌混凝土(商品混凝土)等。

2. 混凝土的特点

1) 混凝土的优点

混凝土是当代最大宗、最重要的一种土木工程材料。其技术与经济意义是其他土木工程材料所无法比拟的，根本原因是混凝土材料具备以下优点：

(1) 原材料来源广泛。混凝土组成材料中，砂、石等地方材料占 80%以上，可就地取材，大大降低了材料生产成本。

(2) 拌合物具有良好的可塑性。新拌混凝土有良好的可塑性和浇注性，可满足设计要求的形状和尺寸。

(3) 能与钢筋协同工作。钢筋与混凝土虽为性能迥异的两种材料，但两者却有近乎相等的线胀系数，黏结力强，从而它们可以各取所长，互相配合，协同工作。

(4) 有较高的强度和耐久性。随着科学技术的发展，我国混凝土生产技术也取得了很大进步；在外加剂的作用下，可配制出抗压强度达 100 MPa 以上的高强和超高强混凝土，并具有较高的抗渗、抗冻、抗腐蚀及抗碳化性能，其使用年限可达数百年之久。

(5) 易于施工。混凝土既可进行人工浇筑，也可根据不同的工程环境特点灵活采用泵送、喷射等方式施工，必要时可配制自流平混凝土。

2) 混凝土的缺点

混凝土除了以上优点外，也存在着以下缺点：

(1) 抗拉强度小。混凝土抗拉强度一般只有其抗压强度的 1/10～1/15，属于一种脆性材料，很多情况下必须配合钢筋使用。

(2) 自重大。混凝土自重大，不利于提高有效承载能力，也会给施工带来一定困难。

(3) 凝结硬化前需要较长时间的养护，从而延长了施工期。

另外，混凝土还有导热系数大、不耐高温、拆除后再生利用性差等缺点。

随着科学技术的发展，混凝土的缺点正逐渐被克服。如采用轻质骨料可显著降低混凝土的自重；掺入纤维或聚合物，可提高抗拉强度；掺入早强剂，可显著缩短硬化时间等。

4.1　普通混凝土的组成材料

普通混凝土的基本组成材料是天然砂、石子、水泥和水。为改善混凝土的某些性能，还常加入适量的外加剂或外掺料。

在混凝土中,砂、石起骨架作用,因此称为骨料或集料。水泥和水形成的水泥浆,包裹在砂粒表面并填充砂粒间的空隙而形成水泥砂浆,水泥砂浆又包裹在石子表面并填充石子之间的空隙。

在混凝土硬化前,水泥浆起润滑作用,赋予混凝土拌合物一定的流动性,便于施工。混凝土硬化后,水泥浆则将骨料胶结成一个坚实的整体,并产生一定的强度。混凝土结构如图 4-1 所示。

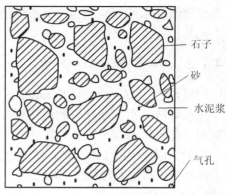

图 4-1　混凝土结构

4.1.1　水泥

水泥在混凝土中起胶结作用,是最重要的材料之一,是影响混凝土强度、耐久性及经济性的重要因素,因此,要正确、合理地选择水泥的品种和强度等级。

1.水泥品种的选择

配制混凝土用的水泥,应根据混凝土工程的特点和所处环境,结合各种水泥的不同特性进行选用。常用水泥品种的具体使用情况可参考表 4-1。

2.水泥强度等级的选择

配制混凝土所用水泥的强度等级应与混凝土的设计强度等级相适应。原则上,配制高强度等级的混凝土,应选用高强度等级的水泥;配制低强度等级的混凝土,应选用低强度等级的水泥。对于一般强度等级的混凝土,水泥强度等级宜为混凝土强度等级的 1.5～2.0 倍;对于较高强度等级的混凝土,水泥强度等级宜为混凝土强度等级的 0.9～1.5 倍。

表 4-1　常用水泥品种的具体使用情况

	工程性质	硅酸盐水泥	普通水泥	矿渣水泥	火山灰水泥	粉煤灰水泥
工程特点	大体积工程	不宜	可	宜	宜	宜
	早强混凝土	宜	可	不宜	不宜	不宜
	高强混凝土	宜	可	可	不宜	不宜
	抗渗混凝土	宜	宜	不宜	宜	宜
	耐磨混凝土	宜	宜	不宜	不宜	不宜
环境特点	普通环境	可	宜	可	可	可
	干燥环境	可	宜	不宜	不宜	可
	潮湿或水下环境	可	可	可	可	可
	严寒地区	宜	宜	可	不宜	不宜
	严寒地区并有水位升降	宜	宜	不宜	不宜	不宜

若用高强度等级的水泥配制低强度等级的混凝土,少量水泥即能满足强度要求,但为

了满足混凝土拌合物的和易性和密实性，需增加水泥用量，这会造成水泥的浪费。若用低强度等级的水泥配制高强度等级的混凝土，会使水泥用量过多，不经济，而且会影响混凝土的其他技术性质。

4.1.2 细骨料——砂子

粒径为 0.15 mm～4.75 mm 的岩石颗粒，称为细骨料或细集料；粒径大于 4.75 mm 的称为粗骨料。粗、细骨料的总体积占混凝土体积的 70%～80%，因此，骨料的性能对所配制的混凝土性能有很大影响。

为了保证混凝土的质量，对骨料技术性能的要求主要有：有害杂质含量少；具有良好的颗粒形状，适宜的颗粒级配和细度；表面粗糙，与水泥黏结牢固；性能稳定，坚固耐久等。

1．砂的分类

砂按其产源不同可分为天然砂和机制砂两种。

天然砂是由自然风化、水流搬运和分选、堆积形成的粒径小于 4.75 mm 的岩石颗粒，但不包括软质岩、风化岩石的颗粒。按其产源不同可分为河砂、湖砂、山砂和淡化海砂。河砂和海砂由于长期受水流的冲刷作用，颗粒表面比较圆滑、洁净，且产源较广，但海砂中常含有贝壳碎片及可溶盐等有害物质。山砂颗粒多具棱角，表面粗糙，砂中含泥量及有机质等有害杂质较多。建筑工程中一般多采用河砂作细骨料。

机制砂是由机械破碎、筛分制成的粒径小于 4.75 mm 的岩石颗粒，但不包括软质岩、风化岩石的颗粒。机制砂单纯由矿石、卵石或尾矿加工而成，其颗粒尖锐，有棱角，较洁净，但片状颗粒及细粉含量较多，成本较高。

2．砂的技术要求

根据我国《建设用砂》(GB/T 14684—2011)的规定，砂按技术要求分为Ⅰ类、Ⅱ类、Ⅲ类三种类别。Ⅰ类砂宜用于强度等级大于 C60 的混凝土；Ⅱ类砂宜用于强度等级为 C30～C60 及有抗冻、抗渗或其他要求的混凝土；Ⅲ类砂宜用于强度等级小于 C30 的混凝土和建筑砂浆。

1) 砂的粗细程度和颗粒级配

砂的粗细程度是指不同粒径的砂子混合在一起的平均粗细程度。在砂用量相同的条件下，若砂子过细，则砂子的总表面积较大，需要包裹砂粒表面的水泥浆的数量较多，水泥用量就多；若砂子过粗，虽能少用水泥，但混凝土拌合物黏聚性较差。所以，用于拌制混凝土的砂不宜过粗，也不宜过细，应符合规定的粗细程度。

砂的颗粒级配是指不同粒径的砂粒相互间的搭配情况，如图 4-2 所示。由于混凝土中砂粒之间的空隙是由水泥浆填充的，所以为了节约水泥，提高混凝土强度，就应尽量减少砂粒之间的空隙。

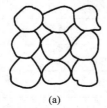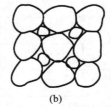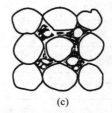

(a)　　　　　　　(b)　　　　　　　(c)

图 4-2　砂的不同级配情况

从图 4-2 可以看出：如果是相同粒径的砂，空隙就大(图 4-2(a))；用两种不同粒径的砂搭配起来空隙就小了(图 4-2(b))；用三种以上不同粒径的砂搭配，空隙就更小了(图 4-2(c))。由此可见，要想减少砂粒之间的空隙，不宜使用单一粒级的砂，而应使用颗粒大小不同的砂子相互搭配，即选用颗粒级配良好的砂。

综上所述，混凝土用砂应同时考虑砂的粗细程度和颗粒级配。当砂的颗粒较粗且级配良好时，砂的空隙和总表面积均较小，这样不仅可以节省水泥，而且还可以提高混凝土的密实性和强度。由此可见，控制混凝土用砂的粗细程度和颗粒级配有很大的技术经济意义。

砂的粗细程度和颗粒级配常用筛分析实验进行测定，用细度模数来判断砂的粗细程度，用级配区来表示砂的颗粒级配。筛分析法是用一套孔径分别为 4.75 mm、2.36 mm、1.18 mm、600 μm、300 μm、150 μm 的标准方孔筛，将 500 g 干砂试样依次过筛，然后称取筛余在各号筛上砂的质量(分计筛余量)，并计算出各筛上的分计筛余百分率(分计筛余量占砂样总质量的百分数)及累计筛余百分率(各筛和比该筛粗的所有分计百分率之和)。砂的筛余量、分计筛余百分率、累计筛余百分率的关系见表 4-2。

表 4-2　分计筛余百分率和累计筛余百分率的关系

方孔筛	分 计 筛 余		累计筛余百分率(%)
	质量(g)	百分率(%)	
4.75 mm	m_1	$a_1 = m_1/500$	$A_1 = a_1$
2.36 mm	m_2	$a_2 = m_2/500$	$A_2 = a_1 + a_2$
1.18 mm	m_3	$a_3 = m_3/500$	$A_3 = a_1 + a_2 + a_3$
600 μm	m_4	$a_4 = m_4/500$	$A_4 = a_1 + a_2 + a_3 + a_4$
300 μm	m_5	$a_5 = m_5/500$	$A_5 = a_1 + a_2 + a_3 + a_4 + a_5$
150 μm	m_6	$a_6 = m_6/500$	$A_6 = a_1 + a_2 + a_3 + a_4 + a_5 + a_6$

根据累计筛余百分率可计算出砂的细度模数，并划分砂的级配区，以评定砂子的粗细程度和颗粒级配。砂的细度模数计算公式如下：

$$M_x = \frac{(A_2 + A_3 + A_4 + A_5 + A_6) - 5A_1}{100 - A_1} \tag{4-1}$$

砂的细度模数越大，表示砂越粗。

根据我国《建设用砂》(GB/T 14684—2011)的规定，M_x 的取值为 1.6～2.2 的为细砂，M_x 的取值为 2.3～3.0 的为中砂，M_x 的取值为 3.1～3.7 的为粗砂。普通混凝土用砂的细度模数，一般控制在 2.0～3.5 之间较为适宜。

砂的颗粒级配用级配区来表示。对细度模数为 3.7～1.6 的普通混凝土用砂，根据 600 μm 筛孔的累计筛余百分率，划分成三个级配区，见表 4-3。凡经筛分析检验的砂，若各筛的累计筛余百分率处于表 4-3 中的任何一个级配区内，其级配才符合设计要求。

为了更直观地反映砂的级配情况，可按表 4-3 的规定画出天然砂级配区曲线图，天然砂筛分曲线如图 4-3 所示。当筛分曲线偏向右下方时，表示砂较粗，配制的混凝土拌合物和易性不易控制，且内摩擦大，不易浇捣成型；当筛分曲线偏向左上方时，表示砂较细，配制的混凝土既要增加较多的水泥用量，而且强度会显著降低。

表 4-3　砂的颗粒级配区

砂的分类	天 然 砂			机 制 砂		
级配区	1 区	2 区	3 区	1 区	2 区	3 区
方筛孔	累计筛余(%)					
4.75 mm	10～0	10～0	10～0	10～0	10～0	10～0
2.36 mm	35～5	25～0	15～0	35～5	25～0	15～0
1.18 mm	65～35	50～10	25～0	65～35	50～10	25～0
600 μm	85～71	70～41	40～16	85～71	70～41	40～16
300 μm	95～80	92～70	85～55	95～80	92～70	85～55
150 μm	100～90	100～90	100～90	97～85	94～80	94～75

注：对于砂浆用砂，4.75 mm 筛孔的累计筛余应为 0，砂的实际颗粒级配除 4.75 mm 和 600 μm 筛挡外，可以略有超出，但各级累计筛余超出值总量应小于 5%。

　　因此，配制混凝土时宜优先选用 2 区砂。当采用 1 区砂时，应适当提高砂率，并保证足够的水泥用量，以满足混凝土的工作性；当采用 3 区砂时，宜适当降低砂率，以保证混凝土的强度。在实际工程中，若砂的级配不符合级配区的要求，可采用人工掺配的方法来改善，即将粗、细砂按适当比例进行试配，掺和使用；或将砂过筛，筛除过粗或过细的颗粒。

　　2) 有害杂质

　　砂中的有害杂质包括含泥量、泥块含量、云母、轻物质、硫化物及硫酸盐、有机物、氯化物及石粉等。含泥量是指天然砂中粒径小于 75 μm 的颗粒含量；泥块含量则是指砂中粒径大于 1.18 mm，经水浸洗、手捏后小于 600 μm 的颗粒含量；轻物质是指表观密度小于 2000 kg/m³ 的物质。

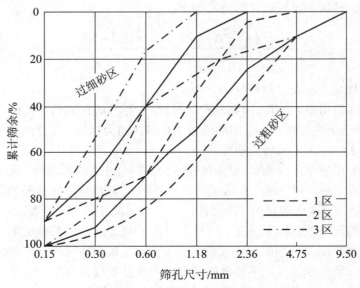

图 4-3　天然砂的级配区筛分曲线

泥、泥块、云母等黏附在砂的表面，阻碍水泥石与砂的黏结，降低混凝土的强度和耐久性，同时，泥及泥块还会增加拌合用水量，增大混凝土的干缩率；硫化物及硫酸盐对水泥石有侵蚀作用；有机物影响水泥的水化和硬化；氯化物对钢筋有锈蚀作用。因此，根据《建设用砂》(GB/T 14684—2011)的规定，天然砂中有害杂质的含量应符合表4-4的要求。

表4-4 天然砂中有害杂质的含量

项 目	指 标		
	I 类	II 类	III 类
含泥量(按质量计)(%)	≤1.0	≤3.0	≤5.0
泥块含量(按质量计)(%)	0	≤1.0	≤2.0
有机物(比色法)	合格		
云母(按质量计)(%)	≤1.0	≤2.0	≤2.0
轻物质(按质量计)(%)	≤1.0		
硫化物及硫酸盐(按 SO_3 质量计)(%)	≤0.5		
氯化物(以氯离子质量计)(%)	≤0.01	≤0.02	≤0.06
针片状颗粒含量(按质量计)(%)	<5	<15	<25

机制砂在生产过程中会产生一定量的石粉，这是机制砂与天然砂最明显的区别之一。它的粒径虽小于 75 μm，但与天然砂中的泥成分不同、粒径分布不同，在使用中所起的作用也不同。天然砂中的泥附在砂粒表面，妨碍水泥与砂的黏结，增大混凝土用水量，降低混凝土的强度和耐久性，增大干缩率。所以，它对混凝土是有害的，必须严格控制其含量，见表4-5。

表4-5 机制砂石粉含量和泥块含量

项 目		指 标		
		I 类	II 类	III 类
亚甲蓝试验	MB 值≤1.40 或合格	石粉含量(按质量计)(%)	≤10.0		
		泥块含量(按质量计)(%)	0	≤1.0	≤2.0
	MB 值>1.40 或不合格	石粉含量(按质量计)(%)	≤1.0	≤3.0	≤5.0
		泥块含量(按质量计)(%)	0	≤1.0	≤2.0

3) 砂的坚固性

砂的坚固性是指砂在自然风化和其他外界物理、化学因素作用下，抵抗破坏的能力。《建设用砂》(GB/T 14684—2011)标准规定，天然砂的坚固性用硫酸钠溶液检验，砂样经5次循环后其质量损失应符合表 4-6 的规定。机制砂采用压碎指标法进行试验，压碎指标值应符合表 4-7 的规定。

表 4-6 坚 固 性 指 标

项 目	指 标		
	Ⅰ类	Ⅱ类	Ⅲ类
质量损失(%)≤	8	8	10

表 4-7 压 碎 指 标

项 目	指 标		
	Ⅰ类	Ⅱ类	Ⅲ类
单级最大压碎指标(%)≤	20	25	30

4) 表观密度、堆积密度、空隙率

根据《建设用砂》(GB/T 14684—2011)的规定,砂的表观密度、堆积密度、空隙率应符合如下标准:表观密度大于 2500 kg/m³,松散堆积密度大于 1400 kg/m³,空隙率小于 44%。

5) 碱与集料反应

水泥、外加剂等混凝土组成物及环境中的碱、集料中的活性矿物(SiO₂),在潮湿环境下会缓慢发生导致混凝土开裂破坏的膨胀反应。所以,砂要进行碱与集料反应试验。由砂制备的试样经碱与集料反应试验后,试件应无裂缝、酥裂、胶体外溢等现象,在规定的试验龄期膨胀率应小于 0.10%。

4.1.3 粗骨料——石子

根据国家标准《建设用卵石、碎石》(GB/T 14685—2011)的规定,粒径为 4.75 mm~90 mm 的骨料称为粗骨料。

1. 粗骨料的种类及其特性

粗骨料有卵石和碎石之分,按其粒径尺寸分为连续粒级和单粒级两种规格,亦可以根据需要采用不同单粒级的卵石、碎石混合成特殊粒级的卵石、碎石。《建设用卵石、碎石》(GB/T 14685—2011)按技术要求将粗骨料分为Ⅰ类、Ⅱ类和Ⅲ类。Ⅰ类粗骨料宜用于强度等级大于 C60 的混凝土;Ⅱ类粗骨料宜用于强度等级为 C30~C60 及有抗冻、抗渗或其他要求的混凝土;Ⅲ类粗骨料宜用于强度等级小于 C30 的混凝土。

碎石主要由天然岩石破碎、筛分而成,也可将大卵石轧碎、筛分而成。碎石表面粗糙、棱角多,且较洁净,与水泥石黏结比较牢固。卵石由天然岩石经自然条件作用而形成。卵石表面光滑,有机杂质含量较多,与水泥石胶结力较差。在相同条件下,卵石混凝土的强度较碎石混凝土低。在单位用水量相同的条件下,卵石混凝土的流动性较碎石混凝土大。

2. 粗骨料的技术要求

粗骨料质量的优劣,直接影响到混凝土质量的好坏。《建设用卵石、碎石》(GB/T 14685—2011)对粗骨料的各项指标的具体规定如下:

1) 有害杂质含量

粗骨料中的有害杂质主要有黏土、淤泥、硫酸盐及硫化物和一些有机杂质等,这些有害物质对混凝土的危害作用与细骨料中的相同。另外,粗骨料中还可能含有针状(颗粒长度大于相应颗粒平均粒径的 2.4 倍)和片状(颗粒厚度小于平均粒径的 0.4 倍)颗粒,而针、片状颗粒易折断,含量多时,会降低新拌混凝土的流动性和其硬化后的强度。粗骨料中有害杂质及针、片状颗粒的允许含量应符合表 4-8 的规定。

表 4-8 粗骨料中有害杂质及针、片状颗粒的允许含量

项 目	指 标		
	I 类	II 类	III 类
含泥量(按质量计(%))≤	0.5	1.0	1.5
泥块含量(按质量计(%))≤	0	0.2	0.5
有机物	合格		
硫酸盐及硫化物(按 SO_3 质量计(%))≤	0.5	1.0	1.0
针、片状颗粒含量(按质量计(%))≤	5	10	15

2) 强度和坚固性

(1) 强度。粗骨料应质地密实,具有足够的强度。碎石或卵石的强度,可用岩石立方体抗压强度和压碎指标两种方法表示。岩石立方体抗压强度的测定方法是,采用母岩制成 50 mm × 50 mm × 50 mm 的立方体(或直径与高度均为 50 mm 的圆柱体)试件,在水中浸泡 48 小时,待吸水饱和后,测其极限抗压强度。岩石立方体抗压强度与设计要求的混凝土强度等级之比,不应低于 1.5。根据标准规定,火成岩试件的强度不应低于 80 MPa,变质岩不应低于 60 MPa,水成岩不应低于 30 MPa。

压碎指标是指将一定质量气干状态下粒径为 9.5 mm～19.0 mm 的石子装入一定规格的圆桶内,在压力机上均匀加荷至 200 kN,卸荷后称取试样质量(G_1),再用孔径为 2.36 mm 的筛筛除被压碎的碎粒,称取试样的筛余量(G_2)。压碎指标值可用下式计算:

$$Q_c = \frac{G_1 - G_2}{G_1} \times 100\%$$ (4-2)

压碎指标值越小,说明石子的强度越高。不同强度等级的混凝土,所用石子的压碎指标应满足表 4-9 的要求。

表 4-9 碎石及卵石压碎指标和坚固性指标

项 目	指 标		
	I 类	II 类	III 类
碎石压碎指标(%)<	10	20	30
卵石压碎指标(%)<	12	14	16
质量损失(%)≤	5	8	12

(2) 坚固性。石子的坚固性是指石子在气候、环境变化和其他物理力学因素作用下，抵抗碎裂的能力。坚固性试验采用的是硫酸钠溶液浸泡法进行检验，试样经 5 次干湿循环后，其质量损失应满足表 4-9 的规定。有抗冻、耐磨、抗冲击性能要求的混凝土所用的粗骨料，应测定其坚固性。骨料越密实、强度越高、吸水率越小时，其坚固性越好，而结构疏松、矿物成分复杂、构造不均匀的石子，其坚固性就差。

3) 碱—骨料反应

与细骨料一样，粗骨料也存在碱—骨料反应，而且更为常见。当对粗骨料的碱活性有怀疑或要将粗骨料用于重要工程时，须进行碱活性检验。若含有活性 SiO_2，采用化学法或砂浆长度法检验；若为活性碳酸盐，则采用岩石柱法进行检测。

经上述检验的粗骨料，当被判定具有碱—碳酸反应潜在危害时，则不能用作混凝土骨料；当被判定有潜在碱—硅酸反应危害时，则须遵守以下规定方可使用：使用碱含量(Na_2O + $0.658K_2O$)小于 0.6% 的水泥，或掺入硅灰、粉煤灰等能抑制碱—骨料反应的掺合料；当使用含钾、钠离子的混凝土外加剂时，必须进行专门的试验。

4) 最大粒径和颗粒级配

与细骨料一样，为了节约混凝土的水泥用量，提高混凝土密实度和强度，混凝土粗骨料的总表面积应尽可能减小，其空隙率应尽可能降低。粗骨料最大粒径与其总表面积的大小紧密相关。所谓粗骨料最大粒径，是指粗骨料公称粒级的上限。当骨料最大粒径增大时，其总表面积减小，保证了一定厚度润滑层所需水泥浆数量的减少。因此，在条件许可的情况下，粗骨料的最大粒径应尽量大些。

根据《混凝土结构工程施工质量验收规范》(GB 50204—2015)的规定，混凝土中粗骨料的最大粒径不得超过其截面最小尺寸的 1/4，且不得大于钢筋最小净距的 3/4；对混凝土实心板，粗骨料最大粒径允许用板厚的 1/2，但最大粒径不得超过 50 mm。对于泵送混凝土，骨料采用连续级配为佳，且当泵送高度在 50 m 以下时，粗骨料最大粒径与输送管内径之比要求碎石不宜大于 1∶3，卵石不宜大于 1∶2.5；泵送高度在 50 m～100 m 时，碎石不宜大于 1∶4，卵石不宜大于 1∶3；泵送高度大于 100 m 时，碎石不宜大于 1∶5，卵石不宜大于 1∶4。

粗骨料颗粒级配的含义和目的与细骨料的相同，级配也是通过筛分析试验来测定的。所用标准筛一套 12 个，均为方孔，孔径依次为 2.36 mm、4.75 mm、9.50 mm、16.0 mm、19.0 mm、26.5 mm、31.5 mm、37.5 mm、53.0 mm、63.0 mm、75.0 mm、90.0 mm。对试样进行筛分析时，按表 4-10 选用部分筛号进行筛分，将试样的累计筛余百分率结果与表 4-10 对照，来判断该试样级配是否合格。

粗骨料的颗粒级配分连续级配和间断级配两种。连续级配是粗骨料由小到大各粒级相连的级配；间断级配是指用小颗粒的粒级粗骨料直接与大颗粒的粒级粗骨料相配，中间缺了一段粒级的级配。土木工程中多采用连续级配，间断级配虽然可获得比连续级配更小的空隙率，但混凝土拌合物易产生离析现象，不便于施工，因此较少使用。单粒粒级不宜单独配制混凝土，主要用于组合连续级配或间断级配。

表 4-10　混凝土用碎石或卵石的颗粒级配要求

公称粒径 (mm)		累计筛余(%)											
		方孔筛(mm)											
		2.36	4.75	9.50	16.0	19.0	26.5	31.5	37.5	53.0	63.0	75.0	90.0
连续粒级	5~16	95~100	85~100	30~60	0~10	0							
	5~20	95~100	90~100	40~80	—	0~10	0						
	5~25	95~100	90~100	—	30~70	—	0~5	0					
	5~31.5	95~100	90~100	70~90	—	15~45	—	0~5	0				
	5~40	—	95~100	70~90	—	30~65	—	0~5	0				
单粒粒级	5~10	95~100	80~100	0~15	0								
	10~16		95~100	80~100	0~15								
	10~20		95~100	85~100	—	0~15							
	16~25			95~100	55~70	25~40	0~10						
	16~31.5		95~100		85~100			0~10	0				0
	20~40			95~100	—	80~100			0~10	0			
	40~80					95~100			70~100		30~60	0~10	0

5) 表观密度、堆积密度、空隙率

按《建设用卵石、碎石》(GB/T 14685—2011)的规定,粗骨料的表观密度大于 2600 kg/m³,松散堆积密度大于 1350 kg/m³,空隙率小于:Ⅰ类≤43%,Ⅱ类≤45%,Ⅲ类≤47%。

4.1.4　拌和及养护用水

对拌和及养护混凝土用水的质量要求是:不影响混凝土的凝结和硬化,无损于混凝土的强度发展和耐久性,不加快钢筋的锈蚀,不引起应力钢筋脆断,不污染混凝土表面等。

《混凝土结构工程施工质量验收规范》(GB 50204—2015)规定,混凝土用水宜优先采用符合国家标准的饮用水。若采用其他水源时,水质要求符合《混凝土用水标准》(JGJ 63—2006)的规定,水中各种有害物质的含量应符合表 4-11 的规定。

表 4-11　混凝土用水中有害物质含量限制值

项　　目	预应力混凝土	钢筋混凝土	素混凝土
pH 值≥	5.0	4.5	4.5
不溶物(mg/L)≤	2000	2000	5000
可溶物(mg/L)≤	2000	5000	10000
氯化物(按 Cl^- 计)(mg/L)≤	500	1000	3500
硫酸盐(按 SO_4^{2-} 计)(mg/L)≤	600	2000	2700
碱含量(mg/L)≤	1500	1500	1500

注:碱含量按($Na_2O+0.658K_2O$)计算值来表示。采用非碱活性骨料时,可不检验碱含量。混凝土养护用水可不检验不溶物和可溶物。

4.2 混凝土外加剂与掺合料

4.2.1 混凝土外加剂的定义和分类

1. 混凝土外加剂的定义

在混凝土拌和时或拌和前掺入的，且掺量不大于水泥质量5%(特殊情况除外)并能使混凝土的使用性能得到一定程度改进的物质，称为混凝土外加剂。

外加剂在混凝土中的掺量不多，但可显著改善混凝土拌合物的和易性，明显提高混凝土的物理力学性能和耐久性。外加剂的研究和应用促进了混凝土的生产和施工工艺，以及新型混凝土的发展，外加剂的出现导致了混凝土技术的第三次革命。目前，外加剂在混凝土中的应用非常普遍，已成为混凝土中除水泥、砂、石、水以外的第五组分，是制备优良性能混凝土的必备条件。

2．混凝土外加剂的分类

混凝土外加剂的种类繁多，目前约有400余种，我国生产的外加剂约有200多个牌号。根据国标《混凝土外加剂术语》(GB/T 8075—2017)的规定，混凝土外加剂按其主要功能分为四类：

(1) 改善混凝土拌合物流变性能的外加剂，包括各种减水剂和泵送剂等。

(2) 调节混凝土凝结时间和硬化过程的外加剂，包括早强剂、缓凝剂、促凝剂和速凝剂等。

(3) 改善混凝土耐久性的外加剂，包括引气剂、防水剂、阻锈剂等。

(4) 改善混凝土其他性能的外加剂，包括膨胀剂、防冻剂、着色剂等。

4.2.2 常用的混凝土外加剂

1. 减水剂

减水剂是在混凝土坍落度基本相同的条件下，能显著减少混凝土拌和水量的外加剂。

减水剂是工程中应用最广泛的一种外加剂。根据减水剂的作用效果及功能情况，可将其分为普通减水剂、高效减水剂、早强减水剂、缓凝减水剂、引气减水剂等。

1) 减水剂的作用原理

减水剂之所以能减水，是由于它是一种表面活性剂，其分子是由亲水基团和憎水基团两部分组成的，与其他物质接触时会定向排列，如图 4-4 所示。水泥加水拌和后，由于颗粒之间分子凝聚力的作用，会形成絮凝结构，如图 4-5(a)所示，将一部分拌合用水包裹在絮凝结构内，从而使混凝土拌合物的流动性降低。当水泥中加入减水剂后，减水剂的憎水基团定向吸附于水泥颗粒表面，使水泥颗粒表面带有相同的电荷，产生静电斥力，使水泥颗粒相互分开，絮凝结构解体，如图 4-5(b)所示，释放出游离水，从而增大了混凝土拌合物的流动性。另外，减水剂还能在水泥颗粒表面形成一层稳定的溶剂化水膜，如图 4-5(c)所示，这层水膜是很好的润滑剂，有利于水泥颗粒的滑动，从而使混凝土拌合物的流动性进一步提高。

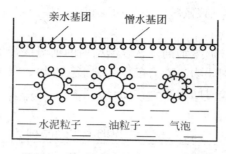

图 4-4 表面活性剂分子的定向排列

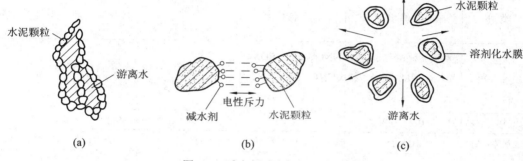

图 4-5 减水剂减水机理示意图

2) 减水剂的技术经济效果

(1) 增加流动性。在拌合物用水量不变时，混凝土流动性显著增大，混凝土拌合物坍落度可增大 100 mm～200 mm。

(2) 提高混凝土强度。保持混凝土拌合物坍落度和水泥用量不变，可减水 5%～30%，混凝土强度可提高 5%～25%，特别是早期强度会显著提高。

(3) 节约水泥。保持混凝土强度不变时，可节约水泥用量 5%～25%。

(4) 改善混凝土的耐久性。减水剂的掺入，显著改善了混凝土的孔结构，提高了混凝土的密实度，其透水性则可降低 40%～80%，从而提高了混凝土的抗渗、抗冻、抗化学腐蚀及抗锈蚀等能力。此外，掺用减水剂后，还可以改善混凝土拌合物的泌水、离析现象，延缓混凝土拌合物的凝结时间，减慢水泥水化放热速度并可配制特种混凝土。

3) 减水剂的常用品种

减水剂是使用最广泛、效果最显著的一种外加剂，按照化学成分可分为木质素系、萘系、树脂系、蜜糖系、腐殖酸系等。常见的减水剂品种见表 4-12。

木质素系减水剂属于普通减水剂，是亚硫酸盐法生产纸浆的副产品，主要成分是木质素磺酸盐，又分为木质素磺酸钙(木钙)、木质素磺酸钠(木钠)和木质素磺酸镁(木镁)几种。应用最广泛的是木钙(又称为 M 剂)，它是以废纸浆或废纤维浆为原料，采用石灰乳中和，经发酵除糖、蒸发浓缩、喷雾干燥而制成的，为棕色粉状物。M 剂因含有一定的糖分，而具有缓凝作用。

萘系减水剂属于高效减水剂，它以工业萘或煤焦油中分馏出的萘及萘的同系物为原料，经磺化、水解、缩合、中和、过滤和干燥而成，为棕色粉状物。

树脂系减水剂为高效减水剂,主要有三聚氰胺甲醛树脂(代号 SM)和磺化古马隆树脂(代号 CRS)。SM 减水剂是由三聚氰胺、甲醛和亚硫酸钠按一定的比例,在一定条件下磺化、缩聚而成的。

蜜糖系减水剂也属于普通减水剂,它以制糖后的糖渣或废蜜为原料,采用石灰中和处理而成,为棕色粉状物或糊状物。糖为多羟基碳水化合物,亲水性强,致使水泥颗粒表面的溶剂化水膜增厚,在较长时间内难于粘连与凝聚。因而,蜜糖系减水剂具有明显的缓凝作用。

表 4-12　常见的减水剂品种

种类	木质素系	萘系	树脂系	蜜糖系	腐殖酸系
类别	普通减水剂	高效减水剂	早强减水剂 (高效减水剂)	缓凝减水剂	普通减水剂
主要品种	木质素磺酸钙(木钙粉、M 型减水剂)、木钠、木镁等	NNO、NF、FDN、UNF、JN、HN、MF 及建Ⅰ型等	三聚氰胺树脂、古马隆树脂	长城牌、天山牌	腐殖酸
适宜掺量(%)	0.2～0.3	0.2～1	0.5～2	0.2～0.3	0.3
减水率(%)	10～15	10～25	15～27	6～10	8～10
早强效果	—	显著	显著(7d 可达到 28d 强度)	—	有早期型、缓凝型两种
缓凝效果	1 h～3 h	—	—	3 h 以上	
引气效果	1%～2%	部分品种<2%	—	—	
使用范围	适用于一般的混凝土工程,尤其是大模、滑模、泵送、大体积及夏季施工的混凝土	适用于所有的混凝土工程,更适用于配制高强混凝土、蒸养及流态混凝土	适用于配制高强混凝土、早强混凝土、蒸养及流态混凝土	适用于大体积混凝土及滑模、夏季施工的混凝土	适用于一般的混凝土工程

腐殖酸俗名胡敏酸,是一种高分子羟基芳基羧酸盐,属阴离子表面活性剂。

2. 早强剂

早强剂是指能加速混凝土早期强度发展的外加剂。

根据我国现行规范,混凝土早期强度主要是指龄期为 1 天、3 天、7 天的强度。早强剂按其化学成分不同,可分为无机盐类、有机物类及复合型早强剂三大类。

(1) 无机盐类早强剂。这类早强剂中以氯化物、硫酸盐最为常用。氯化物主要是氯化钠和氯化钙,掺量一般为 0.5%～1.0%,3 天强度可提高 50%～100%,7 天强度可提高 20%～40%。硫酸盐主要有硫酸钠、硫代硫酸钠和硫酸铝等。硫酸盐类早强剂掺量一般为 0.5%～2.0%,掺量为 1.5% 时,达到设计强度 70% 的时间可缩短一半。

此外,硝酸盐、碳酸盐、氟硅酸盐和铬酸盐等也均有较明显的早强作用。

(2) 有机物类早强剂。这类早强剂主要有有机酸盐(甲酸钙、草酸钙等)、三乙醇胺、三异丙醇胺以及尿素等。如使用三乙醇胺作早强剂，其适宜掺量为 0.02%～0.05%，但其一般不单独使用，常与其他早强剂复合使用。

(3) 复合型早强剂。这类早强剂主要是指无机盐类与有机物类，或无机盐类与无机盐类，或有机物类与有机物类之间的复合。典型的复合型早强剂是三乙醇胺与无机盐类的复合。复合型早强剂往往比单组分早强剂早强效果好，并能改善单组分早强剂不足的缺点，且掺量也比单组分早强剂低。

早强剂多用于冬季低温和负温(温度不低于-5℃)的混凝土施工和抢修工程。需要注意的是：

(1) 氯盐类早强剂对钢筋有腐蚀性，因此在干燥情况下，钢筋混凝土中氯离子量不宜大于水泥量的 0.6%，素混凝土中氯离子量不宜大于水泥量的 1.8%。预应力混凝土、相对湿度大于 80%环境下的钢筋混凝土、使用冷拉钢丝或冷拔低碳钢丝的混凝土，不得使用氯盐类早强剂。

(2) 硫酸盐类早强剂掺量大时，表面会出现明显的"白霜"，影响混凝土外观。为减轻或避免这种泛白现象，应加强混凝土的早期养护，且掺量一般小于等于 2%。

(3) 三乙醇胺一般不单独使用，常与其他早强剂复合使用，其掺量为水泥重量的 0.02%～0.05%，能使水泥的凝结时间延缓 1 h～3 h，使混凝土早期强度提高 50%左右，28 天强度不变或略有提高，对普通水泥的早强作用大于矿渣水泥。

3. 引气剂

引气剂是指能通过物理作用引入均匀分布、稳定而封闭的微小气泡，且能将气泡保留在硬化混凝土中的外加剂。

混凝土引气剂有松香树脂类、烷基苯磺酸盐类、脂肪醇磺酸盐类、蛋白质盐及石油磺酸盐等几种。其中以松香树脂类应用最为广泛，这类引气剂的主要品种有松香热聚物和松香皂两种。引气剂为表面活性剂，由于在搅拌混凝土时会混入一些气泡，掺入的引气剂就定向排列在泡膜界面上，因而形成大量微小气泡。被吸附的引气剂离子增强了泡膜的厚度和强度，使气泡不易破灭。这些气泡均匀分散在混凝土中，互不相连，使混凝土的一些性能得以改善。

引气剂有如下几方面的特点：

(1) 改善混凝土拌合物的和易性。封闭的小气泡在混凝土拌合物中类似滚珠，减少了骨料间的摩擦，增强了润滑作用，从而提高了混凝土拌合物的流动性。同时，微小气泡的存在可阻滞泌水作用并提高保水能力。

(2) 提高混凝土的抗渗性和抗冻性。引入的封闭气泡能有效隔断毛细孔通道，并能减少泌水造成的渗水通道，从而提高了混凝土的抗渗性。另外，引入的封闭气泡对水结冰产生的膨胀力起缓冲作用，从而提高抗冻性。

(3) 降低混凝土的强度。气泡的存在，使混凝土的有效受力面积减小，导致混凝土强度下降。一般混凝土的含气量每增加 1%，其抗压强度将降低 4%～6%，抗折强度降低 2%～3%。因此，引气剂的掺量必须适当。松香热聚物和松香皂的掺量一般为水泥重量的 0.005%～0.01%。

4. 防冻剂

防冻剂是能降低水的冰点，使混凝土在负温下凝结硬化，并在规定养护条件下达到预期性能的外加剂。

常用的防冻剂有氯盐类(氯化钠、氯化钙)、氯盐阻锈类(氯盐与亚硝酸钠复合)、无氯盐类(硝酸盐、亚硝酸盐、碳酸盐、乙酸钠或尿素复合)三大类型。

氯盐类防冻剂适用于无筋混凝土，氯盐阻锈类防冻剂适用于钢筋混凝土，无氯盐类防冻剂可用于钢筋混凝土工程和预应力钢筋混凝土工程。此外，含有六价铬盐、亚硝酸盐等有毒成分的防冻剂，严禁用于饮水工程及与食品接触的部位。

防冻剂主要用于负温条件下施工的混凝土。目前，国产防冻剂品种可适用于-15℃～0℃的气温，当在更低气温下施工时，应增加混凝土冬季施工的其他措施，如暖棚法、原料(砂、石、水)预热法等。

5. 缓凝剂

缓凝剂是指能延缓混凝土凝结时间，而不显著影响混凝土后期强度的外加剂。

缓凝剂分为有机和无机两大类。有机缓凝剂包括木质素磺酸盐、羟基羧酸及其盐、糖类以及碳水化合物、多元醇及其衍生物等；无机缓凝剂包括硼砂、氯化锌、碳酸锌、硫酸铁(铜、锌、镉等)、磷酸盐及偏磷酸盐等。有机类缓凝剂多为表面活性剂，掺入混凝土中，能吸附在水泥颗粒表面，形成同种电荷的亲水膜，使水泥颗粒相互排斥，阻碍水泥水化产物的粘连和凝结，起缓凝作用。无机类缓凝剂，一般是在水泥颗粒表面形成一层难溶的薄膜，对水泥的正常水化起阻碍作用，从而导致缓凝。

缓凝剂具有缓凝、减水、降低水化热及增强作用，对钢筋无锈蚀。它主要适用于大体积混凝土、炎热气候下施工的混凝土，以及需长时间停放或长距离运输的混凝土。缓凝剂不宜用于日最低气温5℃以下施工的混凝土，也不宜单独用于有早强要求的混凝土及蒸养混凝土。

6. 速凝剂

速凝剂是指能使混凝土迅速凝结硬化的外加剂。

速凝剂主要有无机盐类和有机物类两类。我国常用的速凝剂是无机盐类，主要型号有红星Ⅰ型、7Ⅱ型、728型及8604型等。红星Ⅰ型速凝剂是由铝氧熟料(主要成分为铝酸钠)、碳酸钠、生石灰按质量比1:1:0.5配制而成的一种粉状物，适宜掺量为水泥质量的2.5%～4.0%。7Ⅱ型速凝剂是铝氧熟料与无水石膏按质量比3:1配合粉磨而成的，适宜掺量为水泥质量的3%～5%。速凝剂掺入混凝土后，能使混凝土在5 min内初凝，10 min内终凝，1 h就可产生强度，1天强度提高2～3倍，但后期强度会下降，28天强度为不掺时的80%～90%。速凝剂的速凝早强作用机理是使水泥中的石膏变成Na_2SO_4，失去缓凝作用，从而促使C_3A迅速水化，并在溶液中析出其水化产物晶体，导致水泥浆迅速凝固。

速凝剂主要用于喷射混凝土和喷射砂浆，亦可用于需要速凝的其他混凝土。喷射混凝土是利用喷射机中的压缩空气，将混凝土喷射到基体(岩石、坚土等)表面，并迅速硬化产生强度的一种混凝土，主要用于矿山井巷、隧道、涵洞及地下工程的岩壁衬砌、坡面支护等。

7. 泵送剂

随着商品混凝土的推广，混凝土采用泵送施工越来越普遍。泵送施工的混凝土必须具有良好的可泵性。泵送剂即改善混凝土拌合物泵送性能的外加剂。

1) 混凝土泵送剂应具备的特点

(1) 减水率高。拌合时多采用高效减水剂，以便降低水胶比的同时增加混凝土的流动性，减少泵送压力。

(2) 坍落度损失小。坍落度是反映混凝土拌合物稀稠程度的物理量。坍落度值大，说明混凝土拌合物稀，流动性好。混凝土拌合物从搅拌机出来到施工现场浇筑，这一时间段的坍落度的差值，叫坍落度损失。混凝土拌合料坍落度的损失应满足输送、泵送、浇筑的要求，防止堵塞管道。

(3) 具有一定的引气性。在保证强度不受影响的条件下，适当的引气性可减少拌合料与管壁的摩擦阻力，增加拌合料的黏聚性。

(4) 与水泥有良好的相容性。

2) 混凝土泵送剂的组分

混凝土泵送剂一般不是单一组分，而是由功能各异的多种组分(或外加剂)组成的。

(1) 减水组分。该组分可以采用普通减水剂(主要用于混凝土强度等级较低、坍落度要求不高，且现场拌制和浇筑的混凝土)和高效减水剂(主要用于配制强度等级高、流动度大、输送距离远的混凝土)。试验表明，在泵送剂中，采用两种或两种以上减水剂的复合，可取得超叠加效应，有利于降低成本和改善混凝土的可泵性。

(2) 缓凝组分。该组分是为了延缓初、终凝时间，降低水化放热速率，降低坍落度损失。其主要品种有磷酸盐类、羟基羧酸及其盐、糖类及多元醇类等。

(3) 引气组分。该组分是为了改善和易性，减少泵送阻力，增加黏聚性，提高混凝土的抗渗性和抗冻性。其主要品种有松香皂类、松香热聚物类及引气性减水剂等。

(4) 保水组分。该组分是为了减少混凝土水分的蒸发，增加混凝土拌合物的均匀性和稳定性，控制混凝土坍落度损失。其主要品种有聚乙烯醇、甲基纤维素、羧甲基纤维素等。

以上是泵送剂的基本组成，根据混凝土施工环境及使用目的，其组成成分及各成分比例也应做适当调整。如有早强要求时，应复合早强组分；有抗渗要求时，应掺加防水组分；有抗冻要求时，应复合防冻组分等。

4.2.3　使用外加剂的注意事项

人们在试验和实践中发现，尽管在混凝土中掺入外加剂，可以有效改善混凝土的技术性能，取得显著的技术经济效果，但是使用得正确、合理与否，对外加剂的技术经济效果则有十分重要的影响；如使用不当，会酿成事故。因此，在使用外加剂时，应注意以下几点：

(1) 外加剂品种的选择。外加剂品种很多，效果各异，特别是对不同品种水泥的效果不同。在选择外加剂时，应根据工程需要，以及现场的材料条件，参照有关资料，通过试验确定。

(2) 外加剂掺量的确定。各种混凝土的外加剂均有适宜掺量，掺量过小，往往达不到预期的效果；掺量过大，则会造成浪费，有时会影响混凝土的质量，甚至造成质量事故。因此，应通过试验确定最佳掺量。

(3) 外加剂的掺加方法。外加剂掺入混凝土拌合物中的方法不同，效果也不同。例如，减水剂采用后掺法比采用先掺法及同掺法效果好，其掺量仅是先掺法和同掺法的一半。所谓先掺法，是将减水剂先与水泥混合，再与集料和水一起搅拌；同掺法是将减水剂先溶于水形成溶液，再加入拌合物中一起搅拌；后掺法是指在混凝土拌合物送到浇筑地点后，才加入减水剂并再次搅拌均匀进行浇筑。

4.2.4 混凝土掺合料

混凝土掺合料是指在混凝土搅拌前或在搅拌过程中，与混凝土其他组分一起，直接加入的人造或天然的矿物材料以及工业废料。其掺量一般大于水泥重量的5%，目的是改善混凝土性能、调节混凝土强度等级和节约水泥用量等。

混凝土掺合料按性能可分为活性掺合料和非活性掺合料。非活性掺合料亦称为填充性掺合料，通常使用的为活性掺合料，这种掺合料具有火山灰活性，主要成分为 SiO_2 和 Al_2O_3，如粉煤灰、硅粉、磨细的高炉矿渣及凝灰岩、硅藻土、沸石粉等天然火山质材料。活性掺合料本身不具备或具有极低的胶凝特性，但在有水条件下可与水泥水化游离出的 $Ca(OH)_2$ 反应，生成胶凝性水化物，并可在空气或水中硬化。粉煤灰是目前用量最大、使用范围最广的掺合料。

1. 粉煤灰

当锅炉以磨细的煤粉作为燃料时，煤粉喷入炉膛中，以细颗粒火团的形式进行燃烧，释放出热量，煤中的有机物燃烧后挥发，而煤中的固定碳和矿物杂质燃烧后收缩成球状液，经迅速冷却而成为粉煤灰。

1) 粉煤灰的种类及技术要求

拌制混凝土和砂浆用的粉煤灰分为 F 类粉煤灰(由无烟煤或烟煤煅烧收集的粉煤灰)和 C 类粉煤灰(由褐煤或次烟煤煅烧收集的粉煤灰)两类。F 类粉煤灰，其 CaO 含量不大于10%或游离 CaO 含量不大于 1%；C 类粉煤灰，其 CaO 含量大于10%或游离 CaO 含量大于1%，又称为高钙粉煤灰。

F 类和 C 类粉煤灰又根据其技术要求分为Ⅰ级、Ⅱ级和Ⅲ级三个等级。按《用于水泥和混凝土的粉煤灰》(GB/T 1596—2017)的规定，粉煤灰相应的技术要求见表 4-13。

表 4-13　拌制混凝土和砂浆用的粉煤灰的技术要求

项　目		技 术 要 求		
		Ⅰ级	Ⅱ级	Ⅲ级
细度(45 μm 方孔筛筛余)(%)≤	F 类粉煤灰	12	30	45
	C 类粉煤灰			
需水量比(%)≤	F 类粉煤灰	95	105	115
	C 类粉煤灰			
烧失量(%)≤	F 类粉煤灰	5.0	8.0	10.0
	C 类粉煤灰			
含水量(%)≤	F 类粉煤灰	1.0		
	C 类粉煤灰			
三氧化硫(%)≤	F 类粉煤灰	3.0		
	C 类粉煤灰			
游离氧化钙(%)≤	F 类粉煤灰	1.0		
	C 类粉煤灰	4.0		
安定性，雷氏夹沸煮后增加距离(mm)≤	C 类粉煤灰	5.0		

与 F 类粉煤灰相比，C 类粉煤灰一般具有需水量比小、活性高和自硬性好等特征。但由于 C 类粉煤灰中往往含有游离氧化钙，所以在用作混凝土掺合料时，必须对其体积安定性进行合格性检验。

2）"粉煤灰效应"及其对混凝土性能的影响

粉煤灰由于其本身的化学成分、结构和颗粒形状等特征，掺入混凝土中可产生以下三种效应，总称为"粉煤灰效应"。

(1) 活性效应。粉煤灰中所含的 SiO_2 和 Al_2O_3 具有化学活性，它们能与水泥水化产生的 $Ca(OH)_2$ 反应，生成类似水泥水化产物中的水化硅酸钙和水化铝酸钙的物质，可作为胶凝材料的一部分而起到增强作用。

(2) 颗粒形态效应。煤粉在高温燃烧过程中形成的粉煤灰颗粒，绝大多数为玻璃微珠，在混凝土拌合物中起"滚珠轴承"的作用，掺入混凝土中能减小内摩擦阻力，使其流动性好，便于施工，具有减水作用。

(3) 微骨料效应。粉煤灰中的微细颗粒均匀分布在水泥浆内，填充孔隙和毛细孔，改善了混凝土的孔结构并增大了密实度。

由于上述效应，粉煤灰掺入混凝土中，可以改善混凝土拌合物的和易性、可泵性和可塑性，能降低混凝土的水化热，提高混凝土的弹性模量，并提高其抗化学侵蚀性、抗渗性，抑制碱—骨料反应。粉煤灰取代混凝土中部分水泥后，混凝土的早期强度有所降低，但后期强度可以赶上甚至超过未掺粉煤灰时的混凝土强度。

3）对混凝土掺用粉煤灰的规定

混凝土工程掺用粉煤灰时，应按《粉煤灰混凝土应用技术规范》(GB/T 50146—2014)的规定，对于不同的混凝土工程，选用相应等级的粉煤灰：

(1) Ⅰ级灰适用于钢筋混凝土和跨度小于 6 m 的预应力钢筋混凝土。

(2) Ⅱ级灰适用于钢筋混凝土和素混凝土。

(3) Ⅲ级灰主要用于素混凝土，但大于 C30 的素混凝土，宜采用Ⅰ、Ⅱ级灰。

4）粉煤灰的应用

我国是粉煤灰产生大国，2015 年年产量达到 6.2 亿吨。粉煤灰资源化技术主要有以下几个方面：

(1) 用作混凝土和砂浆的掺合料。粉煤灰掺合料适用于一般工业与民用建筑结构和构筑物用的混凝土，尤其适用于泵送混凝土、大体积混凝土、抗渗混凝土、抗化学侵蚀的混凝土、蒸汽养护的混凝土、地下和水下工程混凝土以及碾压混凝土等。

(2) 用作水泥的混合材料或生产原料。

(3) 烧制普通砖和粉煤灰陶粒。

(4) 生产硅酸盐制品，如蒸养粉煤灰砖、粉煤灰加气混凝土、空心或实心粉煤灰砌块、粉煤灰板材等。

(5) 用于筑路和回填。

(6) 用于农田改造。

(7) 制作功能材料，如保温材料、耐火材料、塑料及橡胶填料、防水材料等。

2．粒化高炉矿渣粉

粒化高炉矿渣粉以粒化高炉矿渣为主要原料，可掺加少量天然石膏，磨制成一定细度的粉体。

矿渣粉的主要化学成分为 CaO、SiO_2、Al_2O_3，三者的总量占 90%以上，另外还含有 Fe_2O_3 和 MgO 等氧化物及少量的 SO_3。其活性较粉煤灰高，掺量也可比粉煤灰大。它可以等量取代水泥，使混凝土的多项性能得以显著改善，如大幅度提高混凝土强度，提高混凝土耐久性，降低水泥水化热等。

根据《用于水泥、砂浆和混凝土中的粒化高炉矿渣粉》(GB/T 18046—2017)的规定，矿渣粉根据 28 天活性指数(%)分为 S105、S95 和 S75 三个级别，相应的技术要求如表 4-14 所示。

表 4-14　粒化高炉矿渣粉的技术要求

级别	密度 (g/cm³)	比表面积 (m²/kg)	活性指数 (%)≥		流动度比(%)	含水量 (%)	三氧化硫(%)	氯离子 (%)	烧失量(%)	玻璃体含量(%)	放射性
			7 d	28 d							
S105		≥500	95	105							
S95	≥2.8	≥400	75	95	≥95	≤1.0	≤4.0	≤0.06	≤1.0	≥85	合格
S75		≥300	55	75							

注：① 可根据用户要求协商提高。

　　② 选择性指标。当用户有要求时，供货方应提供矿渣粉的氯离子和烧失量数据。

矿渣粉是混凝土的优质掺合料，它不仅可等量取代混凝土中的水泥，而且可使混凝土的每项性能获得显著改善，如降低水化热，提高抗渗和抗化学腐蚀等耐久性，抑制碱—骨料反应以及大幅度提高长期强度。

掺矿渣粉的混凝土与普通混凝土的用途一样，可用作钢筋混凝土、预应力钢筋混凝土和素混凝土。大掺量矿渣粉混凝土更适用于大体积混凝土、地下工程混凝土和水下混凝土等。矿渣粉还适用于配制高强度混凝土、高性能混凝土。

矿渣粉混凝土的配合比设计方法与普通混凝土的基本相同。掺矿渣粉的混凝土允许同时掺用粉煤灰，但粉煤灰掺量不宜超过矿渣粉。混凝土中矿渣粉的掺量应根据不同强度等级和不同用途通过试验确定。对于 C50 和 C50 以上的高强度混凝土，矿渣粉的掺量不宜超过 30%。

3．硅灰

硅灰是在生产硅铁、硅钢或其他硅金属时，高纯度石英和煤在电弧炉中还原所得到的以无定形 SiO_2 为主要成分的球状玻璃体颗粒粉尘。

硅灰中无定形 SiO_2 的含量在 85%以上，其化学成分随所生产的合金或金属的品种不同而异，一般其化学成分为 SiO_2(85%～92%)、Fe_2O_3(2%～3%)、MgO(1%～2%)、Al_2O_3(0.5%～1.0%)和 CaO(0.2%～0.5%)。

硅灰颗粒极细，平均粒径为 0.1 μm～0.2 μm，比表面积为 20 000 m²/kg～25 000 m²/kg。密度为 2.2 g/cm³，堆积密度为 250 kg/m³～300 kg/m³。由于硅灰单位重量很轻，为包装、运输等带来了困难。

硅灰需水量比为 134%左右，若掺量过大，将会使水泥浆变得十分黏稠。在土木工程中，硅灰取代水泥，其量一般为 5%～15%，当超过 20%以后，水泥浆将变得十分黏稠。混凝土拌合用水量随硅灰的掺入而增加。为此，当混凝土掺用硅灰时，必须同时掺加减水剂，这样才可获得最佳效果。

硅灰取代水泥后，其作用与粉煤灰类似，可改善混凝土拌合物的和易性，降低水化热，提高混凝土抗侵蚀性、抗冻性、抗渗性，抑制碱—骨料反应，且其效果要比粉煤灰好得多。硅灰中的 SiO_2 在早期即可与 $Ca(OH)_2$ 发生反应，生成水化硅酸钙。所以，用硅灰取代水泥可提高混凝土的早期强度。

由于硅灰的售价较高，故目前主要用于配制高强度和超高强度混凝土、高抗渗混凝土以及其他有高性能要求的混凝土。

4.3 普通混凝土的主要技术性质

4.3.1 混凝土拌合物的和易性

1. 和易性的概念

和易性是指混凝土拌合物易于各种施工工序(拌合、运输、浇筑、振捣等)操作并能获得质量均匀、密实的性能，也叫混凝土的工作性。它是一项综合技术指标，包括流动性、黏聚性和保水性三方面的含义。

1) 流动性

流动性是指混凝土拌合物在自重或机械振捣作用下能产生流动，并均匀、密实地填满模板的性能。

流动性反映混凝土拌合物的稀稠程度。若混凝土拌合物太稠，则流动性差，难以振捣密实，易造成内部或表面孔洞等缺陷；若拌合物太稀，则流动性好，但容易出现分层离析现象(水泥浆上浮、石子颗粒下沉)，从而影响混凝土的质量。

2) 黏聚性

黏聚性是指混凝土拌合物各颗粒间具有一定的黏聚力，在施工过程中能够避免分层离析，使混凝土保持整体均匀的性能。

黏聚性反映混凝土拌合物的均匀性。若混凝土拌合物黏聚性不好，混凝土中骨料与水泥浆容易分离，造成混凝土不均匀，振捣后出现蜂窝、空洞等现象。

3) 保水性

保水性是指混凝土拌合物具有保持内部水分不流失，不致产生严重泌水现象的性能。

保水性反映混凝土拌合物的稳定性。保水性差的混凝土内部容易形成透水通道，影响混凝土的密实性，并降低混凝土的强度和耐久性。

混凝土拌合物的流动性、黏聚性和保水性，三者既相互联系又相互矛盾。当流动性大时，往往黏聚性和保水性差，反之亦然。因此，和易性良好就是要使这三方面的性能达到良好的统一。

混凝土拌合物的和易性是以上三个方面性能的综合体现，它们之间既相互联系又相互矛盾。提高水胶比，可使流动性增大，但黏聚性和保水性往往会变差；要保证拌合物具有良好的黏聚性和保水性，则流动性会受到影响。不同的工程对混凝土拌合物和易性的要求也不同，因此，保持拌合物的和易性良好，就要使这三方面的性能在某种具体的条件下均为良好，即矛盾得到统一。

2．和易性的测定

由于混凝土拌合物的和易性是一项综合的技术性质，目前还很难用一个单一的指标来全面衡量混凝土拌合物的和易性。

通常以坍落度试验和维勃稠度试验来评定混凝土拌合物的和易性，即先测定其流动性，再通过直观经验观察其黏聚性和保水性，以综合评定拌合物的和易性。

1）坍落度试验

在平整、润湿且不吸水的操作面上放置坍落度筒，将混凝土拌合物分三次(每次装料 1/3 筒高)装入坍落度筒内，每次装料后，用 $\phi16$ 的光圆插捣棒从周围向中间插捣 25 次，以使拌合物密实。待第三次装料、插捣密实后，将表面刮平，然后垂直平稳地向上提起坍落度筒。拌合物在自重作用下会向下坍落，用尺量筒高与坍落后混凝土拌合物最高点之间的高度差(mm)，这即为该混凝土拌合物的坍落度值。坍落度越大，表明混凝土拌合物的流动性越好，如图 4-6(a)所示。

在进行坍落度试验的过程中，同时观察拌合物的黏聚性和保水性。用捣棒在已坍落的拌合物锥体侧面轻轻击打，如果锥体逐渐下沉，表示拌合物黏聚性良好；如果锥体突然倒坍或部分崩裂或出现离析现象，表示拌合物黏聚性较差。若有较多的稀浆从锥体底部析出，锥体部分的拌合物也因失浆而使骨料外露，表明混凝土拌合物保水性不好；如无这种现象，表明保水性良好。

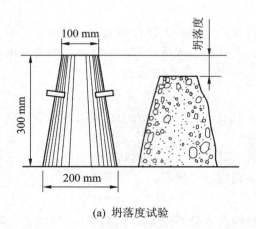

(a) 坍落度试验

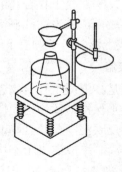

(b) 维勃稠度试验

图 4-6 和易性的测定

坍落度试验只适用于骨料最大粒径不大于 40 mm 的非干硬性混凝土(指混凝土拌合物的坍落度值大于 10 mm 的混凝土)。按《普通混凝土配合比设计规程》(JGJ 55—2011)的规定，根据坍落度的大小，可将混凝土拌合物分为五级，见表 4-15。

表 4-15　混凝土按坍落度分级

级　别	名　称	坍落度(mm)
S_1	低塑性混凝土	10～40
S_2	塑性混凝土	50～90
S_3	流动性混凝土	100～150
S_4	大流动性混凝土	160～210
S_5	超大流动性混凝土	≥220

2) 维勃稠度试验

对于干硬性混凝土，若采用坍落度试验，测出的坍落度值过小，不易准确反映其工作性能，因此通常采用维勃稠度仪(见图 4-6(b))来测定混凝土拌合物的流动性。

试验时先将混凝土拌合物按规定的方法装入存放在圆桶内的坍落度筒内，装满后垂直提起坍落度筒，在拌合物试体顶面放一透明圆盘，开启振动台，同时用秒表计时；振动至透明圆盘底面被水泥浆布满的瞬间，关闭振动台并停止计时，由秒表读出的时间即是该拌合物的维勃稠度值(s)。维勃稠度值小，表示拌合物的流动性大。

维勃稠度试验适用于骨料最大粒径不大于 40 mm、维勃稠度值在 5 s～30 s 之间的混凝土。根据维勃稠度，混凝土拌合物可分为五级，见表 4-16。

表 4-16　混凝土按维勃稠度分级

级　别	名　称	维勃稠度(s)
V_0	超干硬性混凝土	≥31
V_1	特干硬性混凝土	30～21
V_2	干硬性混凝土	20～11
V_3	半干硬性混凝土	10～6
V_4	低塑性混凝土	5～3

3. 坍落度的选择

选择混凝土拌合物的坍落度，应根据结构类型、构件截面大小、配筋的疏密、输送方式、施工捣实方法和环境温度等因素来确定。当构件截面尺寸较小或钢筋较密，或采用人工插捣时，坍落度可选择得大些；反之，如构件截面尺寸较大或钢筋较疏，或者采用振动器振捣时，坍落度可选择得小些。

根据《混凝土结构工程施工质量验收规范》(GB 50204－2015)的规定，混凝土浇筑时的坍落度宜按表 4-17 选用。

表 4-17　混凝土浇筑时的坍落度

项目	结　构　种　类	坍落度(mm)
1	基础或地面等的垫层、无配筋的大体积结构或配筋稀疏的结构构件	10～30
2	板、梁和大型及中型截面的柱子等	30～50
3	配筋密列的结构(薄壁、筒仓、细柱等)	50～70
4	配筋特密的结构	70～90

表 4-17 是采用机械振捣的坍落度，若采用人工捣实，可适当增大。当施工工艺采用

混凝土泵输送混凝土拌合物时，则要求混凝土拌合物具有高流动性，其坍落度通常为 80 mm～180 mm。

4. 影响混凝土拌合物和易性的主要因素

1) 水泥浆量

在混凝土拌合物中，水泥浆除了起到胶结作用外，还起着润滑骨料、提高拌合物流动性的作用。

在水胶比不变的情况下，单位体积拌合物内，水泥浆量越多，拌合物流动性越大。但若水泥浆量过多，不仅水泥用量大，而且会出现流浆现象，使拌合物的黏聚性变差，同时会降低混凝土的强度和耐久性；若水泥浆量过少，则水泥浆不能填满骨料空隙或不能很好地包裹骨料表面，可能出现混凝土拌合物崩塌现象，使黏聚性变差。因此，混凝土拌合物中的水泥浆量应以满足流动性和强度要求为度，不宜过多，也不宜过少。

2) 水泥浆稠度

水泥浆的稀稠是由水胶比决定的。水胶比是指混凝土拌合物中用水量与水泥用量的比值。当水泥用量一定时，水胶比越小，水泥浆越稠，拌合物的流动性就越小。当水胶比过小时，水泥浆过于干稠，拌合物的流动性过低，影响施工，且不能保证混凝土的密实性。水胶比增大会使流动性加大，但水胶比过大，又会造成混凝土拌合物的黏聚性和保水性较差，产生流浆、离析现象，并严重影响混凝土的强度和耐久性。所以，水泥浆的稠度不宜过大、过小，应根据混凝土强度和耐久性要求合理选用。混凝土的常用水胶比宜在 0.40～0.75 之间。

总之，无论是水泥浆量的影响还是水胶比的影响，实际上都是用水量的影响。因此，影响混凝土和易性的决定性因素是混凝土单位体积用水量的多少。实践证明，在配制混凝土时，当所用粗、细骨料的种类及比例一定时，如果单位用水量一定，即使水泥用量有所变动(对于 1 m³ 混凝土，水泥用量增减 50 kg～100 kg 时)，混凝土的流动性大体保持不变。这一规律称为恒定需水量法则。这一法则意味着如果其他条件不变，即使水泥用量有某种程度的变化，对混凝土流动性的影响也不大。运用于配合比设计，就是通过固定单位用水量，变化水胶比，得到既满足拌合物和易性要求，又满足混凝土强度要求的混凝土。

3) 砂率

砂率是指混凝土中砂的质量占砂石总质量的百分率，即

$$\beta_s = \frac{m_s}{m_s + m_g} \times 100\%$$

(4-3)

式中：β_s——砂率(%)。

m_s——混凝土中砂的质量(kg)。

m_g——混凝土中石子的质量(kg)。

砂的作用是填充石子间的空隙，并以水泥砂浆包裹在石子的外表面，减少石子之间的摩擦力，赋予混凝土拌合物一定的流动性。

砂率的变动会使骨料的空隙率和总表面积发生显著改变，因而对混凝土拌合物的和易性产生显著影响。砂率过大时，骨料的空隙率和总表面积都会增大，包裹粗骨料表面和填

充粗骨料空隙所需的水泥浆量就会增大；在水泥浆量一定的情况下，相对地，水泥浆就显得少了，削弱了水泥浆的润滑作用，导致混凝土拌合物的流动性降低。砂率过小，则不能保证粗骨料间有足够的水泥砂浆，也会降低拌合物的流动性，并严重影响其黏聚性和保水性，从而造成离析和流浆等现象。

因此，在配制混凝土时，砂率不能过大也不能过小，应有合理的砂率(即最佳砂率)。当采用合理的砂率时，在用水量和水泥用量一定的情况下，混凝土拌合物可获得最大的流动性且能保持良好的黏聚性和保水性(见 4-7(a))；或者，混凝土拌合物可获得所要求的流动性及良好的黏聚性与保水性，而水泥用量最小(见 4-7(b))。合理的砂率可通过试验求得。

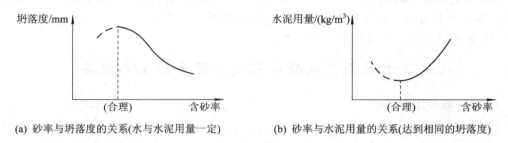

(a) 砂率与坍落度的关系(水与水泥用量一定)   (b) 砂率与水泥用量的关系(达到相同的坍落度)

图 4-7　合理砂率的技术经济效果

4) 组成材料的性质

(1) 水泥。不同品种的水泥需水量不同，因此在相同配合比时，拌合物的坍落度也将有所不同。水泥品种和水泥细度是影响拌合物和易性的主要因素。在其他条件相同的情况下，需水量大的水泥比需水量小的水泥配制的拌合物流动性要小。如矿渣水泥或火山灰水泥拌制的混凝土拌合物，其流动性比用普通水泥时为小。另外，矿渣水泥易泌水。水泥颗粒越细，总表面积越大，润湿颗粒表面及吸附在颗粒表面的水越多，在其他条件相同的情况下，拌合物的流动性变小。

(2) 骨料。骨料总表面积、骨料的空隙率和骨料间摩擦力的大小是影响拌合物和易性的主要因素，具体地说，是骨料级配、颗粒形状、表面特征及粒径施加的影响。采用级配良好、较粗大的骨料时，因其骨料的空隙率和总表面积小，包裹骨料表面和填充空隙的水泥浆量较少，在相同配合比时拌合物的流动性好些，但砂、石过于粗大也会使拌合物的黏聚性和保水性下降。河砂及卵石多呈圆形，表面光滑而无棱角，拌制的混凝土拌合物比山砂、碎石拌制的拌合物的流动性好。

(3) 外加剂。在拌制混凝土时，加入少量的外加剂能使混凝土拌合物在不增加水泥用量的条件下，获得良好的和易性，并且可因改变了混凝土的结构而提高混凝土的强度和耐久性。详细内容见本章"混凝土的外加剂"部分。

5) 时间及环境的温度、湿度

拌合后的混凝土拌合物，随时间的延长而逐渐变得干稠，流动性减小，其原因是一部分水供水泥水化，一部分水被骨料吸收，一部分水蒸发以及混凝土凝聚结构的逐渐形成，致使混凝土拌合物的流动性变差。

拌合物的和易性也受温度的影响。环境温度升高，水分蒸发及水化反应加快，坍落度损失也变快了。因此，施工中为保证一定的和易性，必须注意环境温度的变化，并采取相应的措施。若环境中空气湿度小，则拌合物水分蒸发较快，坍落度损失也会加快。夏季施工或较长距离运输的混凝土，上述现象更加明显。

5. 改善和易性的主要措施

在实际工作中，可采用以下措施调整混凝土拌合物的和易性。

(1) 改善砂、石(特别是石子)的级配。

(2) 在可能的条件下，尽可能采用粒径较大的砂、石。

(3) 通过试验，采用合理的砂率，并尽可能采用较低的砂率。

(4) 混凝土拌合物坍落度太小时，保持水胶比不变，适当增加水泥浆用量；当坍落度太大但黏聚性良好时，可保持砂率不变，适当增加砂、石用量。

(5) 掺加外加剂，如减水剂、引气剂等。

4.3.2 硬化混凝土的强度及提高混凝土强度的主要措施

1. 硬化混凝土的强度

强度是混凝土最重要的力学性质，因为混凝土主要用于承受荷载或抵抗各种作用力。

混凝土的强度包括抗压强度、抗拉强度、抗弯强度、抗剪强度及与钢筋的黏结强度等。其中，混凝土的抗压强度最大，抗拉强度最小。因此，在建筑工程中主要是利用混凝土来承受压力作用。混凝土的抗压强度是混凝土结构设计的主要参数，也是混凝土质量评定的重要指标。工程中提到的混凝土强度一般指的是混凝土的抗压强度。

混凝土强度与混凝土的其他性能关系密切，通常混凝土的强度越大，其刚度、不透水性、抗风化及耐蚀性也就越高。一般用混凝土的强度来评定和控制混凝土的质量。

1) 混凝土的立方体抗压强度

混凝土立方体抗压强度是指其标准试件在压力作用下直至破坏时，单位面积所能承受的最大压力。根据国家标准《普通混凝土力学性能试验方法标准》(GB/T 50081—2002)的规定，测定混凝土的抗压强度时，宜采用 150 mm × 150 mm × 150 mm 的标准试模，制作标准混凝土试块，在标准养护条件(20℃ ± 2℃，相对湿度 95%以上)养护 28 天，进行抗压试验，所测得的抗压强度值称为混凝土的立方体抗压强度，用 f_{cu} 表示，计算公式如下：

$$f_{cu} = \frac{F}{A} \tag{4-4}$$

式中：f_{cu}——立方体抗压强度(MPa)。

F——试件破坏荷载(N)。

A——试件承压面积(mm^2)。

立方体抗压强度 f_{cu} 只是一组混凝土试件抗压强度的算术平均值，并未涉及数理统计、保证率的概念，或者说，只有 50%的保证率。按《混凝土结构设计规范》(GB 50010—2010)的规定，立方体抗压强度的标准值 $f_{cu,k}$ 是按数理统计方法确定的，具有不低于 95%保证率的立方体抗压强度。采用以立方体抗压强度标准值来表征混凝土的强度，对于实际工程来讲，大大提高了安全性。

测定混凝土立方体抗压强度时，也可以采用非标准尺寸的试件，其尺寸应根据粗骨料的最大粒径而定。但在计算其抗压强度时，应乘以换算系数得到相当于标准试件的试验结果。非标准试件为 200 mm × 200 mm × 200 mm 和 100 mm × 100 mm × 100 mm，但当施工涉外工程或有必须用圆柱体试件来确定混凝土力学性能等特殊情况时，也可用ϕ150 mm × 300 mm 的圆柱体标准试件或ϕ200 mm × 400 mm 的圆柱体非标准试件。

测定混凝土试件的强度时，试件的尺寸和表面状况等对测试结果有较大影响。下面以混凝土受压为例，来分析这两个因素对检测结果的影响。

当混凝土立方体试件在压力机上受压时，在沿加载方向发生纵向变形的同时，也按泊松比效应产生横向变形。但是由于压力机上下压板(钢板)的弹性模量比混凝土大 5～15 倍，而泊松比则不大于混凝土的两倍，所以在压力的作用下，钢板的横向变形小于混凝土的横向变形，因而上下压板与试件的接触面之间产生摩擦阻力。这种摩擦阻力分布在整个受压接触面，对混凝土试件的横向膨胀起约束限制作用，使混凝土强度检测值得以提高。通常称这种作用为"环箍效应"。如图 4-8 所示，这种作用距试件端部愈远而愈小，大约在距离为立方体试件边长$\frac{\sqrt{3}}{2}a$(a 为立方体试件边长)以外消失，所以受压试件受到正常破坏时，其上下部分各呈一个较完整的棱锥体，如图 4-9 所示。如果在压板和试件接触面之间涂上润滑剂，则"环箍效应"大大减小，试件出现直裂破坏，如图 4-10 所示。如果试件表面凹凸不平，则"环箍效应"小，并有明显的应力集中现象，测得的强度值会显著降低。

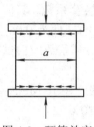 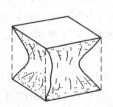 

图 4-8　环箍效应　　　图 4-9　混凝土受压试件破坏时　　图 4-10　混凝土受压试件不受约束时的
　　　　　　　　　　　　　　　　残存的棱锥体　　　　　　　　　　　破坏情况

为了使混凝土抗压强度测试结果具有可比性，《混凝土试块强度评定标准》(GB/T 50081—2002)规定，混凝土强度等级小于 C60 时，用非标准试件测得的强度值均应乘以尺寸换算系数(表 4-18)，换算成标准试件强度值。当混凝土强度等级≥C60 时，宜采用标准试件；使用非标准试件时，尺寸换算系数应由试验确定。

表 4-18　混凝土试件不同尺寸的强度换算系数

骨料最大粒径(mm)	试件尺寸(mm)	换算系数
30	100 × 100 × 100	0.95
40	150 × 150 × 150	1
60	200 × 200 × 200	1.05

2) 混凝土的强度等级

按《混凝土结构设计规范》(GB 50010—2010)的规定，根据混凝土立方体抗压强度标准值，混凝土强度可划分为 14 个等级，即 C15、C20、C25、C30、C35、C40、C45、C50、C55、C60、C65、C70、C75、C80。其中 C 表示混凝土，数字表示混凝土立方体抗压强度标准值。如强度等级为 C30 的混凝土，表示混凝土立方体抗压强度标准值为 30 MPa≤

$f_{cu.k}<35$ MPa。

混凝土的强度等级是混凝土结构设计时强度计算的取值,是混凝土施工质量控制和工程验收的依据。

3) 混凝土的轴心抗压强度

确定混凝土强度等级采用的是立方体试件,但在实际结构中,钢筋混凝土受压构件多为棱柱体或圆柱体。为了使测得的混凝土强度与实际情况相接近,在进行钢筋混凝土受压构件(如柱子、桁架的腹杆等)计算时,采用的都是混凝土的轴心抗压强度。

按《普通混凝土力学性能试验方法标准》(GB/T 50081—2002)的规定,混凝土的轴心抗压强度是指按标准方法制作的、标准尺寸为 150 mm × 150 mm × 300 mm 的棱柱体试件,在标准养护条件下养护到 28 天龄期,以标准试验方法测得的抗压强度值。其计算公式为

$$f_{cp} = \frac{F}{A} \tag{4-5}$$

式中:f_{cp}——混凝土的轴心抗压强度(MPa)。

F——试件破坏荷载(N)。

A——试件承压面积(mm^2)。

混凝土轴心抗压强度的计算值应精确至 0.1 MPa。

当混凝土强度等级<C60 时,用非标准试件测得的强度值均应乘以尺寸换算系数,其值为:200 mm × 200 mm × 400 mm 的试件为 1.05,100 mm × 100 mm × 300 mm 的试件为 0.95。当混凝土强度等级≥C60 时,宜采用标准试件。使用非标准试件时,尺寸换算系数应由试验确定。

轴心抗压强度比同截面面积的立方体抗压强度要小,当标准立方体抗压强度在 10 MPa~50 MPa 范围内时,混凝土轴心抗压强度值约为立方体抗压强度值的 70%~80%。

4) 混凝土的抗拉强度

混凝土是脆性材料,抗拉强度很低,只有抗压强度的 1/10~1/20,且随着混凝土强度等级的提高,比值有所降低。因此在进行钢筋混凝土结构设计时,一般不考虑混凝土承受拉力(考虑钢筋承受拉应力),但抗拉强度对混凝土抗裂性具有重要作用,是结构设计时确定混凝土抗裂度的重要指标,故有时也用它来间接衡量混凝土与钢筋的黏结强度,并预测由于干湿变化和温度变化而产生裂缝的情况。

测定混凝土抗拉强度的试验方法有直接轴心受拉试验和劈裂试验。直接轴心受拉试验时试件对中比较困难,而且夹具附近局部破坏很难避免。因此,我国目前常采用劈裂试验方法测定混凝土抗拉强度。

劈裂试验方法采用的是边长为 150 mm 的立方体标准试件。测定时,对试件前期制作方法、试件尺寸、养护方法及养护龄期等的规定,与检验混凝土立方体抗压强度的要求相同。该方法的原理是在试件两个相对的表面轴线上,作用着均匀分布的压力,这样就能使在此外力作用下的试件竖向平面内,产生均布拉应力,如图 4-11 所示。

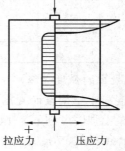

图 4-11 劈裂试验时垂直受力面的应力分布

该拉应力可以根据弹性理论计算得出。这个方法克服了过去测试混凝土抗拉强度时出现的一些问题，并且也能较正确地反映试件的抗拉强度。

其劈裂抗拉强度的计算公式如下：

$$f_{ts} = \frac{2F}{\pi A} = 0.637 \frac{F}{A}$$ (4-6)

式中：f_{ts}——混凝土的劈裂抗拉强度(MPa)。

　　F——试件破坏荷载(N)。

　　A——试件劈裂面面积(mm^2)。

混凝土的劈裂抗拉强度计算值应精确到 0.01 MPa。

采用 100 mm × 100 mm × 100 mm 非标准试件测得的混凝土劈裂抗拉强度值，应乘以尺寸换算系数 0.85；当混凝土的强度等级≥C60 时，宜采用标准试件。使用非标准试件时，尺寸换算系数应由试验确定。

试验证明，在相同条件下，混凝土轴心受拉试验测得的抗拉强度，较用劈裂法测得的劈裂抗拉强度略低。它与混凝土立方体抗压强度之间的关系可用经验公式表示如下：

$$f_{ts} = 0.35 f_{cu}^{3/4}$$ (4-7)

5) 混凝土的抗折强度

在道路工程和桥梁工程的结构设计、质量控制与验收等环节，需要检测混凝土的抗折强度。《普通混凝土力学性能试验方法标准》(GB/T 50081—2002)规定，混凝土抗折强度是指按标准方法制作的、标准尺寸为 150 mm × 150 mm × 600 mm(或550mm)的长方体试件，在标准养护条件下养护到 28 天龄期，以标准试验方法测得的抗折强度值。按三分点加荷，试件的支座一端为铰支，另一端为滚动支座，如图 4-12 所示。

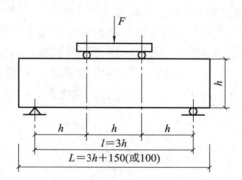

图 4-12　混凝土抗折强度测定装置

混凝土抗折强度的计算公式如下：

$$f_f = \frac{Fl}{bh^2}$$ (4-8)

式中：f_f——混凝土的抗折强度(MPa)。

　　F——试件破坏荷载(N)。

　　l——支座间跨度(mm)。

　　h——试件截面高度(mm)。

b——试件截面宽度(mm)。

混凝土的抗折强度计算值应精确至 0.1 MPa。

当试件为 100 mm × 100 mm × 400 mm 的非标准试件时,应乘以尺寸换算系数 0.85;当混凝土的强度等级≥C60 时,宜采用标准试件。使用非标准试件时,尺寸换算系数应由试验确定。如为跨中单点加荷得到的抗折强度,按断裂力学推导应乘以折算系数 0.85。

6) 混凝土的抗弯强度

道路路面或机场跑道用混凝土,以抗弯强度(或称抗折强度)为主要设计指标。

水泥混凝土的抗弯强度试验是以标准方法制成 150 mm × 150 mm × 550 mm 的梁形试件,在标准条件下养护 28 天后,按三分点加荷,测定其抗弯强度,计算公式如下:

$$f_{cf} = \frac{FL}{bh^2} \tag{4-9}$$

式中:f_{cf}——混凝土的抗弯强度(MPa)。

F——破坏荷载(N)。

L——支座间距(mm)。

b——试件截面宽度(mm)。

h——试件截面高度(mm)。

7) 混凝土与钢筋的黏结强度

在钢筋混凝土结构中,为使钢筋和混凝土能共同承受荷载,混凝土与钢筋之间必须要有一定的黏结强度。这种黏结强度主要来源于混凝土与钢筋之间的摩擦力、钢筋与水泥石之间的黏结力及变形钢筋的表面与混凝土之间的机械啮合力。

黏结强度与混凝土质量、混凝土强度、钢筋尺寸及变形钢筋种类、钢筋在混凝土中的位置(水平钢筋或垂直钢筋)、加荷类型(钢筋受拉或受压)、混凝土温湿度变化等因素有关。

目前,还没有一种较适当的标准试验能准确测定混凝土与钢筋的黏结强度。美国材料试验学会(ASTMC234)提出了一种试验方法:将 ϕ19 的标准变形钢筋,埋入边长为 150 mm 的立方体混凝土试件中,标准养护 28 天后,进行拉伸试验,试验时以不超过 34 MPa/min 的加荷速度对钢筋施加拉力,直到钢筋发生屈服或混凝土开裂,或加荷端钢筋滑移超过 2.5 mm。记录出现上述三种情况中之任一种时的荷载值 F_p,用下式计算混凝土与钢筋的黏结强度:

$$f_N = \frac{F_p}{\pi dl} \tag{4-10}$$

式中:f_N——黏结强度(MPa)。

F_p——测定的荷载值(N)。

d——钢筋直径(mm)。

l——钢筋埋入混凝土中的长度(mm)。

2. 影响混凝土强度的因素

混凝土受压可能有三种破坏形式:骨料与水泥石界面的黏结处被破坏、水泥石本身受压被破坏和骨料受压被破坏。试验证明,混凝土的受压破坏形式通常是前两种。这是因为骨料强度一般都大大超过水泥石强度和黏结面的黏结强度，所以混凝土强度主要取决于水泥石强度和水泥石与骨料表面的黏结强度。水泥石强度、水泥石与骨料表面的黏结强度又与水泥强度、水胶比、骨料性质等因素有密切关系，此外还受施工工艺、养护条件、龄期等多种因素的影响。

1) 水泥强度等级和水胶比的影响

水泥强度等级和水胶比是影响混凝土强度的决定性因素。因为混凝土的强度主要取决于水泥石的强度及其与骨料间的黏结力，而水泥石的强度及其与骨料间的黏结力，又取决于水泥强度等级和水胶比的大小。在相同配合比、相同成型工艺、相同养护条件的情况下，水泥强度等级越高，配制的混凝土强度越高。

在水泥品种、水泥强度等级不变时，混凝土在振动密实的条件下，水胶比越小，强度越高，反之越低(见图 4-13)。但是为了使混凝土拌合物获得必要的流动性，常要加入较多的水(水胶比为 0.35～0.75)，它往往超过了水泥水化的理论需水量(水胶比为 0.23～0.25)。多余的水残留在混凝土内形成水泡或水道，随着混凝土的硬化而蒸发成为孔隙，使混凝土中出现较多的蜂窝、孔洞，显著降低了混凝土的强度和耐久性。

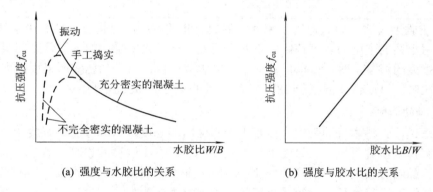

(a) 强度与水胶比的关系　　　　(b) 强度与胶水比的关系

图 4-13　混凝土强度与水胶比及胶水比的关系

瑞士学者鲍罗米通过大量试验研究，应用数理统计的方法，提出了混凝土强度与胶凝材料强度等级及水胶比之间的关系式，即混凝土强度公式(鲍罗米公式)：

$$f_{cu} = \alpha_a f_b \left(\frac{B}{W} - \alpha_b \right) \tag{4-11}$$

式中：f_{cu}——混凝土28天抗压强度(MPa)。

$\dfrac{B}{W}$——混凝土的胶水比(胶凝材料与水的质量之比)。

α_a、α_b——回归系数，按《普通混凝土配合比设计规程》(JGJ 55—2011)取值，见表 4-19。

f_b——胶凝材料28天胶砂抗压强度(MPa)。若胶凝材料只有水泥时，$f_b=f_{ce}$。试验方法应按现行国家标准《水泥胶砂强度检验方法(ISO法)》(GB/T 17671—1999)执行；当无实测值时，可按下式推算f_b值：

$$f_b = f_{ce} = \gamma_c \cdot f_{ce,g} \tag{4-12}$$

式中：f_{ce}——水泥28天胶砂抗压强度(MPa)。

　　　　γ_c——水泥强度等级值的富余系数，按《普通混凝土配合比设计规程》(JGJ 55—2011)
　　　　　　取值，见表4-20。

　　　　$f_{ce,g}$——水泥强度等级值(MPa)。

表4-19　回归系数α_a、α_b的取值

系数 　　粗骨料品种	碎石	卵石
α_a	0.53	0.49
α_b	0.20	0.13

表4-20　水泥强度等级值的富余系数

水泥强度等级值	32.5	42.5	52.5
富余系数	1.12	1.16	1.10

　　混凝土强度公式一般只适用于流动性混凝土和低流动性混凝土，对干硬性混凝土则不适用。利用上述的强度公式可解决以下两个问题：一是当所采用的水泥强度等级已定，欲配制某种强度的混凝土时，可以估算应采用的水胶比值；二是当已知所采用的水泥强度等级和水胶比时，可以估计混凝土28天可能达到的立方体抗压强度。

　　2) 骨料的影响

　　一般来说，骨料本身的强度大多都大于水泥石的强度，对混凝土的强度影响较小。但若骨料中有害杂质含量较多、级配不良，则不利于混凝土强度的提高。若骨料表面粗糙，则与水泥石黏结力较大。但达到同样流动性时，需水量变大，随之水胶比也变大，强度则降低。骨料粒形以三维长度相等或相近的球形或立方体为好，若含有较多扁平颗粒或细长的颗粒，会加大混凝土的孔隙率，扩大混凝土中骨料的表面积，增加混凝土的薄弱环节，导致混凝土强度下降。

　　试验证明，水胶比小于0.4时，用碎石配制的混凝土比用卵石配制的混凝土强度约高30%～40%，但随着水胶比的增大，两者的差异就不明显了。另外，在相同水胶比和坍落度下，混凝土强度随骨料与胶凝材料质量之比的增大而提高。

　　3) 养护温度及湿度的影响

　　混凝土强度的增长过程，是水泥水化和凝结硬化的过程。这一过程必须在一定的温度和湿度条件下进行。因此，混凝土成型后，在一定时间内应保持适当的温度和足够的湿度，以使水泥充分水化，这就是混凝土的养护。养护温度高，水泥水化速度快，混凝土强度发展也快；反之，在低温下，混凝土强度发展迟缓。当温度低至0℃以下时，混凝土中的水大部分会结冰，不但水泥停止水化，混凝土强度停止发展，而且由于混凝土孔隙中的水结冰致使体积膨胀(约9%)，对孔壁产生了相当大的压应力(可达100 MPa)，从而使硬化中的混凝土结构遭到破坏，导致混凝土已获得的强度受到损失。混凝土早期强度低，更容易冻坏。所以冬季施工时，要特别注意保温养护，以免混凝土早期受冻破坏。

　　养护温度对混凝土强度的影响如图4-14所示。

湿度是决定水泥能否正常进行水化作用的必要条件。

周围环境的湿度对水泥的水化作用能否正常进行有显著影响。湿度适当，水泥水化反应顺利进行，混凝土强度可得到充分发展。水是水泥水化反应的必要成分，如果湿度不够，则水泥水化反应不能正常进行，甚至停止水化(如图 4-15 所示)，严重降低混凝土强度，而且使混凝土结构疏松，形成干缩裂缝，增大渗水性，从而影响混凝土的耐久性。为此，施工规范规定，在混凝土浇筑完毕后，应在 12 小时内进行覆盖，以防止水分蒸发。同时，在夏季施工中对混凝土进行自然养护时，要特别注意浇水保湿，使用硅酸盐水泥、普通硅酸盐水泥和矿渣水泥时，浇水保湿应不少于 7 天；使用火山灰水泥和粉煤灰水泥或在施工中掺缓凝型外加剂或混凝土有抗渗要求时，应不少于 14 天。

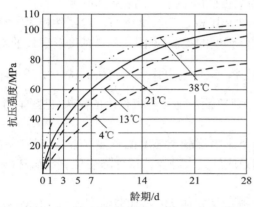

图 4-14 养护温度对混凝土强度的影响

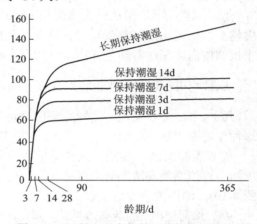

图 4-15 混凝土强度与保湿养护时间的关系

4) 龄期的影响

龄期是指混凝土在正常养护条件下所经历的时间。

在正常养护条件下，混凝土的强度将随龄期的增长而不断发展，最初的 7~14 天内强度发展较快，以后逐渐缓慢，28 天达到设计强度。28 天后强度仍在发展，其增长过程可延续数十年之久。

普通水泥混凝土，在标准养护条件下，混凝土强度的发展大致与其龄期的常用对数成正比关系(龄期不小于 3 天)。在我国，工程技术人员常用下面的经验公式来估算混凝土 28 天的强度。

$$\frac{f_n}{f_{28}} \approx \frac{\lg n}{\lg 28} \tag{4-13}$$

式中：f_n——龄期 n 对应的混凝土的抗压强度(MPa)。

f_{28}——28 天龄期混凝土的抗压强度(MPa)。

n——养护龄期(d)，$n \geqslant 3$。

根据式(4-13)，可以由所测混凝土的早期强度估算其 28 天龄期的强度，或者由混凝土的 28 天强度，推算 28 天前混凝土达到某一强度需要养护的天数，如确定混凝土拆模、构件起吊、放松预应力钢筋、制品养护及出厂等的日期。但由于影响混凝土强度的因素很多，强度发展也很难一致，故按此公式计算的结果只能作为参考。

应注意的是，该公式仅适用于在标准条件下养护的中等强度(C20~C30)的混凝土；对较高强度混凝土(≥C35)和掺外加剂的混凝土，用该公式估算会产生很大误差。

5) 试验条件对混凝土强度测定值的影响

试验条件是指试件的尺寸、形状、表面状态及加荷速度等。不同的试验条件，会影响混凝土强度的试验值。

(1) 试件尺寸。相同配合比的混凝土，试件的尺寸越小，测得的强度越高。试件尺寸影响强度的主要原因是试件尺寸大时，内部孔隙、缺陷等出现的几率也大，导致有效受力面积减小及应力集中，从而引起强度的降低。我国标准规定，以 150 mm × 150 mm × 150 mm 的立方体试件作为标准试件。也可根据粗骨料最大粒径选用不同的试件尺寸，所测得的抗压强度应乘以表 4-18 的换算系数，换算成标准试件的强度值。

(2) 试件形状。当试件受压面积($a \times a$)相同而高度(h)不同时，高宽比(h/b)越大，抗压强度越小。这是由于试件受压时，试件受压面与试件承压板之间的摩擦力，对试件相对于承压板的横向膨胀起着约束作用，该约束有利于试件强度的提高(见图 4-8)。越接近试件的端面，这种约束作用就越大；在距端面大约 $\frac{\sqrt{3}}{2}a$ 以外，这种约束作用才消失。试件受到破坏后，其上、下部分各呈现一个较完整的棱锥体，这一现象就是这种约束作用的结果(见图 4-9)。这种作用即"环箍效应"。

(3) 表面状态。混凝土试件受压面的状态也是影响混凝土强度的重要因素。当试件受压面上有油脂类润滑剂时，试件受压时的"环箍效应"大大减小，试件将出现直裂破坏(见图 4-10)，测出的强度值也较低。

(4) 加荷速度。加荷速度越快，测得的混凝土强度值也越大；当加荷速度超过 1.0 MPa/s 时，这种趋势更加显著。因此，我国标准规定混凝土抗压强度的加荷速度为 0.3 MPa/s～0.8 MPa/s，且应连续均匀地进行加荷。

3. 提高混凝土强度的主要措施

(1) 采用高强度等级水泥。在配合比相同的情况下，水泥的强度等级越高，混凝土强度也越高。但由于水泥强度等级的提高，受原料、生产工艺等因素制约，故单纯靠提高水泥强度来提高混凝土强度，往往不现实，也不经济。

(2) 降低水胶比。这是提高混凝土强度的较为有效的措施。

降低混凝土拌合物的水胶比，即可降低硬化混凝土的孔隙率，提高混凝土的密实度，增加水泥与骨料之间的黏结力，从而提高混凝土的强度。但降低水胶比，会使混凝土拌合物的工作性能下降。因此，施工时必须有相应的技术措施配合，如采用机械强力振动、掺入外加剂等。

(3) 采用湿热养护。湿热养护分蒸汽养护和蒸压养护两类。

蒸汽养护是将混凝土放在温度低于 100℃常压蒸汽中进行养护。蒸汽养护的目的是加快水泥的水化，提高混凝土的早期强度，以加快拆模，提高模板及场地的周转率，提高生产效率和降低成本。这种养护方法非常适用于生产预制构件、预应力混凝土梁及墙板等。混凝土经过 16～20 小时的蒸汽养护，其强度可达正常条件下养护 28 天强度的 70%～80%。蒸汽养护适合于早期强度较低的水泥，如矿渣水泥、粉煤灰水泥等掺有大量混合材料的水泥。这种方式不适合于硅酸盐水泥、普通水泥等早期强度高的水泥。研究表明，硅酸盐水泥和普通水泥配制的混凝土，其养护温度不宜超过 80℃，否则蒸汽养护比自然养护至 28天的强度低 10%以上；这是由于水泥的过快反应，致使在水泥颗粒外围过早地形成了大量的水化产物，阻碍了水分深入内部进一步水化。

蒸压养护是指将混凝土放在 175℃、0.8 MPa 的压蒸釜中进行的养护。这种养护方式能大大促进水泥的水化，明显提高混凝土强度，特别适用于掺混合材料的硅酸盐水泥。这种方式主要用于生产硅酸盐制品，如生产加气混凝土、蒸压粉煤灰砖和灰砂砖等。

(4) 采用机械搅拌和振捣。混凝土采用机械搅拌不仅比人工搅拌工效高，而且搅拌得更均匀，故能提高混凝土的密实度和强度。

采用机械振捣混凝土，可使混凝土拌合物的颗粒产生振动，降低水泥浆的黏结度及骨料之间的摩擦力，提高混凝土的流动性。同时混凝土拌合物被振捣后，其颗粒互相靠近，使混凝土内部孔隙大大减少，从而使混凝土的密实度和强度得到提高。

(5) 掺入混凝土外加剂、掺合料。在混凝土中掺入早强剂可提高混凝土的早期强度；掺入减水剂可减少用水量，降低水胶比，提高混凝土的强度。

此外，在混凝土中掺入高效减水剂的同时，掺入磨细的矿物掺合料(如硅灰、优质粉煤灰、超细矿粉等)，可显著提高混凝土的强度，配制出超高强度的混凝土。

4.4 混凝土的变形性能

混凝土在硬化期间和使用过程中，会受到各种因素的作用而产生变形。混凝土的变形直接影响混凝土的强度和耐久性，特别是对裂缝的产生有直接影响。引起混凝土变形的因素很多，归纳起来可分为两大类，即非荷载作用下的变形和荷载作用下的变形。

4.4.1 混凝土在非荷载作用下的变形

1. 化学收缩

水泥水化生成物的体积比反应前物质的总体积小，从而引起的混凝土的收缩称为化学收缩。收缩量随混凝土硬化龄期的延长而增加，一般在混凝土成型后 40 天内增长较快，以后逐渐趋于稳定。混凝土的化学收缩是不可恢复的，收缩值很小，对混凝土结构不会产生明显的破坏作用，但在混凝土中会产生细微的裂缝。

2. 干湿变形

混凝土因周围环境湿度的变化，会产生干燥收缩和湿胀变形，统称为干湿变形。

混凝土在空气中硬化时，首先失去自由水；继续干燥时，毛细管水蒸发，使毛细孔中形成负压，产生收缩；再继续干燥则吸附水蒸发，引起凝胶体失水而紧缩。以上这些作用导致混凝土产生干缩变形。混凝土的干缩变形在重新吸水后大部分可以恢复，但不能完全恢复。在一般条件下，混凝土的极限收缩值可达$(5 \times 10^{-4} \sim 9 \times 10^{-4})$mm/mm，在结构设计中混凝土的干缩率取值为$(1.5 \times 10^{-4} \sim 2 \times 10^{-4})$mm/mm，即每米混凝土收缩 0.15 mm～0.20 mm。由于混凝土抗拉强度低，而干缩变形又如此之大，所以很容易产生干缩裂缝。

为了防止混凝土发生干缩变形，应采取以下措施：

(1) 加强养护。在养护期内使混凝土保持潮湿。

(2) 减小水胶比。水胶比越大，混凝土收缩量将大大增加。

(3) 减小水泥用量。混凝土中的水泥石是引起干缩的主要组分，水泥用量减少，骨料含量相对增加，骨料的体积稳定性比水泥浆强，可抑制水泥收缩。

(4) 加强振捣。混凝土振捣得越密实，内部空隙量越少，收缩量就越小。

另外，水泥的细度及品种对混凝土的干缩也产生一定的影响。水泥颗粒越细，干缩率越大；掺大量混合材料的硅酸盐水泥配制的混凝土，比用普通水泥配制的混凝土干缩率大，其中火山灰水泥混凝土的干缩率最大，粉煤灰水泥混凝土的干缩率较小。

混凝土在水中硬化时，由于凝胶体中的胶体粒子表面的吸附水膜增厚，胶体粒子间距离增大，引起混凝土产生微小的膨胀，即湿胀变形。湿胀变形对混凝土无危害。

3．碳化收缩

混凝土的碳化是指混凝土内水泥石中的 $Ca(OH)_2$ 与空气中的 CO_2，在湿度适宜的条件下发生化学反应，生成 $CaCO_3$ 和 H_2O 的过程。混凝土的碳化会引起收缩，这种收缩称为碳化收缩。碳化收缩可能是在干燥收缩引起的压应力作用下，因 $Ca(OH)_2$ 晶体应力释放和在无应力空间 $CaCO_3$ 的沉淀所引起的。碳化收缩会在混凝土表面产生拉应力，导致混凝土表面产生细微裂纹。观察碳化混凝土的切割面，可以发现细裂纹的深度与碳化层的深度相近。但是，碳化收缩与干燥收缩总是相伴发生的，很难准确划分开来。

4．温度变形

混凝土同其他材料一样，也会随着温度的变化而产生热胀冷缩变形。混凝土的温度膨胀系数为 0.6×10^{-5} mm/℃～1.3×10^{-5} mm/℃，一般取 1.0×10^{-5} mm/℃，即温度每改变 1℃，1 m 长的混凝土将产生 0.01 mm 的膨胀或收缩变形。

混凝土是热的不良导体，传热很慢，因此在大体积混凝土及大面积混凝土工程硬化初期，会由于内部水泥水化热而积聚较多热量，造成混凝土内外层温差很大(可达 50℃～80℃)，将使混凝土内部的体积产生较大热膨胀；而混凝土外部与大气接触，温度相对较低，会产生收缩。内部膨胀与外部收缩相互制约，在混凝土外表中将产生很大的拉应力，严重时会使混凝土产生裂缝。因此，对于大体积混凝土工程，应设法降低混凝土的发热量，如使用低热水泥，减少水泥用量，掺入缓凝剂及采用人工降温措施等，以减少内外温差，防止裂缝的产生和发展。

对纵向较长的混凝土及钢筋混凝土结构，应考虑混凝土温度变形所产生的危害，因此每隔一定距离应设置温度伸缩缝。

4.4.2 混凝土在荷载作用下的变形

1．混凝土在短期荷载作用下的变形

混凝土是由水泥、砂、石子和水等组成的不均匀复合材料，是一种弹塑性体。混凝土受力后既会产生可以恢复的弹性变形，又会产生不可恢复的塑性变形。全部应变(ε)由弹性应变(ε_e)与塑性应变(ε_p)组成，如图 4-16 所示。

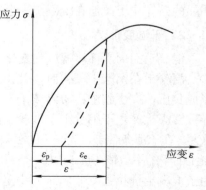

图 4-16　混凝土在压力作用下的应力—应变曲线

混凝土应力与应变曲线上任一点的应力 σ 与其应变 ε 的比值，称为混凝土在该应力下的变形模量。它反映了混凝土所受应力与所产生应变之间的关系。混凝土应力与应变之间的关系不是直线而是曲线，因此混凝土的变形模量不是定值。

根据《普通混凝土力学性能试验方法标准》(GB/T 50081—2002)的规定，采用 150 mm × 150 mm × 300 mm 的棱柱体试件，取测定点的应力等于试件轴心抗压强度的 40%，经三次以上反复加荷与卸荷后，所得的 σ—ε 曲线与初始切线大致平行时测得的变形模量值，即为该混凝土的弹性模量。在计算钢筋混凝土结构的变形、裂缝以及大体积混凝土的温度应力时，都需要混凝土弹性模量。

影响混凝土弹性模量的因素主要有混凝土的强度、骨料的性质以及养护条件等。混凝土的强度等级越高，弹性模量也越高。当混凝土的强度等级由 C15 增加到 C80 时，其弹性模量大致由 2.20×10^4 MPa 增至 3.8×10^4 MPa。混凝土中骨料的含量越多，其弹性模量也越高；混凝土的水胶比小、养护较好及龄期较长时，混凝土的弹性模量也较大。

2. 混凝土在长期荷载作用下的变形

混凝土在长期荷载作用下会产生徐变现象。混凝土的徐变是指其在长期恒载作用下，随着时间的延长，沿着作用力的方向发生的变形。混凝土的徐变在加荷早期增长较快，然后逐渐减慢，一般要延续 2~3 年才逐渐趋向稳定。混凝土不论是受压、受拉或受弯，均会产生徐变现象。混凝土在长期荷载作用下，其变形与持荷时间的关系如图 4-17 所示。

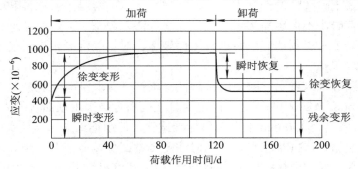

图 4-17　混凝土的应变与持荷时间的关系

由图 4-17 可知，当混凝土受荷后立即产生瞬时变形，这时主要为弹性变形，随后则随受荷时间的延长而产生徐变变形，此时以塑性变形为主。当作用应力不超过一定值时，这种徐变变形在加荷初期较快，以后逐渐减慢，最后渐行停止。混凝土的徐变变形为瞬时变形的 2~3 倍，徐变变形量可达 $(3~15) \times 10^{-4}$，即 0.3 mm/m~1.5 mm/m。混凝土在长期荷载下持荷一定时间后，若卸除荷载，则部分变形可瞬时恢复，接着还有少部分变形将在若干天内逐渐恢复，称为徐变恢复，最后留下的是大部分不能恢复的残余变形。

混凝土产生徐变的原因，一般认为是由于在长期荷载作用下，水泥石中的凝胶体产生黏性流动，向毛细孔中迁移，或者凝胶体中的吸附水或结晶水向内部毛细孔迁移渗透所致。因此，影响混凝土徐变的主要因素是水泥用量的多少和水胶比的大小。水泥用量越多，混凝土中的凝胶体含量越多；水胶比越大，混凝土中的毛细孔越多。这两个方面均会使混凝土的徐变增大。此外，混凝土的徐变还与受荷应力种类、试件尺寸及试验时的温度等因素有关。

混凝土的徐变对混凝土及钢筋混凝土结构物的影响有有利的一面，也有不利的一面。

徐变有利于削弱由温度、干缩等引起的约束变形，从而防止裂缝的产生；对大体积混凝土，则能消除一部分由于温度变形所产生的破坏应力。但在预应力结构中，徐变将产生应力松弛，引起预应力损失。在钢筋混凝土结构的设计中，要充分考虑徐变的影响。

4.5 混凝土的耐久性

在建筑工程中，不仅要求混凝土具有足够的强度来安全地承受荷载，还要求混凝土具有与环境相适应的耐久性来延长建筑物的使用寿命。我们把混凝土抵抗环境介质作用并长期保持其良好的使用性能和外观完整性，从而维持混凝土结构的安全、正常使用的能力，称为混凝土的耐久性。例如，受水压作用的混凝土，要求具有抗渗性；与水接触并遭受冰冻作用的混凝土，要求具有抗冻性；处于侵蚀性环境中的混凝土，要求具有相应的抗侵蚀性等。

混凝土的耐久性是一项综合技术指标，包括抗渗性、抗冻性、抗腐蚀性、抗碳化、抗碱—骨料反应等。

4.5.1 混凝土的抗渗性

混凝土的抗渗性是指混凝土抵抗有压液体(水、油等)渗透的能力。

抗渗性是混凝土耐久性的一项重要指标，它直接影响混凝土抗冻性和抗腐蚀性。当混凝土的抗渗性较差时，不但容易渗水，而且在水分渗入内部后，遇有冰冻作用或水中含腐蚀性介质时，混凝土易受到冰冻或腐蚀作用而破坏，对钢筋混凝土还可能引起钢筋的腐蚀以及保护层的开裂和剥落。

工程上用抗渗等级来表示混凝土的抗渗性。根据《普通混凝土长期性能和耐久性能试验方法》(GB/T 50082—2009)的规定，测定混凝土抗渗等级采用顶面直径为 175 mm、底面直径为 185 mm、高度为 150 mm 的圆台体标准试件，使用逐级加压法，水压从 0.1 MPa 开始，每隔 8 小时增加 0.1 MPa 水压，并随时注意观察试件端面情况。当 6 个试件中有 3 个试件表面出现渗水，或加至规定压力(设计抗渗等级)在 8 小时内 6 个试件中表面渗水试件少于 3 个时，即可停止试验，并记下此时的水压力。其计算公式为

$$P = 10H - 1 \qquad\qquad (4\text{-}14)$$

式中：P——混凝土的抗渗等级。

H——6 个试件中 3 个试件表面渗水时的水压力(MPa)。

混凝土的抗渗等级共有 P4、P6、P8、P10、P12 五个，分别表示能抵抗 0.4 MPa、0.6 MPa、0.8 MPa、1.0 MPa、1.2 MPa 的静水压力而不出现渗透现象。

混凝土渗水的主要原因是其内部的孔隙形成了连通的渗水通道。这些孔道除由于施工振捣不密实外，主要是水泥浆中多余水分蒸发而留下的气孔、水泥浆泌水所形成的毛细孔以及粗骨料下部界面水富集所形成的孔穴。这些渗水通道的多少，主要与水胶比大小有关。因此，水胶比是影响抗渗性的主要因素之一。试验表明，随着水胶比的增大，抗渗性逐渐变差，当水胶比大于 0.6 时，抗渗性急剧下降。

提高混凝土抗渗性的重要措施有：提高混凝土密实度，改善混凝土孔隙结构，减少连通孔隙。这些措施可通过降低水胶比，选择好的骨料级配，充分振捣和加强养护，掺加引

气剂等方法来实现。

4.5.2 混凝土的抗冻性

混凝土的抗冻性是指混凝土在水饱和状态下，能经受多次冻融循环作用而不破坏，同时不严重降低强度的性能。

混凝土的抗冻性用抗冻等级表示。抗冻等级以 28 天龄期的混凝土标准试件，在浸水饱和状态下，进行冻融循环试验，以同时满足强度损失率不超过 25%、质量损失率不超过 5% 时的最大循环次数来表示。混凝土的抗冻等级分为 F10、F15、F25、F50、F100、F150、F200、F250 和 F300 九个，分别表示混凝土能承受冻融循环的次数不少于 10 次、15 次、25 次、50 次、100 次、150 次、200 次、250 次和 300 次。

混凝土受冻破坏的原因主要是混凝土内部孔隙中的水在负温下结冰，致使体积膨胀产生膨胀压力；当这种膨胀压力产生的内应力超过混凝土的极限抗拉强度时，混凝土就会产生裂缝；经多次冻融循环，裂缝不断扩展直至混凝土破坏。

混凝土抗冻性与混凝土的密实程度、孔隙率和孔隙特征、孔的充水程度等因素有关。密实的或具有封闭空隙的混凝土，抗冻性较好；水胶比越小，混凝土的密实度越高，抗冻性也越高；在混凝土中加入引气剂或减水剂，能有效提高混凝土的抗冻性。

提高混凝土抗冻性的主要措施有：降低水胶比，加强振捣，提高混凝土的密实度；掺入引气型外加剂，将开口孔转变成闭口孔，使水不易进入孔隙内部，同时细小闭口孔可减缓冰胀压力；保持骨料干净和级配良好，以及混凝土充分养护。

4.5.3 混凝土的抗侵蚀性

混凝土的抗侵蚀性是指混凝土抵抗外界侵蚀性介质破坏作用的能力。侵蚀的种类通常有软水侵蚀、硫酸盐侵蚀、镁盐侵蚀、碳酸侵蚀、一般酸侵蚀与强碱侵蚀等。地下、码头、海底等混凝土工程易受环境介质侵蚀，其混凝土应有较高的抗侵蚀性。

混凝土的抗侵蚀性与所用的水泥品种、混凝土密实程度、孔隙特征等因素有关。密实度好的或具有封闭孔隙的混凝土，抗侵蚀性好。要提高混凝土的抗侵蚀性，应根据工程所处环境合理选择水泥品种。常用水泥品种的选择详见第 3 章内容。

4.5.4 混凝土的碳化

混凝土的碳化是指混凝土内水泥石中的 $Ca(OH)_2$ 与空气中的 CO_2，在一定湿度条件下发生化学反应，生成 $CaCO_3$ 和 H_2O 的过程。混凝土碳化是 CO_2 由表及里逐渐向混凝土内部扩散的过程。

碳化速度与混凝土密实度、水泥品种、环境中 CO_2 浓度及环境湿度等因素有关。当水胶比较小，混凝土较密实时，CO_2 和水不易进入，碳化速度较慢。掺混合材料的水泥碱度较低，碳化速度随混合材料掺量的增多而加快(在常用水泥中，火山灰水泥碳化速度最快，普通硅酸盐水泥碳化速度最慢)；空气中 CO_2 浓度高时，碳化速度快；在相对湿度为 50%～75% 的环境中，碳化速度最快，当相对湿度达 100% 或相对湿度小于 25% 时，碳化作用停止。

碳化作用对混凝土有利也有弊。由于水泥水化产生大量氢氧化钙，使钢筋处在碱性环境中而在表面生成一层钝化膜，保护钢筋不锈蚀。而碳化使混凝土碱度降低，当碳化深度穿透混凝土保护层而达到钢筋表面时，钢筋钝化膜被破坏而发生锈蚀；锈蚀的钢筋体积膨胀，致使混凝土保护层开裂；开裂后的混凝土更有利于 CO_2 和水的渗入，加剧了碳化的进行和钢筋的锈蚀，最后导致混凝土顺着钢筋开裂而破坏。另外，碳化作用会增加混凝土的收缩，引起混凝土表面产生拉应力而出现细微裂缝，从而降低混凝土的抗拉、抗折强度及抗渗能力。不过，碳化产生的碳酸钙填充了水泥石的空隙，以及碳化时产生的水分有助于未水化水泥的继续水化，从而可提高混凝土碳化层的密实度。这对提高混凝土抗压强度有利，比如混凝土预制桩往往利用碳化作用来提高桩的表面硬度。但总的来说，碳化对混凝土是弊多利少，因此应设法提高混凝土的抗碳化能力。

混凝土碳化深度的检测方法有两种，一种是 X 射线法；另一种是化学试剂法。X 射线法适用于实验室的精确测量，需要专门的仪器，既可测试完全碳化深度，又可测试部分碳化深度。现场检测主要用化学试剂法，检测时在混凝土表面凿洞后立即滴入化学试剂，根据反应的颜色测量碳化深度；常用试剂是 1%浓度的酚酞酒精溶液，以 pH = 9 为界线，已碳化部分呈无色，未碳化的地方呈粉红色。这种方法仅能测试完全碳化深度。另有一种彩虹指示剂，可以根据反应的颜色判别不同的 pH 值(pH = 5～13)，因此可以测试完全碳化深度和部分碳化深度。

在实际工程中，为减少或避免碳化作用，可根据钢筋混凝土所处环境采取以下措施：选择合适的水泥品种，设置足够的混凝土保护层，减小水胶比，使振捣密实，掺入外加剂，在混凝土表面涂刷保护层等。

4.5.5 混凝土的碱—骨料反应

碱—骨料反应是指水泥中的碱与骨料中的活性二氧化硅发生化学反应，在骨料表面生成复杂的碱—硅酸凝胶，凝胶吸水后体积膨胀(体积可增加 3 倍以上)，从而导致混凝土开裂而破坏。

1. 混凝土发生碱—骨料反应必须具备的条件

(1) 水泥中碱的含量必须达到一定的量；

(2) 骨料中含有一定的活性二氧化硅成分；

(3) 有水存在。

2. 混凝土发生碱—骨料反应的预防措施

当水泥中碱的含量大于 0.6%时，就会与骨料中的活性二氧化硅发生碱—骨料反应。这种反应进行得很慢，由此引起的膨胀破坏往往几年之后才会被发现，所以应对碱—骨料反应给予足够的重视。其预防措施如下：

(1) 当水泥中碱含量大于 0.6%时，需对骨料进行碱—骨料反应试验；当骨料中活性成分含量高，可能引起碱—骨料反应时，应根据混凝土结构或构件的使用条件，进行专门试验，以确定是否可用。

(2) 如必须采用的骨料是碱活性的，就必须选用低碱水泥(Na_2O 当量<0.6%)，并限制混凝土总碱量不超过 $2.0 \text{ kg/m}^3 \sim 3.0 \text{ kg/m}^3$。

(3) 如无低碱水泥，应掺足够的活性混合材料，例如粉煤灰不小于 30%，矿渣不小于 30%或硅灰不小于 70%，以缓解破坏作用。

(4) 碱与骨料反应的必要条件是水。混凝土构件长期处在潮湿环境中(即在有水的条件下)会助长碱—骨料反应的发生,干燥状态下则不会发生反应,所以混凝土的渗透性对碱—骨料反应有很大影响,应保证混凝土的密实性并重视建筑物排水,避免混凝土表面积水和接缝存水。

4.5.6 提高混凝土耐久性的措施

混凝土所处的环境和使用条件不同,对其耐久性的要求也不相同,但影响耐久性的因素却有许多相同之处。混凝土的密实度是影响耐久性的主要因素,其次是原材料的性质、施工质量等。提高混凝土耐久性常采取的措施如下:

(1) 合理选择水泥品种。水泥品种的选择应与工程结构所处环境条件相适应,可参照第 3 章内容选用合适的水泥品种。

(2) 控制混凝土的最大水胶比及最小胶凝材料用量。在一定的工艺条件下,混凝土的密实度与水胶比有直接关系,与胶凝材料用量有间接关系。所以混凝土中的胶凝材料用量和水胶比,不能仅满足混凝土对强度的要求,还必须满足耐久性要求。

《混凝土结构设计规范》(GB 50010—2010)根据环境等级对混凝土的最大水胶比做了最新规定,见表 4-21。

表 4-21　结构混凝土材料的耐久性基本要求

环境等级	最大水胶比	最低强度等级	最大碱含量(kg/m³)
一	0.60	C20	不限制
二 a	0.55	C25	
二 b	0.5(0.55)	C30(C25)	3.0
三 a	0.45(0.50)	C35(C30)	
三 b	0.40	C40	

注:(1) 预应力混凝土构件的最低混凝土强度等级应按表中的规定提高两个等级;

　　(2) 素混凝土构件的水胶比及最低强度等级可适当放松;

　　(3) 有可靠工程经验时,二类环境中的最低混凝土强度等级可降低一个等级;

　　(4) 处于严寒和寒冷地区(二 b、三 a 类环境中)的混凝土应使用引气剂,并可采用括号中的有关参数;

　　(5) 当使用非碱活性骨料时,对混凝土中的碱含量可不作限制。

《普通混凝土配合比设计规程》(JGJ 55—2011)中对混凝土最小胶凝材料用量做了最新规定,见表 4-22。

表 4-22　混凝土最小胶凝材料用量

最大水胶比	最小胶凝材料用量(kg/m³)		
	素混凝土	钢筋混凝土	预应力混凝土
0.60	250	280	300
0.55	280	300	300
0.5	320		
≤0.45	330		

注:配制 C15 及其以下强度等级的混凝土,可不受此表限制。

(3) 选用较好的砂、石骨料。尽可能选用级配良好、技术条件合格的砂、石骨料，在允许的最大粒径范围内，尽量选用较大粒径的粗骨料，以减少骨料的空隙率和总表面积，节约水泥，提高混凝土的密实度和耐久性。

(4) 掺入引气剂或减水剂，改善混凝土的孔隙率和孔结构，对提高混凝土的抗渗性和抗冻性具有良好作用。

(5) 改善混凝土的施工条件，保证施工质量。

4.6 普通混凝土的配合比设计

混凝土配合比设计是根据材料的技术性能、工程要求、结构形式和施工条件来确定混凝土各组成材料数量之间的比例关系的。

这种比例关系常用两种方式表示：一种是以 1 m^3 混凝土中各组成材料的用量来表示，例如 1 m^3 混凝土中，水泥为 320 kg，水为 160 kg，砂为 750 kg，石子为 1230 kg；另一种是以混凝土中各项材料的质量比来表示(以水泥质量为1)，例如，水泥、水、砂、石子比为 1∶0.48∶2.3∶3.7。

4.6.1 混凝土配合比设计的基本要求

配合比设计的任务，就是根据原材料的技术性能及施工条件，确定能满足工程要求的技术经济指标的各项组成材料的用量。其基本要求有：

(1) 满足混凝土结构设计的强度要求——水泥的强度、水胶比。

(2) 满足施工条件所要求的和易性——单位用水量。

(3) 满足环境耐久性的要求——最大水胶比、最小胶凝材料用量。

(4) 满足经济的要求——节约水泥，降低成本。

4.6.2 混凝土配合比设计的资料准备

在设计混凝土配合比之前，必须通过调查研究，预先掌握下列基本资料：

(1) 了解工程设计要求的混凝土强度等级，以便确定混凝土配制强度。

(2) 了解工程所处环境对混凝土耐久性的要求，以便确定所配制混凝土的适宜水泥品种、最大水胶比和最小胶凝材料用量等。

(3) 了解结构断面尺寸及钢筋配置情况，以便确定混凝土骨料的最大粒径。

(4) 了解混凝土施工方法及管理水平，以便选择混凝土拌合物坍落度及骨料的最大粒径。

(5) 掌握原材料的性能指标，包括水泥的品种、强度等级、表观密度；砂、石骨料的种类及表观密度、级配、最大粒径；拌合用水的水质情况；外加剂的品种、性能和适宜掺量等。

4.6.3 混凝土配合比设计中的三个重要参数

水胶比、单位用水量和砂率是混凝土配合比设计的三个基本参数，它们与混凝土各项性质之间有着非常密切的关系。因此，混凝土配合比设计主要是确定这三个参数，以保证配制出满足要求的混凝土。

混凝土配合比设计中确定三个参数的原则是：

(1) 在满足混凝土强度和耐久性的基础上，确定混凝土的水胶比。

(2) 在满足混凝土施工要求的和易性基础上，根据骨料的种类和规格确定混凝土的单位用水量。

(3) 砂在骨料中的数量应以填充石子之间空隙后略有富余的原则来确定。

4.6.4 混凝土配合比设计的步骤

混凝土配合比设计的步骤包括初步配合比计算、试配和调整、基准配合比设计、实验室配合比设计、施工现场配合比设计等。首先，根据原材料的性能和混凝土技术要求进行初步计算，得出初步配合比。其次，经过实验室试拌调整，得出基准配合比。再次，经过强度检验(如有抗渗、抗冻等其他性能要求，应进行相应的检验)，定出满足设计和施工要求并比较经济的实验室配合比。最后，根据现场砂、石的实际含水率，对实验室配合比进行调整，得出施工现场配合比。

1．初步配合比的计算

1) 确定配制强度 $f_{cu,0}$

考虑到实际施工条件与实验室条件的差别，为了保证混凝土能够达到设计要求的强度等级，在进行混凝土配合比设计时，必须使混凝土的配制强度高于设计强度等级。根据《普通混凝土配合比设计规程》(JGJ 55－2011)的规定，配制强度 $f_{cu,0}$ 可如下计算。

(1) 当混凝土的设计强度等级小于 C60 时，配制强度应按下式计算：

$$f_{cu,0} \geqslant f_{cu,k} + 1.645\sigma \tag{4-15}$$

式中：$f_{cu,0}$——混凝土的配制强度(MPa)。

$f_{cu,k}$——混凝土的强度标准值(MPa)。

σ——混凝土的强度标准差(MPa)。

(2) 当设计强度等级不小于 C60 时，配制强度应按下式计算：

$$f_{cu,0} \geqslant 1.15 f_{cu,k} \tag{4-16}$$

根据《普通混凝土配合比设计规程》(JGJ 55—2011)的规定，混凝土的强度标准差 σ 应按照下列规定确定：

① 当具有最近 1～3 个月的同一品种、同一强度等级混凝土的强度资料时，其混凝土的强度标准差 σ 应按下式计算：

$$\sigma = \sqrt{\frac{\sum_{i=1}^{n} f_{cu,i}^2 - nm_{fcu}^2}{n-1}} \tag{4-17}$$

式中：$f_{cu,i}$——第 i 组的试件强度(MPa)。

m_{fcu}——n 组试件的强度平均值(MPa)。

n——试件组数，n 值应大于或者等于 30。

对于强度等级不大于 C30 的混凝土，当 σ 的计算值不小于 3.0 MPa 时，应按照计算结果取值；当 σ 的计算值小于 3.0 MPa 时，σ 应取 3.0 MPa。对于强度等级大于 C30 且不大于 C60 的混凝土，当 σ 的计算值不小于 4.0 MPa 时，应按照计算结果取值；当 σ 的计算值小于 4.0 MPa 时，σ 应取 4.0 MPa。

② 当没有近期的同一品种、同一强度等级混凝土的强度资料时，其强度标准差 σ 可按表 4-23 取值。

表 4-23　强度标准差 σ 的取值

混凝土强度标准值	≤C20	C25～C45	C50～C55
σ(MPa)	4.0	5.0	6.0

2) 初步确定水胶比（W/B）

根据已算出的混凝土配制强度 $f_{cu,0}$ 及所用水泥的实际强度 f_{ce} 或水泥强度等级，按混凝土强度公式(4-11)计算出所要求的水胶比值（混凝土强度等级小于 C60 级）：

$$\frac{W}{B} = \frac{\alpha_a \cdot f_b}{f_{cu,0} + \alpha_a \cdot \alpha_b \cdot f_b} \tag{4-18}$$

式中：α_a、α_b——回归系数，取值应符合表 4-19 的规定。

f_b——胶凝材料(水泥与矿物掺合料按使用比例混合)28 天胶砂强度(MPa)，试验方法应按现行国家标准《水泥胶砂强度检验方法(ISO 法)》GB/T 17671—1999 执行；当无实测值时，可按下列规定确定：

① 根据 3 天胶砂强度或快测强度推定 28 天胶砂强度关系式推定 f_b 值；

② 当矿物掺合料为粉煤灰和粒化高炉矿渣粉时，可按下式推算 f_b 值：

$$f_b = \gamma_f \cdot \gamma_s \cdot f_{ce} \tag{4-19}$$

式中：γ_f、γ_s——粉煤灰影响系数和粒化高炉矿渣粉影响系数，可按表 4-24 选用。

表 4-24　粉煤灰影响系数 γ_f 和粒化高炉矿渣粉影响系数 γ_s 的取值

掺量(%)　　　种类	粉煤灰影响系数 γ_f	粒化高炉矿渣粉影响系数 γ_s
0	1.00	1.00
10	0.85～0.95	1.00
20	0.75～0.85	0.95～1.00
30	0.65～0.75	0.90～1.00
40	0.55～0.65	0.80～0.90
50	—	0.70～0.85

注：(1) 采用 Ⅰ 级灰宜取上限值，采用 Ⅱ 级灰宜取下限值。

(2) 采用 S75 级粒化高炉矿渣粉宜取下限值，采用 S95 级粒化高炉矿渣粉宜取上限值，采用 S105 级粒化高炉矿渣粉可取上限值加 0.05。

(3) 当超出表中的掺量时，粉煤灰和粒化高炉矿渣粉影响系数应经试验确定。

f_{ce}——水泥 28 天胶砂抗压强度(MPa)，可实测，也可按式(4-12)确定。

为了保证混凝土的耐久性，计算出的水胶比不得大于表 4-21 中规定的最大水胶比的值。如计算出的水胶比值大于规定的最大水胶比值，应取表中规定的最大水胶比值进行设计。

3) 确定每立方米混凝土的用水量(m_{w0})

根据《普通混凝土配合比设计规程》(JGJ 55—2011)的规定，每立方米干硬性或塑性混凝土的用水量(m_{w0})应符合下列规定：

(1) 混凝土水胶比在 0.40～0.80 范围时，可按表 4-25 和表 4-26 选取。

表 4-25 干硬性混凝土的用水量   kg/m³

拌合物稠度		卵石最大公称粒径(mm)			碎石最大粒径(mm)		
项目	指标	10.0	20.0	40.0	16.0	20.0	40.0
维勃稠度(s)	16～20	175	160	145	180	170	155
	11～15	180	165	150	185	175	160
	5～10	185	170	155	190	180	165

表 4-26 塑性混凝土的用水量   kg/m³

拌合物稠度		卵石最大粒径(mm)				碎石最大粒径(mm)			
项目	指标	10.0	20.0	31.5	40.0	16.0	20.0	31.5	40.0
坍落度 (mm)	10～30	190	170	160	150	200	185	175	165
	35～50	200	180	170	160	210	195	185	175
	55～70	210	190	180	170	220	205	195	185
	75～90	215	195	185	175	230	215	205	195

注：(1) 本表用水量系采用中砂时的取值。采用细砂时，每立方米混凝土用水量可增加 5 kg～10 kg；采用粗砂时，可减少 5 kg～10 kg。

(2) 掺入矿物掺合料和外加剂时，用水量应相应调整。

(2) 混凝土水胶比小于 0.40 时，可通过试验确定。

掺外加剂时，每立方米流动性或大流动性混凝土的用水量(m_{w0})可按下式计算：

$$m_{w0}=m'_{w0}(1-\beta) \tag{4-20}$$

式中：m_{w0}——计算配合比时每立方米混凝土的用水量(kg/m³)。

m'_{w0}——满足实际坍落度要求的每立方米混凝土的用水量(kg)，以表 4-26 中 90 mm 坍落度的用水量为基础，按每增大 20 mm 坍落度相应增加 5 kg 用水量来计算。

β——外加剂的减水率(%)，应经混凝土试验确定。

4) 确定每立方米混凝土的胶凝材料、矿物掺合料和水泥用量

(1) 每立方米混凝土的胶凝材料用量(m_{b0})应按下式计算：

$$m_{b0}=\frac{m_{w0}}{W/B} \tag{4-21}$$

(2) 每立方米混凝土的矿物掺合料用量(m_{f0})计算应符合下列规定：

① 按表 4-27 和公式(4-18)确定符合强度要求的矿物掺合料掺量 β_f。

矿物掺合料在混凝土中的掺量应通过试验确定。钢筋混凝土中矿物掺合料最大掺量宜

符合表 4-27 的规定。

表 4-27 钢筋混凝土中矿物掺合料的最大掺量

矿物掺合料种类	水胶比	最大掺量(%)	
		硅酸盐水泥	普通硅酸盐水泥
粉煤灰	≤0.40	≤45	≤35
	>0.40	≤40	≤30
粒化高炉矿渣粉	≤0.40	≤65	≤55
	>0.40	≤55	≤45
钢渣粉	—	≤30	≤20
磷渣粉	—	≤30	≤20
硅灰	—	≤10	≤10
复合掺合料	≤0.40	≤65	≤55
	>0.40	≤55	≤45

注：(1) 采用硅酸盐水泥和普通硅酸盐水泥之外的通用硅酸盐水泥时，混凝土中水泥混合材料和矿物掺合料用量之和应不大于按普通硅酸盐水泥用量 20%计算的混合材料和矿物掺合料用量之和。

(2) 对基础大体积混凝土，粉煤灰、粒化高炉矿渣粉和复合掺合料的最大掺量可增加 5%。

(3) 复合掺合料中各组分的掺量不宜超过任一组分单掺时的最大掺量。

② 矿物掺合料用量(m_{f0})应按下式计算：

$$m_{f0} = m_{b0}\beta_f \tag{4-22}$$

式中：m_{f0}——每立方米混凝土中矿物掺合料用量(kg)。

m_{b0}——每立方米混凝土的胶凝材料用量(kg)。

β_f——计算水胶比过程中确定的矿物掺合料掺量(%)。

(3) 每立方米混凝土的水泥用量(m_{c0})应按下式计算：

$$m_{c0} = m_{b0} - m_{f0} \tag{4-23}$$

式中：m_{c0}——每立方米混凝土中的水泥用量(kg)。

为了保证混凝土的耐久性，由上式计算得出的胶凝材料用量还要满足表 4-22 中规定的最小胶凝材料用量的要求，如果算得的胶凝材料用量小于表 4-22 中规定的最小胶凝材料用量，应取表 4-22 中规定的最小值。

5) 选择合理的砂率(β_s)

砂率(β_s)应根据骨料的技术指标、混凝土拌合物的性能和施工要求，参考既有的历史资料来确定。当无历史资料可参考时，混凝土砂率的确定应符合下列规定：

(1) 坍落度小于 10 mm 的混凝土，其砂率应经试验确定。

(2) 坍落度为 10 mm～60 mm 的混凝土砂率，可根据粗骨料品种、最大公称粒径及水胶比按表 4-28 选取。

(3) 坍落度大于 60 mm 的混凝土砂率，可经试验确定，也可在表 4-28 的基础上，按坍落度每增大 20 mm、砂率增大 1%的幅度予以调整。

表 4-28　混凝土的砂率 %

水胶比	卵石最大公称粒径(mm)			碎石最大粒径(mm)		
W/B	10.0	20.0	40.0	16.0	20.0	40.0
0.40	26~32	25~31	24~30	30~35	29~34	27~32
0.50	30~35	29~34	28~33	33~38	32~37	30~35
0.60	33~38	32~37	31~36	36~41	35~40	33~38
0.70	36~41	35~40	34~39	39~44	38~43	36~41

注：(1) 本表数值系中砂的选用砂率，对细砂或粗砂，可相应地减少或增大砂率。

(2) 采用机制砂配制混凝土时，砂率可适当增大。

(3) 只用一个单粒级粗骨料配制混凝土时，砂率应适当增大。

6) 计算 1 m³ 混凝土粗骨料的用量(m_{g0})和细骨料的用量(m_{s0})

确定细骨料、粗骨料用量的常用方法有质量法和体积法。

(1) 质量法。如果混凝土所用原料的情况比较稳定，所配制混凝土的表观密度将接近一个固定值，这样就可以先假定 1 m³ 混凝土拌合物的表观密度，列出以下方程：

$$m_{f0} + m_{c0} + m_{g0} + m_{s0} + m_{w0} = m_{cp} \tag{4-24}$$

$$\beta_s = \frac{m_{s0}}{m_{g0} + m_{s0}} \times 100\% \tag{4-25}$$

式中：m_{f0}——每立方米混凝土中矿物掺合料的用量(kg)。

m_{c0}——每立方米混凝土中水泥的用量(kg)。

m_{g0}——每立方米混凝土中粗骨料的用量(kg)。

m_{s0}——每立方米混凝土中细骨料的用量(kg)。

m_{w0}——每立方米混凝土中的用水量(kg)。

β_s——砂率(%)。

m_{cp}——每立方米混凝土拌合物的假定质量(kg)，可取 2350 kg～2450 kg。

(2) 体积法。假定混凝土拌合物的体积等于各组成材料的绝对体积和拌合物中空气的体积之和。因此，在计算 1 m³ 混凝土拌合物的各材料用量时，列出以下方程：

$$\frac{m_{c0}}{\rho_c} + \frac{m_{f0}}{\rho_f} + \frac{m_{g0}}{\rho_g} + \frac{m_{s0}}{\rho_s} + \frac{m_{w0}}{\rho_w} + 0.01\alpha = 1 \tag{4-26}$$

式中：ρ_c——水泥密度(kg/m³)，应按《水泥密度测定方法》(GB/T 208—2014)测定，也可取 2900 kg/m³～3100 kg/m³。

ρ_f——矿物掺合料密度(kg/m³)，可按《水泥密度测定方法》(GB/T 208—2014)测定。

ρ_g——粗骨料的表观密度(kg/m³)，应按现行行业标准《普通混凝土用砂、石质量及检验方法标准》(JGJ 52—2006)测定。

ρ_s——细骨料的表观密度(kg/m³)，应按现行行业标准《普通混凝土用砂、石质量及检验方法标准》(JGJ 52—2006)测定。

ρ_w——水的密度(kg/m³)，可取 1000 kg/m³。

α——混凝土的含气量百分数，在不使用引气型外加剂时，α 可取为 1。

联立求解式(4-24)和式(4-25)或式(4-25)和式(4-26)，即可求出 m_{s0} 和 m_{g0}。

通过以上六个步骤便可将 1 m³ 混凝土中胶凝材料、水、砂和石的用量全部求出，得到混凝土的初步配合比。

2．基准配合比和实验室配合比的确定

初步配合比是根据经验公式和经验图表估算得到的，因此，不一定符合实际情况，必须通过试拌验证。当不符合设计要求时，需通过调整使和易性满足施工要求。配合比调整的目的有两个：一是使混凝土拌合物的和易性满足施工需要；二是使水胶比满足混凝土强度及耐久性的要求。

1) 调整和易性，确定基准配合比

按初步配合比称取一定量原材料进行试拌。混凝土试配的最小搅拌量按表 4-29 选取。试配应采用强制式搅拌机，搅拌机应符合《混凝土试验用搅拌机》(JG 244—2009)的规定，并宜与施工采用的搅拌方法相同。

表 4-29　混凝土试配的最小搅拌量

粗骨料最大公称粒径(mm)	最小搅拌的拌合物量(L)
≤31.5	20
40.0	25

拌和均匀后，先测定拌合物的坍落度，并检验黏聚性和保水性。如果和易性不符合要求，应进行调整。调整的原则如下：若坍落度过大，应保持砂率不变，增加砂、石的用量；若坍落度过小，应保持水胶比不变，增加用水量及相应的胶凝材料用量；如拌合物黏聚性和保水性不良，应适当增加砂率(保持砂、石总重量不变，提高砂用量，减少石的用量)；如拌合物显得砂浆过多，应适当降低砂率(保持砂、石总重量不变，减少砂用量，增加石的用量)。每次调整后再试拌，评定其和易性，直到和易性满足设计要求为止，并记录好调整后的各种材料用量，测定实际表观密度，并计算出 1 m³ 混凝土各拌合物的实际用量。然后求出和易性满足要求的供检验混凝土强度用的基准配合比，即

$$m'_{b0} : m'_{s0} : m'_{g0} : m'_{w0} = 1 : \frac{m'_{s0}}{m'_{b0}} : \frac{m'_{g0}}{m'_{b0}} : \frac{m'_{w0}}{m'_{b0}} \tag{4-27}$$

式中：m'_{b0}、m'_{s0}、m'_{g0}、m'_{w0}——基准配合比每立方米混凝土中胶凝材料、砂、石、水的用量(kg)。

2) 检验强度和耐久性，确定实验室配合比

经过和易性调整后得到的基准配合比，其水胶比选择不一定恰当，即混凝土强度和耐久性有可能不符合要求，应检验其强度和耐久性。

在试拌配合比的基础上，进行混凝土强度试验，并应符合下列规定：

(1) 至少采用三个不同的配合比。当采用三个不同的配合比时，其中一个应为基准配合比中的水胶比，另外两个配合比的水胶比宜较试拌配合比分别增加和减少 0.05，用水量

应与试拌配合比相同，砂率可分别增加和减少 1%。

(2) 进行混凝土强度试验时，应继续保持拌合物性能符合设计和施工要求，并检验其坍落度或维勃稠度、黏聚性、保水性及表观密度等，作为相应配合比的混凝土拌合物性能指标。

(3) 进行混凝土强度试验时，针对每种配合比至少应制作一组试件，标准养护到 28 天或设计强度要求的龄期时试压。

根据混凝土强度试验结果，绘制强度和水胶比的线性关系图，用图解法或插值法求出与略大于配制强度对应的水胶比，包括混凝土强度试验中的一个满足配制强度的水胶比；用水量应在试拌配合比用水量的基础上，根据混凝土强度试验时实测的拌合物性能情况做适当调整；胶凝材料用量应以用水量乘以图解法或插值法求出的水胶比计算得出；粗、细骨料用量应在用水量和胶凝材料用量调整的基础上，进行相应调整。

经试配确定配合比后，尚应按下列步骤进行校正：

应根据调整后的配合比按下式确定混凝土拌合物的表观密度计算值 $\rho_{c,c}$：

$$\rho_{c,c} = m_{bb} + m_{fb} + m_{gb} + m_{sb} + m_{wb} \tag{4-28}$$

式中：m_{bb}——每立方米混凝土中胶凝材料的用量(kg)。

m_{fb}——每立方米混凝土中矿物掺合料的用量(kg)。

m_{gb}——每立方米混凝土中粗骨料的用量(kg)。

m_{sb}——每立方米混凝土中细骨料的用量(kg)。

m_{wb}——每立方米混凝土中的用水量(kg)。

应按下式计算混凝土的配合比校正系数 δ：

$$\delta = \frac{\rho_{c,t}}{\rho_{c,c}} \tag{4-29}$$

式中：$\rho_{c,t}$——混凝土拌合物的表观密度实测值(kg/m³)。

$\rho_{c,c}$——混凝土拌合物的表观密度计算值(kg/m³)。

当混凝土拌合物表观密度实测值与计算值之差的绝对值不超过计算值的 2%时，调整的配合比可维持不变；当二者之差超过 2%时，应将配合比中每项材料用量均乘以校正系数 δ，即得实验室配合比。

配合比调整后，应测定拌合物的水溶性氯离子含量，并应对设计要求的混凝土耐久性能进行试验，符合设计规定的氯离子含量和耐久性能要求的配合比方可确定为实验室配合比，即 $m_{bb} : m_{sb} : m_{gb} : m_{wb}$。

3. 确定施工现场配合比

《普通混凝土配合比设计规程》(JGJ 55—2011)规定，细骨料含水率小于 0.5%和粗骨料含水率小于 0.2%的混凝土配合比设计是以此基准得出的，而施工现场存放的砂石一般都含有水分。假设施工现场砂的含水率为 a%，石子的含水率为 b%，则施工现场配合比为

$$m_b = m_{bb}$$

$$m_{\mathrm{s}} = m_{\mathrm{sb}}\left(1+\mathrm{a}\%\right)$$

$$m_{\mathrm{g}} = m_{\mathrm{gb}}\left(1+\mathrm{b}\%\right)$$

$$m_{\mathrm{w}} = m_{\mathrm{wb}} - \left(m_{\mathrm{sb}}\times\mathrm{a}\% + m_{\mathrm{gb}}\times\mathrm{b}\%\right)$$

故施工现场的配合比为

$$m_{\mathrm{b}}:m_{\mathrm{s}}:m_{\mathrm{g}}:m_{\mathrm{w}} \ \text{或}\ 1:\frac{m_{\mathrm{s}}}{m_{\mathrm{b}}}:\frac{m_{\mathrm{g}}}{m_{\mathrm{b}}}:\frac{m_{\mathrm{w}}}{m_{\mathrm{b}}} \tag{4-30}$$

4.6.5 普通混凝土配合比设计实例

【例】 某框架结构现浇钢筋混凝土梁，该梁位于室内，不受雨雪影响。设计要求混凝土强度等级为 C30，坍落度为 35 mm～50 mm，采用机械拌合，机械振捣。施工单位无混凝土强度标准差的历史统计资料。采用的原材料如下：普通硅酸盐水泥，42.5 级，无实测强度，密度为 3000 kg/m³；中砂，表观密度为 2660 kg/m³；卵石，最大粒径为 31.5 mm，表观密度为 2700 kg/m³；自来水。

试设计混凝土配合比。如果施工现场测得砂的含水率为 4%，石的含水率为 1%，试换算施工现场配合比。

解 设计步骤如下：

(1) 确定初步配合比。

① 确定混凝土配制强度 $f_{\mathrm{cu,0}}$。查表 4-23，选取强度标准差 $\sigma = 5.0$ MPa，由于混凝土的设计强度等级小于 C60，故按式(4-15)，则混凝土的配制强度为

$$f_{\mathrm{cu,0}} \geqslant f_{\mathrm{cu,k}} + 1.645\sigma = 30 + 1.645\times5 = 38.2 \quad (\mathrm{MPa})$$

② 确定水胶比(W/B)。骨料采用卵石，回归系数取值应按表 4-19 选取，$\alpha_{\mathrm{a}} = 0.49$，$\alpha_{\mathrm{b}} = 0.13$。由于本工程采用水泥胶凝材料，未掺入其他材料，所以按式(4-18)计算水胶比：

$$\begin{aligned}
\frac{W}{B} &= \frac{\alpha_{\mathrm{a}}\cdot f_{\mathrm{b}}}{f_{\mathrm{cu,0}} + \alpha_{\mathrm{a}}\cdot\alpha_{\mathrm{b}}\cdot f_{\mathrm{b}}} = \frac{\alpha_{\mathrm{a}}\cdot f_{\mathrm{ce}}}{f_{\mathrm{cu,0}} + \alpha_{\mathrm{a}}\cdot\alpha_{\mathrm{b}}\cdot f_{\mathrm{ce}}} = \frac{\alpha_{\mathrm{a}}\cdot\gamma_{\mathrm{c}}\cdot f_{\mathrm{ce,g}}}{f_{\mathrm{cu,0}} + \alpha_{\mathrm{a}}\cdot\alpha_{\mathrm{b}}\cdot\gamma_{\mathrm{c}}\cdot f_{\mathrm{ce,g}}} \\
&= \frac{0.49\times1.16\times42.5}{38.2 + 0.49\times0.13\times1.16\times42.5} \\
&= 0.58
\end{aligned}$$

进行耐久性校核，查表 4-21，则结构物处于一类环境，$\dfrac{W}{B}\leqslant0.6$，故 $\dfrac{W}{B}=0.58$。

③ 确定用水量。此题要求坍落度为 35 mm～50 mm，卵石最大粒径为 31.5 mm，查表 4-26，确定每立方米混凝土的用水量为

$$m_{\mathrm{w0}} = 170 \quad (\mathrm{kg})$$

④ 计算水泥用量。该题的混凝土中未掺入矿物掺合料，可按式(4-21)计算水泥用量：

$$m_{c0} = \frac{m_{w0}}{W/B} = \frac{170}{0.58} = 293 \ (\mathrm{kg})$$

考虑耐久性要求，对照表 4-22 的混凝土最小胶凝材料用量，对于干燥环境，钢筋混凝土的最小水泥用量为 $280 \ \mathrm{kg/m^3}$，故取 $m_{c0} = 293 \ \mathrm{kg}$。

⑤ 确定砂率。采用查表法，$\frac{W}{B} = 0.58$，卵石最大粒径为 $31.5 \ \mathrm{mm}$，查表 4-28，取砂率 $\beta_s = 34\%$。

⑥ 计算砂、石用量。

a. 采用质量法，按式(4-24)、(4-25)：

$$\begin{cases} m_{c0} + m_{g0} + m_{s0} + m_{w0} = m_{cp} \\ \beta_s = \dfrac{m_{s0}}{m_{g0} + m_{s0}} \times 100\% \end{cases}$$

假定每立方米混凝土拌合物的质量为 $2350 \ \mathrm{kg}$，则解联立方程：

$$\begin{cases} 293 + m_{s0} + m_{g0} + 170 = 2350 \\ \dfrac{m_{s0}}{m_{g0} + m_{s0}} \times 100\% = 34\% \end{cases}$$

得 $m_{s0} = 641 \ \mathrm{kg}$，$m_{g0} = 1246 \ \mathrm{kg}$。

根据以上计算，得到初步配合比：

$$m_{c0} : m_{s0} : m_{g0} = 293 : 641 : 1246$$

即

$$1 : \frac{m_{s0}}{m_{c0}} : \frac{m_{g0}}{m_{c0}} = 1 : 2.2 : 4.3, \quad \frac{W}{B} = 0.58$$

b. 采用体积法，按式(4-25)、(4-26)：

$$\begin{cases} \beta_s = \dfrac{m_{s0}}{m_{g0} + m_{s0}} \times 100\% \\ \dfrac{m_{c0}}{\rho_c} + \dfrac{m_{g0}}{\rho_g} + \dfrac{m_{s0}}{\rho_s} + \dfrac{m_{w0}}{\rho_w} + 0.01\alpha = 1 \end{cases}$$

因未掺入外加剂，故 $\alpha = 1$，则解联立方程：

$$\begin{cases} \dfrac{293}{3000} + \dfrac{m_{s0}}{2660} + \dfrac{m_{g0}}{2700} + \dfrac{170}{1000} + 0.01 = 1 \\ \dfrac{m_{s0}}{m_{g0} + m_{s0}} \times 100\% = 34\% \end{cases}$$

得 $m_{s0} = 657$ kg，$m_{g0} = 1277$ kg。

根据以上计算，得到初步配合比：

$$m_{c0} : m_{s0} : m_{g0} = 293 : 657 : 1277$$

即

$$1 : \frac{m_{s0}}{m_{c0}} : \frac{m_{g0}}{m_{c0}} = 1 : 2.2 : 4.3, \quad \frac{W}{B} = 0.58$$

两种方法求得的配合比很接近。

(2) 试拌调整，得出基准配合比。

① 调整试拌时的材料用量(质量法)。粗骨料最大公称粒径为 31.5 mm，根据表 4-29，混凝土试配的最小搅拌量取 20 L 混凝土拌合物，并计算各材料用量：

$$m'_{c0} = 293 \times 0.02 = 5.86 \text{ (kg)}$$

$$m'_{s0} = 641 \times 0.02 = 12.82 \text{ (kg)}$$

$$m'_{g0} = 1246 \times 0.02 = 24.92 \text{ (kg)}$$

$$m'_{w0} = 170 \times 0.02 = 3.40 \text{ (kg)}$$

② 调整和易性，确定基准配合比。经搅拌后做坍落度试验，其值为 20 mm，尚不符合要求，故需调整。先增加 5% 的水泥浆，即增加水泥用量 0.29 kg，增加用水量 0.17 kg。

经搅拌后，测得坍落度为 38 mm，满足要求，黏聚性、保水性均良好。混凝土拌合物的实测体积密度为 2470 kg/m³。因此调整后的材料用量为：水泥——6.15 kg；水——3.57 kg；砂——12.82 kg；石——24.92 kg。

根据实测表观密度，计算出每立方米混凝土的各项材料用量，即

$$m_{c0} = \frac{6.15}{6.15+3.57+12.82+24.92} \times 2470 = 320 \text{ (kg)}$$

$$m_{w0} = \frac{3.57}{6.15+3.57+12.82+24.92} \times 2470 = 186 \text{ (kg)}$$

$$m_{s0} = \frac{12.82}{6.15+3.57+12.82+24.92} \times 2470 = 667 \text{ (kg)}$$

$$m_{g0} = \frac{24.92}{6.15+3.57+12.82+24.92} \times 2470 = 1297 \text{ (kg)}$$

(3) 检验强度，确定设计配合比。

拌制三种不同水胶比的混凝土，并制作三组强度试件。其中一种为水胶比为 0.58 的基准配合比；另外两种的水胶比分别为 0.53 及 0.63，用水量均与基准配合比相同，砂率则分别减少及增加 1%。经试验，三组拌合物均满足和易性要求。

三种配合比的试件标准养护 28 天后，其实测强度值分别如下：

水胶比为 0.53(胶水比为 1.89)，实测强度值为 42.5 MPa；

水胶比为 0.58(胶水比为 1.72)，实测强度值为 36.7 MPa；

水胶比为 0.63(胶水比为 1.59)，实测强度值为 32.5 MPa。

绘制强度与胶水比关系曲线，如图 4-18 所示。

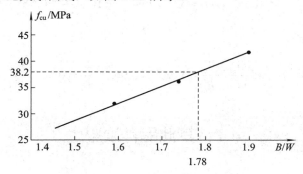

图 4-18　实测强度与胶水比示意图

由图 4-18 可查出与配制强度 $f_{cu,0}$ = 38.2 MPa 相对应的胶水比为 1.78，即水胶比为 0.56。符合强度要求的配合比如下：

用水量取基准配合比的用水量值，即 186 kg，水泥的用量为 1.78 × 186 = 331 kg，粗、细骨料用量因水胶比值与基准配合比水胶比值相差不大，故可取基准配合比中的骨料用量，即调整后的材料用量为：水—186 kg；水泥—331 kg；砂—667 kg；石—1297 kg。

最后，按此配合比拌制混凝土拌合物，进行和易性试验，测得坍落度为 39 mm，黏聚性和保水性均良好，满足要求。测出拌合物的表观密度为 2485 kg/m³，并根据实测表观密度校正各材料用量。

经试配确定配合比后，尚应按下列步骤进行校正：

按式(4-29)计算混凝土配合比校正系数 δ：

$$\delta = \frac{\rho_{c,t}}{\rho_{c,c}} = \frac{2485}{186 + 331 + 667 + 1297} = 1.0016 < 1.002$$

所以，混凝土各材料用量不需修正，即可确定混凝土设计配合比为

$$m_{cb} : m_{sb} : m_{gb} = 331 : 667 : 1297, \quad \frac{W}{B} = 0.56$$

即

$$1 : \frac{m_{sb}}{m_{cb}} : \frac{m_{gb}}{m_{cb}} = 1 : 2.0 : 3.9, \quad \frac{W}{B} = 0.56$$

(4) 确定施工现场配合比。

将设计配合比换算成施工现场配合比。施工现场测得砂的含水率为 4%，石的含水率为 1%，所以，每立方米混凝土的施工现场配合比为

$$m_c (= m_{cb} = 331 \ (kg)) : m_s (= 667 \times (1 + 0.04) = 694 \ (kg)) : m_g (= 1297 \times (1 + 0.01) = 1310 \ (kg))$$

$$m_w = 186 - 667 \times 4\% - 1297 \times 1\% = 146 \ (kg)$$

施工现场配合比为

$$m_c : m_s : m_g = 331 : 694 : 1310, \quad \frac{W}{B} = 0.56$$

即

$$1 : \frac{m_s}{m_c} : \frac{m_g}{m_c} = 1 : 2.10 : 3.96, \quad \frac{W}{B} = 0.56$$

4.7 其他品种混凝土

4.7.1 高性能混凝土

高性能混凝土是用现代混凝土技术制备的混凝土。它是相对于普通混凝土而言的，因而它不是混凝土的一个品种，而是以广义的、动态的可持续发展为基本要求并适合工业化生产与施工的混凝土的组合。高性能混凝土的基本条件是有与使用环境相适应的耐久性、工作性、体积稳定性和经济性。

高性能混凝土配制的特点是低水胶比、掺用高效减水剂和矿物细掺料，因而改变了水泥石的亚微观结构，改变了水泥石与骨料间界面的结构性质，提高了混凝土的密实性。高性能混凝土的制备不应该局限在水泥石本身，还应包括骨料的性能，配比的设计，混凝土的搅拌、运输、浇筑、养护以及质量控制，这也是高性能混凝土有别于以强度为主要特征的普通混凝土技术的重要内容。

1. 高性能混凝土的原材料

1) 水泥

并不是所有水泥都适合配制高性能混凝土，对配制高性能混凝土的水泥有更高的要求，除水泥的活性外，还应考虑其化学成分、细度、粒径分布等的影响，在选择时应考虑下述原则：

(1) 宜选用优质硅酸盐水泥或普通硅酸盐水泥。无论是在水泥出厂前还是在混凝土制备中掺入的矿物掺合料，都需要有比水泥熟料更高的细度和更好的颗粒级配。

(2) 宜选用 42.5 级或更高等级的水泥。如果所配制的高性能混凝土强度等级不太高，也可以选用 32.5 级的水泥。

(3) 应选用 C_3S 含量高而 C_3A 含量低(少于 8%)的水泥。C_3A 含量过高，水泥水化速度加快，往往引起水泥与高效外加剂相互适应的问题，不仅影响超塑化剂的减水率，更重要的是会致使混凝土拌合物流动度的经时损失增大。在配制高性能混凝土时，一般不宜选用 C_3A 含量高、细度小的 R 型水泥。

(4) 水泥中的碱含量应与所配制的混凝土的性能要求相匹配。在含碱活性骨料应用较集中的环境下，应限制水泥的总含碱量($Na_2O + 0.658K_2O$)不超过 0.6%。

(5) 在充分试验的基础上，考虑其他高性能水泥。

2) 外加剂

用于高性能混凝土的外加剂主要是高效减水剂，其次还有缓凝剂、引气剂、泵送剂等。

(1) 高效减水剂。高性能混凝土离不开高效减水剂。任何一种外加剂都有一个与水泥等胶凝材料的适应性问题，应通过试验来确定。

高效减水剂的减水率应该在 20%以上，有时甚至高达 25%以上。普通减水剂不仅减水率低(一般在 10%以下)，而且掺量较低(如木钙不能超过 0.3%)，超过了反而有害，而高效减水剂则可以高比例掺入水泥，除经济因素外，对混凝土并无不利影响。常用的高效减水剂主要是三聚氰胺系、萘系和氨基磺酸盐系。目前国内的高效减水剂以萘系为主，产品型号有 NF、UNF、FDN、NSZ、DH、SN 及 NNO 等。三聚氰胺系为树脂类高效减水剂，产品型号有 SM、JZB-1、SP401 等。氨基磺酸盐系的产品型号有 AN3000、DFS-Ⅱ等。

(2) 其他外加剂。在高性能混凝土中，为了改善拌合物及硬化后混凝土的性能，常常也引入一些其他的外加剂，如缓凝剂、引气剂、防冻剂、泵送剂等。

预拌混凝土的大量使用，常常需要调剂混凝土拌合物的凝结时间，在夏季施工以及大体积混凝土施工中更为突出，往往需要复合使用缓凝剂。缓凝剂的缓凝效果和水泥组成、水胶比、缓凝剂掺入顺序、外界环境等有关。如 C_3A 和碱含量低的水泥，缓凝效果较好；在混凝土搅拌 2 min～4 min 后掺入，将缓凝剂加入拌合水中，凝结时间可延长 2～3 小时。掺有粉煤灰的高性能混凝土，凝结时间随掺量增大而不断延缓，掺矿渣粉或硅粉等对凝结时间影响相对较小。不同缓凝剂亦存在与高效减水剂和水泥的相容性问题，应通过试验确定。

引气剂配制的高性能混凝土，虽然混凝土的强度等级不是很高，但提高了混凝土的工作性和均质性，改善了混凝土的抗渗性和抗冻性。用于混凝土的引气剂主要是聚乙二醇型的非离子表面活性剂。引气剂在混凝土中形成了大量均匀分布、稳定而封闭的微小气泡，可以进一步提高混凝土的流动性和改善混凝土的耐久性。但是气泡的引入提高了混凝土的孔隙率，因而混凝土的强度及耐磨性有所降低。

加入引气剂的混凝土，必须采用机械搅拌，搅拌时间不小于 3 min，也不宜大于 5 min；采用插入式振动器时，振动时间不应超过 20 s。

3) 矿物细掺合料

矿物细掺合料是高性能混凝土的主要组成材料，它能从根本上改变传统混凝土的性能。在高性能混凝土中加入较大量的磨细矿物掺合料，可以起到降低温升，改善工作性，增进后期强度，改善混凝土内部结构，提高耐久性，节约资源等作用；其中某些矿物细掺合料还能起到抑制碱—骨料反应的作用。这种磨细矿物掺合料可以作为胶凝材料的一部分。

(1) 粉煤灰。高性能混凝土所用粉煤灰从原材料上有所要求，要选用含碳量低、需水量小以及细度大的Ⅰ级或Ⅱ级粉煤灰(烧失量低于 5%，需水量比小于 105%，细度(45 μm 筛筛余量)小于 25%)。随着我国电厂煤燃料和工艺的改进，粉煤灰的品质大幅度改善，而大量利用粉煤灰配制高性能混凝土也成为可能。

粉煤灰除了能改善和易性、降低水化热等外，还有许多其他方面的优点。粉煤灰的品质及其均匀性是保证混凝土质量的前提。控制水胶比在 0.36 以下，即使掺入占胶凝材料总量 50%的Ⅱ级粉煤灰，混凝土的 60 天强度也有可能达到 60 MPa 以上。

(2) 磨细矿渣。磨细矿渣是将粒化高炉矿渣磨细到比表面积为 4000 cm^2/g～8000 cm^2/g

而成的。粒化高炉矿渣是由炼铁时排出的高温状态下熔融炉渣经急速水淬而成的；其中的钙、硅、铝和锰多处于非结晶的玻璃体状态。通常认为，粒径小于 10 μm 的矿渣颗粒参与 28 天前龄期的混凝土强度，10 μm～45 μm 的参与后期强度，而大于 45 μm 的颗粒则很难水化。

在配制高性能混凝土时，磨细矿渣的适宜掺量随矿渣细度的增加而增大，最高可占胶凝材料总量的 70%。矿渣磨得越细，其活性越高，但粉磨费用也越高，与粉煤灰相比，其早期活性明显较高，7 天强度可赶超对应普通混凝土的，而后期强度继续增加。

(3) 超细沸石粉。用于高性能混凝土的超细沸石粉，与其他火山灰质掺合料类似，平均粒径小于 10 μm，具有微填充效应与火山灰活性效应，因而能降低新拌混凝土的泌水与离析，提高混凝土的密实性，使强度提高，耐久性改善。超细沸石粉的细度与掺量对混凝土性能具有明显影响，在一定的细度范围内可提高其强度，但过细时强度反而有所降低。超细沸石粉的掺量以 5%～10% 为宜。超细沸石粉配制的高性能混凝土，还具有优良的抗渗性和抗冻性，对混凝土中的碱—骨料反应有很强的抑制作用。但是这种混凝土的收缩与徐变系数均略大于相应普通混凝土的。

(4) 硅粉。硅粉最主要的品质指标是 SiO_2 含量和细度。SiO_2 含量越高、细度越细，其活性率越高。以 10% 的硅粉等量取代水泥，混凝土强度可提高 25% 以上。硅粉掺量越高，需水量越大，自收缩增大。研究发现，在混凝土中掺入 1 kg 硅粉后，为保持其流动度不变，一般需增加 1 kg 用水量。因此一般将硅粉的掺量控制在 5%～10% 之间，并用高效减水剂来调节需水量。

在我国，因硅粉产量低、价格高，出于经济考虑，一般混凝土强度高于 80 MPa 时才考虑掺用硅粉。硅粉常常与粉煤灰、矿渣细粉或其他掺合料共用，以发挥它们的叠加效应，这也是目前配制高性能混凝土常用的方法。

(5) 其他掺合料。除了上述常用的掺合料以外，还可根据高性能混凝土的设计要求与资源条件，选用其他掺合料，如磨细石灰石粉、石英砂粉、稻壳灰、凝灰岩粉、偏高岭土细粉、磷渣粉、锂渣粉，以及其他一些具有一定化学反应性的细掺料。

4) 骨料

高性能混凝土对骨料的外形、粒径、级配以及物理、化学性能都有一定要求，但砂石又是地方性材料，在满足基本性能的条件下应因地制宜地选择。随着配制混凝土强度等级的提高，骨料性能的影响将更为显著。

(1) 粗骨料。天然岩石一般强度都在 80 MPa～150 MPa，因此对于 C40～C80 的高性能混凝土，最重要的不是强度，而是粒形特征、品种、级配、粒径以及碱活性等。

高性能混凝土应选用粒径较小的石子。小粒径的石子、水泥浆体和单个石子界面的周长和厚度都小，因此形成缺陷的概率也小，有利于界面强度的提高。同时，粒径越小，石子本身缺陷概率也越小。在水胶比相同的情况下，石子粒径越小，渗透系数也越小。当然石子粒径也不是越小越好，要同时满足强度和施工性能的要求。高性能混凝土石子合理的最大粒径见表 4-30。

表 4-30　高性能混凝土石子合理的最大粒径

强度等级	石子最大粒径(mm)
C50 以下	按施工要求选择
C60	≤20
C70	≤15
C80	≤10

(2) 细骨料。高性能混凝土的细骨料宜优先选用细度模数为 2.6～3.2 的天然河砂。同时应控制砂的级配、粒形、杂质含量和石英含量。以级配曲线平滑、粒形圆、石英含量高、含泥量和含粉细颗粒少的砂为佳，应避免含有泥块和云母。当采用机制砂时，更应注意控制砂的级配和含粉量。如砂中含有超量石子，不再另行筛分，则应及时调整粗、细骨料比例。

2. 高性能混凝土制备与施工

高性能混凝土的形成不仅取决于原材料、配合比以及硬化后的物理力学性能，也与混凝土的制备与施工有决定性关系。高性能混凝土的制备与施工应同工程设计紧密结合，制作者必须了解设计的要求、结构构件的使用功能、使用环境以及使用寿命等。

1) 高性能混凝土的拌制

(1) 高性能混凝土的配料。应严格控制配制高性能混凝土原材料的质量，包括对原材料供应源的调查和预先的抽样检测，以及原材料进场后的抽样检测。如水泥不仅应抽样复试，而且应该做快测强度以及凝结时间的试验。还应确立合理的骨料、水泥、外掺粉、外加剂的储运方式，保证使用过程先进先出，材质均匀，便于修正。

(2) 高性能混凝土的搅拌。由于高性能混凝土用水量少，水胶比低，胶凝材料总量大，拌和时较黏稠，不易拌和均匀，因此需用拌和性能好的强制式搅拌设备。卧轴式搅拌机能在较短时间里将混凝土搅拌均匀，故推荐使用这种设备；禁止使用自落式搅拌机。引进的国外设备中有新型逆流式或行星式搅拌机，效果也很好。

高性能混凝土拌合物的特点之一是坍落度经时损失快。控制坍落度经时损失的方法，除选择与水泥相容性好的高效减水剂外，可在搅拌时延迟加入部分高效减水剂或在浇筑现场搅拌车中调整减水剂掺量。

2) 高性能混凝土拌合物的运输和浇筑

(1) 高性能混凝土拌合物的运输。长距离运输拌合物应使用混凝土搅拌车，短距离运输可用翻斗车或吊斗。装料前应考虑坍落度损失，并湿润容器内壁和清除积水。

第一盘混凝土拌合物出料后应先进行开盘鉴定。按规定检测拌合物工作度(包括冬施出罐温度)，并按计划留置各种试件。混凝土拌合物的输送应根据混凝土供应申请单，按照混凝土计算用量以及混凝土的初凝、终凝时间，运输时间、运距，确定运输间隔。混凝土拌合物进场后，除按规定验收质量外，还应记录预拌混凝土出场时间、进场时间、入模时间和浇筑完毕的时间。

(2) 高性能混凝土拌合物的浇筑。现场搅拌的混凝土出料后，应尽快浇筑完毕。使用吊斗浇筑时，浇筑下料高度超过 3 m 时应采用串筒。浇筑时要均匀下料，控制速度，防止空气进入。除自密实高性能混凝土外，应采用振捣器捣实；一般情况下应用高频振捣器，垂直点振，不得平拉。浇筑时，应分层浇筑、分层振捣，用振捣棒振捣时应控制在振捣棒有效振动半径范围之内。混凝土的浇筑应连续进行，施工缝应在混凝土浇筑之前确定，不得随意留置。在浇筑混凝土的同时按照施工试验计划，留置好必要的试件。不同强度等级的混凝土现浇相连接时，接缝应设置在低强度等级的构件中，并离开高强度等级构件一定距离。当接缝两侧混凝土强度等级不同且分先后施工时，可在接缝位置设置固定的筛网(孔径为 5 mm × 5 mm)，先浇筑高强度等级混凝土，后浇筑低强度等级混凝土。

高性能混凝土最适于泵送。泵送的高性能混凝土宜采用预拌混凝土,也可以现场搅拌。高性能混凝土泵送施工时,应根据施工进度,加强组织管理和现场联络调度,确保连续均匀供料。泵送混凝土应遵守《混凝土泵送施工技术规程》(JGJ/T10—2011)的规定。

使用泵送进行浇筑时,坍落度应为 120 mm～200 mm(由泵送高度确定)。泵管出口应与浇筑面形成一个 50 cm～80 cm 的高差,便于混凝土下落产生压力,推动混凝土流动。输送混凝土的起始水平管段长度不应小于 15 m。现场搅拌的混凝土应在出机后 60 min 内泵送完毕。预拌混凝土应在其 1/2 初凝时间内入泵,并在初凝前浇筑完毕。冬季以及雨季浇筑混凝土时,要专门制定冬、雨期施工方案。

(3) 高性能混凝土的养护。混凝土的养护是混凝土施工的关键步骤之一。对于高性能混凝土,由于水胶比小,浇筑以后泌水量很少。当混凝土表面蒸发失去的水分得不到充分补充时,混凝土塑性收缩加剧,而此时混凝土尚不具有抵抗变形所需的强度,就容易导致塑性收缩裂缝的产生,影响耐久性和强度。另外,高性能混凝土胶凝材料用量大,水化温升高,由此导致的自收缩和温度应力也加大;对于流动性很大的高性能混凝土,由于胶凝材料量大,在大型竖向构件成型时,会造成混凝土表面浆体所占比例较大,而混凝土的耐久性受近表层影响最大,所以加强表层的养护对高性能混凝土显得尤为重要。

4.7.2 轻骨料混凝土

用轻粗骨料、轻细骨料(或普通砂)、水泥胶凝材料和水配制而成,且其干表观密度不大于 1950 kg/m³ 的混凝土,称为轻骨料混凝土。若粗、细骨料均是轻质材料,又称全轻骨料混凝土。若粗骨料为轻质,细骨料全部或部分采用普通砂,则称砂轻混凝土。轻骨料混凝土一般用水泥胶凝材料,但有时也用石灰、石膏、沥青等作为胶凝材料。

1. 轻骨料混凝土的技术性能

1) 一般规定

轻骨料混凝土的强度等级应按立方体抗压强度标准值确定,可划分为 LC5.0、LC7.5、LC10、LC15、LC20、LC25、LC30、LC35、LC40、LC45、LC50、LC55 和 LC60 等级。

轻骨料混凝土按其干表观密度可分为十四个密度等级(见表 4-31)。某一密度等级轻骨料混凝土的密度标准值,可取该密度等级干表观密度变化范围的上限值。

表 4-31 轻骨料混凝土的密度等级

密度等级	干表观密度的变化范围(kg/m³)	密度等级	干表观密度的变化范围(kg/m³)
600	560～650	1300	1260～1350
700	660～750	1400	1360～1450
800	760～850	1500	1460～1550
900	860～950	1600	1560～1650
1000	960～1050	1700	1660～1750
1100	1060～1150	1800	1760～1850
1200	1160～1250	1900	1860～1950

轻骨料混凝土根据其用途可分为三大类,见表 4-32。

表 4-32　轻骨料混凝土按用途分类

类别名称	混凝土强度等级的合理范围	混凝土密度等级的合理范围	用途
保温轻骨料混凝土	LC5.0	≤800	主要用于保温的围护结构或热工构筑物
结构保温轻骨料混凝土	LC5.0	800～1400	主要用于既承重又保温的围护结构
	LC7.5		
	LC10		
	LC15		
结构轻骨料混凝土	LC15	1400～1900	主要用于承重构件或构筑物
	LC20		
	LC25		
	LC30		
	LC35		
	LC40		
	LC45		
	LC50		
	LC55		
	LC60		

　　轻骨料的强度虽然低于普通骨料，但轻骨料混凝土仍可达到较高强度。因为轻骨料表面粗糙而多孔，其吸水作用使其表面呈低水胶比，提高了轻骨料与水泥石界面的黏结强度，弱结合面变成了强结合面。因此，混凝土受力时不是沿界面破坏，而是骨料本身先遭到破坏。对低强度的轻骨料混凝土，也可能是水泥石先开裂，然后裂缝向骨料延伸。因而轻骨料混凝土的强度，主要取决于轻骨料的强度和水泥石的强度。

　　2）性能指标

　　根据《轻骨料混凝土技术规程》(JGJ 51—2002)，结构轻骨料混凝土的强度标准值应按表 4-33 采用。

表 4-33　结构轻骨料混凝土的强度标准值

强度种类		轴心抗压(MPa)	轴心抗拉(MPa)
符号		f_{ck}	f_{tk}
混凝土强度等级	LC15	10.0	1.27
	LC20	13.4	1.54
	LC25	16.7	1.78
	LC30	20.1	2.01
	LC35	23.4	2.20
	LC40	26.8	2.39
	LC45	29.6	2.51
	LC50	32.4	2.64
	LC55	35.5	2.74
	LC60	38.5	2.85

　　注：自燃煤矸石混凝土轴心抗拉强度标准值应按表中值乘以系数 0.85；浮石或火山渣混凝土轴心抗拉强度标准值应按表中值乘以系数 0.80。

2. 轻骨料混凝土配合比设计及施工注意事项

轻骨料混凝土配合比设计的基本要求除与普通混凝土配合比设计的强度、工作性、耐久性和节约水泥要求相同外，还应满足体积密度的要求。

普通混凝土的配合比设计原则和方法，同样适用于轻骨料混凝土。但由于轻骨料种类繁多、性能各异，给配合比设计增加了复杂性，故更多地依据于经验，需要注意的有以下几点：

(1) 轻骨料混凝土的水胶比以净水胶比表示。净水胶比是指不包括轻骨料 1 小时吸水量在内的净用水量与水泥用量之比。配制全轻混凝土时，允许以总水胶比表示。总水胶比是指包括轻骨料 1 小时吸水量在内的总用水量与水泥用量之比。若将轻骨料预湿饱和后吸干表面水，则其总用水量等于净用水量。

(2) 轻骨料易上浮，不易搅拌均匀，因此应采用强制式搅拌机，且搅拌时间要比普通混凝土略长一些。用堆积密度在 500 kg/m³ 以上的轻骨料配制的塑性砂轻混凝土，可采用自落式搅拌机。

(3) 为减少混凝土拌合物坍落度损失和离析，应尽量缩短运距。拌合物从搅拌机卸料到浇筑入模的时间，不宜超过 45 min。

(4) 为减少轻骨料上浮，施工中最好采用加压振捣，且振捣时间以捣实为准，不宜过长。

(5) 浇筑成型后应及时覆盖并洒水养护，以防止表面失水太快而产生网状裂缝。养护时间视水泥品种而不同，应不少于 7～14 天。

(6) 对轻骨料混凝土在温度达 50℃ 以上的季节施工时，可根据工程需要，对轻粗骨料进行预湿处理，这样拌制的拌合物和易性和水胶比比较稳定。预湿时间可根据外界气温和骨料的自然含水状态决定，一般应提前半天或一天对骨料进行淋水预湿，然后滤干水分进行投料。

4.7.3 抗渗混凝土

抗渗混凝土，又称防水混凝土，是指抗渗等级等于或大于 P6 级的混凝土，主要用于水工、地下基础、屋面防水等工程。

抗渗混凝土一般是通过改善混凝土组成材料的质量，合理选择混凝土配合比和骨料级配，并掺入适量外加剂，使混凝土内部密实或是堵塞混凝土内部毛细管通路，从而使混凝土具有较高的抗渗性。目前，常用的抗渗混凝土有普通抗渗混凝土、外加剂抗渗混凝土和膨胀水泥抗渗混凝土。

1. 普通抗渗混凝土

普通抗渗混凝土是以调整配合比的方法，提高混凝土自身的密实性，以满足抗渗要求的混凝土。其原理是在保证和易性前提下减小水胶比，同时适当提高水泥用量和砂率，在粗骨料周围形成质量良好和数量足够的砂浆包裹层，使粗骨料彼此隔离，以阻隔沿粗骨料相互连通的渗水孔网。

1) 抗渗混凝土的原材料要求

根据《普通混凝土配合比设计规程》(JGJ 55—2011)，抗渗混凝土的原材料应符合下列规定：

(1) 水泥宜采用普通硅酸盐水泥。

(2) 粗骨料宜采用连续级配，其最大公称粒径不宜大于 40.0 mm，含泥量不得大于 1.0%，泥块含量不得大于 0.5%。

(3) 细骨料宜采用中砂，含泥量不得大于 3.0%，泥块含量不得大于 1.0%。

(4) 宜掺用外加剂和矿物掺合料，粉煤灰等级应采用 Ⅰ 级或 Ⅱ 级。

2) 抗渗混凝土配合比应符合的规定

(1) 最大水胶比应符合表 4-34 的规定。

(2) 每立方米混凝土中的胶凝材料用量不宜小于 320 kg。

(3) 砂率宜为 35%～45%。

表 4-34　抗渗混凝土的最大水胶比

设计抗渗等级	最大水胶比	
	C20～C30	C30 以上
P6	0.60	0.55
P8～P12	0.55	0.50
>P12	0.50	0.45

2. 外加剂抗渗混凝土

外加剂抗渗混凝土是在混凝土中掺入适宜品种和数量的外加剂，以此改善混凝土内部结构，隔断或堵塞混凝土中的各种孔隙、裂缝及渗水通道，从而达到改善抗渗性的一种混凝土。常用的外加剂有引气剂、防水剂、膨胀剂、减水剂或引气型减水剂等。

掺加引气剂的抗渗混凝土，应进行含气量试验，其含气量宜控制在 3%～5%。进行抗渗混凝土配合比设计时，尚应增加抗渗性能试验，并应符合下列规定：

(1) 配制抗渗混凝土要求的抗渗水压值应比设计值高 0.2 MPa。

(2) 抗渗试验结果应符合下式要求：

$$P_t \geqslant \frac{P}{10} + 0.2 \qquad (4\text{-}31)$$

式中：P_t——6 个试件中不少于 4 个未出现渗水时的最大水压值(MPa)。

　　　P——设计要求的抗渗等级值。

3. 膨胀水泥抗渗混凝土

膨胀水泥抗渗混凝土，是采用膨胀水泥配制而成的混凝土。该种水泥在水化过程中能形成大量的钙矾石，产生一定的体积膨胀，在有约束的条件下，能改善混凝土的孔结构，使毛细孔径减小，总孔隙率降低，从而使混凝土密实度和抗渗性提高。

4.7.4　大体积混凝土

按《大体积混凝土施工规范》(GB 50496—2009)的定义，大体积混凝土是指混凝土结构物实体最小几何尺寸不小于 1 m 的大体量混凝土，或预计会因混凝土中胶凝材料水化引起的温度变化和收缩而导致有害裂缝产生的混凝土。

1. 大体积混凝土所用原材料的要求

(1) 大体积混凝土宜采用中、低热硅酸盐水泥或低热矿渣硅酸盐水泥,水泥的 3 天和 7 天水化热应符合标准规定。当采用硅酸盐水泥或普通硅酸盐水泥时应掺入矿物掺合料,胶凝材料的 3 天和 7 天水化热分别不宜大于 240 kJ/kg 和 270 kJ/kg。水化热试验方法应按现行国家标准《水泥水化热测定方法》(GB/T 12959—2008)执行。

(2) 粗骨料宜为连续级配,最大公称粒径不宜小于 31.5 mm,含泥量不应大于 1.0%;细骨料宜采用中砂,含泥量不应大于 3.0%。

(3) 宜掺加矿物掺合料和缓凝型减水剂。

当设计采用混凝土 60 天或 90 天龄期强度时,宜采用标准试件进行抗压强度试验。

2. 大体积混凝土的配合比要求

按《普通混凝土配合比设计规程》(JGJ 55—2011),大体积混凝土配合比设计时除应符合普通混凝土的规定外,还应符合下列规定:

(1) 水胶比不宜大于 0.55,用水量不宜大于 175 kg/m³。

(2) 在保证混凝土性能要求的前提下,宜提高每立方米混凝土中的粗骨料用量,砂率宜为 38%～42%。

(3) 在保证混凝土性能要求的前提下,应减少胶凝材料中的水泥用量,提高矿物掺合料掺量,且混凝土中矿物掺合料掺量应符合规范的规定。

在进行混凝土配合比试配和调整时,混凝土的绝热温升不宜大于 50℃;配合比应满足施工对混凝土拌合物泌水的要求。

3. 温控指标宜符合的规定

(1) 混凝土浇筑体在入模温度基础上的温升值不宜大于 50℃。

(2) 混凝土浇筑体的里表温差(不含混凝土收缩的当量温度)不宜大于 25℃。

(3) 混凝土浇筑体的降温速率不宜大于 2.0℃/d。

(4) 混凝土浇筑体表面与大气温差不宜大于 20℃。

4. 大体积混凝土的养护

大体积混凝土应进行保温、保湿养护,在每次浇筑完毕后,除应按普通混凝土的要求进行常规养护外,尚应及时按温控技术措施的要求进行保温养护,并应符合下列规定:

(1) 应专人负责保温养护工作,并应按规范的有关规定操作,同时应做好测试记录。

(2) 保湿养护的持续时间不得少于 14 天,应经常检查塑料薄膜或养护剂涂层的完整情况,保持混凝土表面湿润。

(3) 保温覆盖层的拆除应分层逐步进行,当混凝土的表面温度与环境温度的最大温差小于 20℃时,可全部拆除。

在混凝土浇筑完毕且初凝前,宜立即进行喷雾养护工作。

塑料薄膜、麻袋、阻燃保温被等,可作为保温材料覆盖混凝土和模板,必要时,可搭设挡风保温棚或遮阳降温棚。在保温养护过程中,应对混凝土浇筑体的里表温差和降温速率进行现场监测,当实测结果不满足温控指标的要求时,应及时调整保温养护措施。

高层建筑转换层的大体积混凝土施工,应加强养护,其侧模、底模的保温构造应在支模设计时确定。大体积混凝土拆模后,地下结构应及时回填土;地上结构应尽早进行装饰,不宜长期暴露在自然环境中。

4.7.5　碾压混凝土

碾压混凝土是一种含水率低、通过振动碾压施工工艺达到高密度、高强度的水泥混凝土。其特干硬性的材料特点和碾压成型的施工工艺特点，使碾压混凝土路面具有节约水泥、收缩小、施工速度快、强度高且开放交通早等技术经济上的优势。

碾压混凝土路面与普通水泥混凝土路面所用材料基本组成相同，均为水、水泥、砂、碎(砾)石及外加剂。不同之处是碾压混凝土为用水量很少的特干硬性混凝土，比普通水泥混凝土节约水泥 10%～30%。碾压混凝土配合比组成设计是按正交设计试验法和简捷设计试验法设计的，以"半出浆改进 VC 值"稠度指标和小梁抗折强度指标作为设计指标。小梁抗折强度试件按95%的压实率计算试件质量，采用上振式振动成型机振动成型。

碾压混凝土路面施工过程由拌合、运输、摊铺、碾压、切缝及养护等工序组成。混凝土拌合可采用间歇式或连续式强制搅拌机拌合。碾压混凝土路面摊铺采用强夯高密实度摊铺机摊铺。路面碾压作业由初压、复压和终压三个阶段组成。碾压工序是碾压混凝土路面密实成型的关键工序，碾压后的路面表面应平整、均匀，压实度应符合有关规定。切缝工序应在混凝土路面"不啃边"的前提下尽早锯切，切缝时间与混凝土配合比和气候状况有关，应通过试锯确定。在碾压工序及切缝后应洒水覆盖养护。碾压混凝土路面的潮湿养护时间与水泥品种、配合比和气候状况有关，一般养护时间为5～7天。碾压混凝土路面达到设计强度后方可开放交通。

碾压混凝土路面与普通水泥混凝土路面相比，碾压混凝土的单位用水量显著减少了(只需 100 kg/m^3 左右)，拌合物非常干硬，需用高密实度沥青摊铺机、振动压路机或轮胎压路机施工，因此它成为了一种新型的道路结构形式。

碾压混凝土所用的水泥一般与普通混凝土路面所用的水泥相同。美国已建成的碾压混凝土路面一直使用Ⅰ型或Ⅱ型硅酸盐水泥。碾压混凝土路面所用水泥最好具有施工时间长(从拌合到铺筑完成)、强度发展快、干缩比较小的特点。

4.7.6　防辐射混凝土

防辐射混凝土又称屏蔽混凝土、防射线混凝土、原子能防护混凝土、核反应堆混凝土等，它是一种能够有效防护对人体有害射线辐射的新型混凝土。

防辐射混凝土由水泥、水及重骨料配制而成，其表观密度一般为 3360 kg/m^3～3840 kg/m^3。混凝土愈重，其防护 X、γ 射线的性能越好，且防护结构的厚度可减小。但对中子流的防护，除需混凝土很重外，还需要含有足够多的最轻元素——氢。

防辐射混凝土主要用于原子能工业以及应用放射性同位素的装置中，如反应堆、加速器、放射化学装置、海关、医院等的防护结构。

1. 防辐射混凝土的要求

(1) 防 γ 射线要求混凝土的容重大。

(2) 防护快速中子射线时，要求混凝土中含氢元素，最好含有较多的水(因为水中有轻元素(氢))、石蜡等慢化剂。

(3) 防护慢速中子射线时，要求混凝土中含硼。

(4) 要求混凝土热导率大、热膨胀和干燥收缩小。

由此可知，防护 γ 射线和中子射线对混凝土的要求是不同的。前者要求容重大，后者要求含水多及含一定的氢元素。当需同时防护两种射线时，可将混凝土制成容重大，保持一定的含水量和氢元素的防辐射混凝土。如采用保水性能好的水泥，或使用含结合水多的重集料或掺加硼等外加剂，也可在重混凝土(如钢筋集料混凝土)的外表层涂以石蜡或另加防护水层。因此，制备防辐射混凝土时应对原材料进行有针对性的选择。

2. 防辐射混凝土的原料组成

1) 水泥

原则上应采用相对密度较大的水泥，以增加水泥硬化后的防辐射能力。因为所有的水泥水化产物都含结晶水，都能起到一定的吸收快速中子的作用。

配制防辐射混凝土时，宜采用胶结力强、水化结合水量高的水泥，如硅酸盐水泥，最好使用硅酸锶等重水泥。采用高铝水泥施工时需采取冷却措施。

2) 集料

选择合适的集料是配制防辐射混凝土的关键。原则上，防辐射混凝土的集料应是一种高密度的材料。

(1) 常用集料的品种。常用的重骨料主要有重晶石($BaSO_4$)、褐铁矿($Fe_2O_3 \cdot H_2O$)、磁铁矿(Fe_3O_4)、赤铁矿(Fe_2O_3)等。

(2) 集料的粒径。粗集料的最大粒径≤40 mm，同时要满足钢筋间距、构件截面尺寸的要求，细集料的平均粒径应为 1.0 mm～2 mm。

(3) 掺合料。为了进一步加强防辐射混凝土的抗射线能力，在施工时还可以掺入一些具有特殊作用的掺合料，目前主要有硼和锂化合物的粉粒料。

3. 防辐射混凝土的施工

防辐射混凝土在施工时(搅拌、运输、灌注、成型)要切实注意施工管理，确保密度较大的重集料不离析，特别应注意以下几点：

(1) 搅拌机和运输设备里的混凝土量不宜过多，应根据混凝土表观密度的增加而相应减少量。

(2) 模板要坚固牢靠，保证混凝土在自重或较大压力下不发生损坏和变形。

(3) 对较复杂的防护结构或在施工时必须分层浇筑的混凝土，应采用灌浆混凝土方法施工，该方法对于克服集料下沉现象效果较好。

(4) 大体积混凝土施工时，为保证质量，应采用相应的导温措施，以防止水化热温升高而致使混凝土产生裂缝。

(5) 加强养护。防辐射混凝土的研制和应用是随着原子能工业和核技术的发展应用而发展起来的。其技术不仅用于国防建设，而且已大量渗透到工业、农业、医疗等各个领域，如核能发电、同位素在工业上的应用、医疗检测及药物制造、核废料的封固等。

4.7.7 泵送混凝土

按《混凝土泵送施工技术规程》(JGJ/T 10—2011)的规定，泵送混凝土是指在施工现场通过压力泵及输送管道进行浇筑的混凝土。近年来，为了提高施工效率，确保混凝土质量，改善施工环境，商品混凝土应用越来越广，从而泵送混凝土的生产量越来越大。

1．泵送混凝土所用原材料应符合的规定

(1) 泵送混凝土宜选用硅酸盐水泥、普通硅酸盐水泥、矿渣硅酸盐水泥和粉煤灰硅酸盐水泥，不宜采用火山灰质硅酸盐水泥。

(2) 粗骨料宜采用连续级配，其针片状颗粒含量不宜大于 10%。粗骨料的最大公称粒径与输送管径之比宜符合表 4-35 的规定。

表 4-35　粗骨料的最大公称粒径与输送管径之比

粗骨料品种	泵送高度(m)	粗骨料最大公称粒径与输送管径之比
碎石	<50	≤1：3.0
	50～100	≤1：4.0
	>100	≤1：5.0
卵石	<50	≤1：2.5
	50～100	≤1：3.0
	>100	≤1：4.0

(3) 宜采用中砂，其通过公称直径 315 μm 筛孔的颗粒含量不宜少于 15%。

(4) 应掺用泵送剂或减水剂，并宜掺用粉煤灰等矿物掺合料。

2．泵送混凝土配合比应符合的规定

(1) 用水量与胶凝材料总量之比不宜大于 0.6。

(2) 胶凝材料用量不宜小于 300 kg/m^3。

(3) 砂率宜为 35%～45%。

(4) 掺入的外加剂的品种和掺量宜由试验确定，不得随意使用。

(5) 掺用引气剂型外加剂的泵送混凝土的含气量不宜大于 4%。

(6) 掺入粉煤灰的泵送混凝土配合比的设计，必须经过试配确定，并应符合现行有关标准的规定。

3．泵送混凝土的性能要求

泵送混凝土的配制强度应符合设计要求和国家现行标准《混凝土强度检验评定标准》(GB/T 50107—2010)的规定。

泵送混凝土的可泵性，可按国家现行标准《普通混凝土拌合物性能试验方法标准》(GB/T 50080—2002)中有关压力泌水试验的方法进行检测，一般 10 s 时的相对压力泌水率 S_{10} 不宜超过 40%。对于添加减水剂的混凝土，宜由试验确定其可泵性。

泵送混凝土的入泵坍落度不宜小于 10 cm，对于各种入泵坍落度不同的混凝土，其泵送高度不宜超过表 4-36 的规定。

表 4-36　混凝土入泵坍落度与泵送高度的关系

最大泵送高度(m)	50	100	200	400	400以上
入泵坍落度(mm)	100～140	150～180	190～220	230～260	—

泵送混凝土试配时要求的坍落度值应按下式计算：

$$T_t = T_p + \Delta T \tag{4-32}$$

式中：T_t——试配时要求的坍落度值。

T_p——入泵时要求的坍落度值。

ΔT——试验测得的预计出机到泵送时间段内的坍落度经时损失值。

4.7.8 纤维混凝土

按《纤维混凝土应用技术规程》(JGJ/T 221—2010)，纤维混凝土是指在普通混凝土中掺入乱向均匀分散的纤维而制成的复合材料，包括钢纤维混凝土、合成纤维混凝土、玻璃纤维混凝土、天然植物纤维混凝土、混杂纤维混凝土等。

纤维混凝土是以混凝土为基材，掺入各种纤维材料拌制而成的水泥基复合材料。纤维可分为两类：一类为高弹性模量的纤维，如玻璃纤维、钢纤维和碳纤维等；另一类为低弹性模量的纤维，如尼龙、聚丙烯、人造丝以及植物纤维等。实际工程中常用的纤维混凝土有钢纤维混凝土、玻璃纤维混凝土、聚丙烯纤维混凝土及石棉水泥制品等。

1. 钢纤维混凝土

钢纤维的标称长度是指钢纤维两端点之间的直线长度，其尺寸可为 15 mm～60 mm。钢纤维截面的直径或等效直径宜为 0.3 mm～1.2 mm。钢纤维长径比或标称长径比宜为 30～100。

钢纤维混凝土结构对钢纤维几何尺寸参数的要求宜符合表 4-37 的规定。

表 4-37 钢纤维几何参数的取值范围

钢纤维混凝土结构类别	长度(mm)	直径(当量直径)(mm)	长径比
一般浇筑钢纤维混凝土	20～60	0.3～0.9	30～80
钢纤维混凝土抗震框架节点	35～60	0.3～0.9	50～80
钢纤维混凝土铁路轨枕	30～35	0.3～0.6	50～70
钢纤维喷射混凝土	20～35	0.3～0.8	30～80
层布式钢纤维混凝土复合路面	30～120	0.3～1.2	60～100

注：钢纤维的等效直径是指非圆形截面换算成圆形截面的直径。

钢纤维掺量以体积率表示，一般为 0.5%～2%。

钢纤维混凝土的物理力学性能明显优于素混凝土。试验表明，钢纤维混凝土抗压强度可提高 15%～25%，抗拉强度可提高 30%～50%，抗弯强度可提高 50%～100%，韧性可提高 10～50 倍，抗冲击强度可提高 2～9 倍。耐磨性、耐疲劳性等指标也有明显增加。

钢纤维混凝土广泛应用于道路工程、机场地坪及跑道、防爆及防震结构，以及要求抗裂、抗冲刷和抗气蚀的水利工程、地下洞室的衬砌、建筑物的维修等。施工方法除普通的浇筑法外，还可用泵送灌注法、喷射法，并可用作预制构件。

2. 聚丙烯纤维混凝土

聚丙烯纤维，又称丙纶纤维，其纤维长度以 10 mm～100 mm 为宜，通常掺量为 0.40%～0.45%(体积比)。聚丙烯纤维的弹性模量仅为普通混凝土的 1/4，对混凝土增强效果并不显著，但可显著提高混凝土的抗冲击能力和疲劳强度。常用聚丙烯纤维的物理力学性能指标如表 4-38 所示。

表 4-38　常用聚丙烯纤维的物理力学性能

纤维名称	密度 (kg/m³)	纤维直径 (μm)	纤维长度 (mm)	抗拉强度 (MPa)	弹性模量 (GPa)	断裂延伸率 (%)
杜拉纤维	910		5～19	276	3.79	15
改性丙纶纤维	910	30～40	4～12	500～700	9～10	7～9
纤化丙纶	900		12～50	500～700	3.5～4.8	20

3. 玻璃纤维混凝土

普通玻璃纤维易受水泥中碱性物质的腐蚀，不能用于配制玻璃纤维混凝土。因此，玻璃纤维混凝土是采用抗碱玻璃纤维和低碱水泥配制而成的。

抗碱玻璃纤维是由含一定量氧化铝的玻璃制成的。国产抗碱玻璃纤维有无捻粗纱和网格布两种形式。无捻粗纱可切割成任意长度的短纤维单丝，其直径为 0.012 mm～0.014 mm，掺入纤维体积率为 2%～5%；与水泥浆拌和后可浇筑成混凝土构件，也可用喷射法成型。网格布可用铺网喷浆法施工，纤维体积率为 2%～3%。

玻璃纤维混凝土的主要性能如表 4-39 所示。

表 4-39　玻璃纤维混凝土的主要性能

项次	项　目	参 考 性 能
1	质量密度	1.9 g/cm³～2.1 g/cm³
2	抗拉强度	初裂强度为 4.0 MPa～5.0 MPa，极限强度为 7.5 MPa～9.0 MPa
3	抗弯强度	初裂强度为 7.0 MPa～8.0 MPa，极限强度为 15 MPa～25 MPa
4	抗压强度	比未增强的水泥砂浆降低约(≤10%)
5	抗冲击强度	用摆锤法测得为 15 kJ/m²～30 kJ/m²
6	弹性模量	$(2.6\sim3.1)\times10^4$ MPa
7	吸水率	10%～15%
8	韧性	比未增强的水泥砂浆可提高 30～120 倍
9	抗冻性	25 次反复冻融，无分层和龟裂现象
10	耐热性	使用温度不宜超过 80℃
11	抗渗性	有较高的不透水性，在潮湿状态下还有较高的不透气性
12	防火性	由两层厚各为 10 mm 的玻璃纤维混凝土板、内夹 100 mm 厚的珍珠岩水泥内芯组成的复合板，其耐火度可达 4 h 以上

玻璃纤维混凝土的抗冲击性、耐热性、抗裂性等都十分优越，但耐久性有待进一步考察，故现阶段主要用于非承重结构或次要承重结构，如屋面瓦、顶棚、下水管道、渡槽、粮仓等。

4.7.9　喷射混凝土

按《喷射混凝土加固技术规程》(CECS 161—2004)，喷射混凝土是指采用压缩空气将按一定比例配合的混凝土拌合料，通过管道输送并以高速高压喷射到受喷表面的一种混凝土。

喷射混凝土是将按一定配比的水泥、砂、石和外加剂等装入喷射机，在压缩空气下经管道混合输送到喷嘴处与高压水混合后，高速喷射到基面上，经层层喷射捣实凝结硬化而成的混凝土。

喷射混凝土宜采用硅酸盐水泥或普通硅酸盐水泥，遇到含有较高可溶性硫酸盐的地层或地下水的地方，应使用抗硫酸盐水泥。水泥强度等级应不低于 32.5 级，其性能应符合国家现行有关水泥标准的规定。

粗骨料应采用坚硬、耐久性好的卵石或碎石，粒径不应大于 12 mm。当使用短纤维材料时，粗骨料粒径不应大于 10 mm。不得使用含有活性二氧化硅石材制成的粗骨料。

细骨料应采用坚硬、耐久性好的中粗砂，细度模数不宜小于 2.5，使用时砂的含水率宜控制在 5%～7% 的范围内。砂过细会使干缩增大，过粗则会增加回弹。用于喷射混凝土的外加剂有速凝剂、引气剂、减水剂和增稠剂等。

在喷射混凝土中掺入硅灰(浆体或干粉)，不仅可以提高喷射混凝土的强度和黏着能力，而且可大大降低粉尘，减小回弹率。在喷射混凝土中掺入直径为 0.25 mm～0.40 mm 的钢纤维(1 m³ 混凝土中的掺量为 80 kg～100 kg)，可以明显改善混凝土的性能，抗拉强度可提高 50%～80%，抗弯强度提高 60%～100%，韧性提高 20～50 倍，抗冲击性提高 8～10 倍。此外，混凝土的抗冻融能力、抗渗性、疲劳强度、耐磨和耐热性能都有明显的提高。

喷射混凝土具有较高的强度和耐久性，它与混凝土、砖石和钢材等有很高的黏结强度，且施工时不用模板，是一种将运输、浇灌和捣实结合在一起的施工方法。这项技术已广泛用于地下工程、薄壁结构工程、维修加固工程、岩土工程、耐火工程和防护工程等土木工程领域。

4.7.10　绿化混凝土

绿化混凝土是指能够适应绿色植物生长、种植绿色植被的混凝土及其制品。它是与自然协调、具有环保意义的混凝土材料。绿化混凝土用于城市的道路两侧及中央隔离带、水边护坡、楼顶、停车场等部位，可以增加城市的绿色空间，调节人们的生活情绪，同时能够吸收噪声和粉尘，对城市气候的生态平衡起到一定的积极作用。

1. 绿化混凝土的类型及其基本结构

到目前为止，绿化混凝土共开发了三种类型，其基本结构和制作原理如下：

1) 孔洞型绿化混凝土块体材料

孔洞型绿化混凝土块体制品的实体部分与传统的混凝土材料相同，只是在块体材料的形状上设计了一定比例的孔洞，为绿色植被提供空间。

施工时，将块体材料拼装铺筑，形成部分开放的地面。由这种绿化混凝土块铺筑的地面有一部分面积与土壤相连，在孔洞之间可以种植绿色植被，增加城市的绿化面积。这类绿化混凝土块适用于停车场及城市道路两侧树木之间。但是这种地面的连续性较差，且只能预制成制品进行现场拼装，不适合大面积、大坡度及连续型的绿化。

2) 多孔连续型绿化混凝土

多孔连续型绿化混凝土以多孔混凝土作为骨架结构，内部存在着一定量的连通孔隙，为混凝土表面的绿色植物提供根部生长、吸取养分的空间。

3）孔洞型多层结构绿化混凝土块体材料

孔洞型多层结构绿化混凝土块体材料是采用多孔混凝土并施加孔洞、多层板复合制成的绿化混凝土块体材料，如图 4-19 所示，上层为孔洞型多孔混凝土板，在多孔混凝土板上均匀地设置了直径约为 10 mm 的孔洞，多孔混凝土板本身的孔隙率为 20%左右，强度大约为 10 MPa；下层是不带孔洞的多孔混凝土板，孔径及孔隙率小于上层板，做成凹槽型。上层与下层复合，中间形成一定空间的培土层。上层的均布小孔洞为植物生长孔，中间的培土层用于填充土壤及肥料，蓄积水分，为植物提供生长所需的营养和水分。这种绿化混凝土制品多数应用在城市楼房的阳台、院墙顶部等不与土壤直接相连的部位，用以增加城市的绿色空间，美化环境。

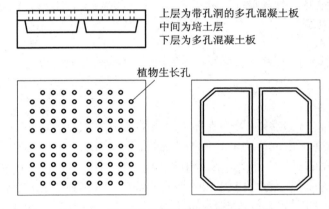

图 4-19　孔洞型多层结构绿化混凝土块体

2．绿化混凝土的性能

1）植物生长功能

绿化混凝土最主要的功能是为植物的生长提供可能。普通的混凝土质地坚硬，不透水、不透气，完全不符合植物生长的条件。为了实现植物生长功能，就必须使混凝土内部具有一定的空间，充填适合植物生长的材料，因此绿化混凝土应具有 20%～30%的孔隙率，且孔径越大，越有利于植物的生长。

2）强度

由于绿化混凝土具有较高的孔隙率，所以其抗压强度较低，通常基本的抗压强度为 10 MPa～20 MPa。

3）胶凝材料的种类

普通硅酸盐水泥水化之后呈碱性，对植物生长不利，所以应尽量选用掺矿物掺合料的水泥，或在种植植被之前放置一段时间，使之自然碳化，降低其含碱度。

4）表层客土

为了使植物种子最初有栖息之地，表层客土必不可少。一般表层客土的厚度为 3 cm～6 cm。

5）耐久性

由于绿化混凝土具有较多、较大的孔隙，所以用于寒冷地区前要进行抗冻性试验。

4.7.11 智能混凝土

1. 智能混凝土的定义

智能混凝土是在混凝土原有组分基础上复合智能型组分，使混凝土具有自感知和记忆、自适应、自修复特性的多功能材料。这些特性能够实现结构的自我安全检测，有效预报混凝土材料的内部损伤情况，并能根据检测结果自动进行修复，从而防止混凝土结构潜在的脆性破坏，显著提高混凝土结构的安全性和耐久性。

2. 智能混凝土的种类

智能混凝土的种类主要有碳纤维混凝土、光纤维混凝土、形状记忆合金混凝土及其他一些有特殊功能的混凝土。

1) 碳纤维混凝土

碳纤维混凝土是指在混凝土中均匀地加入碳纤维而构成的混凝土，它具有压敏性、温敏性和磁敏性。

2) 光纤维混凝土

在光传输的过程中，光纤易受外界环境因素的影响，如温度、压力、电场、磁场等会引起光波量(如光强度、相位、频率、偏振态)的变化。因此，测出光波量的变化，就可以测得导致光波量变化的温度、压力、磁场等物理量的大小。

光纤维混凝土的原理：光纤内传输的光存在辐射、吸收和辐射损耗现象，当光纤的空间状态发生变化时，将引起光纤中的模式耦合，其中有些导播模变为辐射模，从而引起损耗即微弯损耗。

基于以上原理，混凝土裂缝光纤传感器设计的关键是保证裂缝形式能使该处光纤产生微弯，同时要求光纤能适应局部大变形而不断裂；另外需给传感器外加保护层以适应环境，而不致损坏光纤。

3) 形状记忆合金混凝土

形状记忆合金是一种新型的功能材料，具有独特的形状记忆和超弹性性能。

在某一温度 t 范围内，对形状记忆合金施加一定的外力，使其产生超出弹性范围的拉伸塑性变形；当外力撤去后，会产生残余变形；若此时对形状记忆合金加热至一定温度以上，则残余变形消失，形状记忆合金恢复到原来的形状，这就是形状记忆合金的形状记忆特性。

将形状记忆合金埋入混凝土易产生裂缝的部位或构件，当该部位或构件由于荷载、温度变化等外部因素作用而产生较大裂缝时，该处形状记忆合金会产生塑性变形；通过一定装置对形状记忆合金加热至温度 t 以上，形状记忆合金可收缩。此时，受到限制的合金丝就会对裂缝施加压应力，迫使裂缝变小或合拢。同时，通过记忆合金形状的变化，混凝土内部应力重分布并产生一定的预应力，从而其结构的承载能力也得以提高。

4) 其他智能混凝土

一些有特殊要求的混凝土结构，或比较重要的混凝土结构，往往对其混凝土性能有特殊的要求。为达到这些特殊要求，需要在混凝土中掺加一些有特定功能的组分，从而配制出有特定功能的智能混凝土。

（1）自调节混凝土。有些建筑物对其室内的湿度有严格的要求，如各类展览馆、博物馆及美术馆等，为此，可在混凝土中掺入沸石粉，即可对室内湿度进行自动调节。自调节混凝土具有如下优点：优先吸附水分；吸湿容量大；吸放湿与温度有关，温度上升时放湿，温度下降时吸湿。

（2）控制水化热的大体积混凝土。在浇筑大体积混凝土时，由于水泥水化产生的热量得不到完全释放，容易在混凝土内产生温度裂缝。为避免温度裂缝的产生，可在混凝土中掺入含有缓凝剂的蜡丸，对水泥的水化速度进行控制。当混凝土的温度升高到特定温度时，蜡丸即融化并泻出缓凝剂，使水泥的水化延缓或停滞，并使水化热不致超过规定的温度限值。实验结果表明，混凝土温度的上升速度和最高温度都是可以控制的。同时发现，与未加缓凝剂蜡丸的普通混凝土相比，其长期的抗压强度具有明显的优势。

思考与练习

1. 普通混凝土的组成材料有哪几种？它们在混凝土中各起什么作用？

2. 配制普通混凝土时，如何选择水泥的品种和强度等级？

3. 什么是砂的粗细程度和颗粒级配？如何确定砂的粗细程度和颗粒级配？

4. 两种砂的级配相同，细度模数是否相同？反之，两种砂的细度模数相同，其级配是否相同？

5. 某砂样 500 g，经筛分试验，各号筛的筛余量见下表：

筛孔尺寸(mm)	4.75	2.36	1.18	0.60	0.30	0.15	<0.15
筛余量(g)	15	100	70	65	90	115	45
分计筛余百分率(%)							
累计筛余百分率(%)							

（1）计算各筛的分计筛余百分率和累计筛余百分率。

（2）此砂的细度模数是多少？根据细度模数判断该砂的粗细程度。

（3）判断此砂的级配是否合格。

6. 在配制普通混凝土而选择石子的最大粒径时，应考虑哪些方面的因素？

7. 现浇钢筋混凝土板式楼梯，混凝土强度等级为 C25，截面最小尺寸为 120 mm，钢筋间最小净距为 40 mm。现有普通硅酸盐水泥 42.5 和 52.5 及粒径在 5 mm～20 mm 之间的卵石。问：

（1）选用哪一强度等级的水泥最好？

（2）卵石粒级是否合适？

（3）将卵石烘干，称取 5 kg 并经筛分后的筛余量见下表，试判断卵石级配是否合格。

筛孔尺寸(mm)	26.5	19.0	16.0	9.5	4.75	2.36
筛余量(%)	0	0.30	0.90	1.70	1.90	0.20

8. 什么是混凝土的和易性？它包括哪几个方面的含义？如何评定混凝土的和易性？

9. 影响混凝土和易性的主要因素有哪些？

10. 当混凝土拌合物流动性太大或太小时,可采取什么措施进行调整?

11. 什么是合理砂率? 采用合理砂率有何技术和经济意义?

12. 名词解释: (1) 立方体抗压强度; (2) 立方体抗压强度标准值; (3) 强度等级; (4) 轴心抗压强度; (5) 配制强度; (6) 设计强度。

13. 影响混凝土强度的主要因素有哪些? 提高混凝土强度的主要措施有哪些?

14. 当使用相同配合比拌制混凝土时,卵石混凝土与碎石混凝土的性质有何不同?

15. 用强度等级为 42.5 的普通水泥、河砂及卵石配制混凝土,使用的水胶比分别为 0.60 和 0.53,试分别估算混凝土 28 天的抗压强度。

16. 解释以下名词: (1) 自然养护; (2) 标准养护; (3) 蒸汽养护; (4) 蒸压养护。

17. 什么是混凝土的抗渗性? P8 的含义是什么?

18. 什么是混凝土的抗冻性? F150 的含义是什么?

19. 提高混凝土耐久性的措施有哪些?

20. 使用外加剂时应注意哪些事项?

21. 混凝土配合比设计的基本要求是什么?

22. 在混凝土配合比的设计中,需要确定哪三个参数?

23. 某教学楼的钢筋混凝土(室内干燥环境),施工要求坍落度为 30 mm ~ 50 mm。混凝土设计强度等级为 C30,采用 42.5 级普通硅酸盐水泥($\rho = 3.1 \text{ g/cm}^3$); 砂子为中砂,表观密度为 2650 kg/m^3,堆积密度为 1450 kg/m^3; 石子为碎石,粒级为 5 mm ~ 40 mm,表观密度为 2700 kg/m^3,堆积密度为 1550 kg/m^3; 混凝土采用机械搅拌、振捣; 施工单位无混凝土强度标准差的统计资料。

(1) 根据以上条件,用绝对体积法求混凝土的初步配合比。

(2) 假如计算出的初步配合比拌和混凝土,经检验后其和易性、强度和耐久性均满足设计要求。已知现场砂的含水率为 2%,石子的含水率为 1%,求该混凝土的施工配合比。

24. 假定混凝土的表观密度为 2500 kg/m^3,用假定表观密度法计算第 23 题的混凝土初步配合比。

第5章 建 筑 砂 浆

教学提示 砂浆是没有粗骨料的混凝土，它与混凝土有相似之处。砌筑砂浆起着传递荷载的作用，是砌体的重要组成部分；抹面砂浆分为普通抹面砂浆、装饰砂浆和具有某些特殊功能的抹面砂浆。装饰砂浆即直接用于建筑物内外表面，以提高建筑物装饰艺术性为主要目的的抹面砂浆。

教学要求 掌握砌筑砂浆的性质、组成、检验方法及其配比设计方法；了解抹面砂浆和其他砂浆的主要品种、性能要求及其配制方法。

建筑砂浆是由无机胶凝材料、细骨料和水(有时也掺入某些掺合料)组成的。建筑砂浆是建筑工程中用量最大、用途最广的建筑材料之一，它常用于砌筑砌体(如砖、石、砌块)结构，建筑物内外表面(如墙面、地面、顶棚)的抹面，大型墙板、砖石墙的勾缝以及装饰材料的黏结等。

砂浆的种类很多，根据用途不同可分为砌筑砂浆、抹面砂浆，其中抹面砂浆包括普通抹面砂浆、装饰砂浆、特种砂浆(如防水砂浆、耐酸砂浆、绝热砂浆、吸声砂浆等)；根据胶凝材料的不同可分为水泥砂浆、石灰砂浆、混合砂浆(包括水泥石灰砂浆、水泥黏土砂浆、石灰黏土砂浆、石灰粉煤灰砂浆等)。

5.1 砌 筑 砂 浆

将砖、石、砌块等黏结成为砌体的砂浆称为砌筑砂浆。它起着传递荷载的作用，是砌体的重要组成部分。

5.1.1 砌筑砂浆的组成材料

1. 水泥

水泥是砂浆的主要胶凝材料，常用的有普通水泥、矿渣水泥、火山灰水泥、粉煤灰水泥、复合水泥等，具体可根据设计要求、砌筑部位及所处的环境条件选择适宜的品种，一般选择中低强度的水泥即能满足要求。水泥砂浆采用的水泥，其强度等级不宜大于32.5级；水泥混合砂浆采用的水泥，其强度等级不宜大于42.5级。如果水泥强度等级过高，则可加些混合材料。对于一些特殊用途，如配制构件的接头、接缝或加固结构、修补裂缝等，应采用膨胀水泥。

2. 其他胶凝材料及掺加料

为改善砂浆的和易性，减少水泥用量，通常掺入其他胶凝材料(如石灰膏、黏土膏等)制成混合砂浆。生石灰熟化成石灰膏时，应使用孔径不大于 3 mm × 3 mm 的进行网过滤，熟化时间不得少于 7 天；磨细生石灰粉的熟化时间不得少于 2 天。沉淀池中储存的石灰膏，应采取措施防止干燥、冻结和污染。严禁使用脱水硬化的石灰膏。所用石灰膏的稠度应控制在 120 mm 左右。

采用黏土制备黏土膏时，以颗粒细、黏性好、含砂量小及有机物含量少的为宜。所用黏土膏的稠度应控制在 120 mm 左右。

为节省水泥、石灰用量，应充分利用工业废料，也可将粉煤灰掺入砂浆中。

3. 细骨料

砂浆常用的细骨料为普通砂，对特种砂浆也可选用白色或彩色砂、轻砂等。

砌筑砂浆用砂宜选用中砂。毛石砌体宜选用粗砂，其含泥量不应超过 5%。强度等级为 M2.5 的水泥混合砂浆，其砂的含泥量不应超过 10%。

4. 水

拌和砂浆用水与混凝土拌和水的要求相同，应选用无有害杂质的洁净水拌制砂浆。

5.1.2 砌筑砂浆的技术性质

砌筑砂浆应具有以下性质：

1. 和易性

新拌砂浆应具有良好的和易性。和易性良好的砂浆容易在粗糙的砖石底面上铺设成均匀的薄层，而且能够和底面紧密黏结。使用和易性良好的砂浆，既便于施工操作，提高劳动生产率，又能保证工程质量。砂浆的和易性包括流动性和保水性。

1) 流动性

砂浆的流动性也叫做稠度，是指在自重或外力作用下流动的性能，用"沉入度"表示。

沉入度值可用砂浆稠度仪通过试验测定，即以标准圆锥体在砂浆内自由沉入 10 s，沉入深度用毫米(mm)表示。沉入度大，砂浆流动性就大，但流动性过大，硬化后强度就会降低；若流动性过小，则不便于施工操作。

砂浆流动性的大小与砌体材料种类、施工条件及气候条件等因素有关。对于多孔吸水的砌体材料和干热的天气，要求砂浆的流动性大些；对于密实不吸水的材料和湿冷的天气，要求砂浆的流动性小些。根据《砌筑砂浆配合比设计规程》(JGJ/T 98—2010)的规定，用于砌体的砂浆的施工稠度见表 5-1。

表 5-1　砌筑砂浆的施工稠度

砌 体 种 类	施工稠度(mm)
烧结普通砖砌体、粉煤灰砖砌体	70～90
混凝土砖砌体、普通混凝土小型空心砌块砌体、灰砂砖砌体	50～70
烧结多孔砖砌体、烧结空心砖砌体、轻集料混凝土小型空心砌块砌体、蒸压加气混凝土砌块砌体	60～80
石砌体	30～50

2) 保水性

新拌砂浆能够保持水分的能力称为保水性。保水性也指砂浆中各项组成材料不宜分离的性质。新拌砂浆在存放、运输和使用的过程中，必须保持其中的水分不致很快流失，才能形成均匀密实的砂浆缝，保证砌体的质量。

砂浆的保水性用"分层度"表示，可用砂浆分层度测定仪测定。对搅拌均匀的砂浆，先测其沉入度，然后将其装入分层度测定仪，静置 30 min 后，去掉上部 200 mm 厚的砂浆，再测其剩余部分砂浆的沉入度，两次沉入度的差值称为分层度，以毫米(mm)表示。砂浆的分层度在 10 mm～20 mm 之间为宜，不得大于 30 mm。分层度大于 30 mm 的砂浆，容易产生离析，不便于施工；分层度接近于零的砂浆，容易发生干缩裂缝。

2. 砂浆的强度

砂浆在砌体中主要起传递荷载的作用，并经受周围环境介质作用，因此砂浆应具有一定的黏结强度、抗压强度和耐久性。试验证明，砂浆的黏结强度、耐久性均随抗压强度的增大而提高，即它们之间有一定的相关性，而且抗压强度的试验方法较为成熟，测试较为简单准确，所以工程上常以抗压强度作为砂浆的主要技术指标。

砂浆的强度等级是以边长为 70.7 mm 的立方体试块，在标准养护条件(水泥混合砂浆温度为(20 ± 3)℃，相对湿度为 60%～80%；水泥砂浆温度为(20 ± 3)℃，相对湿度为 90%以上)下，用标准试验方法测得 28 天龄期的抗压强度来确定的。水泥砂浆及预拌砌筑砂浆的强度等级可分为 M5、M7.5、M10、M15、M20、M25、M30 级。水泥混合砂浆的强度等级可分为 M5、M7.5、M10、M15 级。

影响砂浆强度的因素较多。试验证明，当原材料质量一定时，砂浆的强度主要取决于水泥强度等级与水泥用量。用水量对砂浆强度及其他性能的影响不大。砂浆的强度可用下式表示：

$$f_{m} = \frac{\alpha f_{ce} Q_{C}}{1000} + \beta = \frac{\alpha \gamma_{c} f_{ce,g} Q_{C}}{1000} + \beta \tag{5-1}$$

式中：f_{m}——砂浆的抗压强度(MPa)。

f_{ce}——水泥的实际强度(MPa)。

Q_{C}——每立方米砂浆中的水泥用量(kg)。

γ_{c}——水泥强度等级的富余系数，按表 4-20 选取。

$f_{ce,g}$——水泥强度等级的标准值(MPa)。

α，β——砂浆的特征系数，$\alpha = 3.03$，$\beta = -15.09$。

3. 砂浆黏结力

砖石砌体是靠砂浆把许多块状的砖石材料黏结成为坚固整体的，因此要求砂浆对于砖石必须有一定的黏结力。砌筑砂浆的黏结力随其强度的增大而提高，砂浆强度等级越高，黏结力越大。此外，砂浆的黏结力与砖石的表面状态、洁净程度、湿润情况及施工养护条件等有关。所以，砌筑前，砖要浇水湿润，其含水率控制在 10%～15%左右，表面不沾泥土，以提高砂浆与砖之间的黏结力，保证砌筑质量。

5.1.3 砌筑砂浆配合比设计

砂浆配合比设计可通过查有关资料或手册来进行，也可通过计算来进行，然后进行试拌调整。《砌筑砂浆配合比设计规程》(JGJ/T 98—2010)规定，砂浆的配合比以质量比表示。

1. 砌筑砂浆配合比设计

(1) 确定砂浆的试配强度：

$$f_{m,0} = k f_2 \qquad (5\text{-}2)$$

式中：$f_{m,0}$——砂浆的试配强度(MPa)，应精确至 0.1 MPa。

f_2——砂浆强度等级值(MPa)，应精确至 0.1 MPa。

k——系数，按表 5-2 取值。

表 5-2　砂浆强度标准差 σ 及 k 值

强度等级 施工水平	强度标准差 σ(MPa)							k
	M5	M7.5	M10	M15	M20	M25	M30	
优良	1.00	1.50	2.00	3.00	4.00	5.00	6.00	1.15
一般	1.25	1.88	2.50	3.75	5.00	6.25	7.50	1.20
较差	1.50	2.25	3.00	4.50	6.00	7.50	9.00	1.25

砂浆强度标准差的确定应符合下列规定：

① 当有统计资料时，砂浆强度标准差应按下式计算：

$$\sigma = \sqrt{\dfrac{\sum\limits_{i=1}^{n} f_{m,i}^2 - n\mu_{fm}^2}{n-1}} \qquad (5\text{-}3)$$

式中：　$f_{m,i}$——统计周期内同一品种砂浆第 i 组时间的强度(MPa)。

μ_{fm}——统计周期内同一品种砂浆 n 组试件强度的平均值(MPa)。

n——统计周期内同一品种砂浆试件的总组数，$n \geqslant 25$。

② 当无统计资料时，砂浆强度标准差可按表 5-2 取值。

(2) 确定每立方米砂浆中的水泥用量：

$$Q_C = 1000 \dfrac{f_{m,0} - \beta}{\alpha \cdot f_{ce}} \qquad (5\text{-}4)$$

式中：Q_C——每立方米砂浆中的水泥用量(kg)，应精确至 1 kg。

f_{ce}——水泥的实测强度(MPa)，应精确至 0.1 MPa。

α、β——砂浆的特征系数，其中 $\alpha = 3.03$，$\beta = -15.09$。

注：各地区也可用本地区试验资料确定 α、β 值，统计用的试验组数不得少于 30 组。

在无法取得水泥的实测强度值时，可按下式计算：

$$f_{ce} = \gamma_c \cdot f_{ce,k} \qquad (5\text{-}5)$$

式中：$f_{ce,k}$——水泥强度等级值(MPa)。

γ_c——水泥等级值的富余系数，宜按实际统计资料确定；无统计资料时可取 1.0。

(3) 确定每立方米砂浆中的石灰膏用量：

$$Q_D = Q_A - Q_C \qquad (5\text{-}6)$$

式中：Q_D——每立方米砂浆的石灰膏用量(kg)，应精确至 1 kg；石灰膏使用时的稠度宜为

(120 ± 5)mm。

Q_A——每立方米砂浆中的水泥和石灰膏总量(kg)，应精确至 1 kg，可为 350 kg。

Q_C——每立方米砂浆中的水泥用量(kg)，应精确至 1 kg。

(4) 确定每立方米砂浆中的砂用量：应以干燥状态(含水量小于 0.5%)下的堆积密度值作为计算值(kg)。

(5) 确定每立方米砂浆的用水量：可根据砂浆稠度等要求选用，取值范围为 210 kg～310 kg。

现场配制水泥砂浆时，各材料的用量应符合相关规定。

(1) 水泥砂浆的材料用量可按表 5-3 选用。

表 5-3　每立方米水泥砂浆的材料用量

强度等级	水泥(kg/m³)	砂(kg/m³)	用水量(kg/m³)
M5	200～230		
M7.5	230～260		
M10	260～290		
M15	290～330	砂的堆积密度值	270～330
M20	340～400		
M25	360～410		
M30	430～480		

注：(1) M15 及 M15 以下强度等级的水泥砂浆，水泥强度等级为 32.5 级；M15 以上强度等级的水泥砂浆，水泥强度等级为 42.5 级；

(2) 当采用细砂或粗砂时，用水量分别取上限或下限；

(3) 稠度小于 70 mm 时，用水量可小于下限；

(4) 施工现场气候炎热或干燥季节，可酌量增加用水量；

(5) 试配强度应按式(5-2)计算。

(2) 水泥粉煤灰砂浆材料的用量可按表 5-4 选用。

表 5-4　每立方米水泥粉煤灰砂浆的材料用量

强度等级	水泥和粉煤灰总量(kg/m³)	粉煤灰	砂(kg/m³)	用水量(kg/m³)
M5	210～240			
M7.5	240～270	粉煤灰掺量可占胶凝材料总量的 15%～25%	砂的堆积密度值	270～330
M10	270～300			
M15	300～330			

注：(1) 表中水泥强度等级为 32.5 级；

(2) 当采用细砂或粗砂时，用水量分别取上限或下限；

(3) 稠度小于 70 mm 时，用水量可小于下限；

(4) 施工现场气候炎热或干燥季节，可酌量增加用水量；

(5) 试配强度应按式(5-2)计算。

2. 预拌砌筑砂浆的试配要求

对于预拌砌筑砂浆，有如下要求：

(1) 在确定湿拌砌筑砂浆稠度时，应考虑砂浆在运输和储存过程中的稠度损失。

(2) 湿拌砌筑砂浆应根据凝结时间要求确定外加剂掺量。

(3) 干混合砌筑砂浆应明确拌制时的加水量范围。

(4) 预拌砌筑砂浆的搅拌、运输、储存等应符合现行行业标准《预拌砂浆》(GB/T 25181—2010)的规定。

(5) 预拌砌筑砂浆的性能应符合现行行业标准《预拌砂浆》(GB/T 25181—2010)的规定。预拌砌筑砂浆在试配时，应符合下列规定：

(1) 预拌砌筑砂浆生产前应进行试配，试配强度应按式(5-2)计算确定，试配时稠度取70 mm～80 mm。

(2) 预拌砌筑砂浆中可掺入保水增稠材料、外加剂等，掺量应经试配后确定。

3. 砌筑砂浆配合比的试配、调整与确定

(1) 砌筑砂浆试配时应考虑工程实际要求，搅拌应符合规范的规定。

(2) 按计算或查表所得配合比进行试拌时，应按现行行业标准《建筑砂浆基本性能试验方法标准》(JG/T 70—2009)测定砌筑砂浆拌合物的稠度和保水率。当稠度和保水率不能满足要求时，应调整材料用量，直到符合要求为止，然后确定为试配时的砂浆基准配合比。

(3) 试配时至少应采用三个不同的配合比。其中一个配合比应为按本规程得出的基准配合比，其余两个配合比的水泥用量应按基准配合比分别增加及减少10%。在保证稠度、保水率合格的条件下，可将用水量、石灰膏、保水增稠材料或粉煤灰等活性掺合料用量作相应调整。

(4) 砌筑砂浆试配时稠度应满足施工要求，应按现行行业标准《建筑砂浆基本性能试验方法标准》(JGJ/T 70—2009)分别测定不同配合比砂浆的表观密度及强度，并应选定符合试配强度及和易性要求、水泥用量最低的配合比作为砂浆的试配配合比。

(5) 砌筑砂浆试配配合比应按下列步骤进行校正：

① 根据《建筑砂浆基本性能试验方法标准》(JGJ/T 70—2009)确定的砂浆配合比材料用量，按下式计算砂浆的理论表观密度值：

$$\rho_t = Q_C + Q_D + Q_S + Q_W \tag{5-7}$$

式中：ρ_t——砂浆的理论表观密度值(kg/m³)，应精确至 10 kg/m³。

Q_W——每立方米砂浆中的用水量，应精确至 1 kg。

Q_C——每立方米砂浆中的水泥用量，应精确至 1 kg。

Q_D——每立方米砂浆中的掺合料用量，应精确至 1 kg；石灰膏、黏土膏使用时稠度为(120 ± 5) mm。

Q_S——每立方米砂浆中的砂用量，应精确至 1 kg。

② 按下式计算砂浆配合比校正系数 δ：

$$\delta = \frac{\rho_c}{\rho_t} \tag{5-8}$$

式中：ρ_c——砂浆的实测表观密度值(kg/m³)，应精确至 10 kg/m³。

③ 当砂浆的实测表观密度值与理论表观密度值之差的绝对值不超过理论值的 2%时，

可将得出的试配配合比确定为砂浆设计配合比；当超过 2%时，应将试配配合比中的每项材料用量均乘以校正系数(δ)后，确定为砂浆设计配合比。

(6) 预拌砌筑砂浆生产前应进行试配、调整与确定，并应符合现行行业标准《预拌砂浆》(GB/T 25181—2010)的规定。

【例】 某砌筑工程用水泥石灰混合砂浆，要求砂浆的强度等级为 M7.5，稠度为 70 mm～90 mm。原材料为：普通水泥(32.5 级)，实测强度为 36.0 MPa；中砂，堆积密度为 1450 kg/m³，含水率为 2%；石灰膏的稠度为 120 mm。施工水平一般。试计算砂浆的配合比。

解 (1) 计算砂浆试配强度 $f_{m,0}$。查表 5-2 可得 $k = 1.2$，则

$$f_{m,0} = kf_2 = 1.2 \times 7.5 = 9.0 \text{ (MPa)}$$

(2) 计算每立方米砂浆中的水泥用量 Q_C。由 $\alpha = 3.03$，$\beta = -15.09$ 得

$$Q_C = \frac{1000(f_{m,0} - \beta)}{\alpha f_{ce}} = \frac{1000 \times (8.7 + 15.09)}{3.03 \times 36.0} = 218 \text{ (kg)}$$

(3) 计算每立方米砂浆中的石灰膏用量 Q_D。取 $Q_A = 350$ kg，则

$$Q_D = Q_A - Q_C = 350 - 218 = 132 \text{ (kg)}$$

(4) 确定每立方米砂浆中的砂用量 Q_S。

$$Q_S = 1450 \times (1 + 2\%) = 1479 \text{ (kg)}$$

(5) 按砂浆稠度确定每立方米砂浆的用水量 Q_W。可选取 280 kg，扣除砂中所含的水量，拌合用水量为

$$Q_W = 280 - 1450 \times 2\% = 251 \text{ (kg)}$$

砂浆的配合比为

$$Q_C : Q_D : Q_S : Q_W = 218 : 132 : 1479 : 251$$

5.1.4 砌筑砂浆的工程应用

水泥砂浆宜用于砌筑潮湿环境以及强度要求较高的砌体。水泥石灰砂浆宜用于砌筑干燥环境中的砌体。多层房屋的墙一般采用强度等级为 M5 的水泥石灰砂浆；砖柱、砖拱、钢筋砖过梁等一般采用强度等级为 M5～M10 的水泥砂浆；砖基础一般采用强度等级不低于 M5 的水泥砂浆；低层房屋或平房可采用石灰砂浆；简易房屋可采用石灰黏土砂浆。

5.2 抹面砂浆

凡涂抹在建筑物或建筑构件表面的砂浆，统称为抹面砂浆。抹面砂浆根据其功能的不同，可分为普通抹面砂浆、装饰砂浆和具有某些特殊功能的抹面砂浆(如防水砂浆、绝热砂浆、吸声砂浆、耐酸砂浆等)。

抹面砂浆要求具有良好的和易性，容易抹成均匀平整的薄层，以便于施工。抹面砂浆

还应有较高的黏结力，砂浆层应能与底面黏结牢固，这样才可长期保持而不致开裂或脱落。若处于潮湿环境或易受外力作用部位(如地面、墙裙等)，还要求抹面砂浆具有较高的耐水性和强度。

抹面砂浆通常分为两层或三层进行施工。各层砂浆要求不同，因此每层所选用的砂浆也不一样。一般底层砂浆起黏结基层的作用，要求砂浆应具有良好的和易性和较强的黏结力，因此底层砂浆的保水性要好，否则水分易被基层材料吸收而影响砂浆的黏结力。基层表面要求粗糙些，以利于与砂浆的黏结。中层抹灰主要是为了找平，有时可省去。面层抹灰主要为了平整美观，因此应选细砂。

用于砖墙的底层抹灰多用石灰砂浆；用于板条墙或板条顶棚的底层抹灰多用混合砂浆或石灰砂浆；混凝土墙、梁、柱、顶板等底层抹灰多用混合砂浆、麻刀石灰浆或纸筋石灰浆。

在容易碰撞或潮湿的地方，如墙裙、踢脚板、地面、雨篷、窗台以及水池、水井等处，一般多用1∶2.5的水泥砂浆。各种抹面砂浆的配合比如表5-5所示。

表 5-5　各种抹面砂浆的配合比

材　　料	配合比(体积比)	应 用 范 围
石灰∶砂	1∶2～1∶4	用于砖石墙表面(檐口、勒脚、女儿墙以及潮湿房间的墙除外)
石灰∶黏土∶砂	1∶1∶4～1∶1∶8	干燥环境的墙表面
石灰∶石膏∶砂	1∶0.4∶2～1∶1∶3	用于不潮湿房间的木质表面
石灰∶石膏∶砂	1∶0.6∶2～1∶1∶3	用于不潮湿房间的墙及顶棚
石灰∶石膏∶砂	1∶2∶2～1∶2∶4	用于不潮湿房间的线脚及其他修饰工程
石灰∶水泥∶砂	1∶0.5∶4.5～1∶1∶5	用于檐口、勒脚、女儿墙外脚以及比较潮湿的部位
水泥∶砂	1∶3～1∶2.5	用于浴室、潮湿车间等墙裙、勒脚或地面基层
水泥∶砂	1∶2～1∶1.5	用于地面、顶棚或墙面面层
水泥∶砂	1∶0.5～1∶1	用于混凝土地面随时压光
水泥∶石膏∶砂∶锯末	1∶1∶3∶5	用于吸声粉刷
水泥∶白石子	1∶2～1∶1	用于水磨石(打底用1∶2.5水泥砂浆)

5.3　装　饰　砂　浆

装饰砂浆即直接用于建筑物内外表面，以提高建筑物装饰艺术性为主要目的的抹面砂浆，它是常用的装饰手段之一。装饰砂浆的底层和中层抹灰与普通抹面砂浆基本相同，而对于面层，要选用具有一定颜色的胶凝材料和骨料以及采用某种特殊的操作工艺，使表面呈现出各种不同的色彩、线条与花纹等装饰效果。

外墙面装饰砂浆的常用工艺方法如下：

1. 拉毛

拉毛是先用水泥砂浆作底层，再用水泥石灰砂浆作面层，在砂浆尚未凝结之前，用抹刀将表面拍拉成凹凸不平的形状。

2. 水磨石

水磨石是一种人造石，用普通水泥、白色水泥或彩色水泥拌和各种色彩的大理石渣作面层，硬化后用机械磨平抛光表面。水磨石多用于地面装饰，可事先设计图案和色彩，抛光后更具艺术效果。水磨石一般用于室内，除可用作地面装饰之外，还可预制成楼梯踏步、窗台板、柱面、台度、踢脚板和地面板等多种建筑构件。

3. 水刷石

水刷石是一种假石饰面。原料与水磨石相同，用颗粒细小(约 5 mm)的石渣所拌成的砂浆作面层，在水泥初始凝固时，即喷水冲刷表面，使其石渣半露而不脱落。水刷石多用于建筑物的外墙装饰，具有一定的质感，经久耐用。

4. 干粘石

干粘石原料同水刷石，也是一种假石饰面层，是在水泥浆面层的整个表面，黏结粒径为 5 mm 以下的彩色石渣、小石子或彩色玻璃碎粒；要求石渣黏结牢固、不脱落。干粘石的装饰效果与水刷石相同，而且避免了湿作业，施工效率高，也节约材料。

5. 斩假石

斩假石又称为剁假石，是一种假石饰面，制作情况与水刷石基本相同，是在水泥硬化后，用斧刃将表面剁毛并露出石渣。斩假石表面具有粗面花岗岩的效果。

装饰砂浆还可采取喷涂、弹涂、辊压等工艺方法，做成多种多样的装饰面层，操作方便，施工效率提高。

5.4 其他品种砂浆

1. 防水砂浆

防水砂浆是一种抗渗性高的砂浆。防水砂浆层又称刚性防水层，适用于不受振动和具有一定刚度的混凝土或砖石砌体的表面；对于变形较大或可能发生不均匀沉陷的建筑物，都不宜采用刚性防水层。

防水砂浆按其组成成分可分为：多层抹面(也称五层抹面法或四层抹面法)水泥砂浆、掺防水剂防水砂浆、膨胀水泥防水砂浆及掺聚合物防水砂浆等四类。

防水砂浆的防渗效果在很大程度上取决于施工质量，因此施工时要严格控制原材料质量和配合比。防水砂浆层一般分四层或五层施工，每层厚度约 5 mm，且每层在初凝前应压实一遍，最后一层则要进行压光；抹完后要加强养护，防止脱水过快造成干裂。总之，防水砂浆层可加固砂浆的密实性，对施工操作要求高，否则难以获得理想的防水效果。

2. 保温砂浆

保温砂浆又称绝热砂浆，保温砂浆是以各种轻质材料(如膨胀珍珠岩、膨胀蛭石、陶砂等)为骨料，以水泥、石灰、石膏等为胶凝材料，掺入一些改性添加剂，经搅拌混合而制成的一种预拌干粉砂浆。保温砂浆具有轻质、保温隔热、吸声等性能，其导热系数为 $0.07 \text{ W/(m · K)} \sim 0.10 \text{ W/(m · K)}$，可用于屋面保温层、保温墙壁以及供热管道保温层等处。

常用的保温砂浆有水泥膨胀珍珠岩砂浆、水泥膨胀蛭石砂浆、水泥石灰膨胀蛭石砂浆等。

保温砂浆的性能特点如下：

(1) 保温、隔热、隔音性能好。

(2) 不老化，可与建筑物同寿命。

(3) 温度稳定性和化学稳定性极佳，耐酸碱、不开裂、不脱落，与主体同寿命。

(4) 施工简便，综合造价低，绿色环保无公害。

(5) 全封闭、无接缝、无空腔，阻止冷热桥产生，适用范围广。

(6) 防火阻燃安全性能优异，不燃烧，耐温高达 1200℃以上，防霉变效果好。

3. 吸声砂浆

吸声砂浆一般采用轻质多孔骨料拌制而成的绝热砂浆，由于其骨料内部孔隙率大，因此吸声性能十分优良。另外，也可以用水泥、石膏、砂、锯末按体积比 1∶1∶3∶5 配制成吸声砂浆，或在石灰、石膏砂浆中掺入玻璃纤维、矿棉等松软纤维材料制成吸声砂浆。

吸声砂浆主要用于室内吸声墙面和顶面。

4. 耐酸砂浆

用水玻璃(硅酸钠)与氟硅酸钠可拌制成耐酸砂浆，有时也可掺入石英岩、花岗岩、铸石等粉状细骨料。

耐酸砂浆的配合比一般为：耐酸粉∶耐酸砂∶氟硅酸钠∶水玻璃 = 100∶250∶11∶74(质量比)。配制时按规定的配合比先将氟硅酸钠、耐酸粉、耐酸砂拌和均匀，然后徐徐加入水玻璃，并在 5 min 内搅拌均匀，便可制成耐酸砂浆。每次的拌和量要求在 30 min 内使用完。

耐酸砂浆多用作衬砌材料、耐酸地面和耐酸容器的内壁防护层。

5. 聚合物砂浆

聚合物砂浆是近年来工程上新兴的一种新型建筑材料，它是由胶凝材料、骨料和可以分散在水中的有机聚合物搅拌而成的，是一种在建筑砂浆中添加聚合物黏结剂，从而使砂浆性能得到很大改善的一种建材。

聚合物砂浆一般具有黏结力强、干缩率小、脆性低、耐蚀性好等特点，用于修补和防护工程。

6. 防辐射砂浆

防辐射砂浆是选用无机胶凝材料、高密度粗骨料(2500 kg/m^3～7000 kg/m^3)、细硅砂及其他特殊添加料经科学配置、机械拌和而成的一种特殊功能的砂浆干粉料(亦提供防辐射混凝土配合比)。

1) 特点

防辐射砂浆不仅密度高、含结合水多，而且导热率高、热膨胀系数低、干燥收缩小，还具有良好的匀质性，没有空洞、裂纹等缺陷，耐火且结构强度高。它与结构基面的整体结合性好，有较高的抗压及抗折强度，良好的防静电聚集和扩散火花功能；可分层批抹施工，且易于施工。

2) 应用领域

防辐射砂浆用于核辐射的建设中、实验室、医疗放射室，主要是避免 α 射线、β 射线、

γ射线、X射线、中子射线及质子流等，以各种同位素、加速器或原子反应堆产生放射线穿透而造成核事故。

思考与练习

1. 何谓砂浆？何谓砌筑砂浆？

2. 新拌砂浆的和易性包括哪些含义？各用什么指标表示？砂浆的保水性不良对其质量有何影响？

3. 测定砌筑砂浆强度的标准试件尺寸是多少？如何确定砂浆的强度等级？

4. 对抹面砂浆有哪些要求？

5. 何谓防水砂浆？防水砂浆中常用哪些防水剂？

6. 如何理解"每立方米砂浆中的砂用量应以干燥状态(含水率<0.5%)的堆积密度值作为计算值"这句话？

7. 砌筑砂浆与抹面砂浆在功能上有何不同？

8. 某工程需配制级别为 M7.5、稠度为 70 mm～100 mm 的砌筑砂浆，采用的普通水泥强度等级为 32.5，石灰膏的稠度为 120 mm，含水率为 2%的砂的堆积密度为 1450 kg/m³，施工水平优良。试确定该砂浆的配合比。

第6章 墙体和屋面材料

教学提示 墙体和屋面是建筑物的重要组成部分，只有合理选用墙体和屋面材料，才能较好地满足墙体和屋面在建筑物中的不同功能要求。这对改善建筑物的使用功能，加强建筑物的安全性，降低工程造价具有重要意义。本章主要介绍砌墙砖、砌块、墙用板材、屋面材料的特点、技术性能、应用等内容。砌墙砖、砌块、屋面瓦的特点、技术性能及应用为本章重点内容。

教学要求 掌握砌墙砖、砌块、屋面材料的特点、技术性能及应用；了解墙用板材；熟悉墙体、屋面材料的技术性能及分类；培养在实际工程中正确、合理选用墙体和屋面材料的能力。

墙体在建筑物中起承重、围护、分隔和保温隔热的作用。在设计时，根据墙体的位置、受力情况、构造形式等不同，应选择不同的墙体材料，满足墙体的相应功能要求。屋面是覆盖在建筑物最上面的外围护结构，具有抵御自然界的风、雨、雪、灰尘、太阳辐射和其他外界不利因素影响的作用，同时起到承重的作用。墙体和屋面具有多种功能，因此，其材料要求具有一定的强度，较好或很高的隔热保温性、隔声性、抗冻性、耐候性，有时还要求具有一定的抗渗性、耐水性、防火性、耐火性、装饰性、抗裂性、透光性或不透光性、透视性或不透视性等。

墙体按使用材料的不同，分为砖墙、石墙、砌块墙及各种板材墙。屋面材料主要为各种屋面板和各种瓦制品。

6.1 砌 墙 砖

通常把砖墙中的块体称为砌墙砖。砌墙砖根据所采用原料的不同分为黏土类砖和非黏土类砖两大类。黏土类砖是指以黏土为主要原料，用不同工艺制成的、在建筑中用于砌筑承重和非承重墙体的砖，如烧结普通黏土砖(N)、黏土空心砖、非烧结黏土砖等。非黏土类砖是指以工业废料及其他地方资源为主要原料制成的、在建筑中用于砌筑承重和非承重墙体的砖，如页岩砖(Y)、粉煤灰砖(F)、煤矸石砖(M)、灰砂砖、煤渣砖等。砌墙砖根据其结构不同又可分为普通砖和空心砖两大类。普通砖是没有孔洞或孔洞率小于15%的砖；孔洞率等于或大于15%，孔的尺寸小而数量多的砖称为多孔砖；孔洞率等于或大于35%，孔的尺寸大而数量少的砖称为空心砖。砌墙砖根据生产工艺又分为烧结砖和非烧结砖。经焙烧制成的砖为烧结砖，如黏土砖、页岩砖、煤矸石砖、粉煤灰砖等；非烧结砖又称免烧砖，属于硅酸盐制品，常用的非烧结砖有碳化砖和蒸压砖，如电石渣碳化砖、蒸压粉煤灰砖、蒸压炉渣砖、蒸压灰砂砖等。

我国很早就掌握了烧制黏土砖瓦的技术,往往以"秦砖汉瓦"来形容砖历史的悠久,事实上早在周朝就有关于砖的记载。普通砖一直是土木工程中应用最广泛的材料。与混凝土材料、钢材等其他建筑材料相比,砖具有较好的耐久性和保温隔热性,长城就是以砖为材料,而成为了举世闻名的土木工程之一。因此,砖至今仍然是我国主要的墙体材料之一。

6.1.1 烧结砖

烧结砖分为烧结普通砖、烧结空心砖和烧结多孔砖。

1. 烧结普通砖

烧结普通砖是指以黏土、页岩、煤矸石或粉煤灰为主要原料,经焙烧而成的标准尺寸的实心砖,分为烧结黏土砖和烧结非黏土砖。其中以烧结黏土砖最为常见。

1) 烧结普通黏土砖

烧结普通黏土砖是指以黏土为主要原料,经成型、干燥和焙烧而制成的黏土砖。

(1) 黏土。黏土的主要组成成分为 SiO_2、Al_2O_3、CaO、Fe_2O_3 等氧化物、结晶水和杂质。黏土的矿物是具有层状结晶结构的含水铝硅酸盐,例如高岭石、蒙脱石、伊利石等。黏土中除黏土矿物外,还含有石英、长石、褐铁矿、黄铁矿以及碳酸盐、磷酸盐、硫酸盐类矿物等杂质。杂质直接影响制品的性质,例如细而分散的褐铁和碳酸盐会降低黏土的耐火度;块状的碳酸钙焙烧后形成石灰杂质,遇水膨胀,会导致制品胀裂而破坏。

黏土具有可塑性、收缩性、烧结性等特性。黏土的颗粒组成直接影响到黏土的可塑性。可塑性是黏土的重要特性,它决定了制品成型性能。黏土含有不同粗细的颗粒,其中极细(尺寸小于 0.005 mm)的片状颗粒,使黏土获得较高的可塑性。这类颗粒称为黏土物质,含量愈多,可塑性愈高。黏土焙烧后能成为石质材料,这是我们利用黏土烧结砖的重要特性。黏土在焙烧过程中发生一系列的变化,具体过程因黏土种类不同而有很大差别,一般的物理化学变化大致如下:焙烧初期,黏土中自由水逐渐蒸发;当温度达到 110℃时,自由水完全排出,黏土失去可塑性;这时如加水,黏土仍可恢复可塑性。温度升至 425℃~800℃时,有机物烧尽,黏土矿物及其他矿物的结晶水脱出,这时即使再加水,黏土也不可能恢复可塑性。随后,黏土矿物发生分解。继续加热至 900℃~1100℃时,已分解的黏土矿物将形成新的结晶硅酸盐矿物。新矿物的形成使焙烧后的黏土具有耐水性、强度和热稳定性(抵抗温度急变的本领)。与此同时,黏土中的易熔化合物形成一定数量的熔融体(液相),熔融体包裹未熔融颗粒,并填充颗粒之间的空隙。由于上述两个原因(新矿物和液相的形成),焙烧后的黏土冷却后便转变成石质材料。随着熔融体数量的增加,焙烧后的黏土中开口孔隙率减小,吸水率降低,强度、耐水性和抗冻性提高。黏土在焙烧过程中变得密实,并转变为石质材料的性质称为黏土的烧结性;焙烧后的黏土吸水率减小,承载能力显著提高。

(2) 烧结普通黏土砖。烧结普通黏土砖又称为实心砖或烧结普通砖。烧结普通黏土砖、黏土空心砖的工艺过程为:采土→原料调制→制坯→干燥→焙烧→制品。烧结普通黏土砖的表观密度为 1600 kg/m³~1800 kg/m³,孔隙率为 30%~35%,吸水率为 8%~16%,导热系数为 0.78 W/(m·K)。

普通黏土砖分为红砖和青砖。因为黏土砖是在隧道窑或轮窑中焙烧的,燃料燃烧完全,窑内为氧化气氛，砖坯在氧化气氛中烧成出窑，制得红砖；再经浇水闷窑，使窑内形成还原气氛，促使砖内的红色高价氧化铁(Fe_2O_3)还原成青灰色的低价氧化铁(FeO)，制得青砖。青砖耐久性较高，但生产效率低，燃料耗量大。

普通黏土砖焙烧温度应适当，否则除合格品之外，会出现欠火砖或过火砖。欠火砖是焙烧温度低或焙烧时间太短，火候不足而使砖体内各固体颗粒之间的大量间隙不能被熔融物填充与黏结，造成其空隙过大，内部结构不够密实和连续；其特征是黄皮黑心，敲击时声音发哑，强度低，耐久性差，颜色浅。过火砖是焙烧温度过高或高温时间持续过长，砖体中熔融物过多；其特征是颜色较深，声音清脆，强度与耐久性均高，但导热系数较大，而且产品多弯曲变形，容易断裂。欠火砖和过火砖都属于不合格品。

2) 烧结非黏土砖

由于烧制黏土砖需要大量黏土，既毁坏农田，能耗又高，加上自身质量大，故不符合国家的可持续发展战略。近年来国家多次重申限制其发展，而大力支持发展其他新型墙体材料。目前我国常用的烧结非黏土砖有粉煤灰砖、煤矸石砖、页岩砖等，其特性和黏土砖相当，不但合理利用了粉煤灰、炉渣、煤矸石、页岩等工业废料，同时保护了耕地。

(1) 粉煤灰砖。烧结粉煤灰砖是以粉煤灰为主要原料，经配料、成型、干燥、焙烧而制成的。由于粉煤灰塑性差，通常掺用适量黏土作黏结料，以增加塑性。配料时，粉煤灰的用量可达到50%左右。这类烧结砖其表观密度较小，约为 1300 kg/m³～1400 kg/m³，颜色从淡红至深红，抗压强度为 10.0 MPa～15.0 MPa，抗折强度为 3.0 MPa～4.0 MPa，吸水率为 20%左右，能满足砖的抗冻性要求。烧结粉煤灰砖可代替普通黏土砖用于一般的工业与民用土木工程中。

(2) 煤矸石砖。采煤和洗煤时被剔除的大量煤矸石，其成分与烧制黏土砖时所用的黏土相似。经粉碎后，根据其含碳量和可塑性进行适当配料即可制砖，焙烧时基本不需要外投煤。烧结煤矸石砖的表观密度一般为 1400 kg/m³～1650 kg/m³，比普通黏土砖稍轻、颜色略淡，抗压强度一般为 10 MPa～20 MPa，抗折强度为 2.3 MPa～5.0 MPa，吸水率为 15.5%左右，能经受 15 次冻融循环而不破坏。这种砖比一般单靠外部燃料焙烧的砖可节省用煤量50%～60%，并可节省大量的黏土原料。一般工业与民用建筑中，煤矸石砖能代替普通黏土砖使用。此外，煤矸石也可用于生产烧结空心砖。

(3) 页岩砖。将页岩经破碎、粉磨、配料、成型、干燥和焙烧等工艺而制成的砖，称为烧结页岩砖。这种砖的生产可不用黏土，配料调制时所需水分较少，有利于砖坯干燥；由于其表观密度比普通黏土砖大，约为 1500 kg/m³～2750 kg/m³，为减轻自重，宜制成空心烧结砖。这种砖颜色与普通砖相似，抗压强度为 7.5 MPa～15 MPa，吸水率为 20%左右。页岩砖的质量标准与检验方法及应用范围与普通黏土砖相同。

页岩是黏土岩的构造变种，是具有页理构造(即岩石平行层理方面可分裂成层状或纸片状)的黏土岩。用页岩制砖、瓦，不但节省农田，而且可开山造田。

3) 烧结普通砖的技术要求

根据国家标准《烧结普通砖》(GB 5101—2003)的规定，烧结普通砖的技术要求包括尺寸、外观质量、强度等级、抗风化性能、泛霜和石灰爆裂，并规定产品中不允许有欠火砖、酥砖和螺旋纹砖。强度、抗风化性能合格的砖，根据尺寸偏差、外观质量、泛霜和石灰爆裂等状况分为优等品(A)、一等品(B)和合格品(C)三个质量等级。

(1) 规格尺寸。烧结普通砖为矩形体，其标准尺寸为 240 mm × 115 mm × 53 mm，砌筑砂浆灰缝厚度为 10 mm。一般将 240 mm × 115 mm 面称为大面，将 240 mm × 53 mm 面称为条面，将 115 mm × 53mm 面称为顶面。这样，四块砖长、八块砖宽或十六块砖厚，加上砌筑砂浆灰缝厚度，恰好是 1 m。按此可以计算出 1 m³ 砖砌体需砖 512 块。

烧结普通砖的优等品必须颜色基本一致，尺寸偏差应符合表 6-1 要求。其外观质量必须完整，表面的高度、弯曲、杂质凸出高度、缺棱掉角的尺寸和裂缝长度要求见表 6-2。

表 6-1　烧结普通砖允许的尺寸偏差　　　　　　　　　　　　　　　　mm

公称尺寸	优等品		一等品		合格品	
	样本平均偏差	样本极差	样本平均偏差	样本极差	样本平均偏差	样本极差
长度(240)	±2.0	6	±2.5	7	±3.0	8
宽度(115)	±1.5	5	±2.0	6	±2.5	7
高度(53)	±1.5	4	±1.6	5	±2.0	6

表 6-2　烧结普通砖外观质量要求　　　　　　　　　　　　　　　　mm

项　　目	优等品	一等品	合格品
两条面高度差≤	2	3	4
弯曲≤	2	3	4
杂质凸出高度≤	2	3	4
缺棱角的 3 个破裂尺寸，不得同时>	5	20	30
大面上宽度方向及其延伸至条面上的裂缝长度≤	30	60	80
大面上长度方向及其延伸至顶面上的裂纹长度或条面和顶面水平裂纹长度≤	50	80	100
完整面≥	两条面、两顶面	一条面、一顶面	
颜色	基本一致		

注：凡具下列缺陷之一者，不得称为完整面。

(1) 缺损在条面或顶面上造成的破坏面尺寸大于 10 mm × 10 mm。

(2) 条面或顶面上的裂纹宽度大于 1 mm，其长度大于 30 mm。

(3) 压陷、粘底、焦花在条面或顶面上的凹陷或凸出超过 2 mm，区域尺寸同时大于 10 mm × 10 mm。

(2) 强度等级。烧结普通砖根据抗压强度分为 MU30、MU25、MU20、MU15 和 MU10 五个等级。各强度等级应符合表 6-3 的规定。

烧结普通砖的强度等级是根据 10 块砖样进行抗压强度试验确定的，其中抗压强度标准值和变异系数按下式计算：

$$f_K = \bar{f} - 1.8\sigma \tag{6-1}$$

$$\sigma = \sqrt{\frac{1}{9}\sum_{i=1}^{10}(f_i - \bar{f})^2} \tag{6-2}$$

$$S = \frac{\sigma}{\bar{f}} \tag{6-3}$$

其中：f_K——烧结普通砖抗压强度的标准值(MPa)。

σ——10块砖样的抗压强度标准差(MPa)。

$\bar{f}$——10块砖样的抗压强度算术平均值(MPa)。

f_i——单块砖样的抗压强度测定值(MPa)。

S——砖抗压强度变异系数，精确到0.01。

表 6-3　烧结普通砖的强度等级要求

强度等级	抗压强度平均值(MPa) $\bar{f} \geqslant$	变异系数 $S \leqslant 0.21$ 抗压强度标准值(MPa) $f_K \geqslant$	变异系数 $S > 0.21$ 单块最小抗压强度值(MPa) $f_{min} \geqslant$
MU30	30.0	22.0	25.0
MU25	25.0	18.0	22.0
MU20	20.0	14.0	16.0
MU15	15.0	10.0	12.0
MU10	10.0	6.5	7.5

(3) 泛霜。泛霜是砖在使用过程中的一种盐析现象。当砖体的原料内含有可溶性盐类物质(如 Na_2SO_4)时，它们会隐含在成品砖坯内。当砖体受潮后干燥时，其中的可溶性盐类物质随水分蒸发向外迁移，使可溶性盐类物质渗透并附着在砖体表面，干燥后形成一层白色的结晶粉末，这就是泛霜现象。

泛霜对建筑物是不利的，轻度泛霜会影响建筑物的外观，白色结晶粉末或白色絮状物影响砖面的美观。泛霜较重时会造成砖体表面的不断粉化与脱落，降低墙体的抗冻融能力。严重的泛霜还可能很快降低墙体的承载能力。因此，标准规定，工程中使用的优等品不允许有泛霜现象，一等品不允许出现中等泛霜现象，合格等级的砖不得有严重的泛霜现象。

(4) 石灰爆裂。石灰爆裂是指生产烧结普通砖的原料中夹杂有石灰块(生石灰)时，砖受潮或受雨淋而吸水后，石灰逐渐吸水消化成消石灰而产生的爆裂现象。在这个过程中，体积膨胀较大，约为98%，导致砖体开裂，严重时会使砖砌体强度降低，直至破坏。

由于黏土砖存在石灰爆裂现象，对墙体外观、承载能力及结构主体安全具有一定的影响，因此，烧结普通砖必须满足石灰爆裂的技术标准。

烧结普通砖的泛霜和石灰爆裂指标应符合表 6-4 的规定。

表 6-4　烧结普通砖的泛霜及石灰爆裂的技术标准

项　目	优等品	一等品	合格品
泛霜	无泛霜	不允许出现中等泛霜	不允许出现严重泛霜
石灰爆裂	不允许出现最大破坏尺寸>2 mm 的爆裂区域	① 2 mm<最大破坏尺寸≤10 mm 的爆裂区域，每块样砖不得多于 15 处；② 不能出现最大破坏尺寸>10 mm 的爆裂区域	① 2 mm<最大破坏尺寸≤15 mm 的爆裂区域，每块样砖不得多于 15 处；其中 10 mm 的不得多于 7 处；② 不能出现最大破坏尺寸>15 mm 的爆裂区域

(5) 抗风化性能。抗风化性能是烧结普通砖的一项重要的耐久性综合指标，主要包括抗冻性、吸水率和饱和系数。抗风化性能是指在干湿变化、温度变化、冻融变化等物理因素作用下，材料不被破坏并长期保持原有性质的能力。《烧结普通砖》(GB 5101—2003)规定，我国地区按照风化指数分为严重风化区(风化指数≥12 700)和非严重风化区(风化指数<12 700)。风化指数是指日气温从正温降至负温或从负温升至正温的每年平均天数与每年从霜冻之日起至消失霜冻之日止这一期间降雨总量(以 mm 为单位)的平均值的乘积。与抗冻性、吸水率和饱和系数有关。

砖的孔隙对砖的抗风化指数有一定的影响，同时影响砖的强度、吸水性、透气性、抗渗、抗冻以及隔声、绝热等性能。

砖的抗风化指数还与砖的抗冻性有关，一般抗冻性合格的砖抗风化性能好。抗冻性是否合格的检验方法是：将砖吸水饱和后置于 15℃，再在 10℃～20℃ 的水中融化，按规定的方法反复 15 次冻融循环后，其质量损失不超过 2%，抗压强度降低值不超过 25%，即为抗冻性合格。

我国风化区的划分为：严重风化区为黑龙江、吉林、辽宁、内蒙古、新疆、宁夏、甘肃、青海、陕西、山西、河北、北京和天津；非严重风化区为山东、河南、安徽、江苏、湖北、江西、浙江、四川、贵州、湖南、福建、台湾、广东、广西、海南、云南、西藏、上海、重庆。

严重风化区的黑龙江、吉林、辽宁、内蒙古、新疆等地所用的砖必须进行抗冻性试验。其他风化区所用砖的吸水率和饱和系数指标若能达到表 6-5 的要求，可不再进行冻融试验；否则，必须进行冻融试验。冻融试验后，每块砖不允许出现裂缝、分层、掉皮、缺棱及掉角等现象，质量损失不得大于 2%。

表 6-5　烧结普通砖的吸水率、饱和系数

砖种类	严重风化区				非严重风化区			
	5 h 沸煮吸水率(%)		饱和系数		5 h 沸煮吸水率(%)		饱和系数	
	平均值	单块最大值	平均值	单块最大值	平均值	单块最大值	平均值	单块最大值
黏土砖	18	20	0.85	0.87	19	20	0.88	0.90
粉煤灰砖	21	23			23	25		
页岩砖	16	18	0.74	0.77	18	20	0.78	0.80
煤矸石砖	16	18			18	20		

注：粉煤灰掺入量(体积比)小于 30% 时，抗风化性能按黏土砖规定检测。

4) 烧结普通砖的应用

烧结普通砖是传统的墙体材料，既具有一定的强度，又因多孔结构而有良好的绝热性、透气性和热稳定性，尤其具有良好的耐久性，因此使用历史悠久，是使用范围较广的建筑材料之一。

烧结普通砖主要用于砌筑建筑的内外墙、柱、拱、烟囱和窑炉，其中优等品可用于清水墙建筑，合格品用于混水墙建筑。中等泛霜的砖不得用于潮湿部位。

2．烧结空心砖

1）烧结空心砖的特点

烧结空心砖是指以黏土、粉煤灰、炉渣、煤矸石、页岩等为主要原料，经成坯、焙烧而制成的用于非承重部位的空心砖。烧结空心砖的顶面有孔洞，孔洞率等于或大于 35%，孔的尺寸大而数量少。其表观密度为 800 kg/m³～1100 kg/m³，使用时孔洞平行于受力面。与烧结普通砖相比，生产空心砖或多孔砖，可节省黏土 20%～30%，节约燃料 10%～20%，且焙烧均匀，烧成率高。采用多孔砖或空心砖砌筑墙体，可减轻墙体自重 1/3 左右，降低结构荷载，节约材料，同时还能改善墙体的热工性能。因此，为了节约资源和减少能源消耗，烧结空心砖目前已广泛使用。

2）主要技术要求

根据《烧结空心砖和空心砌块》(GB 13545—2014)的要求，烧结空心砖应满足以下技术要求。

(1) 尺寸规格。烧结空心砖外形多为直角六面体，在混水墙用空心砖和空心砌块时，应在大面和条面上设有均匀分布的粉刷槽或类似结构，深度不小于 2 mm，如图 6-1 所示。其长度规格有 390 mm、290 mm、240 mm、190 mm、180 mm(175 mm)；宽度规格有 190 mm、180 mm(175 mm)、140 mm、115 mm；高度规格有 180 mm(175 mm)、140 mm、115 mm、90 mm。其他规格由供需双方协商确定。常见的尺寸为 290 mm × 190 mm × 90 mm 和 240 mm × 180 mm × 115 mm。

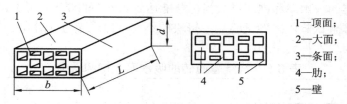

1—顶面；
2—大面；
3—条面；
4—肋；
5—壁

图 6-1　烧结空心砖

(2) 烧结空心砖的产品等级与主要技术要求。烧结空心砖的表观密度可分为 800 级、900 级、1000 级、1100 级四个；根据 10 块砖抗压强度的平均值与变异系数、标准值或单块最小值，烧结空心砖可分为 MU3.5、MU5.0、MU7.5 和 MU10.0 等五个强度等级(检验和评定方法与普通黏土砖相同)。

标记按产品名称、类别、规格(长度×宽度×高度)、密度等级、强度等级和标准编号顺序编写。

根据烧结空心砖的孔洞率及孔排数，尺寸偏差、外观质量、强度等级和耐久性等技术指标，其相关技术指标应满足表 6-6～表 6-10 中的规定。

表 6-6　烧结空心砖与空心砌块允许的尺寸偏差　　　　　mm

尺寸	样本平均偏差	样本极差≤
>300	±3.0	6
>200～300	±2.5	5
100～200	±2.0	4
<100	±1.7	3

表 6-7　烧结空心砖与空心砌块的外观质量要求　　　　　　　　mm

项　　目	指　标
弯曲≤	3
缺棱掉角的三个破坏尺寸不得同时＞	15
垂直度差≤	3
未贯穿裂纹长度 ① 大面上宽度方向及其延伸到条面的长度≤ ② 大面上长度方向或条面上水平方向的长度≤	100 120
贯穿裂纹长度 ① 大面上宽度方向及其延伸到条面的长度≤ ② 壁、肋沿长度方向、宽度方向及其水平方向长度≤	40 40
肋壁内残缺长度≤	40
完整面≥	一条面或一大面

表 6-8　烧结空心砖与空心砌块的强度等级

强度等级	抗压强度平均值(MPa) $\overline{f}$ ≥	变异系数S≤0.21 抗压强度标准值(MPa) f_K ≥	变异系数S＞0.21 单块最小抗压强度值(MPa) f_{min} ≥	密度等级范围 (kg/m³)
MU10	10.0	7.0	8.0	
MU7.5	7.5	5.0	5.8	
MU5.0	5.0	3.5	4.0	≤100
MU3.5	3.5	2.5	2.8	

表 6-9　烧结空心砖与空心砌块的孔洞及其结构要求

孔洞排列	空洞排数(排)		高度方向	空洞率(%)	孔型
	宽度方向				
有序或交错 排列	b≥200	≥4	≥2	≥40	矩形孔
	b＜200	≥3			

表 6-10　烧结空心砖与空心砌块的抗风化性饱和系数

产品类别	项　　目							
	严重风化区				非严重风化区			
	5 h沸煮吸水率(%)≤		饱和系数≤		5 h沸煮吸水率(%)≤		饱和系数≤	
	平均值	单块最大值	平均值	单块最大值	平均值	单块最大值	平均值	单块最大值
黏土砖和砌块	21	23	0.85	0.87	23	25	0.88	0.90
粉煤灰砖和砌块	23	25			30	32		
页岩砖和砌块	16	18	0.74	0.77	18	20	0.78	0.80
煤矸石砖和砌块	19	21			21	23		

此外，烧结空心砖的泛霜、石灰爆裂、吸水率、抗风化性能等也应符合标准规定。

3. 烧结多孔砖

1) 烧结多孔砖的特点

孔洞率等于或大于 28%，孔的尺寸小而数量多的砖称为多孔砖。烧结多孔砖原称为竖孔空心砖或承重空心砖，使用时孔洞垂直于承压面，其表观密度多为 1100 kg/m³ 左右。因其强度较高，保温性优于普通砖，主要用于承重保温部位。

2) 烧结多孔砖的主要技术要求

根据《烧结多孔砖和多孔砌块》(GB 13544—2011)的要求，烧结多孔砖应满足以下技术要求。

(1) 尺寸规格。烧结多孔砖的外形为直角六面体，其长度、宽度、高度尺寸应符合 290 mm、240 mm、190 mm、180 mm、140 mm、115 mm、90 mm 等。其常用尺寸为 240 mm × 115 mm × 90 mm(P 型砖)和 190 mm × 190 mm × 90 mm(M 型砖)两种规格，如图 6-2 所示。

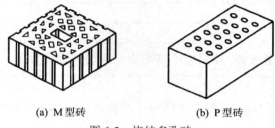

(a) M 型砖　　　　　　　　(b) P 型砖

图 6-2　烧结多孔砖

(2) 烧结多孔砖的产品质量等级与主要技术要求。根据《烧结多孔砖和多孔砌块》(GB 13544—2011)的规定，烧结多孔砖根据抗压强度分为 MU30、MU25、MU20、MU15、MU10 五个等级。其中，尺寸偏差、外观质量、孔型及孔洞排列、密度等级、抗风化性能等应符合表 6-11～表 6-16 的要求。

表 6-11　烧结多孔砖的强度等级划分标准　　　　　　　MPa

强度等级	抗压强度平均值 $\overline{f}\geqslant$	抗压强度标准值 $f_K\geqslant$
MU30	30.0	22.0
MU25	25.0	18.0
MU20	20.0	14.0
MU15	15.0	10.0
MU10	10.0	6.5

表 6-12　烧结多孔砖允许的尺寸偏差　　　　　　　mm

尺寸	样本平均偏差	样本极差≤
>400	±3.0	10.0
300～400	±2.5	9.0
200～300	±2.5	8.0
100～200	±2.0	7.0
<100	±1.5	6.0

表 6-13 烧结多孔砖的外观质量要求   mm

项 目	指 标
完整面不得少于	一条面和一顶面
缺棱掉角的三个破坏尺寸不得同时大于	30
大面(有孔面)上深入孔壁 15 mm 以上宽度方向及其延伸到条面的裂纹长度≤	80
大面(有孔面)上深入孔壁 15 mm 以上宽度方向及其延伸到顶面的裂纹长度≤	100
条面和顶面上的水平裂纹≤	100
杂质在砖面上或砌块面上造成的凸出高度≤	5

注: 凡有下列缺陷之一者,不能称为完整面。

(1) 缺损在条面或顶面上造成的破坏面尺寸同时大于 20 mm × 30 mm。

(2) 条面或顶面上裂纹宽度大于 1 mm,其长度超过 70 mm。

(3) 压陷、焦花、粘底在条面或顶面上的凹陷或凸出超过 2 mm,区域最大投影尺寸同时大于 20 mm × 30 mm。

表 6-14 烧结多孔砖的孔型、孔结构及孔洞率

孔型	孔洞尺寸(mm)		最小外壁厚(mm)	最小肋厚(mm)	孔洞率(%)		孔洞排列
	孔宽度尺寸 b	孔长度尺寸 L			砖	砌块	
矩形条孔或矩形孔	≤13	≤40	≥12	≥5	≥28	≥33	① 所有孔宽应相等,孔采用单向或双向交错排列; ② 孔洞排列上下、左右应对称,分布均匀,手抓孔的长度方向尺寸必须平行于砖的条面

注: (1) 矩形孔孔长 L、孔宽 b 应满足 $L \geq 3b$ 时,为矩形条孔。

(2) 孔四个角应做成过滤圆角,不得做成直尖角。

(3) 如设有砌筑砂浆槽,则砌筑砂浆槽不计算在孔洞率内。

(4) 规格大的砖和砌块应设置手抓孔,手抓孔尺寸为(30~40)mm × (75~85)mm。

表 6-15 烧结多孔砖的密度等级   kg/m³

密度等级		三块砖或砌块干燥表观密度平均值
砖	砌块	
—	900	≤900
1000	1000	900~1000
1100	1100	1000~1100
1200	1200	1100~1200
1300	—	1200~1300

表 6-16 烧结多孔砖的抗风化性能

种类	项目							
	严重风化区				非严重风化区			
	5 h煮沸吸水率(%)≤		饱和系数≤		5 h煮沸吸水率(%)≤		饱和系数≤	
	平均值	单块最大值	平均值	单块最大值	平均值	单块最大值	平均值	单块最大值
黏土砖和砌块	21	23	0.85	0.87	23	25	0.88	0.90
粉煤灰砖和砌块	23	25			30	32		
页岩砖和砌块	16	18	0.74	0.77	18	20	0.78	0.80
煤矸石砖和砌块	19	21			21	23		

注：粉煤灰掺量(质量比)小于30%时按黏土砖和砌块规定判定。

6.1.2 非烧结砖

非烧结砖又称免烧砖，属于硅酸盐制品。目前，常用的非烧结砖有碳化砖和蒸压砖。碳化砖是以电石渣、粉煤灰、炉渣和石粉等工业废渣为主要原料，经过配料、压制成型和碳化以后制成的，如电石渣碳化砖等，其强度等级为 MU10～MU20。蒸压砖是以石灰和砂、粉煤灰、煤矸石、炉渣及页岩等含硅材料加水拌和，经成型、蒸养(压)而制成的砖。这类砖大量利用工业废料，减少了环境污染，节约了农田，并且常年稳定生产，不受气候与季节的影响。目前，蒸压(养)砖主要有灰砂砖、粉煤灰砖和炉渣砖等。非烧结砖的规格尺寸与普通烧结砖相同，非烧结砖为水硬性材料，即在潮湿环境中使用，强度将会有所提高。这种砖也是我国墙体材料的发展方向之一。

1. 粉煤灰砖

粉煤灰砖是以石灰、粉煤灰或水泥为主要原料，掺入适量的石膏、外加剂、颜料和集料等，加水混合拌成坯料，经陈化、轮碾、加压成型，再经常压或高压蒸汽养护而制成的一种实心砖，可作为墙体和基础材料。

根据养护工艺的不同，粉煤灰砖包括蒸压粉煤灰砖、蒸养粉煤灰砖和自养粉煤灰砖三类。蒸压粉煤灰砖是经高压蒸汽养护制成的，水化过程是在饱和蒸汽压(蒸汽温度一般高于176℃，压力在 0.5 MPa 以上)条件下进行的，因此砖中的硅铝活性组分凝胶化反应充分，水化产物晶化好、收缩小，砖的强度高、性能稳定。蒸养粉煤灰砖系经常压蒸汽养护制成的，硅铝活性组分凝胶化反应不充分，强度及其他性能往往不及蒸压粉煤灰砖。自养粉煤灰砖则是以水泥为主要胶凝材料，成型后经自然养护制成的。

蒸压(养)粉煤灰砖的尺寸为 240 mm×115 mm×53 mm，砖的颜色为深灰色或彩色，表观密度约为 1500 kg/m³。根据《蒸压粉煤灰砖》(JC/T 239—2014)规定的抗压强度和抗折强度，粉煤灰砖的强度分为 MU30、MU25、MU20、MU15、MU10 五个等级。其中，尺寸偏差及外观、强度值及抗冻性应符合表 6-17 和表 6-18 的规定。

表 6-17　粉煤灰砖的外观质量及尺寸偏差

项目名称			技术指标
外观质量	缺棱掉角	个数(个)	≤2
		三个方向投影尺寸最大值(mm)	≤15
	裂纹	裂纹延伸的投影尺寸累计(mm)	≤20
	层裂		不允许
尺寸偏差	长度(mm)		+2 −1
	宽度(mm)		±2
	高度(mm)		+2 −1

表 6-18　粉煤灰砖的强度指标和抗冻性指标

强度等级	抗压强度(MPa)		抗折强度(MPa)		抗冻性			
	平均值≥	单块值≥	平均值≥	单块值≥				
					使用地区	抗冻指标	质量损失率	抗压强度损失率
MU30	30.0	24.0	4.8	3.8				
MU25	25.0	20.0	4.5	3.6	夏热冬暖地区	D15	≤5%	≤25%
MU20	20.0	16.0	4.0	3.2	夏热冬冷地区	D25		
MU15	15.0	12.0	3.7	3.0	寒冷地区	D35		
MU10	10.0	8.0	2.5	2.0	严寒地区	D50		

　　蒸压(养)粉煤灰砖可用于工业与民用土木工程的墙体和基础，但用于基础或易受冻融和干湿交替作用的建筑部位时必须使用一等品和优等品，且优等品的强度等级不得低于MU15。粉煤灰砖不得用于长期受热(200℃以上)、受急冷急热和有酸性介质侵蚀的建筑部位。为避免或减少收缩裂缝的产生，用粉煤灰砖砌筑的建筑物，应适当增设圈梁及伸缩缝。

2. 蒸压灰砂砖

　　蒸压灰砂砖简称灰砂砖(LSB)，是将磨细的生石灰或消石灰粉与天然砂配合拌匀(也可加入着色剂或掺合剂)，加水搅拌，再经陈伏、加压成型和蒸压养护(175℃～191℃、0.8 MPa～1.2 MPa 的饱和蒸汽)而制成的实心砖。

　　按国家标准《蒸压灰砂砖》(GB 11945—1999)的规定，蒸压灰砂砖根据尺寸偏差和外观质量分为优等品(A)、一等品(B)及合格品(C)三个等级；按浸水 24 小时后的抗压强度和抗折强度分为 MU25、MU20、MU15 及 MU10 四个等级，每个强度等级有相应的抗冻性指标。各等级砖的抗压强度及抗冻性应符合表 6-19 的规定。

表 6-19　蒸压灰砂砖的强度指标和抗冻性指标

强度等级	抗压强度(MPa)		抗折强度(MPa)		抗冻性指标	
	平均值≥	单块值≥	平均值≥	单块值≥	冻后抗压强度平均值(MPa)≥	单块砖的干质量损失率(%)≤
MU25	25.0	20.0	5.0	4.0	20.0	
MU20	20.0	16.0	4.0	3.2	16.0	2.0
MU15	15.0	12.0	3.3	2.6	12.0	
MU10	10.0	8.0	2.5	2.0	8.0	

蒸压灰砂砖的规格为 240 mm × 115 mm × 53 mm，颜色有彩色(CO)和本色(N)两种，本色为灰白色，如掺入耐碱颜料，可制成各种颜色。该砖组织均匀密实，尺寸偏差小，外形光洁整齐，表观密度约为 1800 kg/m^3～1900 kg/m^3，导热系数为 0.61 W/(m·K)。与其他材料相比，其蓄热能力显著，隔音性能优越，生产过程中的能耗较低。

蒸压灰砂砖在使用时应注意：强度为 MU15、MU20 和 MU25 的砖可用于基础及其他建筑部位；MU10 的砖仅用于防潮层以上的建筑部位。灰砂砖具有足够的抗冻性，可抵抗 15 次以上的冻融循环，但在使用中应注意防止抗冻性的降低。

3. 炉渣砖

炉渣砖是以煤渣为主要原料，掺入适量(水泥、电石渣)石灰、石膏，经混合、压制成型、蒸养或蒸压而成的实心炉渣砖；按照不同的养护工艺，可分为蒸养炉渣砖、蒸压炉渣砖和自养炉渣砖。

根据《炉渣砖》(JC/T 525—2007)的规定，炉渣砖的规格尺寸主要为 240 mm × 115 mm × 53 mm，呈灰黑色，表观密度为 1500 kg/m^3～2000 kg/m^3，吸水率为 6%～19%，根据抗压强度和抗折强度划分为 MU25、MU20、MU15 三个强度等级。其技术要求主要有尺寸偏差、外观质量、强度等级、抗冻性、碳化性能与放射性五个方面。其碳化后强度不得低于相应等级强度的 75%。

炉渣砖可用于工业与民用建筑的墙体和基础，但用于基础或用于易受冻融和干湿交替作业的部位时，砖的强度必须在 MU15 级以上。炉渣砖不得用于长期受热 200℃以上、受急冷急热和有酸性介质侵蚀的建筑部位。对经常受冻融和干湿交替作业的部位，最好使用高强度等级的炉渣砖。防潮层以下的建筑部位应采用 MU15 级以上的炉渣砖。

炉渣砖允许的尺寸偏差及外观质量、强度等级、抗冻性及碳化性能应满足表 6-20～表 6-22 的要求。

表 6-20　炉渣砖允许的尺寸偏差及外观质量　　　　　　mm

项目名称	合格品
	允许的尺寸偏差
长度	±2
宽度	±2
高度	±2
弯曲	≤2

项目名称		合格品
		允许的尺寸偏差
缺棱掉角	个数(个)	≤1
	三个方向投影尺寸的最小值	≤10
完整面		不少于一条面和一顶面
		裂缝长度
大面上宽度方向及其延伸到条面的长度		≤30
大面上长度方向及其延伸到顶面的长度或条、顶面水平裂纹的长度		≤50
层裂		不允许
颜色		基本一致

表 6-21 炉渣砖的强度等级

强度等级	抗压强度平均值(MPa)≥	变异系数 δ≤0.21	变异系数 δ≥0.21
		强度标准值(MPa)≥	单块最小抗压强度(MPa)≥
MU25	25.0	19.0	20.0
MU20	20.0	14.0	16.0
MU15	15.0	10.0	12.0

表 6-22 炉渣砖的抗冻性及碳化性能

强度等级	冻后抗压强度平均值(MPa)≥	单块砖的干质量损失率(%)≤	碳化后强度平均值(MPa)≥
MU25	22.0	2.0	22.0
MU20	16.0	2.0	16.0
MU15	12.0	2.0	12.0

4. 蒸压粉煤灰多孔砖

蒸压粉煤灰多孔砖是以粉煤灰、生石灰(或电石渣)为主要原料,掺加适量石膏等外加剂和其他集料,经坯料制备、压制成型、高压蒸汽养护而制成的多孔砖,空洞率不小于25%,不大于35%。其产品代号为 AFPB。

根据《蒸压粉煤灰多孔砖》(GB 26541—2011)的规定,蒸压粉煤灰多孔砖的外形为直角六面体,其长度可为 360 mm、330 mm、290 mm、240 mm、190 mm、140 mm,宽度可为 240 mm、190 mm、115 mm、90 mm,高度可为 115 mm、90 mm。其强度等级有 MU25、MU20、MU15。

蒸压粉煤灰多孔砖的外观质量和尺寸偏差、强度等级应满足表 6-23 和表 6-24 的要求。

表 6-23　蒸压粉煤灰多孔砖的外观质量和尺寸偏差　　　　　　　　　　　mm

项　目　名　称			技术指标
外观质量	缺棱掉角	个数(个)≤	2
		三个方向的投影尺寸≤	15
	裂纹	裂纹延伸的投影尺寸累计≤	20
	弯曲≤		1
	层裂		不允许
尺寸偏差	长度		+2，−1
	宽度		+2，−1
	高度		±2

表 6-24　蒸压粉煤灰多孔砖的强度等级

强度等级	抗压强度(MPa)		抗折强度(MPa)	
	5 块平均值≥	单块最小值≥	5 块平均值≥	单块最小值≥
MU25	25.0	20.0	6.3	5.0
MU20	20.0	16.0	5.0	4.0
MU15	15.0	12.0	3.8	3.0

6.2　砌　　块

砌块是常用的一种砌筑材料，是砌筑用的人造块材，也是建筑上常用的墙体材料，外形多为直角六面体，也有各种异形的。它除用于砌筑墙体外，还可用于砌筑挡土墙、高速公路音障及其他砌块构成物。我国目前使用的砌块品种很多，其分类的方法也不同，按特征可分为实心砌块和空心砌块两种，凡平行于砌块承重面且面积小于毛截面 75%的属于空心砌块，等于或大于 75%的属于实心砌块，空心砌块的空心率一般为 30%～50%；按生产砌块原材料的不同分为混凝土砌块和硅酸盐砌块及蒸压加气混凝土砌块；按尺寸规格分为大型砌块(高度大于 980 mm)、中型砌块(高度为 380 mm～980 mm)和小型砌块(高度为 150 mm～380 mm)；按用途分为承重砌块与非承重砌块。目前我国以中、小型砌块使用较多。

6.2.1　混凝土小型空心砌块

混凝土小型空心砌块是由水泥、砂、石和外加剂，按一定比例配合，经搅拌、成型、养护而成的空心块体材料。

1. 特点及尺寸规格

混凝土小型空心砌块有承重砌块和非承重砌块两类。为减轻自重，非承重砌块可用炉渣或其他轻质骨料配制。根据外观质量和尺寸偏差，将砌块分为优等品(A)、一等品(B)及合格品(C)三个质量等级。砌块的主要规格尺寸为 390 mm × 190 mm × 190 mm，配以 3～4 种辅助规格，即可组成墙用砌块基本系列。砌块的最小外壁厚度应不小于 30 mm，最小肋厚应不小于 25 mm，空心率不小于 25%。砌块产品的标记包括产品名称(代号 NHB)、强度等级、外观质量等级和标准编号。砌块各部位名称如图 6-3 所示。

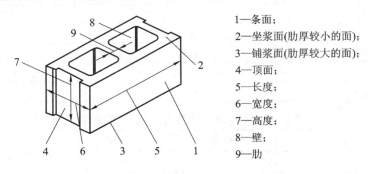

1—条面；
2—坐浆面(肋厚较小的面)；
3—铺浆面(肋厚较大的面)；
4—顶面；
5—长度；
6—宽度；
7—高度；
8—壁；
9—肋

图 6-3　砌块各部位名称

2．主要技术要求

(1) 砌块的强度。混凝土砌块的强度是用砌块受压面的毛面积除以破坏荷载求得的，砌块的强度分为 MU3.5、MU5.0、MU7.5、MU10.0、MU15.0、MU20.0 六个等级。

(2) 砌块的密度。混凝土砌块的密度取决于原材料、混凝土配合比、砌块的规格尺寸、孔型和孔结构、生产工艺等。普通混凝土砌块的密度一般为 1100 kg/m³～1500 kg/m³。

(3) 砌块的吸水率和软化系数。一般而言，混凝土砌块的吸水率和软化系数取决于原材料的种类、配合比、砌块的密实度和生产工艺等。用普通砂、石作集料的砌块，吸水率低，软化系数较高；用轻集料生产的砌块，吸水率高，软化系数低。一般，砌块的密实度高，则吸水率低，而软化系数高；反之，吸水率高，软化系数低。通常，普通混凝土砌块的吸水率为 6%～8%，软化系数为 0.85～0.95。

(4) 砌块的收缩。与烧结砖相比较，砌块砌筑的墙体较易产生裂缝；其原因是多方面的，就墙体材料本身而言，原因有两个：一是砌块失去水分而产生收缩；二是砂浆失去水分而收缩。砌块的收缩值取决于所采用的集料种类、混凝土配合比、养护方法和使用环境的相对湿度。普通混凝土砌块和轻集料混凝土砌块在相对湿度相同的条件下，轻集料混凝土砌块的收缩值较大一些；采用蒸压养护工艺生产的砌块比采用蒸汽养护的砌块收缩值要小。我国目前普通混凝土砌块的收缩值为 0.235 mm/m～0.427 mm/m。

(5) 砌块的导热系数。混凝土砌块的导热系数随混凝土材料的不同而有差异。如在相同的孔结构、规格尺寸和工艺条件下，以卵石、碎石和砂为集料生产的混凝土砌块，其导热系数要大于以煤渣、火山渣、浮石、煤矸石、陶粒等为集料的混凝土砌块。又如在相同的材料、壁厚，肋厚和工艺条件下，由于孔结构的不同(如单排孔、双排孔或三排孔砌块)，单排孔砌块的导热系数要大于多排孔砌块。普通混凝土小型砌块的空心率为 50% 时，其热导率约为 0.26 W/(m·K)。

根据《普通混凝土小型空心砌块》(GB 8239—1997)的规定，普通混凝土小型空心砌块的强度等级、相对含水率、用于清水砖墙的砌块的抗渗性、抗冻性指标应符合表 6-25～表 6-28 的要求。

表 6-25　普通混凝土小型空心砌块的强度等级

强度等级	砌块抗压强度(MPa)	
	平均值≥	单块最小值≥
MU3.5	3.5	2.8
MU5.0	5.0	4.0
MU7.5	7.5	6.0
MU10.0	10.0	8.0
MU15.0	15.0	12.0
MU20.0	20.0	16.0

表 6-26　普通混凝土小型空心砌块的相对含水率

使用地区	潮湿	中等	干燥
相对含水率(%)≤	45	40	35

注:(1) 潮湿——指年平均相对湿度大于 75%的地区。

　　(2) 中等——指年平均相对湿度为 50%~75%的地区。

　　(3) 干燥——指年平均相对湿度小于 50%的地区。

表 6-27　普通混凝土小型空心砌块的抗渗性(用于清水墙的砌块)

项目名称	指　标
水面下降高度	3 块中任一块不大于 10 mm

表 6-28　普通混凝土小型空心砌块的抗冻性

使用环境条件		抗冻标号	指标
非采暖地区		不规定	—
采暖地区	一般环境	F15	强度损失≤25%
	干湿交替环境	F25	质量损失≤5%

注:(1) 非采暖地区——指最冷月份平均气温高于-5℃的地区。

　　(2) 采暖地区——指最冷月份平均气温低于或等于-5℃地区。

3. 应用

混凝土砌块是由可塑的混凝土加工而成的,其形状、大小可随设计要求的不同而改变,因此它既是一种墙体材料,又是一种多用途的新型建筑材料。混凝土砌块的强度可通过混凝土的配合比和砌块孔洞的改变而在较大幅度内得到调整,因此可用作承重墙体和非承重的填充墙体。混凝土砌块自重较实心黏土砖轻,砌块有空洞便于浇注配筋芯柱,能提高建筑物的延性,提高抗震能力。此外,混凝土砌块的绝热、隔音、防火、耐久性等基本与黏土砖相同,能满足一般的建筑要求。

6.2.2　混凝土中型空心砌块

混凝土中型空心砌块是以水泥或无熟料水泥,配以一定比例的骨料,制成的空心率≥25%的砌块。砌块的规格尺寸为:长度可为 500 mm、600 mm、800 mm、1000 mm;宽度可为 200 mm、240 mm;高度可为 400 mm、450 mm、800 mm、900 mm。水泥混凝土中型空心砌块的壁、肋厚度不应小于 25 mm。用无熟料水泥或少熟料水泥配制的砌块属硅酸盐类制品，在生产过程中为了提高产品质量，一般要通过蒸养或碳化处理。这类砌块的干缩值≤0.8 mm/m；经 15 次冻融循环后其强度损失率≤15%，外观无明显疏松、剥落和裂缝；自然碳化系数(1.15 乘以人工碳化系数)≥0.85。

混凝土中型空心砌块具有表观密度小、强度较高、生产简单、施工方便等特点，适用于民用、一般工业建筑物的墙体。混凝土中型空心砌块的抗压强度应满足表 6-29 的要求。

表 6-29　混凝土中型空心砌块的抗压强度指标

强度等级	MU3.5	MU5.0	MU7.5	MU10.0	MU15.0
砌块抗压强度(MPa)≥	3.5	5.0	7.5	10.0	15.0

6.2.3　轻集料混凝土小型空心砌块

依据《轻集料混凝土小型空心砌块》(GB/T 15229—2011)的规定，轻集料混凝土小型空心砌块按孔的排数分为单排孔(1)、双排孔(2)、三排孔(3)和四排孔(4)五类；按体积密度分为 700、800、900、1000、1100、1200、1300、1400 八个等级；按砌块抗压强度分为 MU2.5、MU3.5、MU5.0、MU7.5、MU10.0 五个等级。轻集料混凝土小型空心砌块的主规格为 390 mm × 190 mm × 190 mm；其他规格由供需双方协商确定。

轻集料混凝土小型空心砌块的强度等级指标见表 6-30，砌块的尺寸偏差和外观质量、密度等级满足表 6-31 和表 6-32 的要求。

表 6-30　轻集料混凝土小型空心砌块的强度等级指标

轻集料混凝土小型空心砌块强度等级		MU2.5	MU3.5	MU5.0	MU7.5		MU10.0	
砌块抗压强度	平均值≥	2.5	3.5	5.0	7.5		10.0	
(MPa)	最小值≥	2.0	2.8	4.0	6.0		8.0	
密度范围(kg/m³)≤		800	1000	1200	1200[a]	1300[b]	1200[a]	1400[b]

注：当砌块的抗压强度同时满足 2 个强度等级或 2 个以上强度等级要求时，应以满足要求的最高强度等级为准。

a. 除自然煤矸石掺量不小于砌块质量 35% 以外的其他砌块。

b. 自然煤矸石掺量不小于砌块质量 35% 的砌块。

表 6-31　轻集料混凝土小型空心砌块的尺寸偏差和外观质量　　mm

项　目		指标
尺寸偏差(mm)	长度	±3
	宽度	±3
	高度	±3
最小外壁厚度(mm)	用于承重墙体≥	30
	用于非承重墙体≥	20
肋厚度(mm)	用于承重墙体≥	25
	用于非承重墙体≥	20
缺棱掉角	个数(个)≤	2
	三个方向的投影最大值(mm)≤	20
裂缝延伸的累计尺寸(mm)≤		30

表 6-32　轻集料混凝土小型空心砌块的密度等级

密度等级(kg/m³)	干表观密度范围(kg/m³)
700	≥610，≤700
800	≥710，≤800
900	≥810，≤900
1000	≥910，≤1000
1100	≥1010，≤1100
1200	≥1110，≤1200
1300	≥1210，≤1300
1400	≥1310，≤1400

密度等级范围不符合表 6-32 要求者为不合格品。

6.2.4　蒸压加气混凝土砌块

蒸压加气混凝土砌块，是以钙质材料(水泥、石灰等)和硅质材料(砂、矿渣、粉煤灰等)以及加气剂(铝粉)等，经配料、搅拌、浇注、成型、发气(由化学反应形成孔隙)、预养切割、蒸汽养护等工艺过程制成的多孔硅酸盐砌块。其产品代号为 ACB。

根据国家标准《蒸压加气混凝土砌块》(GB/T 11968—2006)的规定，砌块的规格尺寸为：长度为 600 mm，宽度可为 100 mm、120 mm、125 mm、150 mm、180 mm、200 mm、240 mm、250 mm、300 mm，高度可为 200 mm、240 mm、250 mm、300 mm。砌块按干表观密度分为 B03、B04、B05、B06、B07 和 B08 六个级别，各级别的密度值应符合表 6-33 的规定。按砌块的抗压强度可分为 A1.0、A2.0、A2.5、A3.5、A5.0、A7.5、A10.0 七个级别。各等级的立方体抗压强度值应符合表 6-34 的规定。按尺寸偏差、外观质量、表观密度和抗压强度分为优等品(A)、合格品(B)两个等级，详见表 6-35。

表 6-33　蒸压加气混凝土砌块的表观密度

表观密度级别		B03	B04	B05	B06	B07	B08
表观密度范围 (kg/m³)	优等品(A)≤	300	400	500	600	700	800
	合格品(B)≤	325	425	525	625	725	825

蒸压加气混凝土砌块质量轻，表观密度约为黏土砖的 1/3，具有保温、隔热、隔声性能好、抗震性强(自重小)、热导率低(0.1 W/(m·K)～0.28 W/(m·K))、耐火性好、易于加工、施工方便等特点，是应用较广的轻质墙体材料之一。它适用于低层建筑的承重墙、多层建筑的隔墙和高层框架结构的填充墙，也可用于一般工业建筑的围护墙。作为保温隔热材料，它也可用于复合墙板和屋面结构中。在无可靠的防护措施时，该类砌块不得在水中或高潮湿和有侵蚀介质的环境中使用，也不得用于建筑物的基础和温度长期高于 80℃的建筑部位。

表 6-34　蒸压加气混凝土砌块的抗压强度

强度等级	立方体抗压强度(MPa)	
	平均值≥	单块最小值≥
A1.0	1.0	0.8
A2.0	2.0	1.6
A2.5	2.5	2.0
A3.5	3.5	2.8
A5.0	5.0	4.0
A7.5	7.5	6.0
A10.0	10.0	8.0

表 6-35　蒸压加气混凝土砌块的等级

表观密度等级		B03	B04	B05	B06	B07	B08
强度等级	优等品(A)	A1.0	A2.0	A3.5	A5.0	A7.5	A10.0
	合格品(C)			A2.5	A3.5	A5.0	A7.5

6.2.5　粉煤灰混凝土小型空心砌块

粉煤灰混凝土小型空心砌块是以粉煤灰、水泥、集料、水为主要组成(也可加入外加剂等)部分，经配料、加水搅拌、振动成型、蒸汽养护而制成的密实砌块。其主要规格为 390 mm × 190 mm × 190 mm，产品代号为 FHB。

根据《粉煤灰混凝土小型空心砌块》(JC/T 862—2008)的规定，粉煤灰混凝土小型空心砌块按密度分为 600、700、800、900、1000、1200 和 1400 七个等级，按抗压强度分为 MU3.5、MU5、MU7.5、MU10、MU15、MU20 六个等级，按砌块孔的排数分为单排孔(1)、双排孔(2)、多排孔(D)三类；其尺寸偏差及外观质量、密度等级、强度等级应满足表 6-36～表 6-38 的要求。

表 6-36　粉煤灰混凝土小型空心砌块的尺寸偏差及外观质量

项　　目		指标
尺寸偏差(mm)	长度	+2
	宽度	+2
	高度	+2
最小外壁厚度(mm)≥	用于承重墙体	30
	用于非承重墙体	20
肋厚度(mm)≥	用于承重墙体	25
	用于非承重墙体	15
缺棱掉角	个数(个)≤	2
	三个方向投影的最小值(mm)≤	20
裂缝延伸投影的累计尺寸(mm)≤		20
弯曲(mm)≤		2

表 6-37　粉煤灰混凝土小型空心砌块的密度等级

密度等级(kg/m³)	砌块干表观密度范围(kg/m³)
600	≤600
700	610～700
800	710～800
900	810～900
1000	910～1000
1200	1100～1200
1400	1210～1400

表 6-38　粉煤灰混凝土小型空心砌块的强度等级

强度等级	抗压强度(MPa)	
	平均值≥	单块最小值≥
MU3.5	3.5	2.8
MU5	5.0	4.0
MU7.5	7.5	6.0
MU10	10.0	8.0
MU15	15.0	12.0
MU20	20.0	16.0

6.2.6　泡沫混凝土小型砌块

泡沫混凝土小型砌块就是用物理方法将泡沫剂水溶液制备成泡沫，再将泡沫加入到由水泥基胶凝材料、集料、掺合料、外加剂和水等制成的料浆中，经混合搅拌、浇注、成型、自然或蒸汽养护而成的轻质多孔混凝土砌块，也称发泡混凝土砌块。它主要用于工业与民用建筑物墙体和屋面及保温隔热材料，产品代号为 FCB。

根据《泡沫混凝土砌块》(JC/T 1062—2007)的规定，泡沫混凝土砌块的规格为：长度可为 400 mm、600 mm，宽度可为 100 mm、150 mm、200 mm、250 mm，高度可为 200 mm、300 mm。泡沫混凝土砌块按砌块立方体抗压强度分为 A0.5、A1.0、A1.5、A2.5、A3.5、A5.0、A7.5 七个级别；按干表观密度分为 B03、B04、B05、B06、B07、B08、B09、B10 八个级别；按尺寸偏差、外观质量分为一等品(B)、合格品(C)两个等级。泡沫混凝土砌块的尺寸偏差及外观质量、密度等级、立方体抗压强度应满足表 6-39～表 6-41 的要求。

表 6-39　泡沫混凝土砌块的尺寸偏差及外观质量

项　　目	指　标	
	一等品(B)	合格品(C)
长度(mm)	±4	±6
宽度(mm)	±3	+3/−4
高度(mm)	±3	+3/−4

项　目		指　标	
		一等品(B)	合格品(C)
缺棱掉角	最小尺寸(mm)≤	30	30
	最大尺寸(mm)≤	70	70
	大于以上尺寸的缺棱掉角个数(个)≤	1	2
平面弯曲(mm)≤		3	5
裂纹	贯穿一棱二面的裂纹长度不大于裂纹所在面的裂纹方向尺寸总和的	1/3	1/3
	任一面上的裂纹长度不得大于裂纹方向尺寸的	1/3	1/2
	大于以上尺寸的裂纹条数(条)≤	0	2
黏膜和损坏深度(mm)≤		20	30
表面疏松、层裂		不允许	
表面油污		不允许	

表 6-40　泡沫混凝土砌块的密度等级

密度等级	B03	B04	B05	B06	B07	B08	B09	B10
干表观密度范围(kg/m³)≤	330	430	530	630	730	830	930	1030

表 6-41　泡沫混凝土砌块的立方体抗压强度

强度等级	立方体抗压强度(MPa)	
	平均值≥	单块最小值≥
A0.5	0.5	0.4
A1.0	1.0	0.8
A1.5	1.5	1.2
A2.5	2.5	2.0
A3.5	3.5	2.8
A5.0	5.0	4.0
A7.5	7.5	6.0

6.3　墙用板材

　　墙用板材(墙板)是指用于墙体的板材，因其具有质轻、隔热、保温、隔声、施工工效高等优点，已成为国内外普遍重视的、具有发展前途的墙体材料之一。

　　墙板有多种分类方法，按主要原材料不同，分为水泥类墙板、石膏类墙板、植物纤维类墙板、复合类墙板等；按构造特点不同，分为混凝土空心墙板、加气混凝土墙板、复合墙板等；按使用部位不同，分为外墙板、内墙板；按功能不同，分为承重型墙板、非承重型墙板等。

6.3.1　水泥类墙板

　　水泥类墙用板材具有较好的力学性能和耐久性，生产技术成熟，产品质量可靠，主要用于承重墙、外墙和复合外墙的外层面。建筑工程中常用的水泥类墙面板材有预应力混凝土空心板、玻璃纤维增强水泥(GRC)多孔轻质墙板、蒸压加气混凝土条板、水泥木丝板、水泥刨花板等。

1. 预应力混凝土空心板

预应力混凝土空心板是用高强度的预应力钢绞线采用先张法制成的，可根据需要增设保温层、防水层、外饰面层等。根据《预应力混凝土空心板》(GB/T 14040—2007)标准的规定，其规格尺寸为：高度宜为 120 mm、150 mm、180 mm、200 mm、240 mm、250 mm、300 mm、360 mm、380 mm，宽度宜为 500 mm、600 mm、900 mm、1200 mm，长度不宜大于高度的 40 倍。空心板截面可采用圆孔或其他异形孔形式；混凝土强度等级不应低于 C30，如用轻骨料混凝土浇筑，轻骨料混凝土强度等级不应低于 LC30。预应力混凝土空心板可用于承重或非承重的内外墙板、楼面板、屋面板、阳台板、雨篷等。

2. 玻璃纤维增强水泥多孔轻质墙板

玻璃纤维增强水泥(GRC)多孔轻质墙板是以低碱水泥为胶结料，抗碱玻璃纤维或网格布为增强材料，膨胀珍珠岩为骨料(也可用炉渣、粉煤灰等)，配以发泡剂和防水剂等，经配料、搅拌、浇注、振动成型、脱水、养护等工艺而成的。其长度为 3000 mm，宽度为 600 mm，厚度可为 60 mm、90 mm、120 mm。GRC 多孔轻质墙板的优点是质轻(60 mm 厚的板为 35 kg/m²)、强度高(抗折荷载，60 mm 厚的板大于 1400 N；120 mm 厚的板大于 2500 N)、隔热、隔声、不燃、加工方便等。其隔声指数＞(30～45)分贝，导热率≤0.2 W/(m·K)，耐火极限为 1.3～3 小时。它可用于工业和民用土木工程的内隔墙及复合墙体的外墙面。

3. 蒸压加气混凝土条板

蒸压加气混凝土条板是以水泥、石灰和硅质材料为基本原料，以铝粉为发气剂，配以钢筋网片，经过配料、搅拌、成型和蒸压养护等工艺制成的轻质板材。蒸压加气混凝土条板具有密度小，防火性和保温性能好，可钉、可锯、容易加工等特点，主要用于工业与民用建筑的外墙和内隔墙。由于蒸压加气混凝土板材中含有大量微小的非连通气孔，孔隙率达 70%～80%，因而具有自重轻、绝热性好、隔声吸声等优点；施工时不需吊装，人工即可安装，施工速度快；该板还具有较好的耐火性和一定的承载能力，被广泛应用于工业与民用建筑的各种非承重隔墙。

4. 水泥木丝板

水泥木丝板是将木材下脚料经机械刨切成均匀木丝，加入水泥、水玻璃等，经成型、冷压、养护、干燥等工艺而制成的薄型建筑平板。它具有自重轻、强度高、防火、防水、防蛀、保温、隔声等性能，可进行锯、钻、钉、装饰等加工，主要用于建筑的内外墙板、天花板、壁橱板等。其施工方法与 GRC 多孔轻质墙板相似。

5. 水泥刨花板

水泥刨花板是以水泥和木材的下脚料(刨花)为主要原料，加入适量水和化学助剂，经搅拌、成型、加压、养护等工艺而制成的。其表观密度为 1000 kg/m³～1400 kg/m³。其性能和用途同水泥木丝板，施工方法与 GRC 多孔轻质墙板相似。

6.3.2 石膏类墙板

目前建筑工程中常用的石膏类墙板有纸面石膏板、石膏纤维板、石膏空心板、石膏刨花板等。

1. 纸面石膏板

纸面石膏板是以石膏芯材及与其牢固结合在一起的护面纸组成的，分为普通型、耐水型和耐火型三种。以建筑石膏为主要原料，掺入适量轻集料、纤维增强材料和外加剂构成芯材，并与护面纸牢固地黏结在一起组成的石膏板为普通型纸面石膏板；若在芯材配料中加入防潮防水外加剂，并采用耐水护面纸，则可制成耐水型纸面石膏板；若在配料中加入无机耐火纤维增强材料和阻燃剂构成耐火芯材，则可制得耐火型纸面石膏板。

纸面石膏板的表观密度为 800 kg/m^3～1000 kg/m^3，具有自重轻、保温隔热、隔声、防火、抗震、加工性好，可调节室内湿度，施工简便等优点，但用纸量大，成本较高。普通型纸面石膏板可作为室内隔墙板、复合外墙板的内壁板、天花板等。耐水型纸面石膏板可用于相对湿度较大(≥75%)的环境，如厕所、盥洗室等。耐火型纸面石膏板主要用于对防火要求较高的房屋建筑中。

2. 石膏纤维板

石膏纤维板是由熟石膏(半水石膏)、增强纤维及多种添加剂加水组合而成的。它是用无机纤维或有机纤维与建筑石膏、缓凝剂等，经打浆、铺装、脱水、成型、烘干等工艺而制成的，可节省护面纸，具有质轻、高强、耐火、隔声、韧性高等性能，可加工性好。其尺寸规格和用途与纸面石膏板相同。石膏纤维板的施工方法与纸面石膏板相似。

3. 石膏空心板

石膏空心板的外形与生产方式类似于水泥混凝土空心板。它是以熟石膏(半水石膏)为胶凝材料，适量加入各种轻质骨料(如膨胀珍珠岩、膨胀蛭石等)和改性材料(如矿渣、粉煤灰、石灰、外加剂等)，经搅拌、振动成型、抽芯模、干燥等工艺而制成的。

石膏空心板的长度为 2500 mm～3000 mm，宽度为 500 mm～600 mm，厚度为 60 mm～90 mm。该板材的生产不用纸、不用胶，安装墙体时不用龙骨，设备简单，较易投产。其表观密度为 600 kg/m^3～900 kg/m^3，抗折强度为 2.0 MPa～3.0 MPa。它具有质轻、比强度高、隔热、隔声、防火、可加工性好等优点，且安装方便，适用于各类建筑的非承重内隔墙，但若用于相对湿度大于75%的环境中，则板材表面应作防水处理。

4. 石膏刨花板

石膏刨花板以熟石膏为胶凝材料，木质刨花碎料为增强材料，外加适量的水和化学缓凝助剂，经配料、搅拌、铺装、压制等工艺而成。它具有上述石膏板材的优点，适用于非承重内隔墙和作装饰板材的基材板。石膏刨花板的施工方法与纸面石膏板相似。

6.3.3 植物纤维类墙板

建筑工程中常用的植物纤维类墙面板材主要有稻草(麦秸)板、稻壳板、蔗渣板、麻屑板等。

1. 稻草(麦秸)板

稻草(麦秸)板的主要生产原料是稻草或麦秸、纸板、脲醛树脂胶等。它是将干燥的稻草热压成密实的板芯，在板芯两面及四个侧面用胶贴上一层完整的纸面，再经加热固化而成的。其生产工艺简单，生产线全长 80 m～90 m，从进料到成品仅需 1 小时。稻草板生产能耗低，仅为纸面石膏板的 1/3～1/4。稻草板质量轻，表观密度为 310 kg/m³～440 kg/m³，隔热保温性能好，热导率<0.14 W/(m·K)，单层板的隔声量为 30 分贝，耐火极限为 0.5 小时。其缺点是耐水性差，可燃。

稻草板具有足够的强度和刚度，可以单板使用而不需要龙骨支撑，且便于锯、钉、打孔、黏接和油漆，施工便捷，适用于非承重的内隔墙、天花板、复合外墙的内壁板。

2. 稻壳板

稻壳板是以稻壳与合成树脂为原料，经配料、混合、铺装、热压等工艺而制成的中密度平板，可用脲醛树脂胶和聚醋酸乙烯粘贴，表面可涂刷酚醛清漆或用薄木贴面加以装饰，可作为内隔墙及室内各种隔断板和壁橱隔板等。

3. 蔗渣板

蔗渣板是以甘蔗渣为原料，经加工、混合、铺装、热压成型等工艺而制成的平板。该板生产时可不用胶，而是利用甘蔗渣本身含有的物质热压时转化成的树脂所起的胶结作用，也可用合成树脂胶结成有胶甘蔗渣板。它具有轻质、吸声、易加工和装饰性等特点，可用作内隔墙、天花板、门芯板、室内隔断用板和装饰板等。

4. 麻屑板

麻屑板以亚麻杆茎为原料，经破碎后加入合成树脂、防水剂、固化剂等，再经混合、铺装、热压固化、修边、压光等工序制成。其性能、用途同蔗渣板。

稻草板、稻壳板、蔗渣板、麻屑板等植物纤维类板材的施工与石膏类板材的施工工艺相似。

6.3.4 复合墙板

复合墙板是由两种或两种以上不同材料按一定方式结合(黏结等)而成的层状板材，通常由围护(或承重)材料与保温材料组成。复合墙板具有质轻、保温、高强、隔热、隔声、防火、耐久、施工效率高等特点，可用于建筑外墙与隔墙。

1. 纤维水泥夹心复合墙板

纤维水泥夹心复合墙板是以玻璃纤维为增强材料，以硅酸盐水泥(或硅酸钙)等胶凝材料制成的薄板为面层，以水泥(或硅酸钙、石膏)聚苯颗粒或膨胀珍珠岩等轻集料混凝土、发泡混凝土、加气混凝土为芯材，两种或两种以上不同功能材料复合而成的实心墙板。

这类墙板抗冻、耐候性较好，密度、强度高，所以常用于非承重轻质隔墙板和内墙保温层。

2. 聚苯乙烯泡沫塑料－混凝土(砂浆)复合墙板

聚苯乙烯泡沫塑料－混凝土(砂浆)复合墙板是以阻燃聚苯乙烯泡沫塑料为芯材，以钢丝网混凝土为面材制成的复合板材。它具有强度高、质量轻、保温、隔热、抗震、防火、施工效率高等特点，适用于建筑外墙。

3. 玻璃纤维增强水泥混凝土墙板复合保温墙板

玻璃纤维增强水泥混凝土墙板复合保温墙板是以玻璃纤维增强水泥混凝土墙板为面

层，以聚苯乙烯泡沫塑料等保温材料作芯层制成的复合板材。它分为外墙内保温及外墙外保温两种。因其具有强度高、质量轻、保温、隔热、节能、防水、防火、抗折及抗冲击性好等特点，故适用于建筑外墙。

4. 岩棉—混凝土复合墙板

岩棉—混凝土复合墙板是由钢筋混凝土结构层、岩棉保温层、混凝土饰面层复合而成的板材。因其具有强度高、质量轻、保温、施工效率高等特点，故适用于承重及非承重建筑外墙。

5. 泡沫塑料(岩棉)—彩色压型钢复合墙板

泡沫塑料(岩棉)—彩色压型钢复合墙板是以彩色压型钢板为面层，与阻燃性聚氨酯(或聚苯乙烯)泡沫复合而成的板材。因其具有超轻质、高保温、隔热、自防水、高强、施工效率高、良好的加工与装饰性等特点，所以适用于建筑外墙。

6. 铝合金—岩棉—石膏复合墙板

铝合金—岩棉—石膏复合墙板是以铝合金压型板、纸面石膏板为面层，以岩棉为芯材复合而成的板材。因其具有质轻、保温、施工效率高、装饰性好等特点，故适用于非承重建筑外墙。

7. 泰柏墙板

泰柏墙板是以直径为 (2.06 ± 0.03) mm、屈服强度为 390 MPa～490 MPa 的钢丝焊接成的三维钢骨架与高热阻自熄性聚苯乙烯泡沫塑料组成芯材板，两面喷涂水泥砂浆而成的。其标准尺寸为 1.22 m × 2.44 m ≈ 3 m^2，标准厚度为 100 mm，平均自重为 90 kg/m^3，热阻为 0.64(m^2·K)/W(其热损失率比一砖半的砖墙小 50%)。由于所用钢丝网骨架构造及夹心层材料、厚度的差别等，该类板材有多种名称，如 GY 板、三维板、3D 板、钢丝网节能板等，但它们的性能和构造基本相似。

该类板材轻质、高强、隔热、隔声、防火、防潮、防震、耐久性好、易加工、施工方便，适用于承重外墙、内隔墙、屋面板、跨度在 3 m 内的楼板等。

6.4 屋 面 材 料

目前建筑工程常用的屋面材料有烧结类瓦材、水泥类屋面瓦材、高分子类复合瓦材、轻型板材等。

6.4.1 烧结类瓦材

烧结瓦是由黏土或其他无机金属原料，经成型、烧结等工艺处理，用于建筑物屋面覆盖及装饰的板状或块状烧结制品，通常根据形状、表面状态及吸水率不同进行分类。根据其吸水率的不同，分为Ⅰ类瓦(≤6%)、Ⅱ类瓦(6%～10%)、Ⅲ类瓦(10%～18%)、青瓦(≤21%)；根据其形状，分为平瓦、脊瓦、三曲瓦、双筒瓦、鱼鳞瓦、牛舌瓦、板瓦、筒瓦、滴水瓦、沟头瓦、J 形瓦、S 形瓦、波形瓦和其他异形瓦及其配件和饰件(如图 6-4～图 6-8 所示)；根据其表面状态，分为有釉瓦(含表面经加工处理形成装饰薄膜层)和无釉瓦。

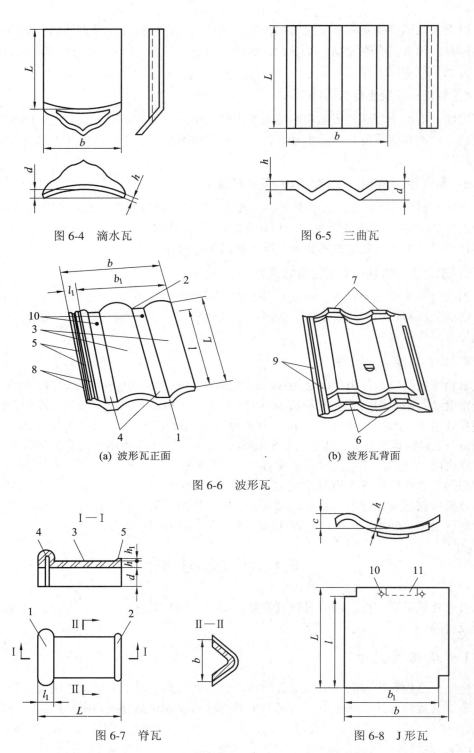

图 6-4　滴水瓦

图 6-5　三曲瓦

(a)　波形瓦正面　　　　　　(b)　波形瓦背面

图 6-6　波形瓦

图 6-7　脊瓦

图 6-8　J 形瓦

注：图 6-4～图 6-8 中，1—瓦头；2—瓦尾；3—瓦脊；4—挖槽；5—边筋；6—前爪；7—后爪；8—外槽；9—内槽；10—钉孔或钢丝孔；11—挂钩；$L(l)$—(有效)长度；$b(b_1)$—(有效)宽度；h—厚度；d—曲线或弧度；c—谷深；l_1—内外槽搭接部分长度；h_1—边筋高度

根据《烧结瓦》(GB/T 21149—2007)的规定，瓦的尺寸偏差、外观质量、变形、裂纹、磕碰、釉粘允许范围、石灰爆裂应满足规范要求。根据其尺寸偏差和外观质量，分为优等品(A)和合格品(C)两个等级。各等级的瓦均不允许有欠火、分层缺陷存在。平瓦、脊瓦、板瓦、筒瓦、滴水瓦、沟头瓦的弯曲破坏荷载值不小于1200 N，其中青瓦类的弯曲破坏荷载值不小于850 N；J形瓦、S形瓦、波形瓦的弯曲破坏荷载值不小于1600 N；三曲瓦、双筒瓦、鱼鳞瓦、牛舌瓦的弯曲强度不小于8 MPa。

烧结瓦的通常规格及主要结构尺寸、表面质量应满足表6-42和表6-43的要求。

表6-42　烧结瓦的通常规格及主要结构尺寸　　　　　　　　mm

产品类别	规格	基 本 尺 寸							
					搭接部长度		瓦爪		
		厚度	瓦槽深度	边筋高度	头尾	内外槽	压制瓦	挤出瓦	后爪有效高度
平瓦	400×240～360～220	10～20	≥10	≥3	50～70	25～40	具有四个瓦爪	保证两个瓦爪	≥5
脊瓦	L≥300	h		l_1			d		h_1
	b≥180	10～20		25～35			>b/4		≥5
三曲瓦、双筒瓦、鱼鳞瓦、牛舌瓦	300×200～150×150	8～12	同一品种、规格瓦的曲度或弧度应保持基本一致						
板瓦、筒瓦、滴水瓦、沟头瓦	430×350～110×50	8～16							
J形瓦、S形瓦	320×320～250×250	12～20	谷深 c≥35，头尾搭接部分长度为 50～70，左右搭接部分长度为30～50						
波形瓦	420×330	12～20	脊瓦高度≤35，头尾搭接部分长度为30～70，内外槽搭接部分长度为 25～40						

表6-43　烧结瓦的表面质量

缺 陷 项 目		优等品	合格品
有釉类瓦	无釉类瓦		
缺釉、斑点、落脏、棕眼、熔洞、图案缺陷、烟熏、釉缕、釉泡、釉裂	斑点、起包、熔洞、麻面、图案、缺陷、烟熏	距1 m处目测不明显	距2 m处目测不明显
色差、光泽差	色差	距2 m处目测不明显	

6.4.2　水泥类屋面瓦材

目前，建筑工程屋面常用的水泥类屋面瓦材主要有混凝土瓦、纤维增强水泥瓦、钢丝网水泥大波瓦等。

1. 混凝土瓦

混凝土瓦是以混凝土为主要原料，经配料混合、加水搅拌、挤压、静压成型、养护等工艺而制成的。瓦可以是本色、着色的或表面经过处理的。混凝土瓦按铺设部位分为混凝土屋面瓦和混凝土配件瓦(配件瓦的品种与烧结瓦相同)；按其搭接方式分有筋槽屋面瓦(瓦的正面和背面搭接的侧边带有嵌合边筋和凹槽，可以有也可以没有顶部的嵌合搭接)和无筋槽屋面瓦(一般瓦的表面是平的，横向或纵向成拱形的屋面瓦，带有规则或不规则的前沿)；按其色彩分为素瓦和彩瓦，彩瓦又有表面着色和通体着色之分。

根据《混凝土瓦》(JC/T 746—2007)的要求，混凝土瓦的标准尺寸为 420 mm×(330～335) mm；吸水率不大于 10%；瓦的外形清晰、边缘整齐；承载力一般不小于 800 N；同时具有较好的耐热、抗渗和抗冻性能。

2. 纤维增强水泥瓦

纤维增强水泥瓦是以增强纤维和水泥为主要原料，经配料、打浆、成型、养护等工艺而制成的。目前市售的该类产品主要有石棉水泥瓦等。纤维增强水泥瓦具有防水、防潮、防腐、绝缘等性能。

石棉水泥瓦是以石棉纤维与水泥为原料，经加水搅拌、压波成型、蒸养和烘干而成的轻型屋面材料，分为大波瓦、中波瓦、小波瓦及脊瓦四种。石棉水泥瓦根据其抗折力、吸水率及外观质量分为三个等级：优等品、一等品和合格品。

石棉水泥瓦属轻型屋面材料，具有防火、防腐、耐热、耐寒和绝缘等诸多优越性能，但在受潮或遇水后，强度有所下降，故在使用和堆放中应注意保管和维护。石棉水泥瓦主要用于工业建筑，如厂房、库房、堆货棚、凉棚等。但由于石棉纤维可能带有放射性物质，因此许多国家已禁止使用，我国也开始采用其他增强纤维逐渐代替石棉。

3. 钢丝网水泥大波瓦

钢丝网水泥大波瓦是用普通硅酸盐水泥和砂子按一定配比，中间加一层低碳冷拔钢丝网加工而成的。大波瓦的规格有两种：一种长 1700 mm、宽 830 mm、厚 14 mm、波高 80 mm，每张瓦约 50 kg；另一种长 1700 mm、宽 830 mm、厚 12 mm、波高 68 mm，每张瓦约 39 kg～49 kg。脊瓦每块约 15 kg～16 kg。瓦的初裂荷载要求每块为 2200 N，在 100 mm 的静水压力下，24 小时后瓦背面无严重印水现象。此种瓦适用于工厂散热车间、仓库或临时性的屋面及维护结构等。

6.4.3 高分子类复合瓦材

建筑工程屋面所用的高分子类复合瓦材主要有玻璃钢波形瓦、塑料瓦楞板、木质纤维波形瓦和玻纤胎沥青瓦。

1. 玻璃钢波形瓦

玻璃钢波形瓦的主要组成材料为不饱和的聚酯树脂、玻璃纤维。其主要特点为轻质、高强、耐冲击、耐热、耐蚀、透光率高，且制作简单，主要用于遮阳板以及车站站台、售货亭、凉棚等屋面。

2. 塑料瓦楞板

塑料瓦楞板的主要组成材料为聚氯乙烯树脂、配合剂。其主要特点为轻质、高强、防水、耐蚀、透光率高、色彩鲜艳，主要用于凉棚、果棚、遮阳板、简易建筑屋面。

3. 木质纤维波形瓦

木质纤维波形瓦的主要组成材料为木纤维、酚醛树脂防水剂。其主要特点为防水、耐热、耐寒，主要用于活动房屋、轻结构房屋屋面，以及车间、仓库、料棚、临时设施等屋面。

4. 玻纤胎沥青瓦

玻纤胎沥青瓦以石油沥青为主要原料，加入矿物填料，以玻纤毡为胎基，上表面覆以保护材料，用于铺设搭接法施工的坡屋面。

根据《玻纤胎沥青瓦》(GB/T 20474—2006)的规定，玻纤胎沥青瓦按形式分为平瓦(P)和叠瓦(L)；按上表面保护材料分为矿物粒料(M)和金属箔(C)；胎基采用纵向加筋或不加筋的玻纤毡。其长度为 1000 mm，宽度为 333 mm。

玻纤胎沥青瓦的主要特点是轻质、黏结力强、抗风化，且施工方便，有较好的防水和装饰功能，也可于制作时在表面撒上不同颜色的矿物颗粒，制成彩色沥青瓦以满足装饰效果。

6.4.4 轻型板材

建筑工程屋面所用的轻型板材主要有 EPS 轻型板和硬质聚氯酯夹心板。

1. EPS 轻型板

EPS 轻型板的主要组成材料为彩色涂层钢板、自熄聚苯乙烯、热固化胶。其主要特点为集承重、保温、隔热、防水、装修于一体，且施工方便，主要用于体育馆、展览厅、冷库等屋面结构。

2. 硬质聚氯酯夹心板

硬质聚氯酯夹心板的主要组成材料为镀锌彩色压型钢板、硬质聚氨酯泡沫。其主要特点为集承重、保温、防水于一体，且耐候性极强，主要用于大型工业厂房、仓库、公共设施等大跨度屋面结构和高大建筑屋面结构。

思考与练习

1. 墙体和屋面材料应具有哪些功能要求？
2. 烧结多孔砖和空心砖有何区别？
3. 什么是页岩砖？其质量标准和检验方法有哪些？
4. 什么是泛霜、石灰爆裂？如何防止？
5. 烧结普通砖的技术要求有哪些？
6. 常用的非烧结砖有哪些？
7. 简述砌块的类型及特点。
8. 混凝土小型空心砌块的尺寸规格有哪些？
9. 简述复合墙板的类型、特点和使用范围。
10. 简述屋面材料的类型及使用范围。
11. 轻型复合板作屋面材料与传统的烧结瓦相比有何特点？

第7章 金属材料

教学提示 金属材料在土木工程中具有广泛的用途,目前常用的主要有钢材和铝合金。钢材对工程结构的可靠性起重要作用。应熟练掌握金属材料的技术性能及应用等基本知识,为学习相应的专业知识奠定扎实的基础。本章以"钢的冶炼和分类—建筑钢材的技术性能—建筑钢材的种类和选用—钢材的锈蚀及防止—铝材和铝合金"为主线来学习。建筑钢材的技术性能、种类和选用为本章的重点内容。

教学要求 了解钢材的冶炼和分类方法、钢材的锈蚀及防止;掌握建筑钢材的技术性能、种类和选用、铝材和铝合金的特点及应用;熟悉金属材料的基本知识,同时培养在工程结构中合理、正确选用金属材料的能力。

金属材料分为黑色金属材料和有色金属材料两大类。黑色金属材料是指以铁元素为主要成分的金属及其合金,如生铁、碳素钢、合金钢等;有色金属材料则是以其他金属元素为主要成分的金属及其合金,如铝合金、铜合金等。建筑工程中应用的金属材料主要是钢材和铝合金。钢材主要应用于钢筋混凝土结构和钢结构。

7.1 建筑钢材

建筑钢材是指用于钢筋混凝土结构的钢筋、钢丝和用于钢结构中的各种型钢,以及用于围护结构和装修工程的各种深加工钢板和复合板等。

7.1.1 钢的冶炼和分类

钢材是在严格的技术控制条件下生产的材料,与非金属材料相比,具有品质均匀稳定、强度高、塑性和韧性好、可焊接和铆接等优异性能。钢材的主要缺点是易锈蚀、维护费用高、耐火性差、生产能耗大。

1. 钢的冶炼

钢是由生铁冶炼而成的。生铁是由铁矿石、焦炭(燃料)和石灰石(熔剂)等在高炉中经高温熔炼,从铁矿石中还原出铁而得的。生铁的主要成分是铁,但含有较多的碳以及硫、磷、硅、锰等杂质。杂质使得生铁硬而脆,塑性很差,抗拉强度很低,使用受到很大的限制。炼钢的目的就是通过生铁在炼钢炉内的高温氧化作用,减少生铁中的碳、硫、磷等杂质含量,以显著改善其技术性能,提高质量。生铁中的含碳量降至2%以下,即其中的硫、磷等杂质含量降至一定范围内时即成为钢。

在钢的冶炼过程中,碳被氧化成一氧化碳气体而逸出;硅、铁、锰等氧化后形成氧化硅和氧化锰，进入钢渣被排出；磷和硫在石灰的作用下也进入渣中被除去。但是，这些作用不是特别完全和彻底的。

根据冶炼设备的不同，建筑钢材的冶炼方法有氧气转炉法和电炉法两种，不同的冶炼方法对钢的质量有着不同的影响。

1) 氧气转炉炼钢法

氧气转炉炼钢法是在能前后转动的梨形炉中注入熔融的生铁，用纯氧代替空气吹入铁液中，使碳和杂质氧化，去除硫、磷等杂质，使钢的质量显著提高的冶炼方法。氧气转炉炼钢法冶炼速度快，生产效率高，所炼钢质较好，且不需燃料。这种炼钢法现在已成为常用方法，常用来冶炼优质碳素钢和合金钢。

2) 电炉炼钢法

电炉炼钢法是以电能为能源迅速加热生铁和废钢原料的冶炼方法。这种方法的熔炼温度高，且温度可自由调节，清除杂质容易，钢的质量最好，但成本高。在冶炼的过程中，由于氧化作用使部分铁被氧化，钢的质量降低，因而在炼钢后期精炼时，需在炉内加入脱氧剂进行脱氧，使金属氧化铁还原为金属铁。在冷却过程中，由于钢内某些元素在铁的液相中溶解度高于固相，这些元素向凝固较迟的钢锭中心集中，导致化学成分在钢锭截面上分布不均匀，这种现象称为化学偏析。其中尤以硫、磷偏析最严重。根据脱氧程度的不同，浇铸的钢锭分为沸腾钢、镇静钢及特殊镇静钢三种。电炉炼钢法主要用来冶炼优质碳素钢和特殊合金钢。

2. 钢的分类

钢是以铁为主要元素、含碳量一般在2%以下，并含有其他元素的材料。

《钢分类》(GB/T 13304.1—2008 和 GB/T 13304.2—2008)中钢是按以下方法分类的。

1) 按化学成分分类

(1) 非合金钢。非合金钢是除了含有碳元素外，还含有少量的硅、锰、磷等元素的钢。非合金钢不但包括碳素钢，还包括电工用钢及其他具有特殊性能的钢。

非合金钢按含碳量分为低碳钢(含碳量小于 0.25%)、中碳钢(含碳量为 0.25%～0.60%)和高碳钢(含碳量大于 0.60%)三种。其中低碳钢在建筑工程中应用最多。

(2) 合金钢。合金钢是在炼钢过程中，加入一种或多种能改善钢材性能的合金元素而制得的钢种。常用的合金元素有 Si、Mn、Ti、V、Nb、Cr、Ni 等。按合金元素总含量的不同，合金钢可分为低合金钢(合金元素总含量小于 5%)、中合金钢(合金元素总含量为 5%～10%)和高合金钢(合金元素总含量大于 10%)。低合金钢为建筑工程中常用的主要钢种。

碳素钢和合金钢中各合金元素的含量(熔炼分析)应满足表 7-1 的要求。

表 7-1 非合金钢、低合金钢和合金钢主要合金元素规定含量界限值

合金元素	合金元素规定含量界限值(质量百分数)(%)		
	非合金钢	低合金钢	合金钢
Al	<0.10	—	≥0.10
B	<0.0005	—	≥0.0005
Bi	<0.10	—	≥0.10

合金元素	合金元素规定含量界限值(质量百分数)(%)		
	非合金钢	低合金钢	合金钢
Cr	<0.30	0.30～<0.50	≥0.50
Co	<0.10	—	≥0.10
Cu	<0.10	0.10～<0.50	≥0.50
Mn	<1.00	1.00～<1.40	≥1.40
Mo	<0.05	0.05～<0.10	≥0.10
Ni	<0.30	0.30～<0.50	≥0.50
Nb	<0.02	0.02～<0.06	≥0.06
Pb	<0.40	—	≥0.40
Se	<0.10		≥0.10
Si	<0.50	0.50～<0.90	≥0.90
Te	<0.10		≥0.10
Ti	<0.05	0.05～<0.13	≥0.13
W	<0.10		≥0.10
V	<0.04	0.04～<0.12	≥0.12
Zr	<0.05	0.05～<0.12	≥0.12
La 系(每一种元素)	<0.02	0.02～<0.05	≥0.05
其他规定元素 (S、P、C、N 除外)	<0.05	—	≥0.05

注：(1) 因为海关关税的问题而区分非合金钢、低合金钢和合金钢时，除非合同或订单中另有协议，表中 Bi、Pb、Se、Te、La 系和其他规定元素(S、P、C、N 除外)的规定界限值可不予考虑。

(2) La 系元素含量，也可作为混合稀土含量总量。

(3) 表中"—"表示不规定，不作为划分依据。

2) 按冶炼时脱氧程度分类

(1) 沸腾钢。炼钢时仅加入锰铁进行脱氧，脱氧不完全，这种钢水浇入锭模时，会有大量的 CO 气体从钢水中外逸，引起钢水呈沸腾状，故称为沸腾钢，代号为"F"。沸腾钢组织不够密实，成分不太均匀，硫、磷等杂质偏析较严重，故质量较差。但因其成本低、产量高，故被广泛用于一般建筑工程中。

(2) 镇静钢。炼钢时采用锰铁、硅铁和铝锭等作脱氧剂，脱氧完全，同时能起除硫作用。这种钢水铸锭时能平静地充满锭模并冷却凝固，故称为镇静钢，代号为"Z"。镇静钢虽然成本较高，但其组织密实，成分均匀，性能稳定，故质量好，适用于预应力混凝土等重要结构工程。

(3) 特殊镇静钢。这是一类比镇静钢脱氧程度更充分彻底的钢，故称为特殊镇静钢，代号为"TZ"。

沸腾钢内部杂质和夹杂物多，化学成分和力学性能不够均匀，强度低，冲击韧性和可焊性差，但生产成本低，可用于一般建筑结构。镇静钢在浇铸时，钢液平静地冷却凝固，基本无 CO 气泡产生，是脱氧较完全的钢，钢质均匀密实，品质好，但成本高。镇静钢可用于承受冲击荷载的重要结构。特殊镇静钢质量最好，适用于特别重要的结构工程。

3) 按主要质量等级分类

(1) 非合金钢。非合金钢按主要质量等级分为普通质量非合金钢、优质非合金钢和特殊质量非合金钢。

普通质量非合金钢指生产过程中不规定需要特别控制质量要求的钢，主要包括一般用途碳素结构钢、碳素钢筋钢、铁道用一般碳钢等。

优质非合金钢(硫、磷含量比普通质量碳钢少)是指在生产过程中需要特别控制质量(例如控制晶粒度，降低硫、磷含量，改善表面质量或增加工艺控制等)，以达到比普通非合金钢特殊的质量要求(与普通质量碳钢相比，具有良好的抗脆断性能和冷成型性能等)。但这种钢的生产控制不如特殊质量非合金钢严格(如不控制淬透性)。它主要包括机械结构用优质碳钢、工程结构用碳钢、冲压薄板的低碳结构钢、焊条用碳钢、非合金易切削结构钢、优质铸造碳钢等。

特殊质量非合金钢是指在生产过程中需要特别严格控制质量和性能(例如控制淬透性和纯洁度)的非合金钢，主要包括保证淬透性非合金钢、铁道用特殊非合金钢、航空和兵器等专用非合金钢、核能用非合金钢、特殊焊条用钢、碳素弹簧钢、碳素工具钢和特殊易切削钢等。

(2) 低合金钢。低合金钢按质量分为普通质量低合金钢、优质低合金钢和特质质量低合金钢。

普通质量低合金钢是指不规定生产过程中需要特别控制质量要求的、作一般用途的低合金钢。

优质低合金钢是指在生产过程中需要特别控制质量(例如控制晶粒度，降低硫、磷含量，改善表面质量，增加工艺控制等)，以达到比普通质量低合金钢特殊的质量要求(有良好的抗脆断性能、冷成型性能等)。这种钢的生产控制和质量要求，不如特殊质量低合金钢严格。

特殊质量低合金钢是指在生产过程中需要特别严格控制质量和性能(例如严格控制硫、磷等杂质和纯洁度)的低合金钢。

(3) 合金钢。合金钢按质量分为优质合金钢和特殊质量合金钢。

优质合金钢是指在生产过程中需要特别控制质量和性能(如韧性、晶粒度)，但其生产控制和质量要求不如特殊质量合金钢严格的合金钢。

特殊质量合金钢是指需要严格控制化学成分以及具有特定的控制和工艺条件，以保证改善综合性能，并使性能严格控制在极限范围内的合金钢。

4) 按主要性能或使用特性分类

(1) 非合金钢。非合金钢按主要性能或使用特性分为：以规定最高强度(或硬度)为主要特性的非合金钢，例如冷成型用薄钢板；以规定最低强度为主要特性的非合金钢，例如造船、压力容器、管道等用的结构钢；以限制含碳量为主要特性的非合金钢(但非合金易切削钢、非合金工具钢除外)，例如线材和调质用钢等；非合金易切削钢，钢中硫的质量分数最低值、熔炼分析值不小于 0.07%，并(或)加入 Pb、Bi、Te、Se 或 P 等元素；非合金工具钢；具有专门规定磁性或电性能的非合金钢，例如无硅磁性薄板和带电磁纯铁等；其他非合金钢，例如原料纯铁等。

(2) 低合金钢。低合金钢按主要性能或使用特性分为可焊接的低合金高强度结构钢、低合金耐候钢、低合金钢筋钢、铁道用低合金钢、矿用低合金钢及其他低合金钢。

(3) 合金钢。合金钢按主要性能或使用特性分为：工程结构用合金钢，包括一般工程结构用合金钢、合金钢筋钢、压力容器用合金钢、地质石油钻探用钢、高锰耐磨钢等；机械结构用合金钢，包括调质处理合金结构钢、表面硬化合金结构钢、冷塑性成型(冷顶锻、冷挤压)合金结构钢、合金弹簧钢等；不锈、耐蚀和耐热钢，包括不锈钢、耐酸钢、抗氧化钢、热强钢等，按其金相组织可分为马氏体型钢、铁素体型钢、奥氏体型钢、奥氏体—铁素体型钢、沉淀硬化型钢等；工具钢，包括合金工具钢和高速工具钢；轴承钢，包括高碳铬轴承钢、渗碳轴承钢、不锈轴承钢、高温轴承钢、无磁轴承钢等；特殊物理性能钢，包括软磁钢、永磁钢、无磁钢及高电阻合金钢等；其他合金钢，如铁道用合金钢等。

7.1.2 建筑钢材的技术性能

建筑钢材的技术性能主要包括力学性能和工艺性能。力学性能包括抗拉性、冲击韧性、耐疲劳性和硬度，工艺性能包括冷弯和焊接性能。

1. 抗拉性能

抗拉性能是建筑钢材最重要的技术性质。建筑钢材的抗拉性能，可用低碳钢受拉时的应力—应变图来说明(见图 7-1)。

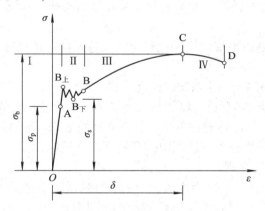

图 7-1　低碳钢拉伸时的应力—应变图

图中明显地分为以下四个阶段。

1) 弹性阶段(OA 段)

在 OA 阶段，如卸去荷载，试件将恢复原状，表现为弹性变形，与 A 点相对应的应力为弹性极限，用 σ_p 来表示。此阶段应力与应变成正比，其比值为常数，称为弹性模量，用 E 表示，即 $\sigma/\varepsilon = E$。弹性模量反映了钢材抵抗变形的能力，即产生单位弹性应变时所需的应力大小。它是钢材在受力条件下计算结构变形的重要指标。常用低碳钢的弹性模量 $E = (2.0 \sim 2.1) \times 10^5$ MPa，弹性极限 σ_p 为 180 MPa～200 MPa。

2) 屈服阶段(AB 段)

当荷载增大，试件应力超过 σ_p 时，应变增加的速度大于应力增长速度，应力与应变不再成比例，开始产生塑性变形。图中 $B_上$点是这一阶段的应力最高点，称为屈服上限，$B_下$点称为屈服下限。由于 $B_下$比较稳定易测，故一般以 $B_下$点对应的应力作为屈服点，用 σ_s

表示。常用低碳钢的 σ_s 为 185 MPa～235 MPa。

钢材受力达屈服点后，变形即迅速发展，尽管尚未破坏但已不能满足使用要求，故设计中一般以屈服点作为强度取值依据。

3) 强化阶段(BC 段)

当荷载超过屈服点以后，由于试件内部组织结构发生变化，抵抗变形能力又重新提高，故称为强化阶段。对应于最高点 C 的应力，称为抗拉强度，用 σ_b 表示。常用低碳钢的 σ_b 为 375 MPa～500 MPa。工程上使用的钢材，不仅希望具有高的 σ_s，还希望具有一定的屈强比(σ_s/σ_b)。屈强比越小，钢材在受力超过屈服点工作时的可靠性越大，结构愈安全。但如果屈强比过小，则钢材有效利用率太低，造成浪费。一般碳素钢的屈强比为 0.6～0.65，低合金结构钢的为 0.65～0.75，合金结构钢的为 0.84～0.86。

4) 颈缩阶段(CD 段)

当钢材强化达到最高点后，在试件薄弱处的截面将显著缩小，产生"颈缩现象"，如图7-2 所示。由于试件断面急剧缩小，塑性变形迅速增加，拉力也就随着下降，最后发生断裂。

图 7-2　钢筋"颈缩现象"示意图

将拉断后的试件于断裂处对接在一起(见图 7-3)，测得其断后标距 L_1。标距的伸长值与原始标距(L_0)的百分比称为伸长率(δ)，即

$$\delta = \frac{L_1 - L_0}{L_0} \times 100\% \tag{7-1}$$

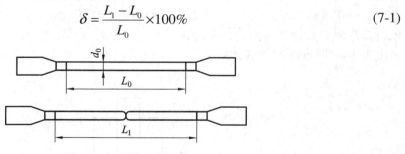

图 7-3　拉断前后的试件

伸长率是衡量钢材塑性的重要技术指标，伸长率越大，表明钢材的塑性越好。尽管结构是在钢的弹性范围内使用，但在应力集中处，其应力可能超过屈服点，此时产生一定的塑性变形，可使结构中的应力产生重分布，从而避免结构破坏。

钢材拉伸时塑性变形在试件标距内的分布是不均匀的，颈缩处的伸长较大，故原始标距(L_0)与直径(d_0)之比愈大，颈缩处的伸长值在总伸长值中所占的比例就愈小，则计算所得伸长率(δ)也愈小。通常钢材拉伸试件取 $L_0 = 5d_0$ 或 $L_0 = 10d_0$，其伸长率分别以 δ_5 和 δ_{10} 来表示。对于同一钢材，$\delta_5 > \delta_{10}$。

钢材的塑性也可用其断面收缩率(ψ)表示，即

$$\psi = \frac{A_0 - A_1}{A_1} \times 100\% \tag{7-2}$$

式中，A_0 和 A_1 分别为试件拉伸前后的断面积。

硬钢拉伸时的应力—应变曲线与软钢不同(见图7-4)，其抗拉强度高，塑性变形小，没有明显的屈服现象。这类钢材由于不能测定屈服点，故规范规定以产生 0.2% 残余变形时的应力值作为名义屈服点，用 $\sigma_{0.2}$ 表示。

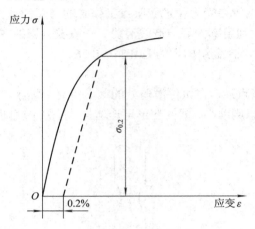

图 7-4　硬钢的条件屈服点

2. 冷弯性能

冷弯性能是指钢材在常温下承受弯曲变形的能力，为钢材的重要工艺性质。

钢材的冷弯性能是以试验时的弯曲角度(α)和弯心直径(d)为指标来表示的。钢材冷弯试验是通过直径(或厚度)为 a 的试件，采用标准规定的弯心直径 $d(d = na)$，弯曲到规定的角度(180°或 90°)时，检查弯曲处有无裂纹、断裂及起层等现象。若无，则认为冷弯性能合格。钢材冷弯时的弯曲角度愈大，弯心直径愈小，则表示其冷弯性能愈好。图 7-5 所示是弯曲角度为 180°时钢材的冷弯试验。

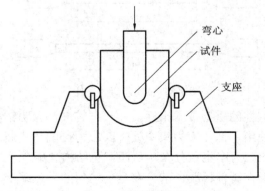

图 7-5　钢材的冷弯

钢材的冷弯性能和其伸长率一样，也是表明钢材在静荷载下的塑性，而且冷弯是在苛

刻条件下对钢材塑性的严格检验，它能揭示钢材内部组织是否均匀，是否存在内应力及夹杂物等缺陷。在工程中，冷弯试验还被用作对钢材焊接质量进行严格检验的一种手段。

3. 冲击韧性

冲击韧性是钢材抵抗冲击荷载的能力。钢材的冲击韧性用冲断试样所需能量的多少来表示。钢材的冲击韧性试验是以中间开有 V 形缺口的标准弯曲试样，置于冲击机的支架上，并使切槽位于受拉的一侧，如图 7-6 所示。当试验机的摆锤从一定高度自由落下将试件冲断时，试件所吸收的能量等于摆锤所作的功(W)。以试件在缺口处的最小横截面积(A)除所作的功，得

$$\alpha_k = \frac{W}{A} \tag{7-3}$$

式中，α_k 称为冲击韧性，其单位为 J/cm^2。α_k 越大，表示钢材抗冲击的能力越强。

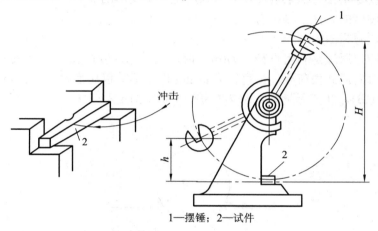

1—摆锤；2—试件

图 7-6　冲击韧性试验

钢材的冲击韧性受很多因素的影响，主要影响因素如下：

(1) 化学成分。钢材中含有有害元素磷和硫较多时，则 α_k 值较小。

(2) 冶炼质量。脱氧不完全、存在偏析现象的钢，其 α_k 值较小。

(3) 冷作及时效。钢材经冷加工及时效后，冲击韧性降低。

钢材的时效是指随着时间的延长，钢材强度逐渐提高而塑性、韧性不断降低的现象。钢材完成时效变化过程，在通常自然条件下需数十年，但当钢材承受振动或反复荷载作用时，则时效迅速发展，从而其冲击韧性的降低加快。钢材因时效而导致其性能改变的程度称为时效敏感性。为了保证使用安全，在设计承受动荷载和反复荷载的重要结构(如吊车梁、桥梁等)时，应选用时效敏感性小的钢材。

(4) 环境温度。钢材的冲击韧性随温度的降低而下降，其规律是：一开始，冲击韧性随温度的降低而缓慢下降；当温度降至一定范围(狭窄的温度区间)时，钢材的冲击韧性骤然下降很多而呈脆性，此称为钢材的冷脆性，这时的温度称为脆性转变温度。脆性转变温度越低，表明钢材的低温冲击韧性越好。为此，在负温下使用的结构，设计时必须考虑钢材的冷脆性，应选用脆性转变温度低于使用温度的钢材，并满足规范规定的−20℃或−40℃下冲击韧性指标的要求。

4．耐疲劳性

钢材在交变荷载的反复作用下，往往在应力远小于其抗拉强度时就发生破坏，这种现象称为钢材的疲劳性。疲劳破坏的危险应力用疲劳极限来表示，它是指疲劳试验时试件在交变应力作用下，于规定的周期基数内不发生断裂所能承受的最大应力。设计承受反复荷载且需进行疲劳验算的结构时，应了解所用钢材的疲劳极限。

钢材的内部组织状态、成分偏析及其他各种缺陷是决定其耐疲劳性能的主要因素。同时，由于疲劳裂纹是在应力集中处形成和发展的，故钢材的截面变化、表面质量及内应力大小等可能造成应力集中的各种因素都与其疲劳极限有关。一般钢材的抗拉强度高，其疲劳极限也较高。

5．硬度

钢材的硬度是指其表面抵抗硬物质压入产生局部变形的能力。

测定钢材硬度的方法很多，有布氏法、洛氏法和维氏法等。建筑钢材常用硬度指标为布氏硬度，其代号为 HB。

布氏法的测定原理是利用直径为 D(mm)的淬火钢球，以荷载 P(N)将其压入试件表面，经规定的持续时间后卸去荷载，得直径为 d(mm)的压痕，以压痕表面积 A(mm^2)除荷载 P，即得布氏硬度(HB)，此值无量纲。图 7-7 为布氏硬度测定示意图。

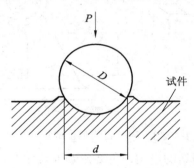

图 7-7　布氏硬度测定示意图

6．钢材的其他工艺性能

钢材的工艺性能有冷加工强化性能、热处理性能和焊接性能。

1) 钢材的冷加工强化性能

将钢材在常温下进行冷拉、冷拔或冷轧，使之产生一定的塑性变形，并使强度明显提高，塑性、韧性和可焊性有所降低，这个过程称为钢材的冷加工强化处理。对钢材进行冷拉或冷拔加工，可以提高钢材强度，从而节约钢材。

钢筋的冷拉是在常温下将其拉至应力超过屈服点，但远小于抗拉强度时即卸载。冷拔是将 $\phi 6 \sim \phi 8$ 的光圆钢筋，通过钨合金拔丝模孔强力拉拔，使其径向挤压缩小而纵向伸长。

将经过冷加工处理后的钢筋，在常温下存放 15～20 天，或加热至 100℃～200℃并保持 2～3 小时后，则钢筋的屈服强度进一步提高，且抗拉强度也提高，同时塑性和韧性也进一步降低，弹性模量则基本恢复。这个过程称为时效处理；常温的称为自然时效，适合于低强度钢筋；加热后的称为人工时效，适合于高强度钢筋。

钢筋经冷拉、时效处理后的性能变化见图 7-8。

钢材的冷加工强化的原因是钢材在冷加工过程中塑性变形区域内的晶粒产生相对滑移，使滑移面下的晶粒破碎，晶格严重畸变，因而对晶面的进一步滑移起到阻碍作用，故可提高钢材的屈服强度，而使塑性和韧性降低。由于塑性变形中产生了内应力，故钢材的弹性模量有所降低。

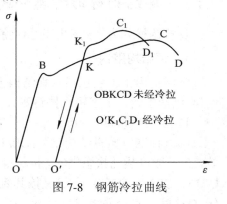

图 7-8　钢筋冷拉曲线

对钢筋采用冷加工具有明显的经济效应，土木工程中常将屈服强度较低的低碳热轧圆盘条(盘条指成盘出厂的钢筋)进行冷加工和时效处理，以提高屈服强度，节约钢材用量。冷拉和冷拔后，屈服强度一般可分别提高 20%～25%、40%～90%。冷拉和冷拔还可使盘条钢筋得以调直和除锈。

2) 钢材的热处理性能

钢材的热处理是指按照一定的制度，将钢材加热到一定的温度；在此温度下保持一定的时间，再以一定的速度和方式进行冷却，以使钢材内部晶体组织和显微结构按要求进行改变，或者消除钢中的内应力，从而获得人们所要求的机械力学性能。钢材热处理一般都在钢材生产厂或加工厂进行，并以热轧、控轧、正火、正火轧制或正火加回火、热机械轧制或热机械轧制加回火状态交货。在施工现场有时须对焊接件进行热处理。

3) 钢材的焊接性能

钢材的焊接性能是指在一定的焊接工艺条件下，在焊缝及其附近过热区不产生裂纹及硬脆倾向，焊接后钢材的力学性能，特别是强度不低于原有钢材的强度。

焊接是钢结构的主要连接形式，土木工程中的钢结构有 90%以上为焊接结构。焊接的质量取决于焊接工艺、焊接材料和钢材的可焊性等。

(1) 钢材的焊接方法。目前钢材的焊接方法种类很多，按其过程特点的不同，可分为熔化焊、压力焊和钎焊三大类。熔化焊是将两焊件的连接部位加热至熔化状态，在不加压力的情况下，使其冷却凝固成一体，从而完成焊接。压力焊是在焊接过程中，对焊件施加压力，同时加热(或不加热)以完成焊接。钎焊是将低熔点的钎料熔化，使其与焊件金属(仍加热，但仍处于固态)相互扩散，而实现连接。

(2) 影响钢材焊接质量的主要因素。钢材焊接质量与钢材的化学成分、焊接性能、焊接工艺、焊条材料等有关。

钢材的化学成分对钢材的可焊性有很大的影响。随着钢材的含碳量、合金元素及杂质元素含量的提高，钢材的可焊性降低。钢材的含碳量超过 0.25%时，可焊性明显降低；硫含量较多时，会使焊口处产生热裂纹，严重降低焊接质量。钢材的焊接须执行有关规定。

钢材焊接后必须取样进行焊接质量检验，一般包括拉伸试验和弯曲试验，要求试验时试件的断裂不能发生在焊接处。同时还要检查焊缝有无裂纹、砂眼、咬肉、焊件变形等缺陷。

7.1.3 建筑钢材的种类和选用

建筑钢材分为钢结构用钢和钢筋混凝土用钢与钢丝。

1. 钢结构用钢

钢结构用钢主要包括碳素结构钢和低合金结构钢。二者一般均热轧成各种不同尺寸的型钢(包括角钢、工字钢、槽钢等)、钢板等。

1) 碳素结构钢

国家标准《碳素结构钢》(GB/T 700—2006)规定,碳素结构钢采用氧气转炉或电炉冶炼,且一般以热轧状态供应。按标准规定,我国碳素结构钢按屈服强度分为四级,即 Q195、Q215、Q235、Q275;各级又按其硫、磷含量由多至少,划分为 A、B、C、D 四个质量等级(有些牌号不分等级或只有 A、B 等级),其中 A、B 等级为普通质量钢,C、D 等级为优质钢,D 级钢应有足够细化晶粒的元素;同时各级又按脱氧程度分为沸腾钢 F、镇静钢 Z、特殊镇静钢 TZ 三级。碳素结构钢的牌号按顺序由代表屈服强度的字母 Q、屈服强度数值(MPa)、质量等级符号、脱氧程度符号等四部分组成,例如 Q235AF,表示屈服强度为 235 MPa、质量等级为 A 级的沸腾碳素结构钢。牌号中的 Z 及 TZ 可以省略。

碳素结构钢的化学成分应符合表 7-2 的规定,力学性能应符合表 7-3 的要求,冷弯性能应符合表 7-4 的要求。

表 7-2 碳素结构钢的牌号和化学成分(熔炼分析)

| 牌号 | 统一数字代号 | 等级 | 厚度(或直径)(mm) | 化学成分(质量分数)(%)≤ | | | | | 脱氧方式 |
				C	Mn	Si	S	P	
Q195	U11952	—	—	0.12	0.50	0.30	0.040	0.035	F、Z
Q215	U12152	A	—	0.15	1.20	0.35	0.050	0.045	F、Z
	U12155	B					0.045		
Q235	U12352	A		0.22	1.40	0.35	0.050	0.045	F、Z
	U12355	B	—	0.20*			0.045		
	U12358	C		0.17			0.040	0.040	Z
	U12359	D					0.035	0.035	TZ
Q275	U12752	A		0.24	1.50	0.35	0.050	0.045	F、Z
	U12755	B	≤40	0.21			0.045	0.045	Z
			>40	0.22					
	U12758	C		0.20			0.040	0.040	Z
	U12759	D					0.035	0.035	TZ

注:(1) 表中为镇静钢、特殊镇静钢牌号的统一数字,沸腾钢牌号的统一数字代号为 Q195F-U11950;Q215AF-U12150,Q215BF-U12153;Q235AF-U12350,Q235BF-U12353;Q275AF-U12750。

(2)* 经需方同意,Q235B 的碳含量可不大于 0.22%。

表 7-3 碳素结构钢的力学性能

号	等级	屈服强度 σ_s(MPa)≥ 钢材厚度或直径(mm)						抗拉强度 σ_b(MPa)	拉伸率 δ_s(%)≥ 钢材厚度或直径(mm)					温度 (℃)	V型冲击功(纵向)(J)≥
		≤16	>16~40	>40~60	>60~100	>100~150	>150~200		≤40	>40~60	>60~100	>100~150	>150~200		
Q195	—	195	185	—	—	—	—	315~430	33	—	—	—	—	—	—
Q215	A	215	205	195	185	175	165	335~450	31	30	29	27	26	—	—
	B													+20	27
Q235	A	235	225	215	215	195	185	375~500	26	25	24	22	21	—	—
	B													20	27
	C													0	27
	D													−20	
Q275	A	275	265	255	245	225	215	410~540	22	21	20	18	17	—	—
	B													+20	27
	C													0	27
	D													−20	

注: (1) Q195 的屈服强度值仅供参考, 不作为交货条件。

(2) 厚度大于 100 mm 的钢材, 抗拉强度的下限允许降低 20 MPa。宽带钢(包括剪切钢板)抗拉强度的上限不作为交货条件。

(3) 厚度小于 25 mm 的 Q235B 级钢材, 如供方能保证冲击吸收功值合格, 经需方同意, 可不作检验。

表 7-4 碳素结构钢的冷弯性能

牌号	试样方向	冷弯试验180°, $B = 2a$ 钢材厚度或直径(mm)	
		≤60	>60~100
		弯心直径 d	
Q195	纵	0	—
	横	0.5a	
Q215	纵	0.5a	1.5a
	横	a	2a

牌号	试样方向	冷弯试验 180°，$B = 2a$	
		钢材厚度或直径(mm)	
		≤60	>60～100
		弯心直径 d	
Q235	纵	a	$2a$
	横	$1.5a$	$2.5a$
Q275	纵	$1.5a$	$3a$
	横	$2a$	

注：(1) B 为试样宽，a 为钢材厚度(直径)。

(2) 钢材厚度或直径(mm)大于 100 mm 时，弯曲试验由双方协商确定。

碳素结构钢随牌号的增大，含碳量增高，屈服强度、抗拉强度提高，但塑性与韧性降低，冷弯性能变差，同时可焊性也降低。

另外，Q215 钢强度低、塑性大、受力产生的变形大，经冷加工后可代替 Q235 钢使用。Q275 钢虽然强度高，但塑性较差，有时轧成带肋钢筋用于混凝土中。

在工程中对碳素结构钢进行选用时，应注意以下方面：应根据工程结构的重要性、荷载类型(动荷载或静荷载)、焊接要求及使用环境温度等条件来选用。沸腾钢不得用于直接承受重级动荷载的焊接结构，或计算温度等于和低于−20℃的承受中级和轻级动荷载的焊接结构，或计算温度等于和低于−20℃的承受重级动荷载的吊车梁、吊车桁架或类似的非焊接结构，也不能用于计算温度等于和低于−30℃的承受静荷载或间接承受动荷载的焊接结构。

2) 低合金高强度结构钢

低合金高强度结构钢是在钢材中加入规定数量的合金元素而生产出来的。低合金钢中的合金元素起了结晶强化和固溶强化的作用。低合金钢不但强度高，而且具有较好的塑性、韧性和可焊性。《低合金高强度结构钢》(GB/T 1591—2008)规定，低合金高强度结构钢按屈服强度分为八个牌号，即 Q345、Q390、Q420、Q460、Q500、Q550、Q620、Q690；每个牌号又根据其所含硫、磷等有害杂质的含量，分为 A、B、C、D、E 五个质量等级。低合金高强度结构钢的牌号按顺序由代表屈服强度的字母 Q、屈服强度数值、质量等级符号等三部分组成，如 Q345D。低合金高强度结构钢由氧气转炉、电炉冶炼为镇静钢或特殊镇静钢(牌号中不予表示)。

低合金高强度结构钢与碳素结构钢相比，强度较高，综合性能较好。所以在相同使用条件下，它可比碳素钢节省用钢 20%～30%，这对减轻结构自重有利。同时，低合金高强度结构钢具有良好的塑性、韧性、可焊性、耐低温性、耐锈蚀性等，有利于延长结构的使用寿命。另外，生产低合金高强度结构钢并不需要增加很多成本，因此目前它广泛用于钢结构和钢筋混凝土结构中。

各牌号低合金高强度结构钢的化学成分、力学性能应符合表 7-5～表 7-7 的要求。

表 7-5　低合金高强度结构钢的牌号和化学成分(熔炼分析)

牌号	质量等级	化学成分(质量分数)(%)														
		C	Si	Mn	P	S	Nb	V	Ti	Cr	Ni	Cu	N	Mo	B	Als
							≤									≥
Q345	A	≤2.0	≤0.50	≤1.70	0.035	0.035	0.07	0.15	0.20	0.30	0.50	0.30	0.012	0.10	—	—
	B				0.035	0.035										
	C				0.030	0.030										
	D	≤0.18			0.030	0.025										0.015
	E				0.025	0.020										
Q390	A		≤0.50	≤1.70	0.035	0.035	0.07	0.20	0.20	0.30	0.50	0.30	0.015	0.10	—	—
	B				0.035	0.035										
	C				0.030	0.030										
	D				0.030	0.025										0.015
	E				0.025	0.020										
Q420	A	≤0.20	≤0.50	≤1.70	0.035	0.035	0.07	0.20	0.20	0.30	0.80	0.30	0.015	0.20	—	—
	B				0.035	0.035										
	C				0.030	0.030										
	D				0.030	0.025										0.015
	E				0.025	0.020										
Q460	C		≤0.50	≤1.80	0.030	0.030	0.11	0.20	0.20	0.30	0.80	0.55	0.015	0.20	0.004	0.015
	D				0.030	0.025										
	E				0.025	0.020										
Q500	C	≤0.18	≤0.50	≤1.80	0.030	0.030	0.11	0.12	0.20	0.60	0.80	0.55	0.015	0.20	0.004	0.015
	D				0.030	0.025										
	E				0.025	0.020										
Q550	C	≤0.18	≤0.50	≤2.0	0.030	0.030	0.11	0.12	0.20	0.80	0.80	0.80	0.015	0.30	0.004	0.015
	D				0.030	0.025										
	E				0.025	0.020										
Q620	C	≤0.18	≤0.50	≤2.0	0.030	0.030	0.11	0.12	0.20	0.80	0.80	0.80	0.015	0.30	0.004	0.015
	D				0.030	0.025										
	E				0.025	0.020										
Q690	C	≤0.18	≤0.50	≤2.0	0.030	0.030	0.11	0.12	0.20	0.80	0.80	0.80	0.015	0.30	0.004	0.015
	D				0.030	0.025										
	E				0.025	0.020										

注：(1) 型材及棒材 P、S 含量可提高 0.005%，其中 A 级钢上限可为 0.045%。

　　(2) 当加入细化晶粒组合时，20(Nb+V+Ti)≤0.22%，20(Mo+Cr)≤0.30%。

表7-6　低合金高强度结构钢的力学性能要求

拉 伸 试 验

牌号	质量等级	屈服强度 σ_s(MPa)≥ 公称厚度(直径、边长)(mm)									抗拉强度 σ_b(MPa) 公称厚度(直径、边长)(mm)							拉伸率 δ_s(%)≥ 公称厚度(直径、边长)(mm)					
		≤16	>16~40	>40~63	>63~80	>80~100	>100~150	>150~200	>200~250	>250~400	≤40	>40~63	>63~80	>80~100	>100~150	>150~250	>250~400	≤40	>40~63	>63~100	>100~150	>150~250	>250~400
Q345	A B C D E	345	335	325	315	305	285	275	265	265	470~630	470~630	470~630	470~630	450~600	450~600	450~600	20	19	19	18	17	17
Q390	A B C D E	390	370	350	330	330	310	—	—	—	490~650	490~650	490~650	490~650	470~620	—	—	21	20	20	19	18	—
Q420	A B C D E	420	400	380	360	360	340	—	—	—	520~680	520~680	520~680	520~680	500~650	—	—	19	18	18	18	—	—

拉 伸 试 验

牌号	质量等级	屈服强度 σ_s(MPa)≥ 公称厚度(直径、边长)(mm)									抗拉强度 σ_b(MPa) 公称厚度(直径、边长)(mm)							拉伸率 δ_s(%)≥ 公称厚度(直径、边长)(mm)					
		≤16	>16~40	>40~63	>63~80	>80~100	>100~150	>150~200	>200~250	>250~400	≤40	>40~63	>63~80	>80~100	>100~150	>150~250	>250~400	≤40	>40~63	>63~100	>100~150	>150~250	>250~400
Q460	C																						
	D	460	440	420	400	400	380	—	—	—	550~720	550~720	550~720	550~720	530~700	—	—	17	16	16	16	—	—
	E																						
Q500	C																						
	D	500	480	470	450	440	—	—	—	—	610~770	600~760	590~750	540~730	—	—	—	17	17	17	—	—	—
	E																						
Q550	C																						
	D	550	530	520	500	490	—	—	—	—	670~830	620~810	600~790	590~780	—	—	—	16	16	16	—	—	—
	E																						
Q620	C																						
	D	620	600	590	570	—	—	—	—	—	710~880	690~880	670~860	—	—	—	—	15	15	15	—	—	—
	E																						
Q690	C																						
	D	690	670	660	640	—	—	—	—	—	770~940	750~920	730~900	—	—	—	—	14	14	14	—	—	—
	E																						

注：(1) 当屈服不明显时，可测量 $\sigma_{0.2}$ 代替下的屈服强度。

(2) 宽度不小于 600 mm 的扁平材，拉伸试验取横向试样；宽度小于 600 mm 的扁平材、型材及棒材取纵向试样，拉伸率最小值相应提高 1%（绝对值）。

(3) 厚度大于 250 mm～400 mm 的数值适用于扁平材。

表 7-7　低合金高强度结构钢的冲击试验温度和冲击吸收能量

牌号	质量等级	试验温度(℃)	冲击吸收能量(J)		
			公称厚度(直径，边长)		
			12 mm～150 mm	>150 mm～250 mm	>250 mm～400 mm
Q345	B	20	≥34	≥27	—
	C	0			
	D	−20			27
	E	−40			
Q390	B	20	≥34	—	—
	C	0			
	D	−20			
	E	−40			
Q420	B	20	≥34	—	—
	C	0			
	D	−20			
	E	−40			
Q460	C	0	≥34	—	—
	D	−20			
	E	−40			
Q500、Q550 Q620、Q690	C	0	≥55	—	
	D	−20	≥47		
	E	−40	≥31		

注：冲击试验取纵向试样。

3）型钢

钢结构构件一般应直接选用各种型钢。型钢之间可直接连接或附加连接钢板进行连接。连接方式可采用铆接、螺栓连接或焊接。所以钢结构所用钢材主要是型钢和钢板。型钢有热轧及冷成型两种，钢板也有热轧和冷轧两种。

（1）热轧型钢。常用的热轧型钢有角钢(等边和不等边)、I 字钢、槽钢、T 形钢、H 形钢、Z 形钢等。

（2）冷弯薄壁型钢。冷弯薄壁型钢通常是用 2 mm～6 mm 的薄钢板冷弯或模压而成的，有角钢、槽钢等开口薄壁型钢及方形、矩形等空心薄壁型钢，可用于轻型钢结构。

（3）钢板和压型钢板。用光面轧辊轧制而成的扁平钢材称为钢板。按轧制温度的不同，钢板又可分热轧和冷轧两类。土木工程用钢板的钢种主要是碳素结构钢。某些重型结构、大跨度桥梁等也采用低合金钢。

4）桥梁用结构钢

桥梁用结构钢主要是严格控制了钢材中的磷、硫、氮等元素的含量，所以钢材的韧性好，时效敏感性小。

　　根据《桥梁用结构钢》(GB/T 714—2015)的规定，桥梁用结构钢按屈服强度分为九个牌号，即 Q235q、Q345q、Q370q、Q420q、Q460q、Q500q、Q550q、Q620q、Q690q，q 为桥梁钢符号，并分为 C、D、E 三个质量等级。桥梁用结构钢的化学成分、力学性能与工艺要求应符合表 7-8、表 7-9 的规定。

表 7-8　桥梁用结构钢的化学成分

牌号	质量等级	化学成分(质量分数)(%)											
		C	Si	Mn	P	S	Nb	V	Ti	Cr	Ni	Cu	Mo	B
							≤							
Q235q	C	≤0.17	≤0.35	≤1.40	0.030	0.030	—	—	—	0.30	0.30	0.30		—
	D				0.025	0.025								
	E				0.020	0.010								
Q345q	C	≤0.20	≤0.55	0.90~1.70	0.030	0.025	0.06	0.08	0.03	0.80	0.50	0.55	0.20	—
	D	≤0.18			0.025	0.020								
	E				0.020	0.010								
Q370q	C	≤0.18	≤0.55	1.00~1.70	0.030	0.025	0.06	0.08	0.03	0.80	0.50	0.55	0.20	0.004
	D				0.025	0.020								
	E				0.020	0.010								
Q420q	C	≤0.18	≤0.55	1.00~1.70	0.030	0.025	0.06	0.08	0.03	0.80	0.70	0.55	0.35	0.004
	D				0.025	0.020								
	E				0.020	0.010								
Q460q	C	≤0.18	≤0.55	1.00~1.80	0.030	0.020	0.06	0.08	0.03	0.80	0.70	0.55	0.35	0.004
	D				0.025	0.015								
	E				0.020	0.010								
Q500q	D	≤0.18	≤0.55	1.00~1.80	0.025	0.015	0.06	0.08	0.03	0.80	1.00	0.55	0.40	0.004
	E				0.020	0.010								
Q550q	D	≤0.18	≤0.55	1.00~1.80	0.025	0.015	0.06	0.08	0.03	0.80	1.00	0.55	0.40	0.004
	E				0.020	0.010								
Q620q	D	≤0.18	≤0.55	1.00~1.80	0.025	0.015	0.06	0.08	0.03	0.80	1.00	0.55	0.60	0.004
	E				0.020	0.010								
Q690q	D	≤0.18	≤0.55	1.00~1.80	0.025	0.015	0.06	0.08	0.03	0.80	1.00	0.55	0.60	0.004
	E				0.020	0.010								

表 7-9　桥梁用结构钢的力学性能与工艺要求

牌号	质量等级	拉 伸 试 验				V 型冲击试验	
		屈服强度 σ_s(MPa)		抗拉强度(MPa)	断后伸长率(%)	试验温度(℃)	冲击吸收能量(J)
		厚度(mm)					
		≤50	>50～100				
		≥					≥
Q235q	C	235	225	400	26	0	34
	D					−20	
	E					−40	
Q345q	C	345	335	490	20	0	47
	D					−20	
	E					−40	
Q370q	C	370	360	510	20	0	47
	D					−20	
	E					−40	
Q420q	C	420	410	540	19	0	47
	D					−20	
	E					−40	
Q460q	C	460	450	570	17	0	47
	D					−20	
	E					−40	
Q500q	D	500	480	600	16	−20	47
	E					−40	
Q550q	D	550	530	660	16	−20	47
	E					−40	
Q620q	D	620	580	720	15	−20	47
	E					−40	
Q690q	D	690	650	770	14	−20	47
	E					−40	

注：(1) 当屈服不明显时，可测量 $\sigma_{0.2}$ 代替下的屈服强度。

(2) 拉伸试验取横向试样。

(3) 冲击试验取纵向试样。

2. 钢筋混凝土结构用钢

1) 钢筋混凝土用钢筋

(1) 热轧钢筋。根据《钢筋混凝土用钢》(GB 1499—2017、2018)的规定，热轧钢筋有热轧光圆钢筋、热轧带肋钢筋、细晶粒热轧钢筋，如表 7-10 所示。

表 7-10　钢筋混凝土用热轧钢筋的品种和牌号

品　　种	牌　　号
热轧带肋钢筋	HRB335、HRB335E
	HRB400、HRB400E
	HRB500、HRB500E
细晶粒热轧钢筋	HRBF335、HRBF335E
	HRBF400、HRBF400E
	HRBF500、HRBF500E
热轧光圆钢筋	HPB235
	HPB300

　　热轧光圆钢筋采用普通质量碳素结构钢热轧成型，横截面通常为圆形，表面光滑；强度等级为 HPB235(已不用)、HPB300，为Ⅰ级钢筋；直径范围为 6 mm～22 mm，常用公称直径为 6 mm、8 mm、10 mm、12 mm、16 mm、20 mm。供应时，直径在 12 mm 以下的成盘供应，直径在 12 mm 以上的直条供应，因此又将热轧光圆钢筋称为低碳钢热轧圆盘条。低碳钢热轧光圆钢筋强度较低，但具有塑性好、伸长率高、便于弯折成型且容易焊接等特点，常用于中、小型钢筋混凝土结构的受力钢筋或箍筋，也可用作冷加工的原料。

　　热轧带肋钢筋采用低合金钢热轧而成，横截面通常为圆形，表面带有两条纵肋和沿长度方向均匀分布的横肋，如图 7-9 所示。其含碳量为 0.17%～0.25%，主要合金元素有硅、锰、钒、铌、钛等，有害元素硫、磷的含量控制在 0.045%以下。其公称直径范围为 6 mm～50 mm，常用公称直径为 6 mm、8 mm、10 mm、12 mm、16 mm、20 mm、25 mm、32 mm、40 mm、50 mm，根据屈服点分为 HRB335、HRB400、HRB500 三种，为Ⅱ级、Ⅲ级、Ⅳ级钢筋。热轧带肋钢筋具有较高的强度，塑性和可焊性也较好。钢筋表面的纵肋和横肋，增加了钢筋和混凝土之间的黏结力，提高了受力性能。

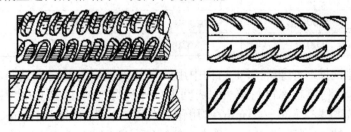

图 7-9　热轧带肋钢筋

　　细晶粒热轧钢筋是在热轧过程中，通过控轧和控冷工艺形成的细晶粒钢筋。其牌号在热轧带肋钢筋的英文缩写后加"细"的英文(Fine)首位字母，如 HRBF335、HRBF400、HRBF500。另外，对于有较好抗震能力的钢筋，在已有牌号后加 E(例如 HRB400E、HRBF400E)。特别是 HRB400、HRB500、HRBF400、HRBF500 级钢筋，强度高，综合性能好，因此《混凝土结构设计规范》(GB 50010—2010)建议用作主力钢筋，可广泛用作各种普通钢筋混凝土结构中的主筋以及预应力混凝土结构中的非预应力钢筋。

　　热轧钢筋的化学成分及力学性能和冷弯性能应满足表 7-11 和表 7-12 的要求。

表 7-11 热轧钢筋的化学成分(熔炼分析)

表 7-11 热轧钢筋的化学成分(熔炼分析)

牌号	化学成分(质量分数)(%)≤					
	C	Si	Mn	P	S	Ceq
HPB235	0.22	0.30	0.65	0.045	0.050	—
HPB300	0.25	0.55	1.50	0.045	0.050	—
HRB335	0.25	0.80	1.60	0.045	0.045	0.52
HRB400	0.25	0.80	1.60	0.045	0.045	0.54
HRB500	0.25	0.80	1.60	0.045	0.045	0.55
HRBF335	0.25	0.80	1.60	0.045	0.045	0.52
HRBF400	0.25	0.80	1.60	0.045	0.045	0.54
HRBF500	0.25	0.80	1.60	0.045	0.045	0.55

注: Ceq 为碳当量百分比值。

表 7-12 热轧钢筋的力学性能和冷弯性能

牌号	钢筋的屈服强度 f_{yk}(MPa)	抗拉强度 f_{tk}(MPa)	断后伸长率(%)	最大力总伸长率(%)
	≥			
HPB235	235	370	25	10
HPB300	300	420	25	10
HRB335	335	455	17	7.5
HRB400	400	540	16	7.5
HRB500	500	630	15	7.5
HRBF335	335	455	17	7.5
HRBF400	400	540	16	7.5
HRBF500	500	630	15	7.5

(2) 余热处理钢筋。钢筋混凝土结构中用的余热处理钢筋是将钢筋热轧后立即穿水,进行表面冷却,然后利用芯部自身余热完成回火处理所得。常用的余热处理钢筋为 RRB400。钢筋的公称直径范围为 8 mm~40 mm,常用钢筋公称直径为 8 mm、10 mm、12 mm、16 mm、20 mm、25 mm、32 mm 和 40 mm。余热处理钢筋强度较高,塑性较好,主要用作各种普通钢筋混凝土结构中的主筋以及预应力混凝土结构中的非预应力钢筋。

钢筋混凝土结构中所用的余热处理钢筋的化学成分及力学性能和冷弯性能应满足表 7-13、表 7-14 的要求。

表 7-13 余热处理钢筋的化学成分

牌号	化学成分(质量分数)(%)≤					
	C	Si	Mn	P	S	Ceq
RRB400	0.30	1.00	1.60	0.045	0.045	—

表 7-14　余热处理钢筋的力学性能和冷弯性能

牌号	屈服强度 f_{yk}(MPa)	抗拉强度 f_{tk}(MPa)	断后伸长率(%)	最大力总伸长率(%)
		$\geqslant$		
RRB400	400	540	14	5.0

(3) 冷轧带肋钢筋。冷轧带肋钢筋采用普通碳素钢、优质碳素钢或低合金热轧盘条冷轧而成，表面带有沿长度方向均匀分布的两面或三面的月牙肋。根据《冷轧带肋钢筋》(GB 13788—2008)的规定，其牌号按抗拉强度分为四个等级，即 CRB550、CRB650、CRB800、CRB970。其公称直径范围为 4 mm～12 mm。其中，CRB650 及以上牌号的公称直径为 4 mm、5 mm、6 mm。

冷轧带肋钢筋具有强度高、塑性较好、与混凝土的黏结强度高、综合性能最好等优点。使用冷轧带肋钢筋可节约钢材，降低成本，如利用 CRB550 替代 HPB235 级热轧钢筋时，可节约钢材 30%以上。冷轧带肋钢丝与钢筋适合于没有振动荷载和反复荷载作用的混凝土结构用筋，CRB550 可用于非预应力混凝土构件的受力主筋，其余用于中、小型预应力混凝土构件的受力主筋。冷轧带肋钢筋的力学性能和工艺性能应符合表 7-15 的要求。

表 7-15　冷轧带肋钢筋的力学性能和工艺性能

强度等级	$\sigma_{p0.2}$(MPa)$\geqslant$	抗拉强度 σ_b (MPa)	拉伸率(%)$\geqslant$		冷弯试验(180°)	反复弯曲次数	松弛率=$0.7\sigma_b$ 1000 h $\leqslant$(%)
			δ_{10}	δ_{100}			
CRB550	500	550	8	—	$D=3d$	—	—
CRB650	585	650	4		3	8	
CRB800	720	800	4		3	8	
CRB970	875	970	4		3	8	

(4) 冷轧扭钢筋。冷轧扭钢筋是采用直径为 6.5 mm～14 mm 的低碳热轧盘圆(Q235、Q215 钢)，经调直、冷轧、冷扭转一次而成的具有规定截面形式和螺距的连续螺旋状的变形钢筋。钢筋在冷轧的过程中，横向压缩而纵向伸长，因变形而引起晶格变化，晶格被拉长成纤维状组织结构，钢筋强度随冷加工的变形量而提高。

《冷轧扭钢筋》(JG 190—2006)中将冷轧扭钢筋按钢筋截面形式分为Ⅰ型(近似矩形截面)、Ⅱ型(近似菱形截面)、Ⅲ型(近似圆形截面)，其标志直径(所用盘条母材的直径)为 6.5 mm～14 mm。

冷轧扭钢筋的屈服强度较大，与混凝土的黏结强度高，无需预应力和弯钩即可用于普通混凝土工程，并可避免混凝土收缩开裂，保证混凝土构件的质量。随着我国建筑行业的发展，冷轧带肋钢筋被众多使用单位认可，广泛应用于建筑、高速公路、飞机跑道、隧道衬砌、电杆和输水管道等等，市场前景广阔。冷轧扭钢筋的力学性能应满足表 7-16 的要求。

表 7-16　冷轧扭钢筋的力学性能

强度等级	型号	抗拉强度 σ_b (MPa)	拉伸率(%)≥		冷弯试验(180°) (弯心直径=3d)	松弛率(%)，当 $\sigma_{con}=0.7f_{ptk}$	
			δ_{10}	δ_{100}		10 h≤(%)	1000 h≤(%)
CTB550	I	≥550	4.5	—	受弯曲部分钢筋表面不得产生裂纹	—	—
	II		10				
	III		12				
CTB650	III	≥650	—	4	—	≤5	≤8

注：σ_{con} 为预应力钢筋张拉控制应力；f_{ptk} 为预应力冷轧扭钢筋抗拉强度标准值。

2) 预应力混凝土用钢棒和钢丝、钢绞线

(1) 预应力混凝土用钢棒。预应力混凝土用钢棒(PCG)是将低合金热轧盘条经淬火、回火等调质处理而成的，以盘条或直条供应。根据《预应力混凝土用钢棒》(GB/T 5223.3—2005)和《预应力混凝土钢棒用热轧盘条》(GB/T 24589—2009)的规定，钢棒按表面形状分为光圆钢棒 P、螺旋槽钢棒(带有三条或六条螺旋槽)PG、螺旋肋钢棒(带有四条螺旋肋)HR、月牙肋钢棒(分为纵肋和无纵肋两种)R；按松弛性能分为普通松弛 N 和低松弛 L；按延性分为35级和25级。预应力混凝土用钢棒的力学性能见表 7-17。

表 7-17　预应力混凝土用钢棒的力学性能

表面形状类型	公称直径 (mm)	公称横截面积 (mm^2)	横截面积(mm^2)		每米参考重量 (g/m)	抗拉强度 (MPa)≥	规定非比例延伸强度 (MPa)<	弯曲性能	
			最小	最大				性能要求	弯曲半径(mm)
光圆	6	28.3	26.8	29.0	222	对所有数据钢棒 1080 1230 1420 1570	对所有规格钢棒 930 1080 1280 1420	反复弯曲不小于 4 次 (180°)	15
	7	38.5	36.3	39.5	302				20
	8	50.3	47.5	51.5	394				20
	10	78.5	74.1	80.4	616				25
	11	95.0	93.1	97.4	746			弯曲 160°～180°后弯曲处无裂纹	弯心直径为钢棒公称直径的 10 倍
	12	113	106.8	115.8	887				
	13	133	130.3	136.3	1044				
	14	154	145.6	157.8	1209				
	16	201	190.2	206.0	1578				
螺旋槽	7.1	40	39.0	41.7	314				
	9	64	62.4	66.5	502				
	10.7	90	87.5	93.6	707				
	12.6	125	121.5	129.9	981				
螺旋肋	6	28.3	26.8	29.0	222			反复弯曲不小于 4 (180°)	15
	7	38.5	36.3	39.5	302				20
	8	50.3	47.5	51.5	394				20
	10	78.5	74.1	80.4	616				25

表面形状类型	公称直径 (mm)	公称横截面积 (mm²)	横截面积(mm²) 最小	横截面积(mm²) 最大	每米参考重量 (g/m)	抗拉强度 (MPa)≥	规定非比例延伸强度 (MPa)<	弯曲性能 性能要求	弯曲性能 弯曲半径(mm)
螺旋肋	12	113	106.8	115.8	888			弯曲160°~180°后弯曲处无裂纹	弯心直径为钢棒公称直径的10倍
	14	154	145.6	157.8	1209				
带肋	6	28.3	26.8	29.0	222				
	8	50.3	47.5	51.5	394				
	10	78.5	74.1	80.4	616				
	12	113	106.8	115.8	887				
	14	154	145.6	157.8	1209				
	16	201	190.2	206.0	1578				

(2) 预应力混凝土用钢丝。预应力混凝土用钢丝属于高强度钢丝，是以优质高碳钢圆盘条经等温淬火并拔制而成的。其直径为 2.5 mm～5 mm，抗拉强度为 1500 MPa～1900 MPa。根据《预应力混凝土用钢丝》(GB/T 5223—2014)的规定，预应力混凝土用钢丝分为冷拉钢丝和消除应力钢丝，并按表面外形分为光圆钢丝 P、螺旋肋钢丝 H(带有四条螺旋肋)、刻痕钢丝 I(三面刻痕)。冷拉钢丝是以碳素钢和低合金钢盘条通过拔丝模或轧辊经冷加工而成的；消除应力钢丝是在塑性变形下(轴应变)进行短时热处理(由此得到的为低松弛钢丝 WLR)或通过矫直工序后在适当温度下进行短时热处理(由此得到的为普通松弛钢丝 WNR)加工而成的。预应力混凝土用钢丝的力学性能应满足表 7-18 的要求。

表 7-18　预应力混凝土用钢丝的力学性能

钢丝类别	钢丝表面形状	公称直径 (mm)	抗拉强度 σ_b (MPa) ≥	规定非比例伸长应力 $\delta_{p0.2}$(MPa) WLR	规定非比例伸长应力 $\delta_{p0.2}$(MPa) WNR	最大力下总伸长率 (%) ≥	180°弯曲次数 ≥	弯曲半径(mm)	断面收缩率 ψ (%) ≥	每 210 mm 扭矩的扭转次数 n≥	应力松弛性能 初始应力	应力松弛性能 1000 h 后应力松弛率 (%)≤ WLR	应力松弛性能 1000 h 后应力松弛率 (%)≤ WNR
消除应力光圆钢丝及螺旋肋钢丝	光面或螺旋肋	4.00	1470	1290	1250	3.5	3	10	—	—	对所有规格	对所有规格	对所有规格
		480	1570	1380	1330								
		5.00	1670	1470	1410		4	15					
			1770	1560	1500								
			1860	1580	1580						$0.6\sigma_b$	1.0	4.5
		6.00	1470	1290	1250								
		6.25	1570	1380	1330			20			$0.7\sigma_b$	2.5	8
		7.00	1670	1470	1410						$0.8\sigma_b$	4.5	12
			1770	1560	1500								

钢丝类别	钢丝表面形状	公称直径(mm)	抗拉强度 σ_b (MPa) ≥	规定非比例伸长应力 $\delta_{p0.2}$(MPa) ≥		最大力下总伸长率(%)≥	180°弯曲次数 ≥	弯曲半径(mm)	断面收缩率 ψ(%)≥	每210 mm扭矩的扭转次数 n≥	应力松弛性能		
											初始应力	1000 h后应力松弛率(%)≤	
				WLR	WNR							WLR	WNR
消除应力刻痕钢丝	三面刻痕	8.00	1470	1290	1250	3.5	3	—	—	25	—	—	—
		9.00	1570	1380	1330								
		10.00	1470	1290	1250					25			
		12.00								30			
	≤5.0		1470	1290	1250					15	对所有规格	对所有规格	对所有规格
			1570	1380	1330								
			1670	1470	1410								
			1770	1560	1500						$0.6\sigma_b$	1.0	4.5
			1860	1640	1580						$0.7\sigma_b$	2.5	8
	>5.0		1470	1290	1250					20	$0.8\sigma_b$	4.5	12
			1570	1380	1330								
			1670	1470	1410								
			1770	1560	1500								
冷拉钢丝	光面	3.00	1470	1100		1.5	4	7.5	—	—	对所有规格	对所有规格	
		4.00	1570	1180				10				8	
		5.00	1670	1250				15	35	8			
			1770	1330							$0.7\sigma_b$		
		6.00	1470	1100						7			
		7.00	1570	1180			5		30	6			
		8.00	1670	1250				20		5			
			1770	1330									

注: (1) 表中最大力伸长率为 $L_0 = 200$ mm 时的测定值。为日常检验方便,表中最大力下总伸长率可采用断后伸长率代替,但对于消除应力刻痕钢丝、消除应力光圆钢丝及螺旋肋钢丝,其值应不小于 3.0%;对冷拉钢丝,其值应不小于 1.5%。

(2) 对消除应力刻痕钢丝、消除应力光圆钢丝及螺旋肋钢丝,非定比例伸长应力 $\delta_{p0.2}$ 值对于低松弛钢丝应不小于公称抗拉强度 σ_b 的 88%,对于普通松弛钢丝应不小于 85%。

(3) 冷拉钢丝只有普通松弛,其非定比例伸长应力 $\delta_{p0.2}$ 值应不小于公称抗拉强度的 85%。除抗拉强度、规定非定比例伸长应力外,对压力管道用钢丝还需进行断面收缩率、扭转次数、松弛率的检验;对其他用途钢丝还需进行断后伸长率、弯曲次数的检验。

(3) 预应力混凝土用钢绞线。根据《预应力混凝土用钢绞线》(GB/T 5224—2003)的规定,预应力混凝土配筋用钢绞线是由 7 根圆形截面钢丝,以一根钢丝为中心,其余 6 根钢丝围绕着进行螺旋状绞合,再经低温回火制成的,常用的公称直径有 9 mm(7ϕ3)、12 mm(7ϕ4)和 15 mm(7ϕ5)三种。预应力混凝土用钢绞线按其应力松弛性能分为 Ⅰ、Ⅱ 两级,具有强度高、与混凝土黏结性能好、断面面积大、使用根数少，在结构中排列布置方便、易于锚固等优点，故多使用于大跨度、重荷载的混凝土结构。预应力混凝土用钢绞线的主要力学性能见表 7-19。

表 7-19　预应力混凝土用钢绞线的主要力学性能

钢绞线结构	钢绞线公称直径 D(mm)	钢丝公称直径 a (mm)	钢绞线参考截面尺寸 A(mm²)	抗拉强度 σ_b(MPa)≥	最大力下总伸长率 σ_{gt}(%)≥	1000 h 松弛率 初始负荷	1000 h 后应力松弛率 r(%)≤
1×2	5.00	2.50	9.82	1570，1720，1860，1960	对所有规格 3.5	对所有规格	对所有规格
	5.80	2.90	13.2				
	8.00	4.00	25.1	1470，1570，1720，1860，1960		0.6σ_b	1.0
	10.00	5.00	39.3			0.7σ_b	2.5
	12.00	6.00	56.5	1570，1720，1860，1960		0.8σ_b	4.5
1×3	6.20	2.90	19.8	1570，1720，1860，1960	对所有规格 3.5	对所有规格	对所有规格
	6.50	3.00	21.2				
	8.60	4.00	37.7	1470，1570，1720，1860，1960		0.6σ_b	1.0
	8.74	4.05	38.6	1570，1670，1860		0.7σ_b	2.5
	10.80	5.00	58.9	1470，1570，1720，1860，1960		0.8σ_b	4.5
	12.90	6.00	84.8				
1×3I	8.74	7.56	38.6	1570，1670，1960			
1×7	9.50		54.8	1720，1860，1960	对所有规格 3.5	对所有规格	对所有规格
	11.10		74.2				
	12.70		98.7				
	15.20		140	1470，1570，1720，1860，1960		0.6σ_b	1.0
	15.70		150	1770，1860		0.7σ_b	2.5
	17.80		191	1720，1860		0.8σ_b	4.5
1×7C	12.70		112	1860			
	15.20		165	1820			
	18.00		223	1720			

注：(1) 在最大力下检验总伸长率，对于 1×7 和 1×7C 结构的钢绞线采用 $L_0 \geqslant 500$ mm，其他结构钢绞线采用 $L_0 \geqslant 400$ mm。

(2) 钢绞线的弹性模量为 (195 ± 10) MPa，但不作为交货条件。

钢丝、刻痕钢丝及钢绞线均属于冷加工强化的钢材，没有明显的屈服点，材料检验只能以抗拉强度为依据。其强度几乎等于热轧Ⅳ级钢筋的两倍，并具有较好的柔韧性，使用时可根据要求的长度切断。设计强度取值以条件屈服点的 $\sigma_{0.2}$ 的统计值来确定。预应力钢丝、刻痕钢丝和钢绞线均具有强度高、塑性好、使用时不需接头等优点，适用于大荷载、大跨度及曲线配筋的预应力混凝土结构。

(4) 预应力混凝土用螺纹钢筋。预应力混凝土用螺纹钢筋也称高强度精轧螺纹钢筋，由合金钢热轧而成，以热轧状态、轧后余热处理状态或热处理状态交货。预应力混凝土用螺纹钢筋是一种特殊形状并带有不连续的外螺纹的直条钢筋，它在任意截面处，均可以用带有内螺纹的连接器或锚具进行连接或锚固。

预应力混凝土用螺纹钢筋的优点：连接、张拉锚固方便、可靠，施工简便；韧性好、强度高、低松弛，且节约钢材；解决了高强度预应力钢筋无法接长的难题，特别适用于建造大型桥梁、隧道、码头、大型工业厂房等预应力混凝土工程和岩体锚固工程等。

《预应力混凝土用螺纹钢筋》(GB/T 20065—2016)按屈服强度分为 PSB785、PSB830、PSB930、PSB1080、PSB1200 五级，其公称直径为 15 mm～75 mm，推荐的钢筋公称直径为 25 mm、32 mm。预应力混凝土用螺纹钢筋按直条供货，其力学性能应符合表 7-20 要求。

表 7-20　预应力混凝土用螺纹钢筋的力学性能

强度等级	屈服强度 [a] R_{eL}(MPa)	抗拉强度 R_m(MPa)	断后伸长率 A(%)	最大力总伸长率 A_{gt}(%)	应力松弛性能	
					初始应力	1000 h 应力松弛率(%)
	≥					
PSB785	785	980	8	3.5	0.7R_m	≤4
PSB830	830	1030	7			
PSB930	930	1080	7			
PSB1080	1080	1230	6			
PSB1200	1200	1330	6			

注：a. 无明显屈服时，用规定非比例延伸强度($R_{p0.2}$)代替。

7.1.4　钢材的锈蚀及防止

钢材表面与周围环境接触，在一定的条件下，可发生作用而使钢材表面腐蚀。腐蚀不仅造成钢材受力截面减小和表面不平整导致应力集中，降低了钢材的承载能力，还会使疲劳强度大为降低，尤其是显著降低钢材的冲击韧性，使钢材脆断。混凝土中的钢筋腐蚀后，导致体积膨胀，使混凝土顺着钢筋开裂。因此为了确保钢材不产生腐蚀，必须采取防腐措施。

1. 钢筋腐蚀的原因

根据钢材表面与周围介质的不同作用，一般把腐蚀分为下列两种。

(1) 化学腐蚀。化学腐蚀是由非电解质溶液或各种干燥介质(如 O_2、CO_2、SO_2、Cl_2 等)所引起的一种纯化学性质的腐蚀，无电流产生。这种腐蚀多数是氧化作用，在钢材的表面形成疏松的氧化物，在干燥环境下进展缓慢，但在温度和湿度较高的条件下则进展很快。

(2) 电化学腐蚀。钢材与电解质溶液相接触产生电流，形成原电池而发生的腐蚀称为电化学腐蚀。钢材中含有铁素体、渗碳体、非金属夹杂物等，这些成分的电极电位不同，即活泼性不同，在电解质存在时，很容易形成原电池的两个极。钢材与潮湿介质(如空气、水、土壤)接触时，表面覆盖一层水膜，水中溶有来自空气的各种离子，便形成了电解质。首先钢中的铁素体失去电子即 $Fe \rightarrow Fe^{2+} + 2e$ 成为阳极，渗碳体成为阴极。在酸性电解质中，

H^+ 得到电子变成氢气跑掉；在中性介质中，由于氧的还原作用，水中含有 OH^-，随之生成不溶于水的 $Fe(OH)_2$；进一步氧化成 $Fe(OH)_3$ 及其脱水产物 Fe_2O_3，即红褐色铁锈的主要成分。

2．防止钢材腐蚀的方法及措施

(1) 保护膜法。保护膜可使钢材与周围介质隔离，从而避免或减缓外界腐蚀性介质对钢材的破坏作用。例如在钢材的表面喷刷涂料、搪瓷、塑料等或以金属镀层作为保护膜，如锌、锡、铬等。

(2) 电化学保护法。无电流保护法是在钢铁结构上接一块较钢铁更为活泼的金属，如锌、镁。因为锌、镁比钢铁的电位低，所以锌、镁成为腐蚀电池的阳极遭到破坏(牺牲阳极)，而钢铁结构得到保护。这种方法用于那些不容易或不能覆盖保护层的地方，如蒸汽锅炉、轮船外壳、地下管道、港口结构、道桥建筑等。

(3) 外加电流保护法。外加电流保护法是在钢铁结构附近，安放一些废钢铁或其他难熔金属，如高硅铁及铅银合金等，将外加直流电源的负极接在被保护的钢铁结构上，正极接在难熔的金属上，通电后难熔金属成为阳极而被腐蚀，钢铁结构成为阴极得到保护。

(4) 合金化。在碳素钢中加入能提高抗腐蚀能力的合金元素，如镍、铬、钛、铜等制成不同的合金钢，可以提高钢材自身的防腐蚀能力。

(5) 提高混凝土的密实度和碱度。防止混凝土中钢筋的腐蚀可以采用上述的方法，但最经济有效的方法是提高混凝土的密实度和碱度，并保证钢筋有足够厚度的保护层。

在水泥水化的产物中，有 1/5 左右的氢氧化钙产生，介质的 pH 值达到 13 左右，使钢筋的表面产生钝化膜，因此混凝土中的钢筋是不易生锈的。但大气中的 CO_2 以扩散方式进入混凝土中，与氢氧化钙作用而使混凝土中性化。当 pH 值降低到 11.5 以下时，钝化膜可能受到破坏，钢材表面成活化状态，此时若具备潮湿和供氧条件，钢筋表面积开始发生电化学腐蚀作用，且因铁锈的体积比钢的体积大 2～4 倍，可导致混凝土顺筋开裂。由于二氧化碳是以扩散方式进入混凝土内部进行碳化的，所以提高混凝土的密实度可有效减缓碳化过程。Cl^- 有破坏钝化膜的作用，在配制钢筋混凝土时还应限制氯盐的使用量。

7.2　铝材和铝合金

7.2.1　铝及铝合金

1．铝

铝是一种银白色轻金属，其化合物在自然界中分布极广，地壳中铝的资源约为 400～500 亿吨，仅次于氧和硅，居第三位。在金属品种中，铝仅次于钢铁，为第二大类金属；在建筑业、交通运输业和包装业中，铝的用量较大。铝是国民经济发展的重要基础原材料。

铝的密度小，大约是铁的 1/3，熔点低(660℃)，具有很高的塑性，特殊的化学、物理特性，不仅重量轻，质地坚硬，而且具有良好的延展性、导电性、导热性、耐热性和耐核辐射性，易于加工，可制成各种型材、板材，抗腐蚀性能好。但是纯铝的强度很低，故不宜作结构材料。铝按照市场产品形态可以分成三类：一类是加工材，如板、带、箔、管、棒型、锻件、粉末等；一类是铸造铝合金等；还有一类是日常生活中的各类铝制品等。

目前，在建筑业，由于铝在空气中的稳定性和阳极处理后的极佳外观，铝被广泛应用，不仅用在铝合金门窗、铝塑管、装饰板、铝合金吊顶、铝板幕墙等方面，在建筑外墙贴面、外墙装饰、铝合金柜台、货架、城市大型隔音壁、桥梁和街道广场的花圃栅栏、建筑回廊、轻便小型固定式(移动式)房屋、亭阁、特殊铝合金结构物、室内家具设备及各种内部装饰和配件等方面也都大量应用铝合金型材及其制品。

2. 铝合金

铝合金是以纯铝及回收铝为原料，依照国际标准或特殊要求添加其他元素，如硅(Si)、铜(Cu)、镁(Mg)、铁(Fe)等，以改善纯铝在铸造性、化学性及物理性方面的不足而调配出来的合金。根据铝合金的加工工艺特性，可将其分为形变铝合金和铸造铝合金两类。形变铝合金塑性好，适宜于压力加工；按照其性能特点和用途可分为防锈铝(LF)、硬铝(LY)、超硬铝(LC)和锻铝(LD)四种。铸造铝合金按加入主要合金元素的不同，分为铝硅系(AL-Si)、铝铜系(Al-Cu)、铝镁系(Al-Mg)和铝锌系(Al-Zn)四种。

铝合金具有较高的强度，超硬铝合金的强度可达 600 MPa，普通硬铝合金的抗拉强度也可达 200 MPa～450 MPa，因此在机械制造中得到了广泛的运用。

目前，在建筑装饰工程中，大量采用了铝合金门窗，铝合金柜台、货架，铝合金装饰板，铝合金吊顶等。

7.2.2 常用的铝合金制品

1. 铝合金门窗

铝合金门窗是将经表面处理的铝合金型材加工而制成的门窗构件。目前我国已有平开式铝窗、推拉式铝窗、平开式铝门、推拉式铝门、铝制地弹簧门等几十种系列投入市场，基本满足了现阶段建设的需要。

铝合金门窗与塑钢门窗(塑钢门窗是以氯乙烯(PVC)树脂为主要原料，加工成型材，型材的空腔里填加钢衬(加强筋))相比，塑钢门窗抗风压强度、防雷和静电、装饰性、防老化性比铝合金门窗差，铝合金门窗的气密性、隔声性与塑钢门窗相同。在建筑中采用铝合金门窗，尽管其造价比普通的塑钢门窗高 3～4 倍，但其长期维修费用低、性能好，可节约能源，特别是富有良好的装饰性，所以应用日益广泛。

2. 铝合金装饰板

铝合金装饰板属于现代流行的建筑装饰材料，具有质量轻、不燃烧、耐久性好、施工方便、装饰华丽等优点，适用于公共建筑、室内外装饰饰面。其产品颜色有本色、古铜色、金黄色、茶色等。常用的有铝合金花纹板、波纹板、冲孔板。

(1) 铝合金花纹板。铝合金花纹板采用铝合金坯料，用一定花纹轧辊制成，通过表面处理可获得各种颜色，用于建筑墙面的装饰以及楼梯踏板等处。

(2) 波纹板。波纹板(塑料板)是一种新兴的筋面装饰材料，表面轧制成波浪形或梯形，立体感较好，色彩多样；使用时不用刷油漆，装饰效果好，多用于造型装饰(如电视墙、床头背景墙、企业形象墙、屋面等)。

(3) 冲孔板。冲孔板是将铝合金平板经机械穿孔而成的，有降低噪音的作用并兼有装饰效果，可用于建筑中改善音质条件或降低音量。

3. 铝合金吊顶材料

铝合金吊顶材料有质轻、不锈蚀、美观等优点，适用于较高的室内吊顶；全套部件包括铝龙骨、铝平顶筋、铝天花板及相应吊挂件等。

4. 专门的铝合金装饰制品

许多类型的棒、杆和其他的铝合金制品，可拼装成富有装饰性的栏杆、扶手、屏幕和格栅，能张开的铝合金片可用作装饰性的屏幕或遮阳帘。

5. 铝箔

用纯铝或铝合金可加工成 6.3 μm～200 μm 的薄片制品，称为铝箔。铝箔按照形状分为卷状铝箔和片状铝箔；按照材质分为硬质铝箔、半硬质铝箔和软质铝箔；按照加工状态分为素箔、压花箔、复合箔、涂层箔、上色箔、印刷箔等。铝箔主要作为多功能保温隔热材料、防潮材料和装饰材料，广泛用于建筑装饰工程中，如铝箔牛皮纸和铝箔布以及铝箔泡沫塑料板、铝箔石棉夹心板等复合板材或卷材。

思考与练习

1. 金属材料与非金属材料相比有哪些优、缺点?
2. 建筑钢材的分类有哪些?
3. 试述钢材的主要化学成分，并说明主要元素对其性能的影响。
4. 建筑中对钢材有哪些技术性能要求?
5. 钢材的热处理方法有哪些?
6. 桥梁结构用钢有哪些特点?
7. 简述热轧钢筋的类型与级别。
8. HRBF500 表示什么?
9. 钢材的冷加工对力学性能有何影响?
10. 试述钢材腐蚀的原因及防腐蚀的措施。

第8章 木　　材

教学提示　木材用于建筑工程已有悠久的历史，它至今仍是重要的建筑材料之一。木材以其独特性，从古至今在建筑工程中都发挥着重要作用。了解木材的性质特点，并能合理地应用木材，是不可缺少的知识。本章以"木材的分类与构造—木材的物理与力学性质—木材在建筑工程中的应用—木材的防腐与防火"为主线来学习。

教学要求　了解木材的分类与构造、木材的防腐与防火；掌握木材的物理与力学性质、木材在建筑工程中的应用；熟悉木材的性质特点；培养在工程中能根据实际需要，正确、合理选用各类木材的能力。

　　树木的躯干叫做木材，它是天然生长的有机高分子材料。

　　木材质轻，具有较高的强度、一定的弹性和韧性，且导热系数低、易于加工、装饰性能好，但在构造上存在各向异性的特点，而且性能波动较大，易变形、易燃烧、易虫蛀等。

8.1　木材的分类与构造

8.1.1　木材的分类

1. 分类

木材按树种有针叶和阔叶之分。

(1) 针叶：树叶细长呈针状，树干直而高，纹理平顺，易于加工，又称软木材。其密度、胀缩变形较小、强度高，用于承重结构。常用的有松树、杉树、柏树等。

(2) 阔叶：树叶宽大呈片状，多为落叶树，树干通直部分较短。因其木质较硬、难加工，故又称硬木材。其强度高，胀缩变形较大，易翘曲、开裂，木纹、颜色美观，适用于建筑物内部装修，制作家具、胶合板。常用的有榆树、桦树、水曲柳等。

2．常用的建筑木材分类

常用的建筑木材按其加工程度和用途的不同分为圆木和成材两种。对原木、枋材及板材的材质按木材缺陷分为Ⅰ、Ⅱ、Ⅲ三个等级。

1) 圆木

(1) 原条：除去皮、根、树梢的木料，但尚未按一定尺寸加工成规定直径和长度的材料。它主要用于建筑工程的脚手架、建筑用材、家具等。

(2) 原木：除去皮、根、树梢的木料，并按一定尺寸加工成规定直径和长度的材料。

直接使用的原木，用于建筑工程的屋架、檩、椽等；加工的原木，用于胶合板、船、车辆、机械模型及一般加工用材等。

2）成材

(1) 锯材：已经加工锯解成材的木料。凡宽度为厚度三倍或三倍以上的，称为板材；不足三倍的称为枋材。锯材主要用于建筑工程、桥梁、家具、船、车辆、包装箱板等。

(2) 枕木：按枕木断面和长度加工而成的成材，主要用于铁道工程。

常用建筑木材的分类见表 8-1。

表 8-1　常用建筑木材的分类

分 类 名 称			规　　格
原条			小头直径≤60 mm，长度＞5 m(根据锯口到梢头 60 mm 处)
原木			小头直径≥40 mm，长度 2 m～10 m
锯材	板材	薄板	厚度≤18 mm
		中板	厚度 19 mm～35 mm
		厚板	厚度 35 mm～65 mm
		特厚板	厚度≥66 mm
	枋材	小枋	宽×厚≤54 mm²
		中枋	宽×厚为 55 mm²～100 mm²
		大枋	宽×厚为 101 mm²～225 mm²
		特大枋	宽×厚≥226 mm²

针叶树、阔叶树锯材的分类标准见表 8-2 和表 8-3。

表 8-2　针叶树锯材的分类标准

缺陷名称	检 量 方 法	允 许 限 度			
		特等锯材	普通锯材等级		
			Ⅰ	Ⅱ	Ⅲ
活节、死节	最大尺寸不得超过材宽的	10%	20%	40%	不限
	任意材长 1 m 范围内的个数不得超过	3	5	10	不限
腐朽	面积不得超过所在材面面积的	不许有	不许有	10%	25%
裂纹、夹皮	长度不得超过材长的	5%	10%	30%	不限
虫害	任意材长 1 m 范围内的个数不得超过	不许有	不许有	15	不限
钝棱	最严重缺角尺寸不得超过材宽的	10%	25%	50%	80%
弯曲	横弯不得超过	0.3%	0.5%	2%	3%
	顺弯不得超过	1%	2%	3%	不限
斜纹	斜纹倾斜高不得超过水平长的	5%	10%	20%	不限

表 8-3　阔叶树锯材分类标准

缺陷名称	检量方法	允许限度			
		特等锯材	普通锯材等级		
			I	II	III
活节、死节	最大尺寸不得超过材宽的	10%	20%	40%	不限
	任意材长 1 m 范围内的个数不得超过	2	4	6	不限
腐朽	面积不得超过所在材面面积的	不许有	不许有	10%	25%
裂纹、夹皮	长度不得超过材长的	10%	15%	40%	不限
虫害	任意材长 1 m 范围内的个数不得超过	不许有	不许有	8	不限
钝棱	最严重缺角尺寸不得超过材宽的	15%	25%	50%	80%
弯曲	横弯不得超过	0.5%	1%	2%	4%
	顺弯不得超过	1%	2%	3%	不限
斜纹	斜纹倾斜高不得超过水平长的	5%	10%	20%	不限

8.1.2　木材的构造

木材的构造是决定木材性质的主要因素，不同树种以及生长环境不同的树木，其构造差别很大。木材的构造通常是从宏观构造和微观构造两方面来研究的。

1. 宏观构造

宏观构造是肉眼或放大镜能观察到的木材组织，如图 8-1 所示。从木材的横、径、弦三个切面观察，树木由树皮、髓心和木质部三个部分组成。从木材的横切面看，靠近树皮的部分，材色较浅，水分较多，称为边材；髓心周围部分，材色较深、水分较少的称为心材。

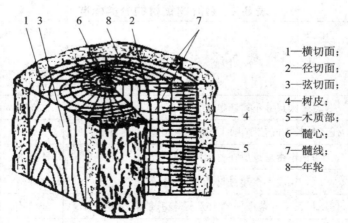

1—横切面；
2—径切面；
3—弦切面；
4—树皮；
5—木质部；
6—髓心；
7—髓线；
8—年轮

图 8-1　木材的宏观构造

横截面看每个生长周期所形成的木材，围绕着髓心构成的同心圆，称为生长轮。温带和寒带树木的生长期，一年仅形成一个生长轮，即年轮。在同一年轮内，生长季节早期所形成的木材，细胞壁较薄，形体较大，颜色较浅，材质较松软，称为早材(或春材)；夏秋两季生长的木材，细胞壁较厚，组织密实，颜色较深，材质较硬，称为晚材(或秋材)。

从髓心向外的辐射线，称为髓线，髓线与周围连接较差，木材干燥时易沿此开裂。年轮和髓线组成了木材美丽的天然纹理。

2. 微观构造

在显微镜下观察，可以看到木材是由无数管状细胞(管胞)紧密结合而成的，它们大部分为纵向排列，少数横向排列(如髓线)。每个细胞由细胞壁和细胞腔两部分组成，细胞壁又是由细纤维组成的，所以木材的细胞壁越厚，细胞腔越小，木材越密实，其表观密度和强度也越大，但胀缩变形也大。晚材与早材相比，晚材的细胞壁较厚，细胞腔较小，所以晚材的构造比早材密实。

针叶树与阔叶树的宏观构造有较大差别。针叶树材显微构造简单而规则，它主要由管胞、髓线和树脂道组成，其中管胞占总体积的 90% 以上，且其髓线细而不明显。阔叶树材显微构造较复杂，主要由木纤维、导管和髓线组成，其最大特点是髓线很发达，粗大而明显，这也是阔叶树木的显著特征。

8.2 木材的物理与力学性质

8.2.1 木材的物理性质

木材的物理性质主要有含水率、湿胀干缩、强度等性能，其中含水率对木材的湿胀干缩和强度性能影响很大。

新伐木材的含水率在 35% 以上，风干木材的含水率为 15%～25%，室内干燥木材的含水率为 8%～15%。木材中所含水分不同，对木材性质的影响也不一样。

1. 木材的含水率

木材的含水率是指木材中所含水的质量占干燥木材质量的百分数。木材中主要有三种水，即自由水、吸附水和结合水。自由水是存在于木材细胞腔和细胞间隙中的水分；吸附水是被吸附在细胞壁内细纤维之间的水分。

1) 木材的纤维饱和点

当木材中无自由水，而细胞壁内吸附水达到饱和时，这时的木材含水率称为纤维饱和点。

木材的纤维饱和点随树种而异，一般为 25%～35%，通常取其平均值，约为 30%。纤维饱和点是木材物理性质发生变化的转折点。

2) 木材的平衡含水率

木材中所含水分是随着环境温度和湿度的变化而改变的，当木材长时间处于一定温度和湿度的环境中时，木材中的含水量最后会达到与周围环境湿度相平衡，这时木材的含水率称为平衡含水率。

木材的平衡含水率随其所在地区的不同而异，我国北方地区为 12% 左右，南方为 18%

左右，如表 8-4 所示。木材的平衡含水率是木材进行干燥时的重要指标。

表 8-4　我国部分城市木材各月和平衡含水率　　　　　　　　　%

城市	月 份												平衡
	1	2	3	4	5	6	7	8	9	10	11	12	
广州	13.3	16.0	17.3	17.6	17.6	17.5	16.6	16.1	14.7	13.0	12.4	12.9	15.1
上海	15.8	16.8	16.5	15.5	16.3	17.9	16.6	15.8	14.7	15.2	15.9		16.0
北京	10.3	10.7	10.6	8.5	9.8	11.1	14.7	15.6	12.8	12.2	12.2	10.8	11.4
拉萨	7.2	7.2	7.6	7.7	7.6	10.2	12.2	12.7	11.9	9.0	7.2	7.8	8.6
徐州	15.7	14.7	13.3	11.8	12.4	11.6	16.2	16.7	14.0	13.0	13.4	14.4	13.9

2. 木材的湿胀与干缩变形

木材具有显著的湿胀干缩性，其规律是：当木材的含水率在纤维饱和点以下时，随着含水率的增大，木材体积产生膨胀；随着含水率的减小，木材体积收缩。当木材含水率在纤维饱和点以上时，只是自由水的增减变化，木材的体积不发生变化。纤维饱和点是木材发生湿胀干缩的转折点。

由于木材为非匀质构造，故其胀缩变形各向不同，其中以弦向最大，径向次之，纵向(即顺纤维方向)最小。当木材干燥时，弦向干缩约为 6%～12%，径向干缩为 3%～6%，纵向仅为 0.1%～0.35%。木材弦向胀缩变形大，是因管胞横向排列的髓线与周围连接较差所致。

木材的湿胀干缩变形随树种不同而异，一般来说表观密度大的、晚材含量多的木材，胀缩变形就大。

8.2.2　木材的力学性质

1. 木材的强度

在建筑结构中，木材常用的强度有抗拉、抗压、抗弯和抗剪强度。由于木材的构造各向不同，致使各向强度有差异，因此木材的强度有顺纹强度和横纹强度之分。木材的顺纹强度比其横纹强度要大得多，所以工程上均充分利用它们的顺纹强度。从理论上讲，木材强度中以顺纹抗拉强度为最大，其次是抗弯强度和顺纹抗压强度，但实际上木材的顺纹抗压强度最高。这是因为木材是经历数年生长的建筑材料，在生长过程中会受到环境的影响而产生一些缺陷，例如木节、斜纹、夹皮、虫蛀、腐蚀等，这些缺陷对木材的抗拉强度有明显的影响，使实际抗拉强度低于抗压强度。

木材受剪切作用时，由于作用力相对于木材纤维方向的不同，可分为顺纹剪切、横纹剪切和横纹切断三种。顺纹剪切破坏是纤维间联结撕裂产生纵向位移和受横纹拉力作用所致；横纹剪切破坏完全是剪切面中纤维的横向联结被撕裂的结果；横纹切断破坏则是木材纤维被切断，这时强度较大，一般为顺纹剪切的 4～5 倍。

常用树种木材的主要力学性质如表 8-5 所示。

表 8-5　常用树种木材的主要力学性质

树种名称		产地	体积密度 (kg/m³)	干缩系数		顺纹抗压强度 (MPa)	顺纹抗拉强度 (MPa)	抗弯强度 (MPa)	顺纹抗剪强度 (MPa)	
				径向	弦向				径向	弦向
针叶材	杉木	湖南	0.317	0.123	0.277	33.8	77.2	63.8	4.2	4.9
		四川	0.416	0.136	0.286	39.1	93.5	68.4	6.0	5.0
	红松	东北	0.440	0.122	0.321	32.8	98.1	65.3	6.3	6.9
	马尾松	安徽	0.533	0.140	0.270	41.9	99.0	80.7	7.8	7.1
	落叶松	东北	0.641	0.168	0.398	55.7	129.9	109.4	8.5	6.8
	鱼鳞云杉	东北	0.451	0.171	0.349	42.4	100.0	75.1	6.2	6.5
	冷杉	四川	0.433	0.174	0.341	38.8	97.3	70.0	5.0	5.5
阔叶材	柞栎	东北	0.766	0.199	0.316	55.6	155.4	124.0	11.8	12.9
	麻栎	安徽	0.930	0.210	0.389	52.1	155.4	128.0	15.9	18.0
	水曲柳	东北	0.686	0.197	0.353	52.5	138.1	118.6	11.3	10.5
	榔榆	浙江	0.818	—	—	49.1	149.4	103.8	16.4	18

2. 影响木材强度的主要因素

(1) 含水量。木材强度受含水率的影响很大，其规律是：当木材的含水率在纤维饱和点以下时，随着含水率的降低，即吸附水减少，细胞壁趋于紧密，木材强度增大；反之，强度减小。当木材含水率在纤维饱和点以上变化时，木材强度不改变。

我国的木材试验标准规定，测定木材强度时，应以其标准含水率(即含水率为 15%)时的强度测值为准；对于其他含水率时的强度测值，应换算成标准含水率时的强度值。其换算经验公式如下：

$$\sigma_{15} = \sigma_w[1 + \alpha(w-15)] \tag{8-1}$$

式中：σ_{15}——含水率为 15%时的木材强度(MPa)。

σ_w——含水率为 w(%)时的木材强度(MPa)。

w——试验时的木材含水率(%)。

α——木材含水率校正系数。

α 随作用力和树种不同而异，如顺纹抗压时所有树种均为 0.05；顺纹抗拉时阔叶树为 0.015，针叶树为 0；抗弯时所有树种均为 0.04；顺纹抗剪时所有树种为 0.03。

(2) 负荷时间。木材对长期荷载的抵抗能力与对暂时荷载不同。木材在外力长期作用下，只有当其应力远在强度极限的某一定范围以下时，才可避免木材因长期负荷而破坏。这是由于木材在外力作用下产生等速蠕滑，长时间后，致急剧、大量连续变形。

木材在长期荷载作用下不致引起破坏的最大强度，称为持久强度。木材的持久强度比其极限强度小得多，一般为极限强度的 50%～60%。一切木结构都处于某一种负荷的长期作用下，因此在设计木结构时，应考虑负荷时间对木材强度的影响。

(3) 温度。木材强度随环境温度的升高而降低。当温度由 25℃升到 50℃时，针叶树的抗拉强度将降低 10%～15%，抗压强度将降低 20%～24%。当木材长期处于 60℃～100℃的温度下时，会引起水分和所含挥发物的蒸发，而呈暗褐色，强度明显下降，变形增大。

温度超过 140℃时，木材中的纤维素发生热裂解，色渐变黑，强度显著下降。因此，长期处于高温状态的建筑物，不宜采用木结构。

(4) 疵病。木材在生长、采伐、保存过程中所产生的内部和外部的缺陷，统称为疵病。木材的疵病主要有木节、斜纹、裂纹、腐朽和虫害等。一般的，木材或多或少都存在一些疵病，致使木材的力学性质受到影响。

木节分为活节、死节、松软节、腐朽节等几种，活节的影响最小。木节使木材的顺纹抗拉强度显著降低，对顺纹抗压强度影响最小。在木材受横纹抗压和剪切时，木节反而会增加其强度。斜纹为木纤维与树轴所成的夹角。斜纹木材会严重降低其顺纹抗拉强度，抗弯强度次之，对顺纹抗压强度影响较小。裂纹、腐蚀、虫害等疵病，会造成木材构造的不连续或破坏其组织，因此严重影响木材的力学性质，有时甚至使木材完全失去使用价值。

8.3　木材在建筑工程中的应用

8.3.1　木材的优良特性

木材是传统的建筑材料，在古代建筑和现代建筑中都得到了广泛应用。目前市场上虽然已出现许多新型建筑结构材料和装饰材料等，但木材因其独特性，特别是木质产品和装饰品会给人一种独特的、舒适优美的感觉，至今仍然无法用其他材料代替。

木材具有下列主要的优良特性：

(1) 质量轻、强度高。木材的表观密度一般为 $550\,kg/m^3$ 左右，但其顺纹抗拉强度和抗弯强度均在 100 MPa 左右，因此木材比强度高，属轻质高强材料，具有很高的使用价值，可用作结构材料。

(2) 弹性和韧性好。木材具有较好的弹性和韧性，能承受较大的冲击荷载和振动作用。

(3) 导热系数小。木材为多孔结构的材料，孔隙率可达 50%，而导热系数一般为 0.30 W/(m·K)左右，故具有良好的保温隔热性能。

(4) 装饰性好。木材具有美丽的天然纹理，用作室内装饰，给人以自然、高雅、舒适之感。

(5) 耐久性好。木材具有较好的耐久性。木材完全浸入水中，会因缺空气而不易腐朽；木材完全干燥，亦因缺水分而不易腐朽。但木材在干干湿湿的环境中很快就腐朽了。因此民间谚语称木材："干千年，湿千年，干干湿湿两三年。"

(6) 材质较软。木材易于进行锯、刨、雕刻等加工，可制作成各种造型、线型、花饰的构件与制品，而且安装施工方便。

当然，木材也具有一定的缺点，如各向异性、胀缩变形大、易腐蚀、易燃烧、天然疵病多等，但如果采取相应措施，则可减少对使用的影响。

8.3.2　木材在建筑中的应用

木材在建筑中的应用主要表现在以下几个方面：

1．在结构中的应用

木材在结构中主要用作构架、屋架，可用于古建筑门窗、地板、天花板、木模板和木桩等。

2．木装修和木装饰的应用

(1) 条木地板：由龙骨、水平撑和地板三部分组成。双层者面层多为硬木板，龙骨和水平撑组成木阁栅，有空铺和实铺两种。多采用实铺单层。其优点是舒适、美观。

条木拼缝做成企口或错口，一般采用调和漆，也可用清漆。

(2) 拼花木地板：分为单层和双层，面层均为硬木板层，一般带企口，可组成花纹。其铺设是从房屋中间开始，铺设前要进行挑选，采用清漆处理。

(3) 护壁板：又称木台度，可采用木板、企口条板、胶合板等制作，其下墙面要做防潮层，涂层用清漆。

(4) 木花格：多用于室内花窗、隔断、博古架。

(5) 旋切微薄木：主要用于高级建筑室内以及高级家具的制作。

(6) 木装饰线条：主要用于楼梯扶手、压边线、墙腰线、天花脚线等，一般用材质较好的树材加工。

3．木材的综合利用

现在市场上常用的木材有人造板和改性木材。

1) 人造板

常用的人造板有以下几种：

(1) 胶合板。胶合板是由木段旋切成单板或由木方刨切成薄木，再用胶黏剂胶合而成的三层或多层的板状材料；通常用奇数层单板，并使相邻层单板的纤维方向互相垂直胶合。以木材为主要原料生产的胶合板，由于其结构的合理性和生产过程中的精细加工，可大体上克服木材的缺陷，大大改善和提高木材的物理、力学性能。胶合板可充分合理地利用木材、改善木材的性能。

胶合板的分类：一类胶合板为耐气候、耐沸水胶合板，具有良好的耐久、耐高温性能，且能蒸汽处理的优点；二类胶合板为耐水胶合板，能在冷水中浸渍和热水中短时间浸渍；三类胶合板为耐潮胶合板，能在冷水中短时间浸渍，适于室内常温下使用，以及家具和一般建筑用途；四类胶合板为不耐潮胶合板，适于在室内常态下使用，主要是一般用途的胶合板，其所用树种有椴木、水曲柳、桦木、榆木、杨木等。

目前常用的胶合板有装饰单板贴面胶合板、竹胶合板模板、预应力竹条胶合板等。

(2) 纤维板。纤维板是将刨花、树枝等废材粉碎、研磨制成木纤维浆，再加入胶结材料，经热压而成的。

纤维板是由木质纤维素纤维交织成型并利用其固有的胶黏性能制成的人造板。其制造过程中可以施加胶黏剂和(或)添加剂。它具有材质均匀、纵横强度差小、不易开裂等优点。其缺点是背面有网纹，造成板材两面表面积不等，吸湿后因产生膨胀力差异而使板材翘曲变形；硬质板材表面坚硬，钉钉困难，耐水性差。而干法纤维板虽然避免了某些缺点，但成本较高。

纤维板用途广泛。制造 $1 m^3$ 纤维板约需 $2.5 m^3 \sim 3 m^3$ 的木材，可代替 $3 m^3$ 锯材或

5 m³ 原木。大力发展纤维板是木材资源综合利用的有效途径。

(3) 木丝板、木屑板、刨花板。木丝板、木屑板、刨花板属于型压板的一种，是将天然木材加工剩下的木丝、木屑、刨花等，经干燥、加胶黏剂拌和后压制而成的，分为低密度板、中密度板和高密度板。它具有抗弯和抗冲击强度高、表面细密均匀、防水性能好等优点，可用作室内隔板、天花板等。

(4) 细木工板。细木工板俗称大芯板，是由两片单板中间胶压拼接木板而成的，是特殊的胶合板。其加工过程为：中间木板由优质天然的木板经热处理(即烘干室烘干)以后，加工成一定规格的木条，再由拼板机拼接而成；拼接后的木板两面各覆盖两层优质单板，再经冷、热压机胶压后制成。与刨花板、中密度纤维板相比，其天然木材特性更适应人们的要求。它具有质轻、易加工、握钉力好、不变形等优点，是室内装修和制作高档家具的理想材料。

2) 改性木材

改性木材主要有以下几种：

(1) 层积木。层积木是将薄木片用合成树脂溶液浸透，再叠放在一起加热、加压而成的。层积木具有很高的耐磨性，可代替硬质合金使用，也是一种结构性的原木产品。这种木制品的属性使得其频繁用作具有吸引力的建筑和结构材料。

层积法是一种有效使用高强度、有规格限制锯木的方法，它可以制造出各种形状和尺寸的大结构构件。层积木用于柱和梁，而且经常用于同时承受弯曲力和应力的弯曲构件，也用于建筑物结构因建筑特点而需外露的构件。

(2) 压缩木。压缩木是将木材直接进行高温、高压处理或用 20%的酚醛树脂酒精溶液浸渍后，再进行高温、高压处理的改性木材。压缩木是木材通过热压处理而制成的一种质地坚硬，密度大、强度高的强化处理材料。早在 20 世纪初德国和美国就有了木材压缩产品和关于制造压缩木的专利；在 1932 年苏联就已经制定出炉中加热压缩法(简称干法)和蒸煮压缩法(简称湿法)工艺；20 世纪 50 年代末和 60 年代初我国也曾研制出煤矿用压缩木锚杆和纺织用压缩木木梭。发展至今，压缩木仍是一种新型木材。

木材压缩密实后，其组织构造和物理、力学性质发生了重大变化。随着压缩木密度的增加，其强度、冲击韧性和硬度呈直线关系增长，其耐磨性增加最快。但是当压缩程度超过一定值时，木材强度的增加便变得缓慢。在实际生产中，要根据压缩木的具体用途来确定压缩木的密度。压缩木的抗腐蚀能力并没有增加，但密实化减缓了微生物侵害的速度。具有优良物理、力学性能的压缩木可以代替硬阔叶树材，广泛应用于室内装饰、家具、建筑、纺织器材、器具柄和工具模型等。原木经过压缩整形后，年轮、木射线的形状、间距随着各个方向压缩程度的不同和压缩时树皮的存在与否而产生很大变化。如果用于刨切，可产生出各种各样具有不同纹理花纹的薄木。所以，压缩整形木还可用来制造薄木，用于木材表面装饰中。

8.3.3 木质地板

1. 实木地板

实木地板是以天然木材为原料，从面到底是同一树种加工而成的地板。由于选用的是天然材料，它始终保持着自然本色，不会产生污染，不易吸尘，是名副其实的绿色建材产品。根据《实木地板》(GB/T 15036—2009)的规定，实木地板按形状分为楔接、平接、仿古实木地板；按表面有无涂料分为涂饰、未涂饰实木地板；按表面涂饰类型分为漆饰、油饰实木地板。实木地板根据外观质量分为优等品、一等品、合格品三等。实木地板的长度、宽度、厚度分别不小于 250 mm、40 mm、8 mm，楔舌宽度不小于 3 mm。实木地板所用的树种有松木、落叶松、桦木、山枣、铁苏木、红苏木等。

2．实木复合地板

实木复合地板属于实木地板的换代产品。它是将优质实木锯切、刨切成表面板、芯板和底板单片，然后根据不同品种材料的力学原理将三种单片依照纵向、横向、纵向三维排列方法，用胶水粘贴起来，并在高温下压制成板，这就使木材的异向变化得到控制。其可分为三层实木复合地板、多层实木复合地板、细木工复合地板三大类，在居室装修中多使用三层实木复合地板。实木复合地板有实木地板美观自然、脚感舒适、保温性能好的长处，又克服了实木地板因单体收缩，容易起翘裂缝的不足，而且安装简便，一般情况下不用打龙骨，很受消费者喜爱。

3．强化木地板

强化木地板因价格便宜、易打理等优点已占得地板市场绝大多数份额。它的结构一般分为四层：表层为耐磨层，是含有三氧化二铝等耐磨材料的表层纸；第二层为装饰层，是电脑仿真制作的印刷纸；第三层为人造板基材，多采用高密度纤维板(HDF)、中密度纤维板(MDF)或特殊形态的优质刨花板；第四层为底层，是防潮平衡层，一般采用一定强度的厚纸在三聚氰胺或酚醛树脂中浸渍，可以阻隔来自于地面的潮气与水分，从而保护地板不受地面潮湿的影响，进一步强化了底层的防潮和平衡功能。

4．竹地板

竹地板是以天然优质竹子为原料，经过二十几道工序，脱去竹子原浆汁，经高温、高压拼压，再经过三层油漆，最后经红外线烘干而成的。竹地板按其加工处理方式可分为本色竹地板和碳化竹地板。本色竹地板保持了竹材原有的色泽，而碳化竹地板的竹条要经过高温、高压的碳化处理，使竹片的颜色加深，并使竹片的色泽均匀一致。

5．软木地板

软木地板实际上不是用木材加工成的地板，而是以栎树(橡树)的树皮为原料，经过粉碎、热压而成板材，再通过机械设备加工而成的。软木地板被称为"地板的金字塔尖消费"。它有其特殊的适用场合，如宾馆、图书馆、医院、托儿所、计算机房、播音室、会议室、练功房及有老人和孩子的家庭场所。

8.4 木材的防腐与防火

木材的人工处理主要包括干燥、防腐、阻燃及防火。防火处理主要是使用防火涂料在木材表面涂敷或浸注，在火焰或高温下，这些涂料或膨胀，或形成海绵状隔热层，或生成大量灭火性气体，从而达到抑止燃烧、延缓蔓延的作用。防火涂料分为溶剂型与水乳型两大类，包括多种型号，分别适用于不同的场所。

防腐主要是破坏腐朽菌生存与繁殖的条件。其常用方法是：干燥至含水率 20% 以下，或用氟化钠、氯化锌及林丹五氯酚等防腐剂涂刷或浸渍处理。

8.4.1　木材的腐朽

木材的腐朽为真菌侵害所致。真菌分霉菌、变色菌和腐朽菌三种，前两种真菌对木材影响较小，而腐朽菌影响很大。腐朽菌寄生在木材的细胞壁中，能分泌出一种酵素，把细胞壁物质分解成简单的养分，供自身摄取生存，从而致使木材腐朽并彻底破坏。真菌在木材中生存和繁殖必须具备三个条件，即适量的水分、空气(氧气)和适宜的温度。温度低于 5℃ 时，真菌停止繁殖，而高于 60℃ 时，真菌则死亡。

根据木材腐朽的原因，通常防止木材腐朽的措施有以下两种：

1. 破坏真菌生存的条件

破坏真菌生存条件最常用的办法是使木结构、木制品和储存的木材经常处于通风干燥的状态，并对木结构和木制品表面进行油漆处理。油漆涂层既使木材隔绝了空气，又隔绝了水分。

2. 把木材变成有毒的物质

将化学防腐剂注入木材中，则真菌无法寄生。木材防腐剂种类很多，一般分为水溶性防腐剂、油质防腐剂和膏状防腐剂三类。水溶性防腐剂常用品种有氯化锌、氟化钠、硅氟酸钠、硼铬合剂、硼酚合剂、铜铬合剂、氟砷铬合剂等。水溶性防腐剂多用于室内木结构的防腐处理。油质防腐剂常用的有煤焦油、混合防腐油、强化防腐油等。油质防腐剂色深、有恶臭，常用于室外木构件的防腐。膏状防腐剂由粉状防腐剂、油质防腐剂、填料和胶结料(煤沥青、水玻璃等)按一定比例混合配制而成，用于室外木材的防腐。

8.4.2　木材的防火

1. 木材的可燃性

木材是国家建设和人们生活中重要的物质资源之一。木材属木质纤维材料，易燃烧，是具有火灾危险性的有机可燃物。

2. 木材燃烧及阻燃机理

木材在热的作用下要发生热分解反应，且随着温度的升高，热分解加快。当温度高至 220℃ 以上达木材燃点时，木材燃烧放出大量可燃气体；这些可燃气体中有着大量高能量的活化基，而活化基氧化燃烧后继续放出新的活化基，如此形成一种燃烧链反应；于是火焰在链状反应中迅速传播，越烧越旺，此称为气相燃烧。在实际的火灾中，木材燃烧温度可高达 800℃～1300℃。

所谓木材的防火，就是将木材经过具有阻燃性能的化学物质处理后，变成难燃的材料，使其遇小火能自熄，遇大火能延缓或阻滞燃烧蔓延，从而赢得扑救的时间。

3. 阻止和延缓木材燃烧的途径

根据燃烧机理，阻止和延缓木材燃烧的途径通常有以下几种：

(1) 抑制木材在高温下的热分解。实践证明，某些含磷化合物能降低木材的热稳定性，使其在较低温度下即发生分解，从而减少可燃气体的生成，抑制气相燃烧。

(2) 阻滞热传递。实践发现，一些盐类，特别是含有结晶水的盐类，具有阻燃作用。例如含结晶水的硼化物、含水氧化铝和氢氧化镁等，遇热后吸收热量而放出水蒸气，从而减少了热量传递。磷酸盐遇热缩聚成强酸，使木材迅速脱水碳化，而木炭的导热系数仅为木材的 $1/2 \sim 1/3$，从而有效地抑制了热的传递。同时，磷酸盐在高温下形成的玻璃状液体物质覆盖在木材表面，也起到了隔热层的作用。

(3) 稀释木材燃烧面周围空气中的氧气和热分解产生的可燃气体，增加隔氧作用。如采用含结晶水的硼化物和含水氧化铝等，遇热放出的水蒸气，能稀释氧气及可燃气体的浓度，从而抑止了木材的气相燃烧，而磷酸盐和硼化物等在高温下形成玻璃状覆盖层，则阻滞了木材的固相燃烧。

思考与练习

1. 解释名词：
(1) 自由水；(2) 吸附水；(3) 纤维饱和点；(4) 平衡含水率；(5) 标准含水率。
2. 木材含水率的变化对其强度有何影响？
3. 影响木材强度的主要因素有哪些？
4. 试说明木材腐朽的原因。有哪些方法可以防止木材腐朽？
5. 一块松木试件长期置于相对湿度为 60%、温度为 20℃ 的空气中，其平衡含水率为 14%，测得其顺纹抗压强度为 45 MPa。求此木材在标准含水率情况下的抗压强度和当含水率为 45% 时的抗压强度。
6. 改性木材有哪些特点？

第 9 章　建筑功能材料

教学提示　随着人们对建筑物等土木工程质量要求的不断提高，建筑功能材料也备受关注。建筑功能材料对改善工程的使用功能，优化人们的生活环境起着重要作用。本章主要以"防水材料—绝热材料—吸声材料—隔音材料—防火材料"为主线，介绍建筑功能材料的特点、种类及应用。防水材料为本章重点内容。

教学要求　掌握防水材料(沥青、防水卷材、防水涂料等)的特点、技术性能及选用；了解绝热材料、吸声材料、隔音材料、防火材料的品种特点、使用范围；熟悉常用各种功能材料的技术性能；培养在实际工程中合理、正确应用各种功能材料的能力。

建筑功能材料主要包括防水材料、绝热材料、吸声材料、隔音材料和防火材料。

9.1　防　水　材　料

9.1.1　沥青

沥青是由不同分子量的碳氢化合物及其非金属衍生物组成的黑褐色复杂混合物，呈液态、半固态或固态，是一种憎水性的防水、防潮和防腐的有机胶凝材料。

沥青具有良好的不透水性、黏结性、抗冲击性、隔潮防水性、耐化学腐蚀性及电绝缘性等，在建筑工程的地下防潮、防水、屋面防水、卫生间防水等，以及铺筑路面、木材防腐、金属防锈等工程中大量使用。由于沥青混凝土路面平整性好、行车平稳舒适、噪音低，许多国家在建设高速公路时都优先采用。

沥青按产源分为地沥青和焦油沥青。地沥青包括天然沥青和石油沥青。天然沥青储藏在地下，有的形成矿层或在地壳表面堆积，这种沥青大都经过天然蒸发、氧化，一般已不含有任何毒素。石油沥青是原油蒸馏后的残渣。焦油沥青包括煤沥青、木沥青和页岩沥青。

目前常用的沥青主要有石油沥青、煤沥青、乳化沥青和改性沥青四种。

1. 石油沥青

石油沥青是原油蒸馏后的残渣。根据提炼程度的不同，它在常温下成液体、半固体或固体。石油沥青色黑而有光泽，具有较高的感温性。由于它在生产过程中曾经蒸馏至400℃以上，因而所含挥发成分甚少，但仍可能有高分子的碳氢化合物未经挥发出来，这些物质或多或少对人体健康都是有害的。

1) 石油沥青的组分

石油沥青是由多种高分子碳氢化合物及其非金属(主要为氧、硫、氮等)衍生物组成的复杂混合物。通常从使用角度出发，将沥青中化学成分和物理力学性质相近的成分划分为若干个组，这些组就称为"组分"。沥青中各组分含量的多寡与沥青的技术性质有着直接的关系。

(1) 油分。油分为淡黄色至红褐色的油状液体，可溶于大部分溶剂，不溶于酒精，是沥青中分子量最小和密度最小的组分。在石油沥青中，其分子量为100~500，碳氢比为0.5~0.7，密度为0.7 g/cm³~1.0 g/cm³，油分的含量为40%~60%。油分赋予沥青以流动性，因此是决定沥青流动性的组分。油分多，流动性大，而黏性小，温度感应性大。

(2) 树脂。树脂又称沥青脂胶，为黄色至黑褐色黏稠状物质，熔点低于100℃。其分子量为600~1000，比油分大，碳氢比为0.7~0.8，密度为1.0 g/cm³~1.1 g/cm³，油分的含量为15%~30%。在石油沥青中，树脂的含量为15%~30%，使石油沥青具有良好的塑性和黏结性。

(3) 地沥青质。地沥青质为深褐色至黑色固态无定形的超细颗粒固体粉末，加热后不溶解，而分解为坚硬的焦炭，使沥青带黑色。其分子量为1000~6000，比树脂的大得多，碳氢比为0.8~1.0，密度为1.1 g/cm³~1.5 g/cm³，不溶于汽油，但能溶于二硫化碳和四氯化碳中。地沥青质是决定石油沥青温度敏感性和黏性的重要组分。沥青中的地沥青质含量为5%~30%，其含量越多，则软化点越高，黏性越大，也越硬脆。

此外，石油沥青中还含有2%~3%的沥青碳和似碳物，为无定形的黑色固体粉末。它是在高温裂化、过度加热或深度氧化过程中脱氢而生成的，是石油沥青中分子量最大者，会降低石油沥青的黏结性。

石油沥青中还含有蜡，它会降低石油沥青的黏结性和塑性，同时对温度特别敏感(即温度稳定性差)，所以是石油沥青中的有害成分。

沥青防水工程和沥青路面工程中，都对沥青的含蜡量有限制。由于测定方法不同，所以对蜡的限制值也不一致，其范围为2%~4%。《公路沥青路面施工技术规范》(JTGF 40—2004)中规定，蒸馏法测得的含蜡量应不大于3%。

2) 石油沥青的技术性质

(1) 黏性(黏滞性)。沥青的黏性是沥青在外力或自重的作用下抵抗变形的能力。黏性的大小，反映了胶团之间吸引力的大小，实际上反映了胶体结构的密实程度。

沥青的黏性通常是用试验测出的相对黏性值来表示的。对于在常温下呈固体或半固体沥青的黏性用针入度表示。黏度和针入度是划分沥青牌号的主要指标。液态石油沥青的黏滞性用黏度表示。

黏度是液体沥青在一定温度(25℃或60℃)条件下，经规定直径(3.5 mm或10 mm)的孔，漏下50 mL所需要的秒数。其测定方法如图9-1所示。黏度常以符号C_t^d表示，其中d为孔径(mm)，t为试验时沥青的温度(℃)。C_t^d代表在规定的d和t条件下所测得的黏度值：黏度值大

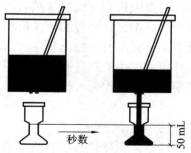

图9-1 黏度测定方法

时，表示沥青的稠度大。石油沥青黏度的大小取决于组分的相对含量，如地沥青质含量较高，则黏性大；同时也与温度有关，随着温度的升高，黏性下降。

针入度是指在温度为 25℃的条件下，以质量 100 g 的标准针，经 5 s 沉入沥青中的深度 (0.1 mm 称 1°)。针入度的测定方法如图 9-2 所示。针入度值大，说明沥青流动性大，黏性差。针入度范围一般为(5～200)度。

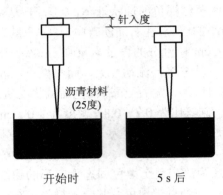

图 9-2　针入度测定方法

(2) 沥青的塑性。塑性指石油沥青在外力作用下产生变形而不破坏，除去外力后仍能保持变形后形状的性质。

沥青的塑性用延度(延伸度)来表示。延度是将沥青试样制成 8 字形标准试件(最小断面为 1 cm)，在规定条件下(25℃的液体中，以 5 cm/min 的速度拉伸)，沥青试件被拉断时伸长的数值(以 cm 计)。其测定方法如图 9-3 所示。延度愈大，沥青的塑性愈大，防水性愈好。

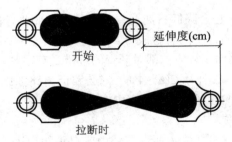

图 9-3　延伸度测定方法

沥青中树脂或胶质含量高，则沥青的塑性较大。蜡的含量以及饱和蜡和芳香蜡的比例增大等，都会使沥青的延度值相对降低。温度升高时，沥青的塑性增大。塑性小的沥青在低温或负温下易开裂。塑性大的沥青能随建筑物的变形而变形，不致开裂。塑性大的沥青在开裂后，由于其特有的黏、塑性，裂缝会自行愈合，即塑性大的沥青具有自愈性。沥青的塑性是沥青作为柔性防水材料的原因之一。

(3) 温度敏感性。温度敏感性是指沥青的黏性和塑性随温度变化而改变的程度，又称温度感应性(简称感温性)。

通常采用硬化点和滴落点来表示温度敏感性。沥青材料在硬化点至滴落点之间的温度阶段，是一种黏滞流动状态。在工程实用中，为保证沥青不致由于温度升高而产生流动状态，因此取液化点与固化点之间温度间隔的 87.21%作为软化点。

软化点的数值随采用仪器的不同而异，我国现行试验方法《沥青软化点测定(环球法)》(GB/T 4507—2014)和《公路工程沥青及沥青混合料试验规程》(JTG E20—2011)采用的是环球法软化点。该法是将沥青试样注于内径为 19.8 mm 的铜环中，环上置一直径为 95 mm、质量为 3.5 g 的钢球，在规定的加热速度(5℃/min)下进行加热，沥青试样逐渐软化，直至在钢球荷重作用下，产生 25.4 mm 的挠度，这时的温度(以℃计)就称为软化点。软化点高则沥青的温度敏感性低。

在建筑防水工程中，特别是用于屋面防水的沥青材料，为了避免温度升高，发生流淌，或温度下降发生硬脆，应优先使用温度敏感性低的沥青。

(4) 大气稳定性。石油沥青的大气稳定性(耐久性)是指石油沥青在很多不利因素(如阳光、热、空气等)的综合作用下，性能稳定的程度。石油沥青在储运、加热和使用过程中，易发生一系列的物理化学变化，如脱氢、缩合、氧化等，从而变硬变脆。这一过程实际上是沥青中低分子组分向高分子组分转变，且树脂转变为地沥青质的速度比油分转变为树脂的速度快得多，即油分和树脂含量减少，而地沥青质含量增加。因此，沥青的塑性降低，黏性增大，逐步变得硬脆，从而开裂。这种现象称为沥青的"老化"。

石油沥青的大气稳定性(抗老化性)，用"蒸发损失率"和"针入度比"表示。蒸发损失率是将沥青试样加热至 160℃、恒温 5 小时测得蒸发前后的质量损失率。针入度比为上述条件下蒸发后与蒸发前针入度的比值。蒸发损失率越小，针入度比越大，则大气稳定性越好，老化越慢。

(5) 其他性质。

① 闪点：沥青加热至挥发的可燃气体遇火时闪光的最低温度。熬制沥青时加热的温度不应超过闪点。

② 燃点：沥青加热后，一经遇火，能一直燃烧下去的最低温度。

③ 老化：沥青是一种有机胶结材料，在常温下呈固体、半固体或液体的形态，颜色是褐色或黑褐色；若长期在露天堆放，颜色会逐渐变淡，失去表面光泽，并且出现皱纹、裂缝以及其他变化。

④ 耐蚀性：石油沥青具有良好的耐蚀性，对多数酸碱盐都具有耐蚀能力。但是，它可溶解于多数有机溶剂中，如汽油、苯、丙酮等，因此使用沥青和沥青制品时应予以注意。

3) 石油沥青的牌号

建筑石油沥青、道路石油沥青、普通石油沥青以及防水防潮石油沥青的牌号主要根据针入度、延度、软化点等划分，并用针入度值表示。

按针入度可将石油沥青划分为以下几个牌号：道路石油沥青有 200 号、180 号、140 号、100 号、60 号五个牌号；建筑石油沥青有 40 号、30 号、10 号三个牌号；普通石油沥青牌号有 75 号、65 号、55 号等；防水防潮石油沥青的牌号有 3 号、4 号、5 号、6 号。各牌号沥青的技术要求须满足《建筑石油沥青》(GB/T 494—2010)、《道路石油沥青》(NB/SH/T 0522—2010)等标准的要求。同种石油沥青中，牌号愈大，针入度(黏性愈小)和延度愈大(塑性愈大)；软化点愈低(温度敏感性愈大)，使用寿命愈长。

道路石油沥青、建筑石油沥青、防潮防水石油沥青和普通石油沥青的技术要求应满足表 9-1～表 9-3 的要求。

表 9-1　道路石油沥青的技术要求

项　　目	质　量　指　标					试验要求
	200 号	180 号	140 号	100 号	60 号	
针入度(25℃，100 g，5 s)/(1/10 mm)	200～300	150～200	110～150	80～100	50～80	GB/T 4509
延度(25℃)(cm)≥	20	100	100	90	70	GB/T 4508
软化点(℃)	30～48	35～48	38～51	42～55	45～58	GB/T 4507
溶解度(%)≥	99.0					GB/T 11148
闪点(开口)(℃)	180	200	230			GB/T 267
密度(25℃)(g/cm³)≥	报告					GB/T 8928
蜡含量(%)≤	4.5					SH/T 0425
薄膜烘箱试验(163℃，5 h)						
质量变化(%)	1.3	1.3	1.3	1.2	1.0	GB/T 5304
针入度比(%)	报告					GB/T 4509
延度(25℃)(cm)	报告					GB/T 4508

注：(1) 如 25℃时延度达不到，而 15℃时延度达到，也认为是合格的，指标要求与 25℃时延度一样。

(2) GB/T 267——石油产品闪点与燃点测定法(开口杯法)；

GB/T 4507——沥青软化点测定法(环球法)；

GB/T 4508——沥青延度测定法；

GB/T 4509——沥青针入度测定法；

GB/T 5304——石油沥青薄膜烘箱试验法；

GB/T 8928——石油沥青比重和密度测定法；

GB/T 11147——石油沥青取样法；

GB/T 11148——石油沥青溶解度测定法；

SH/T 0425——石油沥青蜡含量测定法。

表 9-2　建筑石油沥青的技术要求

项　　目	质　量　指　标			试验要求
	10 号	30 号	40 号	
针入度(25℃，100 g，5s)/(1/10 mm)	10～25	26～35	36～50	GB/T 4509
针入度(46℃，100 g，5s)/(1/10 mm)	报告	报告	报告	
针入度(0℃，200 g，5 s)/(1/10 mm)≥	3	6	6	
延度(25℃，5 cm/min)(cm)≥	1.5	2.5	3.5	GB/T 4508
软化点(环球法)(℃)≥	95	75	60	GB/T 4507
溶解度(三氯乙烯)(%)≥	99.0			GB/T 11148
蒸发后质量变化(163℃，5 h)(%)≤	1			GB/T 11964
蒸发后 25℃针入度比(%)≥	65			GB/T 4509
闪点(开口杯法)(℃)≥	260			GB/T 267

注：(1) 报告应为实测值。

(2) 测定蒸发损失后样品的 25℃针入度与原 25℃针入度之比乘以 100 后，所得的百分比称为蒸发后针入度比。

(3) GB/T 11964——石油沥青蒸发损失测定法。

表 9-3　防潮防水石油沥青和普通石油沥青的技术要求

项　目	防潮防水石油沥青质量指标				普通石油沥青质量指标		
	3 号	4 号	5 号	6 号	75 号	65 号	55 号
针入度(25℃，100 g，5 s)/(1/10 mm)	25～45	20～40	20～40	30～50	75	65	55
延度(25℃)(cm)＞	—	—	—	—	2	1.5	1
软化点(环球法)(℃)＞	85	90	100	95	60	80	100
针入度指数＞	3	4	5	6	—	—	—
溶解度(三氯乙烯、三氯甲烷或苯)(%)＞	98	98	95	92	98	98	98
蒸发损失(160℃，5h)(%)≤	1	1	1	1	—	—	—
闪点(开口)(℃)＞	250	270	270	270	230	230	230
脆点(℃)＜	−5	−10	−15	−20	—	—	—

4) 石油沥青的生产方法

(1) 蒸馏法。该方法是将原油经常压蒸馏分出汽油、煤油、柴油等轻质馏分，再经减压蒸馏(残压 10 mmHg～100 mmHg)分出减压馏分油，余下的残渣符合道路沥青规格时就可以直接生产出沥青产品。所得沥青也称直馏沥青，是生产道路沥青的主要方法。

(2) 溶剂沉淀法。非极性的低分子烷烃溶剂对减压渣油中的各组分具有不同的溶解度，利用溶解度的差异可以实现组分分离，因而可以从减压渣油中除去对沥青性质不利的组分，生产出符合规格要求的沥青产品，这就是溶剂沉淀法。

(3) 氧化法。氧化法是在一定范围的高温下向减压渣油或脱油沥青中吹入空气，使其组成和性能发生变化，所得的产品称为氧化沥青。

(4) 调合法。调合法是将由同一原油构成沥青的四种组分按质量要求所需的比例重新调合，所得的产品称为合成沥青或重构沥青。

(5) 乳化法。沥青和水的表面张力差别很大，在常温或高温下都不会混溶。但是当沥青经高速离心、剪切、冲击等机械作用，成为粒径为 0.1 μm～5 μm 的微粒并分散到含有表面活性剂(乳化剂和稳定剂)的水介质中时，由于乳化剂能定向吸附在沥青微粒表面，因而降低了水与沥青的界面张力，使沥青微粒能在水中形成稳定的分散体系，这就是水包油的乳状液。这种分散体系呈茶褐色，沥青为分散相，水为连续相，常温下具有良好的流动性。从某种意义上说，乳化沥青是用水来"稀释"沥青，因而改善了沥青的流动性。

5) 建筑工程中石油沥青的选用、储备及掺配

(1) 石油沥青的选用。石油沥青的选用应根据工程性质与要求(防腐、房屋、道路等)、使用部位、环境条件等，在满足使用条件的前提下，选用牌号较大的石油沥青，以保证使用寿命较长。

建筑工程，特别是屋面防水工程中，应防止沥青因软化而流淌。由于夏日太阳的直射，屋面沥青防水层的温度会高于环境温度 25℃～30℃。为避免夏季时流淌，所选沥青的软化点应高于屋面温度 20℃～25℃，并适当考虑屋面的坡度。

建筑石油沥青的黏性较大，温度敏感性较小，塑性也较小，主要用于生产或配制屋面

与地下防水、防腐蚀等工程用的各种沥青防水材料(油毡、玛碲脂等)。

防水防潮石油沥青的温度稳定性较好，特别适合用作油毡的涂覆材料及屋面与地下防水的黏结材料。

道路石油沥青牌号较多，主要用于道路路面或车间地面等工程。道路石油沥青多用于配制沥青砂浆、沥青混凝土等。

(2) 石油沥青的储备。沥青在生产和使用过程中需要在储罐内保温储存。石油沥青运到工地以后，应按产地和牌号分开保管在四周通风并有防雨屋盖的凉棚内，以免受大气、雨水和阳光等影响。

(3) 石油沥青的掺配。在选用沥青牌号时，由于生产和供应的局限性，或现有沥青不能满足要求，可按使用要求，进行沥青的掺配，从而得到满足技术要求的沥青。进行沥青掺配时，按下列公式计算掺配比例：

$$P_1 = \frac{T - T_2}{T_1 - T_2} \times 100\% \tag{9-1}$$

$$P_2 = 100 - P_1 \tag{9-2}$$

式中：P_1——高软化点沥青的用量(%)。

P_2——低软化点沥青的用量(%)。

T_1——高软化点沥青的软化点(℃)。

T_2——低软化点沥青的软化点(℃)。

T——要求达到的软化点(℃)。

根据计算出的掺配比例及其 ±(5%～10%)的邻近掺配比例，分别进行不少于三组的试配试验，绘制出掺配比例与软化点曲线，从曲线上确定实际的掺配比例。

2. 煤沥青

煤沥青的全称为煤焦油沥青，是煤焦油(煤焦燃料油)蒸馏提取馏分(如轻油、酚油、萘油、洗油和蒽油等)后的残留黑色物质。煤焦油是生产炼铁用冶金焦或生产民用煤气时，作为煤高温干馏的副产物得到的。

1) 煤沥青的性质

煤沥青的组分主要有游离碳(固态碳质微粒)、硬树脂(类似石油沥青中的地沥青质)、软树脂(类似石油沥青中的树脂)及油分(液态碳氧化合物)，包括难挥发的蒽、菲、芘等，这些物质具有毒性；由于这些成分的含量不同，煤沥青的性质也因此不同。

煤沥青与石油沥青相比，有如下特点：

(1) 煤沥青的密度大，一般为 1.1 g/cm³～1.26 g/cm³，沸点小于 470℃，闪点为 204.4℃，引燃温度为 485℃；在室温下为黑色脆性块状物，有光泽。

(2) 塑性差。由于其含有较多的自由碳和硬树脂，受力后易开裂，尤其在低温下易硬脆。

(3) 温度敏感性高。由于其组分中所含可溶性树脂多，由固态或黏稠态转变为黏流态(或液态)的温度间隔较小，夏天易软化流淌，冬天易脆裂。

(4) 大气稳定性差。由于含有不饱和芳香烃，它在周围介质(热、光、氧气等)的作用下，老化较快。

(5) 黏附力较强。因为其所含表面活性物质较多，所以对矿料表面的黏附力较强。

(6) 熔融时易燃烧，属二级易燃固体。

(7) 有毒、有臭味，但防腐能力强。

(8) 不溶于水，不溶于丙酮、乙醚、稀乙醇，但溶于二硫化碳、四氯化碳等，且能溶解氢氧化钠。

2) 煤沥青的用途及鉴别方法

煤沥青一般用于地下泄水工程和防腐工程，以及道路用沥青混凝土，亦可作燃料及沥青炭黑的原料。因含有有毒物质，施工中要遵守有关操作规定，防止中毒。

石油沥青和煤沥青不能混合使用，它们的制品也不能相互粘贴或直接接触，否则易发生分层、成团，失去胶凝性，造成无法使用或防水效果下降的后果。其鉴别方法如表 9-4 所示。

表 9-4　煤沥青与石油沥青的简易鉴别方法

鉴别方法	石 油 沥 青	煤 沥 青
密度法	密度近似为 1.0 g/cm³	密度大于 1.10 g/cm³
锤击法	声哑，有弹性、韧性感	声脆，韧性差
燃烧法	烟无色，基本无刺激性臭味	烟呈黄色，有刺激性臭味
溶液比色法	用 30～50 倍汽油或煤油溶解后，将溶液滴于滤纸上，斑点呈棕色	溶解方法同左。斑点有两圈，内黑外棕

3. 乳化沥青

乳化沥青是微小(大约 16 μm)的沥青颗粒均匀分散在含有乳化剂的水溶液中，所得到的稳定的悬浮体。它是常温下黏度很低、流动性很好的一种建筑材料。它可以在常温下使用，也可以和冷的、潮湿的石料一起使用，为冷施工创造了条件。当乳化沥青破乳凝固时，还原为连续的沥青并且水分完全排除掉，道路材料的最终强度才能形成。

在众多的道路建设中，乳化沥青提供了一种比热沥青更为安全、节能和环保的工艺，避免了高温操作、加热和有害物质的排放。

1) 乳化沥青的组成

乳化沥青主要是由沥青、乳化剂、稳定剂和水等组分组成的。

2) 乳化沥青的成膜及其性质、特点

(1) 乳化沥青的成膜。乳化沥青的成膜可分为两个阶段，一是水分蒸发，乳化沥青的乳液结构破坏，沥青微粒相互靠拢；二是由于沥青微粒的靠拢，微粒间接触面积增大，沥青微粒逐渐形成连续相而成膜。成膜速度主要与空气的温度、湿度、风速、基层的干燥情况等有关；另外，与沥青微粒的大小也有关，微粒愈小，成膜愈快。

(2) 乳化沥青的性质、特点。冷态施工具有节能、降耗、安全、环保的特点，并且较少受到气候条件的制约；应用范围广，几乎触及道路新建和维护、养护施工中的各种路面结构；便于控制撒布质量，具有很好的贯入渗透能力和黏附能力，能有效地提高道路质量；避免了多次重复加热，降低了对沥青质量的损失。

3) 乳化沥青的应用

乳化沥青可在常温下施工，主要用于普通防水工程。采用化学乳化剂的乳化沥青还可代替冷底子油。乳化沥青也用于粘贴玻璃纤维网，拌制沥青砂浆和混凝土等。

乳化沥青常用于道路的升级与养护，如石屑封层；还有多种独特的、其他沥青材料不可替代的应用，如冷拌料、稀浆封层。乳化沥青亦可用于新建道路施工，如粘层油、透层油等。

4. 改性沥青

建筑上使用的沥青必须具有一定的物理性质和黏附性，即在低温下应有弹性和塑性，在高温下要有足够的强度和稳定性，在加工和使用过程中具有抗老化能力，还应对各种矿物料和结构表面有较强的黏附力，对构件变形有较好的适应性和耐疲劳性等。而普通石油沥青的性能是难于满足上述要求的。为此，常用树脂、橡胶和矿物填料等对沥青进行改性。含有橡胶、树脂和矿物填料等的沥青通称为改性沥青。

1) 改性沥青的特点

(1) 耐高温，抗低温，适应性强。

(2) 韧性好，抗疲劳，可增大路面承载能力。

(3) 抗水、油和紫外线辐射，可延缓老化。

(4) 性能稳定，使用寿命长，可降低养护费用。用它铺设的路面有良好的耐久性、抗磨性，可实现高温不软化、低温不开裂。

2) 改性沥青的种类

(1) 矿物填料改性沥青。在沥青中加入一定数量的矿物填充料，可以提高沥青的黏性和耐热性，降低沥青的温度敏感性。它主要适用于生产沥青胶。

(2) 树脂改性沥青。用树脂对沥青进行改性，可以改善沥青的低温柔韧性、耐热性、黏结性、不透气性及抗老化能力。用于沥青改性的合成树脂主要有 PVC、APP、SBS 等，有时也用 PE、古马隆树脂等。

(3) 橡胶改性沥青。橡胶是沥青的主要改性材料，这是因为沥青和橡胶的混溶性较好，可使沥青具有类似橡胶的很多优点，如在高温下变形小，低温下具有一定的柔韧性。常用的橡胶有天然橡胶、合成橡胶和再生橡胶，合成橡胶有氯丁橡胶，此外还可使用丁基橡胶、丁苯橡胶、丁腈橡胶等。

(4) 橡胶和树脂共混改性沥青。同时用橡胶和树脂来改善石油沥青的性质，可使沥青兼具橡胶和树脂的特性。

3) 改性沥青在工程中的应用

在道路工程方面，目前改性沥青主要用于机场跑道、防水桥面、停车场、运动场、重交通路面、交叉路口和路面转弯处等特殊场合的铺装。近年来，欧洲将改性沥青应用到公路网的养护和补强上，较大地推动了改性沥青的普遍应用。在房屋建筑工程中，改性沥青主要用于结构防水、防潮，以及制作各种防水、防潮材料，也可用作伸缩缝、地下防水的填充料、防腐材料等。

9.1.2　防水卷材

防水卷材是一种可卷曲的片状防水材料，主要适用于建筑墙体、屋面以及隧道、公路、垃圾填埋场等处，以抵御外界雨水、地下水渗漏。它主要分为沥青防水卷材、高聚物改性沥青防水卷材、合成高分子防水卷材。

1. 沥青防水卷材

沥青防水卷材是用原纸、纤维毡等胎体材料浸涂沥青，表面撒布粉状、粒状或片状材料制成的可卷曲的片状防水材料。

沥青防水卷材可分为有胎卷材和无胎卷材。凡是用厚纸或玻璃丝布、石棉布、棉麻织品等胎料浸渍石油沥青制成的卷状材料，称为有胎卷材；将石棉、橡胶粉等掺入沥青材料中，经碾压制成的卷状材料称为辊压卷材，即无胎卷材。有胎卷材包括油纸和油毡。

1) 有胎卷材

(1) 纸胎石油沥青油毡。油毡是以较高软化点的热熔沥青，涂敷油纸的两面，然后撒一层隔离材料(滑石粉或云母片)而制成的卷材。按撒布材料的不同，分别称为粉毡和片毡。它可分为石油沥青油毡和煤沥青油毡。在建筑工程中，煤沥青油毡已很少使用，特别是在屋面工程中。

根据《纸胎石油沥青油毡》(GB 326—2007)的标准，纸胎石油沥青油毡按卷重和物理性能分为Ⅰ型(卷重≥17.5千克/卷)、Ⅱ型(卷重≥22.5千克/卷)、Ⅲ型(卷重≥28.5千克/卷)，幅宽为1000 mm，每卷油毡的总面积为(20±0.3) m²。Ⅰ型、Ⅱ型油毡适用于辅助防水、保护隔离层、临时性建筑防火、防潮及包装等，Ⅲ型油毡适用于屋面工程的多层防水。

在外观质量上，成卷油毡应卷紧、卷齐，端面里进、外出不得超过10 mm；成卷油毡在10℃～45℃任一产品温度下展开，在距卷心1000 mm长度外不应有10 mm以上的裂纹和黏结；纸胎必须浸透，不应有未浸透的浅色斑点，不应有胎基外露和涂油不均；毡面不应有孔洞、硌伤、长度20 mm以上的疙瘩、浆糊状粉浆、水迹，不应有距卷心1000 mm以外长度100 mm以上的折纹、折皱，20 mm以内的边缘裂口，或长20 mm、深20 mm以内的缺边不应超过4处；每卷油毡中允许有1处接头，其中较短的一段不应少于2500 mm，接头应剪切整齐并加长150 mm，每批卷材中接头不应超过5%。

纸胎石油沥青油毡的物理力学性能应满足表9-5的要求。

表9-5 纸胎石油沥青油毡的物理力学性能

项 目		指 标		
		Ⅰ型	Ⅱ型	Ⅲ型
单位面积浸涂材料总量(g/m²)≥		600	750	1000
不透水性	压力(MPa)≥	0.02	0.02	0.10
	保持时间(min)≥	20	30	30
吸水率(%)≤		3.0	2.0	1.0
耐热度		(85±2)℃，2 h涂盖层无滑动、流淌和集中性气泡		
拉力(纵向)(N/50 mm)≥		240	270	340
柔度		(85±2)℃绕ϕ20 mm棒或弯板无裂纹		

注：本标准中，Ⅲ型产品的物理力学性能要求为强制性的，其余为推荐性的。

(2) 其他有胎卷材。有胎沥青防水卷材除纸胎外，还有玻纤胎、玻璃纤维胎、铝箔胎、聚酯胎、复合胎等。

2) 无胎卷材

无胎卷材既有以沥青为主体材料的沥青基卷材，也有橡胶基和树脂基卷材。它是将填充料、改性材料等添加剂掺入沥青材料或其他主体材料中，经混炼、压延或挤出成型而成的卷材。

2. 高聚物改性沥青防水卷材

改性沥青防水卷材是以改性沥青为浸涂材料，以聚酯毡、玻纤毡、黄麻布或聚氯乙烯膜为胎体，以片岩、彩色砂、矿物砂、合成膜或铝箔等为覆面材料制成的防水卷材。在改性沥青防水卷材中，目前以聚酯毡胎卷材的性能为最优，它具有较高的弹性和塑性。

1) 改性沥青聚乙烯胎防水卷材

改性沥青聚乙烯胎防水卷材是以改性沥青为基料，高密度聚乙烯膜为胎体，聚乙烯膜或铝箔为上表面覆盖材料，经滚压、水冷、成型制成的防水卷材。

根据《改性沥青聚乙烯胎防水卷材》(GB 18967—2009)的规定，改性沥青聚乙烯胎防水卷材按产品的施工工艺分为热熔型(T)和自粘型(S)两种。热熔型产品按改性剂的成分分为改性氧化沥青防水卷材(O)、丁苯橡胶改性氧化沥青防水卷材(M)、高聚物改性沥青防水卷材(P)、高聚物改性沥青耐根穿刺防水卷材(R)四种。热熔型卷材的上、下表面隔离材料为聚乙烯膜；自粘型卷材的上、下表面隔离材料为防粘材料。

改性沥青聚乙烯胎防水卷材的规格：热熔型厚度为 3.0 mm、4.0 mm，其中耐根穿刺卷材为 4.0 mm；自粘型厚度为 2.0 mm、3.0 mm；公称宽度为 1000 mm、1100 mm；每卷卷材的公称面积为 10 m^2、11 m^2。生产其他规格的卷材，可由供需双方协商确定。改性沥青聚乙烯胎防水卷材适用于非外露的建筑与基础设施的防水工程。

改性沥青聚乙烯胎防水卷材的主要物理力学性能应满足表 9-6 的规定。

表 9-6　改性沥青聚乙烯胎防水卷材的主要物理力学性能

项　目			指　标				
			T				S
			Q	M	P	R	M
不透水性			0.4 MPa，30 min 不透水				
耐热性(℃)			90				70
			无流淌，无起泡				无流淌，无起泡
低温柔性(℃)			−5	−10	−20	−20	−20
			无裂纹				
拉伸性能	拉力(N/50 mm)	纵向	200		400		200
		横向					
	断裂延伸率(%)	纵向	120				
		横向					
尺寸稳定性		℃	90				70
		(%)≤	2.5				
卷材下表面沥青涂盖层厚(mm)≥			1.0				—

项　　目		指　　标				
		T				S
		Q	M	P	R	M
剥离强度(N/mm) ≥	卷材与卷材	—				1.0
	卷材与铝板					1.5
钉杆水密性		—				通过
持粘性(min)≥						1.5
自粘沥青再剥离强度(与铝板)(N/mm²)≥		—				1.5
热空气老化	纵向拉力(N/50 mm)≥	200			400	200
	纵向断裂延伸率(%)≥	120				
	低温柔性(℃)	5	0	−10	−10	−10
		无裂纹				

2) 弹性体改性沥青防水卷材

弹性体改性沥青防水卷材是以聚酯毡或玻纤毡为胎基，苯乙烯-丁二烯-苯乙烯(SBS)热塑弹性体作改性剂，两面覆以隔离材料所制成的建筑防水卷材(简称 SBS 卷材)。

根据《弹性体改性沥青防水卷材》(GB 18242—2008)的标准，弹性体改性沥青防水卷材按胎基分为聚酯毡(PY)、玻纤毡(G)、玻纤增强聚酯毡(PYG)；按上表面隔离材料分为聚乙烯膜(PE)、细砂(S)、矿物粒料(M)；按下表面隔离材料分为细砂(S)、聚乙烯膜(PE)；按材料性能分为Ⅰ型和Ⅱ型。

弹性体改性沥青防水卷材的规格：卷材公称宽度为 1000 mm；聚酯毡卷材公称厚度为 3 mm、4 mm、5 mm；玻纤毡卷材公称厚度为 8 mm、4 mm；玻纤增强聚酯毡卷材公称厚度为 5 mm；每卷卷材的公称面积为 7.5 m²、10 m²、15 m²。

弹性体改性沥青防水卷材适用于工业与民用建筑的屋面和地下防水工程。玻纤增强聚酯毡卷材可用于机械固定单层防水，但需做抗风荷载试验；玻纤毡卷材适用于多层防水中的底层防水。外露使用时采用上表面隔离材料为不透明的矿物粒料的防水卷材。地下工程防水采用表面隔离材料为细砂的防水卷材。

弹性体改性沥青防水卷材的物理力学性能应符合《弹性体改性沥青防水卷材》(GB 18242—2008)的要求，如表 9-7 所示。

表 9-7　弹性体改性沥青防水卷材的物理力学性能

项　　目		指　　标				
		Ⅰ 型		Ⅱ 型		
		PY	G	PY	G	PYG
可溶物含量(g/m²)≥	3 mm	2100				
	4 mm	2900				
	5 mm	3500				
	试验现象	—	胎基不燃	—	胎基不燃	—

项　目		指　标				
		Ⅰ型		Ⅱ型		
		PY	G	PY	G	PYG
耐热性	℃	90		105		
	(mm)≤	2				
	试验现象	无流淌、滴落				
低温柔性(℃)		−20		−25		
		无裂缝				
不透水性(30 min)		0.3 MPa	0.2 MPa	0.3 MPa		
拉力	最大峰拉力(N/50 mm)	500	350	800	500	900
	次高峰拉力(N/50 mm)	—	—	—	—	—
	试验现象	拉伸过程中，试件中部无沥青涂盖层开裂或与胎基分离现象				
延伸率	最大峰时延伸率(%)≥	30		40		—
	第二峰时延伸率(%)≥	—		—		15
浸水后质量增加(%)≤	PE、S	1.0				
	M	2.0				
热老化	拉力保持率(%)≥	90				
	延伸率保持率(%)≥	80				
	低温柔性(℃)	−15		−20		
		无裂纹				
	尺寸变化率(%)≤	0.7	—	0.7	—	0.3
	质量损失(%)≤	1.0				
渗油性	(张数)≤	2				
接缝剥离强度(N/mm)≥		1.5				
钉杆撕裂强度(N)≥		—				300
矿物粒料黏附性(g)≤		2.0				
卷材下表面沥青涂盖层厚度(mm)≥		1.0				
人工气候加速老化	外观	无滑动、流淌、滴落				
	拉力保持率(%)≥	80				
	低温柔性(℃)	−15		−20		
		无裂缝				

注：(1) 钉杆撕裂强度仅适用于单层机械固定施工方式的卷材。

(2) 矿物粒料黏附性仅适用于矿物粒料表面的卷材。

(3) 卷材下表面沥青涂盖层厚度仅适用于热熔施工的卷材。

与沥青油毡相比，SBS 改性沥青防水卷材具有以下特点：

(1) 优异的耐高温、低温性能和耐久性。SBS 改性沥青防水卷材可耐较高的温度而不会产生显著变形，当加热到 90℃并恒温 2 小时后观察，卷材表面无起泡、不流淌。根据 SBS 掺量的不同，当温度降低到 −18℃～−40℃时，卷材仍具有一定的柔韧性，有些在−50℃环境中仍保持连续结构而不脆断。由于其中 SBS 的约束作用及覆面材料的保护作用，SBS 改性沥青防水卷材的使用寿命较长，通常可达到 10 年以上。

(2) 良好的机械力学性能。SBS 改性沥青防水卷材具有较高的拉伸强度、伸长率和弹性变形能力，以及较强的耐疲劳性能，对基层结构和环境的变化适应性很好。

(3) 施工方便。SBS 改性沥青防水卷材通常比较柔软，容易铺贴于各种平面、斜面、立面或形状复杂的表面。其上表面有黏结较牢靠的覆面层，而无需在施工现场再做覆面层；下表面通常粘贴有一层自粘胶或热塑膜，施工粘贴时揭去隔离膜或利用喷灯烘烤使热塑膜熔融而直接与基层黏结，无需外涂黏结剂。

3) 塑性体改性沥青防水卷材

塑性体改性沥青防水卷材，是以聚酯毡或玻纤毡为胎基，无规则聚丙烯(APP)或聚烯烃类聚合物(APAO、APO)作改性剂，两面覆以隔离材料所制成的建筑防水卷材，也称为 APP 卷材。

根据《塑性体改性沥青防水卷材》(GB 18243—2008)的规定，塑性体改性沥青防水卷材按胎基分为聚酯毡(PY)、玻纤毡(G)、玻纤增强聚酯毡(PYG)；按上表面隔离材料分为聚乙烯(PE)、细砂(S)、矿物粒料(M)；按下表面隔离材料分为细砂(S)(细砂为粒径不超过 0.60 mm 的矿物颗粒)、聚乙烯膜(PE)；按材料性能分为Ⅰ型和Ⅱ型。

塑性体改性沥青防水卷材的规格：卷材的公称宽度为 1000 mm；聚酯毡卷材的公称厚度为 3 mm、4 mm、5 mm；玻纤毡卷材的公称厚度为 3 mm、4 mm；玻纤增强聚酯毡卷材的公称厚度为 5 mm；每卷卷材的公称面积为 7.5 m²、10 m²、15 m²。

塑性体改性沥青防水卷材适用于工业与民用建筑的屋面和地下防水工程。玻纤增强聚酯毡卷材可用于机械固定单层防水，但需通过抗风荷载试验；玻纤毡卷材适用于多层防水中的底层防水。外露使用时应采用上表面隔离材料为不透明的矿物粒料的防水卷材。地下防水工程应采用表面隔离材料为细砂的防水卷材。

塑性体改性沥青防水卷材的物理力学性能应满足表 9-8 要求。

表 9-8　塑性体改性沥青防水卷材的物理力学性能

项　　目		指　　标				
		Ⅰ型		Ⅱ型		
		PY	G	PY	G	PYG
可溶物含量 (g/m²)≥	3 mm	2100				—
	4 mm	2900				—
	5 mm	3500				
	试验现象	—	胎基不燃	—	胎基不燃	—
耐热性	℃	110		130		
	(mm)≤	2				
	试验现象	无流淌、滴落				

项　　目		指　　标				
		I 型		II 型		
		PY	G	PY	G	PYG
低温柔性(℃)		−7		−15		
		无裂缝				
不透水性(30 min)		0.3 MPa	0.2 MPa	0.3 MPa		
拉力	最大峰拉力(N/50 mm) ≥	500	350	800	500	900
	次高峰拉力(N/50 mm) ≥	—	—	—	—	800
	试验现象	拉伸过程中，试件中部无沥青涂盖层开裂或与胎基分离现象				
延伸率	最大峰时延伸率(%) ≥	25		40		—
	第二峰时延伸率/(%) ≥	—		—		15
浸水后质量增加(%)≤	PE、S	1.0				
	M	2.0				
热老化	拉力保持率(%)≥	90				
	延伸率保持率(%)≥	80				
	低温柔性(℃)	−2		−10		
		无裂纹				
	尺寸变化率(%)≤	0.7	—	0.7		0.3
	质量损失(%)≤	1.0				
接缝剥离强度(N/mm)≥		1.0				
钉杆撕裂强度(N)≥		—				300
矿物粒料黏附性(g)≤		2.0				
卷材下表面沥青涂盖层厚度(mm)≥		1.0				
人工气候加速老化	外观	无滑动、流淌、滴落				
	拉力保持率(%)≥	80				
	低温柔性(℃)	−2		−10		
		无裂缝				

注：(1) 钉杆撕裂强度仅适用于单层机械固定施工方式的卷材。

(2) 矿物粒料黏附性仅适用于矿物粒料表面的卷材。

(3) 卷材下表面沥青涂盖层厚度仅适用于热熔施工的卷材。

与 SBS 改性沥青防水卷材相比，APP 改性沥青防水卷材具有下列特性：具有更高的耐热和耐紫外线性能，其温度适用范围为 −50℃～130℃，130℃高温时不流淌；低温时的柔韧性较差。APP 改性沥青防水卷材在低温下容易变得更脆，因此不适合于寒冷地区使用。

4) 自粘聚合物改性沥青防水卷材

自粘聚合物改性沥青防水卷材是以改性沥青为基料，具有自粘能力的防水卷材。使用时将防粘隔离材料(层)揭去，使自粘面与基层材料紧密接触，即可获得良好的自粘效果，避免了热融法和胶黏剂法因烘烤或涂胶不均带来的漏粘，具有粘贴可靠、施工方便的特点。

根据《自粘聚合物改性沥青防水卷材》(GB 23441—2009)的标准，自粘聚合物改性沥青防水卷材按有无胎基增强分为无胎基(N 类)和聚酯胎基(PY 类)，N 类按上表面材料分为聚乙烯膜(PE)、聚酯膜(PET)、无膜双面自粘(D)，PY 类按上表面材料分为聚乙烯膜(PE)、细砂(S)、无膜双面自粘(D)；按其性能分为 I 型和 II 型，卷材厚度为 2.0 mm 的 PY 类只有 I 型。

自粘聚合物改性沥青防水卷材规格：卷材公称宽度为 1000 mm、2000 mm；每卷卷材的公称面积为 10 m²、15 m²、20 m²、30 m²；卷材的厚度为 1.2 mm(N 类)、1.5 mm(N 类)、2.0 mm(N 类)，2.0 mm(PY 类)、3.0 mm(PY 类)、4.0 mm(PY 类)。

自粘聚合物改性沥青防水卷材的外观要求：成卷卷材应卷紧卷齐，端面里进、外出不得超过 20 mm；成卷卷材在 4℃～45℃的任一产品温度下展开后，在距卷芯 1000 mm 长度外不应有裂纹或长度 10 mm 以上的黏结；PY 类产品，其胎基应浸透，不应有未浸渍的浅色条纹；卷材表面应平整，不允许有孔洞、结块、气泡、缺边和裂口，上表面为细砂的，细砂应均匀一致并紧密地粘附于卷材表面；每卷卷材接头不应超过一个，较短一段的长度不应少于 1000 mm，接头应剪切整齐，并加长 150 mm。

N 类和 PY 类自粘橡胶沥青防水卷材的主要技术要求应满足表 9-9 和表 9-10 的规定。

表 9-9　N 类自粘橡胶沥青防水卷材的主要技术要求

项　目		指　标				
		PE		PET		D
		I 型	II 型	I 型	II 型	
拉伸性能	拉力(N/50 mm)≥	150	200	150	200	—
	最大拉力时延伸率(%)≥	200		30		—
	沥青断裂延伸率(%)≥	250		150		450
	拉伸时现象	拉伸过程中，在膜断裂前无沥青涂盖层与膜分离现象				—
钉杆撕裂强度(N)≥		60	110	30	40	—
耐热性		70℃滑动不超过 2 mm				
低温柔性(℃)		−20	−30	−20	−30	-20
		无裂纹				
不透水性		0.2 MPa，120 min 不透水				—
接缝剥离强度(N/mm)≥	卷材与卷材	1.0				
	卷材与铝板	1.5				
钉杆水密性		通过				
渗油性(张数)≤		2				
持粘性(min)≥		20				

项 目		指　标				
		PE		PET		D
		Ⅰ型	Ⅱ型	Ⅰ型	Ⅱ型	
热老化	拉力保持率(%)≥	80				
	最大拉力时延伸率(%)≥	200		30		400(沥青层断裂延伸率)
	低温柔性(℃)	−18	−28	−18	−28	−18
		无裂纹				
	剥离强度(卷材与铝板)(N/mm)≥	1.5				
热稳定性	外观	无起鼓、皱褶、滑动、流淌				
	尺寸变化率(%)≤	2				

表 9-10　PY 类自粘橡胶沥青防水卷材的主要技术要求

项　　目			指　标	
			Ⅰ型	Ⅱ型
可溶物含量(g/m²)≥		2.0 mm	1300	—
		3.0 mm	2100	
		4.0 mm	2900	
拉伸性能	拉力(N/50 mm)≥	2.0 mm	350	—
		3.0 mm	450	600
		4.0 mm	450	800
	最大拉力时延伸率(%)≥		30	40
耐热性(℃)			70℃无滑动、流淌、滴落	
低温柔性(℃)			−40	−30
			无裂纹	
不透水性			0.3 MPa，120 min 不透水	
缝剥离强度(N/mm)≥	卷材与卷材		1.0	
	卷材与铝板		1.5	
钉杆水密性			通过	
渗油性(张数)≤			2	
持粘性(min)≥			15	
热老化	最大拉力时延伸率(%)≥		30	40
	低温柔性(℃)		−18	−28
			无裂纹	
	剥离强度(卷材与铝板)(N/mm)≥		1.5	
	尺寸稳定性(%)≤		1.5	1.0
自粘沥青再剥离强度(N/mm)≥			1.5	

　　自粘橡胶沥青防水卷材具有较好的不透水性和良好的低温柔性，以及抗拉强度高、伸长率大、耐腐蚀及耐热性高、施工方便等特点。自粘橡胶沥青防水卷材还具有良好的自愈

合能力，当卷材因意外而产生较小的穿孔时，可自行愈合。聚乙烯膜面自粘卷材适用于非外露的防水工程及辅助防水工程。

3. 合成高分子防水卷材

合成高分子防水卷材是以合成橡胶、合成树脂或两者的共混体为基料，加入适量化学助剂和填充料，经过一系列的工艺过程而制成的防水卷材。合成高分子防水卷材是近年来发展起来的优良防水卷材，分为有胎和无胎两大类。

合成高分子防水卷材有如下特点：拉伸强度高，断裂伸长率大，撕裂强度高，耐热性能好，低温柔性好，耐腐蚀与耐久性也皆好。因此，其耐老化性能更好，使用寿命更长；合成高分子防水卷材适宜单层、冷粘法施工，无需黏结材料或加热烘烤，工序简单、操作方便。

合成高分子防水卷材具有优良的性能，是新型的高档防水卷材。常见的合成高分子防水卷材有三元乙丙橡胶防水卷材、聚氯乙烯防水卷材、氯化聚乙烯防水卷材、氯化聚乙烯—橡胶共混防水卷材等。

1) 三元乙丙橡胶防水卷材

三元乙丙橡胶防水卷材(EPDM)，是以乙烯、丙烯和双环戊二烯或乙叉降冰片烯等三种单体聚合成的三元乙丙橡胶为主体，掺入适量的丁基橡胶、软化剂、补强剂、填充剂、促进剂和硫化剂等，经过配料、密炼、拉片、过滤、热炼、挤出或压延成型、硫化、检验、分卷、包装等工序加工制成的可卷曲的高弹性防水材料。

三元乙丙橡胶以其耐候、耐老化和化学稳定性高等优点而在国外发展很快。其应用也十分广泛，如各种屋面、地下建筑、桥梁、隧道的防水，排灌渠道、水库、蓄水池、污水处理池等结构物的防水、隔水。

因为三元乙丙橡胶防水卷材耐老化性能好，使用寿命长，所以采用它为主体制成的卷材作防水层，能经得起长期风吹、雨淋、日晒的考验。三元乙丙橡胶防水卷材可在较低气温条件下进行施工作业，并能在严寒或酷热的气候环境中长期使用。

三元乙丙橡胶防水卷材的物理性能应符合表 9-11 的要求。

表 9-11 三元乙丙橡胶防水卷材的物理性能

项 目 名 称		一 等 品	合 格 品
抗拉强度(MPa)≥		8.0	7.0
断裂伸长率(%)≥		450	450
直角撕裂强度(N/cm^2)≥		280	245
脆性温度(℃)≥		−45	−40
耐碱性(10%Ca(OH)$_2$，168 h)		抗拉强度变化−20%～20%，断裂伸长率变化<20%	
加热伸缩量<		延伸 2 mm，收缩 4 mm	
不透水性(MPa)，30 min		0.3 MPa，合格	0.1 MPa，合格
臭氧老化(40℃，168 h)，预拉伸 40%		500 pphm，无裂纹	100 pphm，无裂纹
热空气老化 (80℃，168 h)	抗拉强度变化率(%)	−20～40	−20～50
	断裂伸长变化率(%)≥	−30	−30
	撕裂强度变化率(%)	−40～40	−50～50

三元乙丙橡胶防水卷材主要适用于建筑工程的外露屋面防水和大跨度受震动建筑工程的防水，也适用于埋置式的屋面、地下室以及隧道、水池、水渠等土木工程防水。

2) 聚氯乙烯防水卷材

聚氯乙烯(PVC)防水卷材是以聚氯乙烯树脂为主要原料，掺入适量填充料和化学助剂，经混炼、压延或挤出等工序加工而成的防水卷材。由于在聚乙烯树脂中引入了氯原子，其结晶度与软化点得以下降，不仅保留了合成树脂的热塑性能，还具有近似橡胶的弹性。

聚氯乙烯防水卷材按产品有无复合层分为无复合层的 N 类、用纤维单面复合的 L 类、织物内增强的 W 类。每类产品按其物理化学性能分为 Ⅰ 型和 Ⅱ 型。

根据《聚氯乙烯(PVC)防水卷材》(GB 12952—2011)的规定，聚氯乙烯防水卷材的长度规格为 15 m、20 m、25 m；厚度为 1.2 mm、1.5 mm、1.8 mm、2.0 mm。其他长度、厚度规格可由供需双方商定。

聚氯乙烯防水卷材的物理化学性能应满足表 9-12 和表 9-13 的要求。

表 9-12　N 类聚氯乙烯(PVC)防水卷材的物理化学性能

项　目			指　标	
			Ⅰ 型	Ⅱ 型
拉伸强度(MPa)≥			8.0	12.0
断裂伸长率(%)≥			200	250
热处理尺寸变化率(%)≤			3.0	2.0
低温弯折性			−20℃无裂纹	−25℃无裂纹
抗穿孔性			不渗水	
不透水性			不渗水	
剪切状态下的粘合性(N/mm)≥			2.0 或卷材破坏	
热老化处理	外观		无起泡、裂纹、黏结与孔洞	
	拉伸强度变化率(%)		±25	±20
	断裂伸长变化率(%)			
	低温弯折性		−15℃无裂纹	−20℃无裂纹
耐化学侵蚀	拉伸强度变化率(%)		±25	±20
	断裂伸长变化率(%)			
	低温弯折性		−15℃无裂纹	−20℃无裂纹
人工气候加速老化	拉伸强度变化率(%)		±25	±20
	断裂伸长变化率(%)			
	低温弯折性		−15℃无裂纹	−20℃无裂纹

注：非外露使用时可以不考核人工气候加速老化的性能。

聚氯乙烯防水卷材的特点：使用寿命长，耐老化，作为屋面材料可使用 30 年以上，用于地下则可达 50 年之久；拉伸强度高，延伸率高，热处理尺寸变化小；低温柔性好，较能适应环境温差变化；渗透性、抗穿孔性好，可做成种植屋面；施工方便、牢固可靠且环保无污染；耐化学腐蚀性强，适用于特种场合；可塑性良好，边角细微部分处理方便快捷；维修方便，成本低廉。

聚氯乙烯防水卷材适用于：工业与民用建筑的各种屋面防水，包括种植屋面、平屋面、坡屋面；建筑物地下防水，包括水库、堤坝、水渠以及地下室各种部位的防水、防渗；其他防水，如隧道、高速公路、高架桥梁、粮库、人防工程、垃圾填埋场、人工湖等。

表 9-13　L 及 W 类聚氯乙烯(PVC)防水卷材的物理化学性能

项　目		指　标	
		Ⅰ型	Ⅱ型
拉力(N/cm)≥		100	160
断裂伸长率(%)≥		150	200
热处理尺寸变化率(%)≤		1.5	1.0
低温弯折性		−20℃无裂纹	−25℃无裂纹
抗穿孔性		不渗水	
不透水性		不渗水	
剪切状态下的粘合性 (N/mm)≥	L 类	3.0 或卷材破坏	
	W 类	6.0 或卷材破坏	
热老化处理	外观	无起泡、裂纹、黏结与孔洞	
	拉力变化率(N/mm)(%)	±25	±20
	断裂伸长变化率(%)		
	低温弯折性	−15℃无裂纹	−20℃无裂纹
耐化学侵蚀	拉力变化率(N/mm)(%)	±25	±20
	断裂伸长变化率(%)		
	低温弯折性	−15℃无裂纹	−20℃无裂纹
人工气候加速老化	拉力变化率(N/mm)(%)	±25	±20
	断裂伸长变化率(%)		
	低温弯折性	−15℃无裂纹	−20℃无裂纹

注：非外露使用时可以不考核人工气候加速老化的性能。

3) 氯化聚乙烯防水卷材

氯化聚乙烯防水卷材是以氯化聚乙烯树脂为主要原料，加入多种化学助剂，经混炼、挤出成型和硫化等工序加工制成的防水卷材。

氯化聚乙烯防水卷材具有高强度、耐臭氧、耐老化、易黏结和尺寸稳定性好等特点，适用于基层变形较小的屋面和地下室等工程的防水。在条件允许时，最好采用空铺法、点粘法、条粘法对防水层进行施工。

根据《氯化聚乙烯防水卷材》(GB 12953—2003)的规定，氯化聚乙烯防水卷材的幅宽可为 1000 mm、1100 mm、1200 mm，厚度可为 1.2 mm、1.5 mm、2.0 mm，长度可为 10 m、15 m、20 m。

氯化聚乙烯防水卷材按有无复合层分类，无复合层的为 N 类，用纤维单面复合的为 L 类，织物内增强的为 W 类；每类产品按其物理化学性能分为 Ⅰ 型和 Ⅱ 型。

氯化聚乙烯防水卷材 N 类和 L、W 类卷材的物理化学性能应满足表 9-14 和表 9-15 的要求。

表 9-14　N 类氯化聚乙烯防水卷材的物理化学性能

项　目		指　标	
		Ⅰ 型	Ⅱ 型
拉伸强度(MPa)≥		5.0	8.0
断裂伸长率(%)≥		200	300
热处理尺寸变化率(%)≤		3.0	纵向 2.5 横向 1.5
低温弯折性		−20℃无裂纹	−25℃无裂纹
抗穿孔性		不渗水	
不透水性		不渗水	
剪切状态下的粘合性(N/mm)≥		3.0 或卷材破坏	
热老化处理	外观	无起泡、裂纹、黏结与孔洞	
	拉伸强度变化率(%)	+50 −20	±20
	断裂伸长变化率(%)	+50 −30	±20
	低温弯折性	−15℃无裂纹	−20℃无裂纹
耐化学侵蚀	拉伸强度变化率(%)	±30	±20
	断裂伸长变化率(%)	±30	±20
	低温弯折性	−15℃无裂纹	−20℃无裂纹
人工气候加速老化	拉伸强度变化率(%)	+50 −20	±20
	断裂伸长变化率(%)	+50 −30	±20
	低温弯折性	−15℃无裂纹	−20℃无裂纹

注：非外露使用时可以不考核人工气候加速老化的性能。

表 9-15　L、W 类氯化聚乙烯防水卷材的物理化学性能

项　目		指　标	
		Ⅰ 型	Ⅱ 型
拉力(N/cm)≥		70	120
断裂伸长率(%)≥		125	250
热处理尺寸变化率(%)≤		1.0	
低温弯折性		−20℃无裂纹	−25℃无裂纹
抗穿孔性		不渗水	
不透水性		不渗水	
剪切状态下的粘合性(N/mm)≥	L 类	3.0 或卷材破坏	
	W 类	6.0 或卷材破坏	

项 目		指 标	
		Ⅰ型	Ⅱ型
热老化处理	外观	无起泡、裂纹、黏结与孔洞	
	拉力(N/mm)(%)≥	55	100
	断裂伸长率(%)≥	100	200
	低温弯折性	−15℃无裂纹	−20℃无裂纹
耐化学侵蚀	拉力(N/mm)(%)≥	55	100
	断裂伸长率(%)≥	100	200
	低温弯折性	−15℃无裂纹	−20℃无裂纹
人工气候加速老化	拉力(N/mm)(%)≥	55	100
	断裂伸长率(%)≥	100	200
	低温弯折性	−15℃无裂纹	−20℃无裂纹

注：非外露使用时可以不考核人工气候加速老化的性能。

4) 氯化聚乙烯—橡胶共混防水卷材

氯化聚乙烯—橡胶共混防水卷材，是以氯化聚乙烯树脂和合成橡胶共混为主体，加入适量的硫化剂、促进剂、稳定剂、软化剂和填充剂等，经过素炼、混炼、过滤、压延(或挤出)成型、硫化、检验、分卷、包装等工序加工制成的高弹性防水卷材。这种防水卷材兼有塑料和橡胶的特点，不但具有氯化聚乙烯所特有的高强度和优异的耐臭氧、耐老化性，还具有橡胶类材料的高弹性、高延伸性以及良好的低温柔性。这种合成高分子聚合物的共混改性材料，在工业上被称为高分子"合金"。

氯化聚乙烯—橡胶共混防水卷材具有优异的耐老化性能。在高浓度臭氧环境中，卷材试件处于100%拉伸的受力状态下，经168小时处理后，仍无裂纹出现。因此，该卷材的大气稳定性好，使用寿命长。

氯化聚乙烯—橡胶共混防水卷材黏结性能好。它采用含氯量为30%～40%的氯化聚乙烯树脂作为共混改性体系的主要原料，其中氯原子的存在，大大提高了共混卷材的黏结性能和阻燃性能，使卷材本身成为一种易黏结材料。多种氯丁系胶黏剂均可实现卷材和卷材、卷材与基层之间的黏结，便于形成弹性整体的防水层，提高了防水工程的可靠程度。

氯化聚乙烯—橡胶共混防水卷材的拉伸强度高、延伸率大。氯化聚乙烯—橡胶共混防水卷材属硫化型橡胶类弹性体防水材料，具有拉伸强度高、延伸率大的特性。因此，它对基层伸缩或开裂变形的适应性较强，为提高防水工程质量和延长防水层的使用寿命创造了条件。

根据共混材料的物理力学性能的不同，氯化聚乙烯—橡胶共混防水卷材可分为S型和N型两个品种。S型是以氯化聚乙烯与合成橡胶共混体制成的防水卷材；N型是以氯化聚乙烯与合成橡胶或再生橡胶共混体制成的防水卷材。卷材的幅宽可为1000 mm、1100 mm、1200 mm，厚度可为1.2 mm、1.5 mm、2.0 mm，长度为20 m。

氯化聚乙烯−橡胶共混防水卷材的性能特点与三元乙丙橡胶防水卷材的基本相近，其适用范围和施工方法也与三元乙丙橡胶防水卷材的基本相同，但是丰富的原料来源，使其成本要比三元乙丙橡胶防水卷材的低。因此，它是目前土木工程中较受欢迎的防水卷材。

9.1.3　防水涂料、防水油膏和防水粉

1. 防水涂料

防水涂料是指在常温下黏稠状液态高分子合成材料，经涂布，通过溶剂挥发、水分蒸发或反应固化后在基层表面可形成坚韧防水膜的材料。采用防水涂料的防水方法称为涂膜防水。

涂膜防水施工简单，可冷作业，且安全、劳动强度低；可在各种表面上施工，尤其适于在立面、阴阳角和凹凸不平等形状复杂处施工。

防水涂料通常由基料、填料、分散介质和助剂等组成，当将其直接涂刷在结构物的表面后，其主要成分经过一定的物理、化学变化便可形成防水膜，并能获得所期望的防水效果。

防水涂料按成膜物质的主要成分以及构成涂料的主要成分的不同，可分为四类，即沥青类、橡胶类、橡胶沥青类和合成树脂类。

2. 防水油膏

防水油膏是表面能够成膜的黏结膏状材料，广泛用于钢筋混凝土大型屋面板和墙板的接缝处，作为嵌缝之用，也叫密封材料。

油膏除了应有较高的黏结强度外，还必须具备良好的弹性、柔韧性、耐冻性和一定的抗老化性，以适应屋面板和墙板热胀冷缩、结构变形、高温不流淌、低温不脆裂的要求，保证接缝处不渗漏、不透气。

3. 防水粉及防水剂

1) 防水粉

防水粉是粉状防水材料(拒水粉或防水粉)，它与刚性、柔性防水的观念、理论及其应用技术有着根本的不同。防水粉是利用矿物粉或其他粉料与有机憎水剂、抗老化剂及其他助剂等为原料，采用机械化学原理，使基料中的有效成分与添加剂经过表面化学反应和物理吸附作用，生成链状或网状结构的拒水膜，包裹在粉料的表面，使粉料由亲水材料变为憎水材料，达到防水效果。

目前，粉状防水材料主要有两种，一种是以轻质碳酸钙为基料，通过与脂肪酸盐作用形成长碳链憎水膜包裹在粉料表面；另一种是以工业废渣(炉渣、矿渣、粉煤灰等)为基料，利用其中的有效成分与添加剂发生反应，生成网状结构拒水膜，包裹其表面。这两种粉末即为拒水粉。

粉状防水材料具有松散、应力分散、透气不透水、不燃、抗老化、性能稳定等特点，适用于屋面防水、地面防潮，地铁工程的防潮、抗渗等。它的缺点是，露天风力过大时施工困难，建筑节点处理稍难，立面防水不好解决。如果能解决上述不足，或配以复合防水，提高设防能力，粉状防水材料将大有发展前途。

2) 防水剂

防水剂是由化学原料配制而成的一种能起到速凝和提高水泥砂浆或混凝土不透水性的外加剂。它按化学成分可分为硅酸钠(水玻璃类)防水剂、氯化物金属盐类防水剂和金属皂类防水剂。

4．防水材料的选用

1) 屋面防水材料的选择

(1) 根据建筑物的性质、重要程度、使用功能要求、建筑结构特点以及防水耐用年限等，屋面防水材料可分成 4 个等级，按《屋面工程技术规范》(GB 50345—2012)的规定可选用防水材料，如表 9-16 所示。

表 9-16　屋面防水等级和材料选择

项　　目	屋面防水等级			
	I	II	III	IV
建筑物类别	特别重要的民用建筑和对防水有特殊要求的工业建筑	重要的工业与民用建筑，高层建筑	一般民用建筑，如住宅、办公楼、学校、旅馆；一般的工业建筑、仓库等	非永久性的建筑，如简易的宿舍、车间等
防水耐用年限(年)	≥25	≥15	≥10	≥5
选用材料	宜选用合成高分子防水卷材、高聚物改性沥青防水卷材、合成高分子防水涂料、细石防水混凝土等	宜选用高聚物改性沥青防水卷材、合成高分子防水卷材、合成高分子防水涂料、高聚物改性沥青防水涂料、细石防水混凝土、平瓦等材料	应选用三毡四油沥青基防水卷材、高聚物改性沥青防水卷材、合成高分子防水涂料、高聚物改性沥青防水涂料、刚性防水层、平瓦等材料	应选用三毡四油沥青基防水卷材、合成高分子防水涂料、高聚物改性沥青防水涂料、沥青基防水涂料、波形瓦等材料
设防要求	三道或三道以上的防水设防，其中应有一道高分子防水卷材，且只有一道 2 mm 以上厚度的合成材料涂膜	两道防水设防，其中应有一道卷材，也可采用压型钢板进行一道设防	一道防水设防或两种防水材料复合使用	一道防水设防

(2) 坡屋面用瓦。黏土瓦、沥青油毡瓦、混凝土瓦、金属瓦、木瓦、石板瓦、竹瓦，瓦的下面必须有中柔性防水层。因为有固定瓦钉穿过防水层，要求防水层有握钉能力，防止雨水沿钉渗入望板。4 mm 厚的高聚物改性沥青卷材是最合适的卷材。高分子卷材和涂料都不适宜瓦屋面。

(3) 振动较大的屋面应选用高延伸率和高强度的卷材或涂料，如三元乙丙橡胶卷材、聚酯胎高聚物改性沥青卷材、聚氯乙烯卷材。

(4) 不能上人的陡坡屋面，因为坡度很大，可达 60°以上，防水层上无法做块体保护层，那么只有选带矿物粒料的卷材，或者选用铝箔覆面的卷材、金属卷材。

2) 根据环境和气候条件选材

我国地域辽阔，南北气温相差悬殊。江南地区夏季气温高达四十余度，且持续数日，暴露在屋面的防水层，经长时间的暴晒，会过早降低防水功能。所以选用的材料应是耐紫外线强的、软化点高的，如 APP 改性沥青卷材、三元乙丙橡胶卷材、聚氯乙烯卷材。

另外，南方因多雨，其内排水的天沟，会因长时间积水浸泡而产生渗漏。为此应选用较好的耐水材料，如玻纤胎、聚酯胎的改性沥青卷材或耐水的胶黏剂粘合高分子卷材。

而干旱少雨的西北地区，宜选用 SBS 改性沥青卷材或焊接合缝的高分子卷材；如果选用不耐低温的防水材料，应作倒置屋面。

3) 根据具体建筑部位选材

不同的建筑部位，对防水材料的要求也不尽相同。每种材料都有其长处和短处，用在什么地方都好的材料是没有的，各种材料只能互补，而不可取代。屋面防水和地下室防水，要求材性不同，而浴室的防水和墙面防水更有差别；坡屋面、外形复杂的屋面、金属板基层屋面也不相同，选材时均应细酌。

4) 根据工程条件要求、技术能力、经济状况合理选材

建筑等级也是选择材料的首要条件，一、二级建筑必须选用优质防水材料，如聚酯胎高聚物改性沥青卷材、合成高分子卷材、复合使用的合成高分子涂料，三、四级建筑选材较宽。

总而言之，在能满足防水、防潮功能的要求下，应根据具体工程条件要求、技术能力、经济状况合理地选材。

9.2　绝　热　材　料

9.2.1　绝热材料的性质

建筑上将起到保温、隔热作用，且导热系数不大于 0.175 W/(m·K) 的材料统称为绝热材料。绝热材料主要用于屋面、墙体、地面、管道等的隔热与保温，以减少建筑采暖和空调能耗，并保证室内的温度适宜于人们工作、学习和生活。

绝热材料的基本结构特征是质轻(体积密度不大于 600 kg/m^3)、多孔(孔隙率一般为 50%~95%)。绝热材料除具有质轻、疏松、多孔、导热系数小的特点外，还应具有适宜的强度、抗冻性、防火性、耐热性和耐低温性、耐腐蚀性，有时还要求有较小的吸湿性或吸水性等。优良的绝热材料应是具有很高孔隙率的且以封闭、细小孔率为主的，并具有较小吸湿性的有机或无机非金属材料。

9.2.2　建筑工程对保温、绝热材料的基本要求

建筑工程对保温、绝热材料的基本要求一般是从以下几点考虑的：

(1) 必须具有良好的耐候性，即耐冻融、耐暴晒、抗风化、抗降解，耐老化性能高。

(2) 基层变形适应性强，各层材料逐层渐变，能够及时传递和释放变形应力，防护面层不开裂、不脱落。

(3) 导热系数低，热稳定性能好。

(4) 憎水性好，透气性强，能有效避免水蒸气迁移过程中出现的墙体内部结露现象。

(5) 耐火等级高，在明火状态下不会产生大量有毒气体，在火灾发生时可延缓火势蔓延。

(6) 柔性、强度相适应，抗冲击能力强。

在选用保温、绝热材料时，必须考虑材料的耐温范围、材料的物理形态和特性、材料的化学特性、材料的保温隔热性能、材料的环保等级以及材料的成本等，根据使用环境选择出形态、物理特性、化学特性、保温隔热性能符合使用环境、环保等级满足设计需求的保温隔热材料。

9.2.3 常用绝热材料

常用的绝热材料按其成分，可分为有机绝热材料、无机绝热材料、金属绝热材料三类。有机绝热材料是用有机原料(如各种树脂、软木、木丝、刨花等)制成的；无机绝热材料是用矿物质原料做成的呈松散状、纤维状或多孔状的材料，可加工成板、卷材或套管等形式的制品。有机绝热材料的密度一般小于无机绝热材料。

1. 无机纤维状绝热材料

无机纤维状绝热材料以矿棉及玻璃棉为主，制成板或筒状制品。由于其不燃、吸声、耐久、价格便宜、施工简便，所以被广泛用于住宅建筑和热工设备的表面。

1) 玻璃棉及其制品

玻璃棉是用玻璃原料或碎玻璃经熔融后制成的一种纤维状材料。其一般的表观密度为 $40 \ kg/m^3 \sim 150 \ kg/m^3$，热导率小，价格与矿棉制品相近，可制成沥青玻璃棉毡、板及酚醛玻璃棉毡和板，使用方便。因此，玻璃棉是被广泛应用在温度较低的热力设备和房屋建筑中的保温绝热材料，还是优质的吸声材料。

2) 矿棉和矿棉制品

矿棉一般包括矿渣棉和岩石棉。矿渣棉所用原料有高炉硬矿渣、铜矿渣等，另加一些调整原料(含氧化钙、氧化硅的原料)。岩石棉的主要原料是天然岩石，经熔融后吹制而成。

矿棉具有质轻、不燃、绝热和电绝缘等性能，且原料来源丰富，成本较低，可制成矿棉板、矿棉防水毡及管套等，可用作建筑物的墙壁、屋顶、顶棚等处的保温隔热和吸声材料。

2. 无机散粒状绝热材料

无机散粒状绝热材料主要有膨胀蛭石和膨胀珍珠岩两种。

1) 膨胀蛭石及其制品

蛭石是一种天然矿物，在 $850℃\sim1000℃$ 的温度下煅烧时，体积急剧膨胀，单个颗粒的体积能膨胀约 20 倍。

膨胀蛭石的主要特性是：表观密度为 $80 \ kg/m^3 \sim 900 \ kg/m^3$，热导率为 $0.046 \ W/(m \cdot K) \sim 0.070 \ W/(m \cdot K)$，可在 $1000℃\sim1100℃$ 的温度下使用，不蛀、不腐，但吸水性较强。膨胀蛭石可以呈松散状铺设于墙壁、楼板及屋面等夹层中，作为绝热、隔音之用；使用时应注意防潮，以免吸水后影响绝热性能。

2) 膨胀珍珠岩及其制品

膨胀珍珠岩是由天然珍珠岩煅烧而成的，呈蜂窝泡沫状的白色或灰白色颗粒，是一种高效能的绝热材料。其堆积密度为 40 kg/m³～500 kg/m³，热导率为 0.047 W/(m·K)～0.070 W/(m·K)，最高使用温度可达 800℃，最低使用温度为–200℃。它具有吸湿小、无毒、不燃、抗菌、耐腐蚀、施工方便等特点。建筑上广泛用作围护结构、低温及超低温保冷设备、热工设备等的绝热保温材料，也可用于制作吸声制品。

膨胀珍珠岩制品是以膨胀珍珠岩为主，配合适量胶凝材料(水泥、水玻璃、磷酸盐和沥青等)，经拌和、成型、养护(或干燥，或固化)后制成的具有一定形状的板、块和管壳等制品。

3．无机多孔类绝热材料

1) 泡沫混凝土

泡沫混凝土是由水泥、水、松香泡沫剂混合后经搅拌及成型、养护而成的一种多孔、轻质、保温、绝热且吸声的材料。可用粉煤灰、石灰、石膏和泡沫剂制成粉煤灰泡沫混凝土，其表观密度为 300 kg/m³～500 kg/m³，热导率为 0.082 W/(m·K)～0.186 W/(m·K)。

2) 加气混凝土

加气混凝土是由含钙质的材料(水泥、石灰)和含硅质的材料(石英砂、粉煤灰及粒化高炉矿渣等)经磨细、配料，再加入发气剂(铝粉、双氧水)，经搅拌、浇注、发泡、切割及蒸压养护等工序而制成的，是一种保温绝热性能良好的轻质材料。由于加气混凝土的表观密度小(500 kg/m³～700 kg/m³)，热导率(0.093 W/(m·K)～0.164 W/(m·K))比黏土砖小得多，所以它的保温绝热效果明显优于砖墙。此外，加气混凝土的耐火性能也较好。

3) 硅藻土

硅藻土由水生硅藻类生物的残骸堆积而成。其孔隙率为 50%～80%，热导率为 0.060 W/(m·K)，具有很好的绝热性能，最高使用温度可达 900℃，可用作填充料或制成制品。

4) 微孔硅酸钙

微孔硅酸钙由硅藻土或硅石与石灰等经配料、拌和、成型及水热处理制成。以托贝莫来石为主要水化产物的微孔硅酸钙，表观密度约为 200 kg/m³，热导率为 0.047 W/(m·K)，微孔硅酸钙的最高使用温度约为 650℃。以硬硅钙石为主要水化产物的微孔硅酸钙，表观密度约为 230 kg/m³，热导率为 0.056 W/(m·K)，最高使用温度可达 1000℃。

5) 泡沫玻璃

泡沫玻璃由玻璃粉和发泡剂等经配料、烧制而成。其气孔率可达 80%～95%，气孔直径为 0.1 mm～5 mm，且大量为封闭而孤立的小气泡。其表观密度为 150 kg/m³～600 kg/m³，热导率为 0.058 W/(m·K)～0.128 W/(m·K)，抗压强度为 0.8 MPa～15 MPa。采用普通玻璃粉制成的泡沫玻璃最高使用温度为 300℃～400℃，若用无碱玻璃粉生产，则最高使用温度可达 800℃～1000℃。它耐久性好，易加工，可满足多种绝热需要。

4．有机绝热材料

1) 泡沫塑料

泡沫塑料是以各种树脂为基料，加入一定剂量的发泡剂、催化剂、稳定剂等辅助材料，经加热发泡而制成的一种具有轻质、保温、绝热、吸声、防震等性能的材料。目前我国生产的有聚苯乙烯泡沫塑料，表观密度为 20 kg/m³～50 kg/m³，热导率为 0.038 W/(m·K)～0.047 W/(m·K)，最高使用温度约为 70℃；聚氯乙烯泡沫塑料，表观密度为 12 kg/m³～75 kg/m³，热导率为 0.031 W/(m·K)～0.045 W/(m·K)，最高使用温度为 70℃，遇火能自行熄灭；聚氨酯泡沫塑料，表观密度为 30 kg/m³～65 kg/m³，热导率为 0.035 W/(m·K)～0.042 W/(m·K)，最高使用温度可达 120℃，最低使用温度为 −60℃。该类绝热材料可用作复合墙板与屋面板的夹芯层及冷藏和包装等绝热需要。

2) 植物纤维类绝热板

植物纤维类绝热材料可用稻草、木质纤维、麦秸、甘蔗渣等为原料加工制成。其表观密度为 200 kg/m³～1200 kg/m³，热导率为 0.058 W/(m·K)～0.307 W/(m·K)，可用于墙体、地板、顶棚等，也可用于冷藏库、包装箱等。

3) 窗用绝热薄膜(新型防热片)

窗用绝热薄膜的厚度为 12 μm～50 μm，用于建筑物窗户的绝热，可以遮蔽阳光，防止室内陈设物褪色，降低冬季热量损失，节约能源，增加美感。使用时，将特制的防热片(薄膜)贴在玻璃上，能将透过玻璃的 80% 太阳光反射出去，还能减少紫外线的透光率，也可避免玻璃碎片伤人。

9.3 吸声材料

吸声材料是具有较强的吸收声能、减低噪声性能的材料。它是借助自身的多孔性、薄膜作用或共振作用而对入射声能具有吸收作用的材料，也是超声学检查设备的元件之一。吸声材料与周围传声介质的声特性阻抗匹配，使声能无反射地进入吸声材料，并使入射声能绝大部分被吸收。

9.3.1 吸声材料的性质

声音源于物体振动，它引起邻近空气的振动而形成声波，并在空气介质中向四周传播。当声音传入构件材料表面时，声能一部分被反射，一部分穿透材料，其余部分则在材料内部的孔隙中引起空气分子与孔壁的摩擦和黏滞阻力，使相当一部分声能转化为热能而被吸收。被材料吸收的声能(包括穿透材料的声能在内)与原先传递给材料的全部声能之比，是评定材料吸声性能好坏的主要指标，称为吸声系数，用下式表示：

$$a = \frac{E}{E_0} \tag{9-3}$$

式中：a——材料的吸声系数。

E_0——传递给材料的全部入射声能。

E——被材料吸收(包括透过)的声能。

当入射声能 100% 被材料吸收而无反射时，吸收系数等于 1。对于全反射面，吸收系数等于 0。当门窗开启时，吸收系数相当于 1。一般材料的吸声系数在 0～1 之间。

材料的吸声特性除与材料本身性质、厚度及材料表面的条件(有无空气层及空气层的厚度)有关外，还与声波的入射角及频率有关。一般而言，材料内部开放连通的气孔越多，吸声性能越好。同一材料，对于高、中、低不同频率，吸声系数也不同。为了全面反映材料的吸声性能，规定取 125 Hz、250 Hz、500 Hz、1000 Hz、2000 Hz、4000 Hz 这六个频率的吸声系数来表示材料吸声的频率特性。吸声材料在上述六个规定频率的平均吸声系数应大于 0.2。

为了改善声波在室内传播的质量，保持良好的音响效果和减少噪声的危害，在音乐厅、电影院、大会堂、播音室及工厂噪声大的车间之类内部墙面、地面、顶棚等部位，应选用适当的吸声材料。

影响多孔材料吸声性能的主要因素有材料厚度、密度、背后空气层、护面层，以及温度和湿度等。

1) 材料厚度的影响

大多数多孔吸声材料的吸声系数是随着频率的增加而增加的，中、高频区域的吸声性能一般要优于低频区域。

2) 材料密度的影响

吸声材料密度的变化也要影响到材料的吸声特性。低、中频范围，容重大的，吸声系数要稍高一些；而在高频区域其结果相反，容重小的，吸声系数稍高。

3) 材料背后空气层的影响

材料背后有无空气层，可使材料的吸声性能有比较明显的变化。通过对材料吸声性能的比较，发现其变化趋势和材料增加相应厚度所引起的吸声性能的变化相近似，可以提高低、中频区域的吸声效果。

4) 材料护面层的影响

从声学角度讲，要求材料的吸声表面具有良好的透声性。从声阻抗角度讲，就是希望材料表面的声阻抗率接近空气的特性阻抗。

一般常用的护面层有金属网、穿孔板、玻璃布、塑料薄膜等。

另外，温度、湿度对吸声材料的性能有一定的影响。

9.3.2 常用的吸声材料

吸声材料(或结构)通常按吸声的频率特性和本身的构造进行分类，按吸声的频率特性分为低频吸声材料、中频吸声材料和高频吸声材料三类；按材料本身的构造分为多孔性吸声材料和共振吸声材料两类，后者包括单个共振器、穿孔板共振吸声结构、薄板吸声结构和柔顺材料等。

一般来说，多孔性吸声材料以吸收中、高频声能为主，而共振吸声结构则主要吸收低频声能。

1. 多孔性吸声材料

多孔性吸声材料依靠从表面至内部的许多细小的敞开孔道使声波衰减。它以吸收中、高频声波为主，有纤维状聚集组织的各种有机或无机纤维及其制品，以及多孔结构的开孔型泡沫塑料和膨胀珍珠岩制品。表 9-17 列举了部分常用多孔性吸声材料。

表 9-17　常用多孔性吸声材料

主 要 种 类		常 见 材 料	使 用 特 点
纤维材料	有机纤维材料	动物纤维：毛毡	价格昂贵
		植物纤维：麻绒、海草	来源丰富，防火、防潮差
	无机纤维材料	玻璃纤维：中粗棉、超细棉、棉毡	应用广泛，吸声，保温隔热，防腐防潮，不自燃
		矿渣棉：散棉、矿棉毡	吸声性能好，使用时应注意避免皮肤直接接触
	纤维材料制品	软质木纤维板、矿棉吸声板、岩棉吸声板、玻璃棉吸声板	多用于室内装饰工程
颗粒材料	砌块	矿渣吸声砖、膨胀珍珠岩吸声砖、陶土吸声砖	保温隔热，吸声性能好
	板材	膨胀珍珠岩吸声装饰板	质轻，保温隔热，强度低
泡沫材料	泡沫塑料	聚氨酯及脲醛泡沫塑料	根据使用要求实测使用
	其他	泡沫玻璃	防水，耐腐蚀，强度高，价格昂贵，不宜大面积使用
		加气混凝土	微孔，不贯穿
		吸声剂	施工简单，多用于处理较困难的部位

2．共振吸声结构材料

靠共振作用吸声的柔性材料(如闭孔型泡沫塑料，吸收中频音)、膜状材料(如塑料膜或布、帆布、漆布和人造革，吸收低、中频音)、板状材料(如胶合板、硬质纤维板、石棉水泥板和石膏板，吸收低频音)和穿孔板(各种板状材料或金属板上打孔而制得，吸收中频音)，若复合使用，可扩大吸声范围，提高吸声系数。用装饰吸声板贴壁或吊顶，多孔材料和穿孔板或膜状材料组合装于墙面，甚至采用浮云式悬挂，都可改善室内音质，控制噪声。多孔材料除吸收空气声外，还能减弱固体声和空气声所引起的振动。将多孔材料填入各种板状材料组成的复合结构内，可提高隔声能力并减轻结构质量。

选用吸声材料时，应从吸声特性方面来确定合乎要求的材料，同时还要结合防火、防潮、防蛀、强度、外观、建筑内部装修等要求，进行综合考虑。

9.4　隔 音 材 料

隔音材料是指能减弱或隔断声音传递的材料。建筑工程中主要有隔墙、隔声罩、隔声幕和隔声屏障等。

9.4.1　隔音材料的性质

人们要隔绝的声音按其传播途径不同分为空气声(通过空气传播的声音)和固体声(通过固体的撞击或振动传播的声音)两种。两者隔声的原理不同。对空气声的隔绝，主要是依据声学中的"质量定律"，即材料的密度越大越不易受声波作用而产生振动，也即声波通过材料传递的速度迅速减弱了，故其隔声效果好。所以，应选用密度大的材料(如钢筋混凝土、实心砖等)作为隔绝空气声的材料。

隔绝固体声最有效的措施是断绝其声波继续传递的途径，即在产生和传递固体声波的结构(如梁、框架与楼板、隔墙以及它们的交接处等)层中加入具有一定弹性的衬垫材料，如软木、橡胶、毛毡、毛毯或设置空气隔离层等，以阻止或减弱固体声波的继续传播。

隔声和吸声有着本质的区别。隔声是隔离噪声的传播，尽可能使入射声波反射回去，隔声材料愈沉重密实，隔声性能愈好；吸声是尽可能多地吸收入射声波，让声波透入材料内部而把声能消耗掉，因而一般是多孔性的疏松材料。

9.4.2 常用的隔音材料

常用的隔音方式有隔音结构和隔音材料。隔音材料有实心砖块、钢筋混凝土墙、木板、石膏板、铁板、隔声毡、纤维板、真空玻璃、泡沫混凝土、玻璃棉、岩棉、海绵等。从严格意义上说，几乎所有的材料都具有隔音作用，区别只是不同材料间隔音量的大小不同而已。同一种材料，由于面密度不同，其隔音量存在比较大的变化。隔音量遵循质量定律原则，即隔音材料的单位密集面密度越大，隔音量就越大，面密度与隔音量成正比。

1．泡沫混凝土

泡沫混凝土是目前比较先进的隔音技术材料，其特点是板块自身轻、隔音效果好、材料来源广泛、安装便捷、制造成本低。

2．玻璃棉、岩棉、海绵

玻璃棉、岩棉、海绵不应用于室内隔音材料。玻璃棉和岩棉由于其原料是脆性纤维，会很容易进入皮肤，从而引起皮肤过敏。海绵是易燃产品，燃烧后会产生有毒气体。

3．聚酯纤维吸音棉

聚酯纤维吸音棉具备普通的聚酯纤维吸音棉的环保性、难燃性，但是又有别于普通的聚酯纤维吸音棉。它的密度是阶梯递增的，而不是均匀的。它在手感上是一面较柔软，一面较硬；一般安装时软面是朝向音源的。其结构能保证它同时对低频、中频、高频音的吸收，且吸音效率高。

4．隔音结构

隔音结构，如双层构件，通常双层墙比同样质量的单层墙可增加隔音量 5 分贝左右。

隔音工程是隐蔽工程，一般在饰面前施工，一旦装修工程完成就不好再补救。通常，吊顶，面向公路的墙、窗，卧室和客厅的墙，卧室和卫生间的隔墙等都是需要重点隔音的地方。

9.5 建筑防火材料

火灾是当今世界上常发性灾害中发生频率较高的一种灾害，又是时空跨度最大的一种灾害。建筑火灾给人们带来了巨大的损失和伤害。因此，只有掌握各种建筑防火材料的性质和用途，科学合理地选用建筑防火材料，才能在一定程度上保证建筑物的安全，最大限度地降低火灾的危害。

建筑防火材料是添加了某种具有防火特性基质的合成材料，或本身就具有耐高温、耐热、阻燃等特性。

常用的防火材料有建筑防火涂料、建筑防火板材、防火门窗及其他防火制品。

9.5.1 建筑防火涂料

防火涂料是用于可燃性基材表面，能降低被涂材料表面的可燃性，阻滞火灾迅速蔓延，从而提高被涂材料耐火极限的一种特殊涂料。防火涂料涂覆在基材表面，除具有阻燃作用以外，还具有防锈、防水、防腐、耐磨、耐热以及涂层坚韧性、着色性、黏附性、易干性和一定的光泽等性能。

防火涂料分为饰面防火涂料、木材防火涂料和钢结构防火涂料。

防火涂料是一类特制的防火保护涂料，是氯化橡胶、石蜡和多种防火添加剂组成的溶剂型涂料。其耐火性好，施涂于普通电线表面，遇火时膨胀产生 200 mm 厚的泡沫，碳化成保护层，以隔绝火源。它适用于发电厂、变电所之类等级较高的建筑物室内外电缆线的防火保护。

9.5.2 建筑防火板材

防火板是以硅质材料或钙质材料为主要原料，与一定比例的纤维材料、轻质骨料、黏合剂和化学添加剂混合，经蒸压技术制成的装饰板材。它是使用较广的一种新型材料。防火板的施工对于粘贴胶水的要求比较高，防火板的厚度一般可为 0.8 mm、1 mm 和 1.2 mm。

防火板是目前市场上最为常用的材质，具有防火、防潮、耐潮、耐磨、耐油、易清洗等优点，而且花色品种较多。在建筑物出口通道、楼梯井和走廊等处装设防火吊顶，能确保火灾时安全疏散人们，并保护人们免受蔓延火势的侵袭。

1. 石膏板

石膏制品质轻，具有一定的保温隔热、吸声性能，且耐火性好。各种石膏板材均是以无机质材料石膏为主体的复合材料。石膏板材有纸面石膏板、纤维石膏板、石膏装饰板、石膏吸声板、石膏空心条板、石膏珍珠岩空心板、石膏硅酸盐空心条板、石膏刨板等。由于石膏具有良好的防火特性，现代各种建筑物，尤其是高层建筑的墙体和吊顶，都采用的是石膏制品。

2. 纤维增强水泥板

纤维增强水泥板是指以水泥为基本材料和胶黏剂，以石棉或玻璃纤维为增强材料而制成的板材。它具有厚度小、质量轻、抗拉强度和抗冲击强度高、耐冷热、不受气候变化影响、不燃烧等特点，可加工性好，可用作各种墙体及复合墙体。常用的纤维增强水泥板的种类有 TK 板、GRC 板、不燃埃特板、石棉水泥平板、穿孔吸声石棉水泥板、水泥木屑板、水泥刨花板等。

3. 钢丝网夹芯复合板

钢丝网夹芯复合板是以轻质板材为覆面板或用混凝土作面层和结构层，轻质保温材料作芯材所构成的复合板材。它充分发挥了各种材料的特性，减小了墙体厚度，减轻了墙体重量。钢丝网夹芯复合板按所用的轻质芯材分为：钢丝网架泡沫塑料夹芯板，以阻燃型聚苯乙烯泡沫为主作芯材；钢丝网架岩棉夹芯板，用半硬质岩棉板作芯材。

4. 金属板和金属复合板

常用的金属板有彩色压型钢板、铝及铝合金波纹板；金属复合板有聚氨酯夹芯复合板、聚苯乙烯复合夹芯板(EPS 板)、岩棉夹芯复合板、铝塑复合板等。

5. 矿棉装饰吸音板

矿棉装饰吸音板是 20 世纪 70 年代发展起来的一种新型建筑材料，具有密度低、强度高、吸声、隔热、防火、防水等优良性能。其使用温度可达 650℃，阻燃性优于阻燃性塑料贴面板，适用于建筑内部吊顶、墙面装修及保温隔音。

6. 膨胀珍珠岩板

膨胀珍珠岩板是以珍珠岩矿石为原料制成的一种轻质、多功能材料，具有保温隔热、防火、吸声等优点。

9.5.3 防火门窗及其他防火制品

1. 防火门

防火门分为木质防火门、钢质防火门和不锈钢防火门。防火门通常用于防火墙的开口、楼梯间出入口、疏散走道、管道井开口等部位，对防火分隔、减少火灾损失起着重要作用。木质防火门自重轻，安装方便，便于二次装修，适用于各类民用建筑和部分工业建筑。

2. 防火木制窗框

防火木制窗框周围嵌有木制密封材料，遇热膨胀，能防止火焰从缝隙钻入；即使屋外火势猛烈，它也可以耐火 30 分钟。这种窗框用松木制成，四周粘贴有石墨制成的密封材料，以堵住细微缝隙，增加防火效果。据试验，在距离窗框 10 cm 处，用喷火器材对准该窗框，喷出温度达 800℃的火焰，历时 20 分钟，火焰也未能透过窗框，表明其防火效果较好，是铝制窗框的数倍。

3. 防火卷帘

在建筑物内不便设置防火墙的位置可设置防火卷帘，防火卷帘一般具有良好的防火、隔热、隔烟、抗压、抗老化、耐磨蚀等性能。

4. 防火储物箱

防火储物箱可承受相当高的外部温度。它可独立摆放，也可嵌入墙壁中。它能保护钱币、账簿、凭证、磁带、录音带、摄影底片等贵重物品在火灾中不遭受损失。

5. 防火玻璃

防火玻璃具有良好的透光性和耐火、隔热、隔音性，常见的有夹层复合防火玻璃、夹丝防火玻璃和中空防火玻璃三种。防火玻璃是金融保险、珠宝金行、图书档案、文物、贵重物品收藏、财务结算等重要场所和商厦、宾馆、影剧院、医院、机场、计算机房、车站码头等公共建筑以及其他设有防火分隔要求的工业及民用建筑的防火门、窗和防火隔墙等的理想防火材料。

6. 防火封堵材料

防火封堵材料用于封堵各种贯穿，如电缆、风管、油管、天然气管等穿过墙(仓)壁、楼(甲)板时形成的各种开口以及电缆架桥的分段防火分隔，以免火势通过这些开口及缝隙蔓延。它不但具有防火功能，且便于安装，包括有机防火堵料、无机防火堵料及阻火包。

7. 防火防蛀木材

防火防蛀木材是先将普通木材放入含有钙、铝等阳离子的溶液中浸泡，再放入含有磷酸根和硅酸根等阴离子的溶液中浸泡；这样，两种离子就会在木材中进行化学反应，形成类似陶瓷的物质，并紧密地充填到细胞组织的空隙中，从而使木材具有了防火和防蛀的性能。

思考与练习

1. 石油沥青的主要组成和腔体结构及其与石油沥青主要性质的关系如何？
2. 石油沥青的黏性、塑性、温度感应性及大气稳定性的概念和表达方法是什么？
3. 石油沥青的牌号是根据什么划分的？牌号大小与沥青主要性能间的关系如何？
4. 简述石油沥青的选用原则及储备方法。
5. 煤沥青与石油沥青比较有哪些特点？
6. 改性沥青的特点、种类有哪些？
7. SBS 热塑性弹性体改性沥青的特点及技术性质有哪些？
8. 目前评价改性沥青的方法主要有哪些？
9. 高聚物改性沥青防水卷材的特点及种类有哪些？
10. 与沥青油毡相比，SBS 改性沥青防水卷材具有哪些特点？
11. 合成高分子类防水卷材的种类有哪些？
12. 什么是涂膜防水？
13. 屋面防水材料在选用时应注意什么？
14. 影响吸声材料性能的因素有哪些？
15. 常用的防火材料有哪些？

第 10 章 建 筑 塑 料

教学提示 建筑塑料是土木工程材料中的新型材料，属于化学建材。与传统的土木工程材料相比，建筑塑料具有表观密度小、耐腐蚀性强、保温、品种多、适用面广等特点。只有了解建筑塑料的各项知识，才能更好地选用建筑塑料。本章将以"塑料的基本知识—建筑塑料的常用品种—建筑塑料制品及应用"为主线进行讲解。

教学要求 了解塑料的基本知识；掌握建筑塑料的常用品种、塑料制品及应用；培养正确选用建筑塑料及其制品的能力。

10.1 塑料的基本知识

10.1.1 塑料的组成

塑料是以有机高分子化合物为基本材料，加入各种改性添加剂后，在一定的温度和压力下塑制而成的材料，属于化学建材。

塑料根据所含组分数目分为单组分塑料和多组分塑料。大多数塑料是多组分的，除含有树脂外，还含有填充料、增塑剂、固化剂、着色剂及其他助剂。常用的大部分塑料是多组分塑料，是由起胶结作用的树脂、填充料和起改性作用的添加剂构成的。

1. 树脂

树脂是分子量不固定，在常温下呈固态、半固态或流动态的有机物质。它在塑料中起黏结组分的作用，也称为黏料。树脂是塑料的主要成分，其质量占塑料的40%～100%，并决定塑料的硬化性质和工程性质。因此塑料的名称常以所用的原料树脂命名，如聚氯乙烯塑料、酚醛塑料等。

2. 填充料

填充料又称填充剂，约占塑料重量的 20%～50%；加入填充料可以调节塑料的物理化学性能，提高机械强度，扩大使用范围；而加入粉状或纤维状无机化合物后，还可以降低塑料的成本。例如，玻璃纤维可以提高塑料的机械强度，石棉可以增加塑料的耐热性能。

3. 添加剂

塑料中起改性作用的添加剂主要有增塑剂、固化剂、稳定剂、着色剂、润滑剂等。

10.1.2 塑料的分类

塑料有两种分类方式，一种是按塑料的热行为分为热塑性塑料和热固性塑料；另一种是按塑料的功能和用途分为通用塑料、工程塑料和特种塑料。

1. 热塑性塑料和热固性塑料

热塑性塑料的特点是受热时软化或熔融，冷却后硬化，再加热时又软化，冷却后又硬化，这一过程反复多次进行；而树脂的化学结构基本不变，始终呈线型或支链型。常用的热塑性塑料有聚乙烯、聚氯乙烯、聚丙烯、聚苯乙烯、聚甲醛、聚碳酸酯、聚酰胺、ABS塑料等。

热固性塑料的特点是受热时软化或熔融，可塑造成型，而随着进一步加热，则硬化成不熔的塑料制品。该过程不能反复进行。大分子在成型过程中，从线型或支链型结构最终转变为体型结构。常用的热固性塑料有酚醛、环氧、不饱和聚酯、有机硅塑料等。

2. 通用塑料、工程塑料和特种塑料

通用塑料产量大、价格低、应用范围广。这类塑料主要包括六大品种：聚乙烯、聚氯乙烯、聚丙烯、聚苯乙烯、酚醛和氨基塑料。其产量占全部塑料产量的四分之三以上。

工程塑料机械强度高、刚性较大，可以代替钢铁和有色金属制造机械零件，并应用于工程结构中。它除具有较高强度外，还具有很好的耐腐蚀性、耐磨性、自润滑性及尺寸稳定性等特点，主要包括聚酰胺、ABS塑料、聚碳酸酯塑料等。

特种塑料耐热或具有特殊性能和特殊用途。其产量少、价格高，主要包括有机硅、环氧、不饱和聚酯、有机玻璃、聚酰亚胺、有机氟塑料等。

随着高分子材料的发展，塑料可采用各种措施来改性和增强，从而制成各种新品种塑料。这样，通用塑料、工程塑料和特种塑料之间的界限也就很难划清了。

10.1.3 塑料的特性

与金属、水泥、混凝土材料相比，塑料的性能大为不同，而不同品种塑料之间的性能也各异。塑料的特性主要包括以下几方面：

1. 密度小，比强度高

塑料的密度一般为 $0.8\ g/cm^3 \sim 2.2\ g/cm^3$，与木材的相近，约为钢的 $1/8 \sim 1/4$、铝的 $1/2$、混凝土的 $1/3 \sim 2/3$。塑料的比强度(强度与密度之比)接近甚至超过钢材，是普通混凝土的 $5 \sim 15$ 倍。它是一种极佳的轻质高强材料，如常用的玻璃纤维和碳纤维增强塑料就是很好的结构材料，并在结构加固中得到了广泛应用。

2. 可加工性好，装饰性强

塑料可以采用多种方法加工成型，制成薄膜、薄板、管材、异型材等各种产品，并且便于切割、黏结和"焊接"加工。塑料易于着色，可制成各种鲜艳的颜色，也可以进行印刷、电镀、印花和压花等加工，从而具有丰富的装饰效果。

3. 耐化学腐蚀性好，耐水性强

大多数塑料对酸、碱、盐等的耐腐蚀性比金属材料和部分无机材料强，特别适合做化工厂的门窗、地面、墙壁等。热塑性塑料可被某些有机溶剂所溶解，热固性塑料则不能被溶解，仅可能出现一定的溶胀。塑料对环境水也有很好的抵抗腐蚀能力，吸水率较低，可广泛用于防水和防潮工程。

4．隔热性能好，电绝缘性能优良

塑料的导热性很小，导热系数一般为 0.024 W/(m·K)～0.69 W/(m·K)，只有金属的 1/100，特别是泡沫塑料，其导热性最小，与空气相当。它常用于隔热保温工程。塑料还具有良好的电绝缘性能，是良好的绝缘材料。

5．弹性模量低，受力变形大

塑料的弹性模量小，是钢的 1/10～1/20。在室温下，塑料受荷载后就有明显的蠕变现象。因此，塑料在受力时的变形较大。此外，塑料还有较好的吸振、隔声性能。

6．耐热性、耐火性差，受热变形大

塑料的耐热性一般不高，在高温下承受荷载时往往软化变形，甚至分解、变质，普通热塑性塑料的热变形温度为 60℃～120℃，只有少量品种能在 200℃左右长期使用。部分塑料易着火或缓慢燃烧，燃烧时还会产生大量有毒烟雾，造成建筑物失火时的人员伤亡。

塑料的线膨胀系数较大，比金属大 3～10 倍，因而温度变形大，容易因热应力的累积而导致材料破坏。

10.2　常用建筑塑料品种

建筑上常用的塑料有聚乙烯(PE)、聚氯乙烯(PVC)、聚丙烯(PP)、聚苯乙烯(PS)、丙烯腈-丁二烯-苯乙烯共聚物(ABS)、不饱和聚酯树脂(UP)、聚甲基丙烯酸甲酯(PMMA)、聚碳酸酯(PC)、玻璃钢(GRP)等。

10.2.1　聚乙烯

聚乙烯(PE)是乙烯在一定压力下聚合的产物。按聚乙烯合成时方法的不同，有高压、中压和低压聚乙烯三种。

聚乙烯有优良的耐低温性和耐化学侵蚀性，有突出的电绝缘性和耐辐射性，以及良好的抗水性。高压聚乙烯中含有较多短链分支，密度为 0.910 g/cm³～0.940 g/cm³，又称为低密度聚乙烯，具有较低的密度、分子量和结晶度，质地柔韧，适合制造薄膜。低压聚乙烯的密度和结晶度较高，密度为 0.941 g/cm³～0.965 g/cm³，质地坚硬，能用作机械工业中的结构材料。

聚乙烯易燃，会熔融滴落而导致火焰蔓延，所以聚乙烯制品中通常要加入阻燃剂以改善其耐燃性。聚乙烯的低温脆性小，耐低温性比聚氯乙烯好，适用于制作低温水箱或水管，但刚性、耐热性均差，易受热软化，故应在 100℃以下使用。聚乙烯还可用于配制涂料、油漆等。

10.2.2　聚氯乙烯

聚氯乙烯(PVC)是由乙炔与氯化氢合成氯乙烯单体再经聚合而成的，属于热塑性塑料。其耐化学腐蚀性和电绝缘性优良，力学性能较好，阻燃性好，但是耐热性差，脆性大，温度升高时容易发生降解。

聚氯乙烯是多种塑料装饰制品的原料，可以制成硬质聚氯乙烯塑料、软质聚氯乙烯塑料和轻质聚氯乙烯塑料。硬质聚氯乙烯的密度为 $1.38\ g/cm^3 \sim 1.43\ g/cm^3$，机械强度高，电绝缘性能优良，对酸碱抵抗力极强，化学稳定性很好。因此硬质聚氯乙烯塑料具有良好的耐候性和耐热性，常用作建筑装饰材料，如塑料地板、门窗、百叶窗、楼梯扶手、踢脚板、吊顶板、屋面采光板和密封条等。软质聚氯乙烯的拉伸强度、弯曲强度、冲击韧性等均较硬质聚氯乙烯低，但拉断时的伸长率较大。软质聚氯乙烯塑料可挤压成板、片、型材等作地面材料和装修材料。聚氯乙烯是一种应用最广泛的塑料。

10.2.3 聚丙烯

聚丙烯(PP)耐腐蚀性能优良，力学性能和硬度超过聚乙烯，耐疲劳和耐开裂性好，但耐候性差，低温脆性大，染色性差。它的燃烧性与聚乙烯相似，易燃并产生滴落，会造成猛烈的燃烧和火焰的迅速蔓延。聚丙烯用途广泛，主要用作薄膜、纤维、管道和装置，也可用于制作水箱、卫生洁具及建筑装饰配件等。

10.2.4 聚苯乙烯

聚苯乙烯(VS)是一种无色透明的无定型热塑性塑料，其透光率可达 88%～92%。聚苯乙烯密度小，耐水、耐光、耐化学腐蚀性好，特别是有较好的电绝缘性和低吸湿性，容易加工和染色。但其脆性大，抗冲击性差，耐热性差，易燃且燃烧时会放出浓烟，离开火源后会继续燃烧。聚苯乙烯的透明和易着色特性使其具有良好的装饰性，可用于制作百叶窗和饰面板等。聚苯乙烯进行发泡处理可制成聚苯乙烯泡沫塑料，被广泛用于建筑的保温隔热。

10.2.5 丙烯腈-丁二烯-苯乙烯共聚物

丙烯腈-丁二烯-苯乙烯共聚物(ABS)是由丙烯腈(A)、丁二烯(B)和苯乙烯(S)这三个单体共聚而成的热塑性塑料，又称 ABS 塑料。它具有三种单体的共同性能，其中，丙烯腈能使聚合物耐化学腐蚀，且有一定的表面硬度；丁二烯使聚合物呈现橡胶状韧性；苯乙烯使聚合物呈现热塑性塑料的加工特性。

丙烯腈-丁二烯-苯乙烯共聚物具有耐热、表面硬度高、尺寸稳定、耐化学腐蚀、电绝缘性能好以及易于成型和机械加工等特点，且表面光泽性好，易涂装和着色。但是，它也较易燃，燃烧时呈黄色火焰，冒黑烟。

改变丙烯腈-丁二烯-苯乙烯共聚物中三种组元间的比例，可在适当的范围内调节其性能，以适应各种特殊的用途。它是一种较好的建筑材料，可用于制作压有美丽花纹图案的塑料装饰板材，也可用于室内装修或用于制作电冰箱、食品箱等的箱体材料。同时，它还适用于生产建筑五金和各种管材、模板、异形板等。

10.2.6 不饱和聚酯树脂

不饱和聚酯树脂(UP)是一种热固性塑料，可在低压下固化成型，而用玻璃纤维增强后具有优良的力学性能。它具有加工方便、工艺性能优良、化学稳定性好、强度高、抗老化性及耐热性好、耐化学腐蚀性和电绝缘性能良好等优点，主要用来生产玻璃纤维增强塑料(即玻璃钢制品)和聚酯装饰板材等。

10.2.7 聚甲基丙烯酸甲酯

聚甲基丙烯酸甲酯(PMMA)俗称有机玻璃，又称亚克力，是透光率最高的一种塑料，能透过 92%的日光，并能透过 73.5%的紫外线，因此可代替无机玻璃使用。其质轻、不易破碎，在低温时还有较高的抗冲击能力，坚韧且有弹性，具有优良的耐水性和耐老化性。但它的耐磨性差、硬度低、表面易起毛，从而导致透明性和光泽度降低。它可制成各种彩色有机玻璃，作为采光天窗、室内隔断，也可用于制作装饰板材、广告牌和管材等。

10.2.8 聚碳酸酯

聚碳酸酯(PC)是分子链中含有碳酸酯基的高分子聚合物。

聚碳酸酯的透光率高，可达 75%～89%，可制成透明的塑料制品。它具有较好的染色适应性，色泽鲜艳，装饰性好；具有良好的耐久性，对多种腐蚀性介质、冷热作用、老化作用和荷载冲击等有良好的抵抗能力。其尺寸稳定性和自熄性好，是一种很好的装饰材料。

10.2.9 玻璃钢

玻璃钢(GRP)又名玻璃纤维增强塑料，是以玻璃纤维及其制品(玻璃布、玻璃纤维短切毡片、无捻玻璃粗纱等)为增强材料，以酚醛树脂、不饱和聚酯树脂和环氧树脂等为胶黏剂，经过一定的成型工艺制作而成的复合材料。玻璃钢的性能主要取决于合成树脂和玻璃纤维的性能、它们的相对含量以及它们之间的黏结力。合成树脂和玻璃纤维的强度越高，特别是玻璃纤维的强度越高，玻璃钢的强度就越高。采用玻璃钢材料制成的门窗耐酸碱腐蚀、质轻、耐热、抗冻，成型简单，坚固耐用，适用于化工厂房及其他须耐化学腐蚀的门窗；采用玻璃钢材料制成的玻璃钢卫生洁具和家具壁薄质轻、强度高、耐水耐热、耐化学腐蚀、经久耐用，美观大方，广泛适用于各类公共场所。

建筑上常用的塑料除上述以外，还有环氧树脂(EP)、氨基塑料、酚醛塑料(PF)等。

10.3 建筑塑料制品及应用

10.3.1 UPVC 塑料扣板

UPVC 又称硬 PVC，是由聚氯乙烯单体经聚合反应而制成的无定形热塑性树脂加一定的添加剂(如稳定剂、润滑剂、填充剂、加工改性剂等)组成的。它除了用添加剂外，还采用了与其他树脂(如 CPVC、PE、ABS、EVA、MBS 等)进行共混改性，以具有明显的实用价值。

UPVC 塑料扣板的做法与塑料管材的做法相同，即以塑料为原料，经挤出、注塑、焊接等工艺成型的。与传统的镀锌钢扣板和铸铁等相比，优越性明显。其特点是质轻、能耗低、耐腐蚀性高、电绝缘性好、导热性低，允许应力可达 10 MPa 以上，安装维修方便，不结垢，具有优良的抗酸碱性能。其缺点是机械强度只有钢扣板的 1/8；使用温度一般在 −15℃～65℃；刚性较差，只有碳钢的 1/65；热膨胀系数较大。UPVC 塑料扣板在土木工程中得到了广泛应用，常用作管材、扣板等。

10.3.2 PVC 地板

PVC 地板就是聚氯乙烯(PVC)塑料地板。

目前塑料地板品种很多，分类方法各异。按照生产塑料地板所用的树脂，可分为聚氯乙烯塑料地板、聚丙烯树脂塑料地板、氯化聚乙烯树脂塑料地板。绝大多数塑料地板属于聚氯乙烯塑料地板，即 PVC 地板。按照生产工艺，可分为热压法塑料地板、压延法塑料地板、注射法塑料地板三类。按照塑料地板的结构来分，有单层塑料地板、多层塑料地板等。

塑料地板可以粘贴在如水泥混凝土或木材等基层上，构成饰面层。塑料地板的装饰性好，其色彩及图案不受限制，能满足各种用途的需要，也可仿制天然材料，十分逼真。塑料地板的施工铺设方便，耐磨性好，使用寿命较长，便于清扫，脚感舒适并有多种功能，而且可隔声、隔热和隔潮等。实际中，应根据其耐磨性、尺寸稳定性、翘曲性、耐化学腐蚀性和耐久性等性能正确地选择和使用。

10.3.3 三聚氰胺板

三聚氰胺板即三聚氰胺浸渍胶膜纸饰面人造板，是将带有不同颜色或纹理的纸放入三聚氰胺树脂胶黏剂中浸泡，然后干燥到一定固化程度，将其铺装在刨花板、中密度纤维板或硬质纤维板表面，经热压而成的装饰板。在生产过程中，一般是由数层纸张组合而成的，数量多少根据用途而定。

三聚氰胺板的组成有表层纸、装饰纸、覆盖纸和底层纸等。

三聚氰胺装饰板可以任意仿制各种图案，色泽鲜明，可用作各种人造板和木材的贴面，硬度大，有较好的耐磨性、耐热性、耐化学药品性，能抵抗一般的酸、碱、油脂及酒精等溶剂的腐蚀。其表面平滑光洁，容易维护清洗。由于它具备了天然木材所不能兼备的优异性能，故常用于室内建筑及各种家具、橱柜的装饰上，使用寿命长，加工迅速、环保。它的常用规格有 2135 mm×915 mm、2440 mm×915 mm、2440 mm×1220 mm，厚度为 0.6 mm～1.2 mm。

10.3.4 铝塑复合板

铝塑复合板是以经过化学处理的涂装铝板为表层材料，以聚乙烯塑料为芯材，在专用铝塑板生产设备上加工而成的复合材料。它是由多层材料复合而成的，上、下层为高纯度铝合金板，中间层为无毒低密度聚乙烯(PE)芯板，而正面还粘贴了一层保护膜。用于室外时，其正面涂覆有氟碳树脂(PVDF)涂层；用于室内时，其正面可采用非氟碳树脂涂层。

铝塑复合板具有豪华性、艳丽多彩的装饰性以及耐候、耐蚀、耐创击、防火、防潮、隔音、隔热、抗震、质轻、易加工成型、易搬运安装等特性。它可以用于大楼外墙、帷幕墙板、旧楼改造翻新、室内墙壁及天花板装修、广告招牌、展示台架、净化防尘工程等。

10.3.5 聚碳酸酯板

聚碳酸酯(PC)板是以聚碳酸酯为主要成分，采用共挤压技术而成的一种高品质板材。由于其表面覆盖了一层高浓度紫外线吸收剂，因此除具有抗紫外线的特性外，还有长久耐候性，永不褪色。PC板可用专用胶水连接，有效防漏。

目前常用的有PC阳光板(又称聚碳酸酯中空板、玻璃卡普隆板、PC中空板，是以高性能的工程塑料聚碳酸酯树脂加工而成的)和PC耐力板、PC波浪瓦、PC采光瓦、PC合成树脂瓦等。

PC板具有透明度高、质轻、抗冲击、隔音、隔热、难燃、抗老化、耐热和耐寒等特点，是一种高科技而综合性能又极其卓越的节能环保型的塑料板材，是目前国际上普遍采用的塑料建筑材料。

10.3.6 塑料壁纸

塑料壁纸是以纸为基材，以聚氯乙烯塑料为面层，经压延或涂布以及印刷、轧花或发泡而成的。它以胶黏剂贴于建筑物的内墙面或顶棚面，粘贴后不再进行装饰。

塑料壁纸分为普通壁纸、发泡壁纸及特种壁纸三大类。普通壁纸有单色轧花壁纸、印花轧花壁纸、有光印花壁纸和平光印花壁纸四个品种。发泡壁纸有高发泡轧花壁纸、低发泡印花壁纸和低发泡印花压花壁纸三个品种。特种壁纸有阻燃壁纸、防潮壁纸、彩砂壁纸和抗静电壁纸四个品种。

塑料壁纸具有良好的装饰效果，可以制成各种图案及丰富的凹凸花纹，富有质感。其施工简单，可节约大量粉刷工作，因此可提高工效，缩短施工周期。塑料壁纸陈旧后，易于更换。塑料壁纸表面不吸水，可用布擦洗。它还具有一定的伸缩性，抗裂性也较好。成品壁纸的幅面宽度为530 mm或900 mm～1000 mm。530 mm宽的成品壁纸每卷长度为10 m；900 mm～1000 mm宽的成品壁纸每卷长度为50 m。塑料壁纸按其外观质量分为优等品、一等品及合格品三个等级。

10.3.7 塑料门窗

塑料门窗现在用得较多的为塑钢门窗。塑钢门窗是以聚氯乙烯(PVC)树脂为主要原料，加上一定比例的稳定剂、改性剂、填充剂、紫外线吸收剂等助剂，经挤出加工成型材，然后通过切割、焊接的方式制成门窗框、扇，配装上橡塑密封条、五金配件等附件而成的。为增加型材的钢性，在型材空腔内添加了钢衬，所以称之为塑钢门窗。

塑钢门窗与普通钢、铝窗相比可节约能耗30%～50%，社会经济效益显著，近年来广受欢迎。生产塑料门窗的能耗只有钢窗的26%。塑料门窗的外观平整，色泽鲜艳，经久不褪，装饰效果好。其保温、隔热、隔声、耐潮湿、耐腐蚀等性能均高于木门窗、金属门窗，外表面不需涂装，能在40℃～70℃的环境温度下使用30年以上。

思考与练习

1. 什么是塑料?
2. 塑料的组成有哪些?
3. 热塑性塑料和热固性塑料有哪些区别?
4. 塑料有哪些特点?
5. 建筑上常用的塑料有哪些?
6. UPVC 塑料扣板有哪些特点?
7. 三聚氰胺板有哪些用途?

第11章 装饰材料

教学提示 建筑装饰材料是土木工程材料的一个分支，是建筑装饰工程的物质基础，因此要掌握各类建筑装饰材料性能的变化规律，善于在不同的建筑装饰工程、不同的使用条件和部位正确选择建筑装饰材料。

教学要求 本章主要学习装饰工程中常用建筑材料的基本性质，重点掌握装饰材料的基本性能、材料品种、技术指标与适用场合，同时密切联系装饰工程施工中材料的应用情况，经常了解有关建筑装饰材料的新品种、新标准，从而更好地掌握和使用材料。

在建筑上将依附于建筑物体表面起装饰和美化环境作用的材料，称为装饰材料。建筑装饰工程的总体效果及功能的实现，无一不是通过运用装饰材料及其配套设备的形体、质感、图案、色彩、功能等所体现出来的。在普通建筑物中，装饰材料的费用占土木工程材料成本的50%左右；在豪华的建筑物中，装饰材料的费用则占到80%以上。

建筑装饰材料种类繁多，而且装饰部位不同，对材料的要求也不同。本章仅介绍常用的装饰材料。

11.1 装饰材料的基本要求及选用原则

11.1.1 装饰材料的基本要求

装饰材料创造了具有一定建筑艺术风格的室外环境，创造了具有各种使用功能的优雅的室内环境。通常，建筑物外部材料要经受日晒、雨淋、霜雪、冰冻、风化等侵袭，而内部装饰材料要经受摩擦、潮湿、洗刷等作用，因此，用于建筑装饰的材料，要求既要美观又要耐久，而且应满足不同的使用功能。对装饰材料的基本要求如下：

1. 美观

装饰材料的装饰效果是由质感、线条和色彩构成的。室内装饰材料的质感要细腻、逼真，色彩应考虑房间的用途、自己的爱好以及视觉感受。

2. 实用

装饰材料应能改善室内的光线、温度和湿度，同时应隔音、隔热、防火和防污染。如纸面石膏板可调节室内温度，木地板、化纤地毯既能让人感到舒服又可以隔音。

3. 经济合理

购买装修材料时应综合考虑装修材料的质量及家庭经济条件，按不同部位的重要程度、磨损程度选择适当的材料。

11.1.2 装饰材料的选用原则

建筑装饰材料的品种很多，性能和特点各异，用途亦不尽相同。因此，在选择装饰材料时，必须考虑以下原则：

1. 建筑的类型和档次

办公室、教室、图书馆、大型商场和高级宾馆等公共建筑与民用住宅所用的装饰材料应有所不同。住宅是满足人的各种需求的主要场所，住宅的室内装饰，要围绕着人这个环境的核心而进行选材；公共建筑要根据建筑等级及装饰的耐久性选材。

花岗岩镜面板材耐磨、装饰效果好，适合于高级宾馆及大型商场中人流较多的公共部分，如大厅、走廊、楼梯等。而一般住宅的客厅，较适合铺设陶瓷地砖。木质地板舒适、保温、自然亲切，常铺设在卧室、起居室。塑料地板耐磨、有弹性，适合于办公室。化纤地毯、混纺地毯防滑、消音、价格较高，适合于宾馆。纯手工编织地毯高雅、豪华，装饰效果极好，但是价格昂贵，只适合少数国家级宾馆和会议中心等场所。豪华型卫生洁具的浴缸水龙头、扶手等五金件均以 24K 镀金制作，适合于极少数超豪华的酒店。

2. 装饰效果

1) 色彩

建筑装饰效果最突出的一点是材料的色彩，它是人造环境中的第一装饰。我国古建筑常用材料的色彩突出表现了建筑物的美。当代许多建筑在色彩上大胆尝试，正丰富着建筑艺术空间和形成新的民族建筑风格。

建筑外部色彩的选择，要根据建筑物的规模、环境及功能等因素来决定。高层建筑的外墙装饰宜采用较深的色调，与蓝天白云相衬，显得庄重和深远；低层建筑宜用浅色调，使人不致感觉矮小和零散。

建筑物内部色彩应力求在人们生理和心理上均能产生良好的效果。"暖色"(红、橙、黄色)使人感觉热烈、兴奋、温暖；"冷色"(绿、蓝、紫罗兰色)使人感觉宁静、优雅、凉爽。因此，寝室宜用浅蓝或深绿色，以增加室内的舒适和宁静感；幼儿园的活动室应采用中黄、淡黄、粉红等暖色调，以适应儿童天真活泼的心理；室内色彩宜"头轻脚重"，即由顶棚、墙面至墙裙和地板的色彩为上明下暗，给人以稳定舒适的感觉。

2) 材料的质感、线型、尺度和纹理

材料的质感、线型、尺度和纹理在人们心理和视觉上产生的装饰效果也是非常明显的。就纹理而言，要充分利用材料本身固有的天然纹样、图样及底色，或利用人工仿制天然材料的各种纹路与图样，以求在装饰中获得朴素、淡雅、高贵、凝重的装饰效果。就尺度而言，材料的尺寸应符合一定的比例。例如，大理石及彩色水磨石板材用于厅堂，能取得很好的效果，而如果用于居室将失去魅力。就线型和质感而言，材料所固有的质感是一方面，在某种程度上线型可作为建筑装饰整体质感的一部分。例如，用铝合金压型装饰板装饰外墙面，可以获得具有凹凸线型的效果。

不同材料的质感往往会形成不同的尺度感和冷暖感，例如同样大小的圈椅，藤编的就会比木制的显得宽敞一点。

3) 耐久性

装饰材料的耐久性是一项综合技术性质，包括材料的力学性质(抗压强度、抗拉强度、抗弯强度、冲击韧性、受力变形、黏结性、耐磨性以及可加工性等)、材料的物理性质(密度、吸水性、耐水性、抗渗性、抗冻性、耐热性、绝热性、吸声性、隔音性、光泽度、光吸收性及光反射性等)、材料的化学性质(耐酸碱性、耐大气侵蚀性、耐污染性、抗风化性及阻燃性等)。

建筑装饰工程的耐久性受建筑装饰材料耐久性的制约。因此，工程中必须根据每一种装饰材料的特性及其使用部位和条件的不同，合理选择装饰材料。例如，纸面石膏板只能用于干燥的环境，而不能用于潮湿的环境；塑料、有机材料在光、热、自然条件作用下易老化而改变其固有的性能，所以不适宜选作外墙装饰材料；无机材料(如陶瓷、玻璃、彩色水泥)及铝合金制品等，具有色彩宜人、耐久可靠的特点，为理想的外墙装饰材料。

4) 经济性

装饰材料的经济指标，主要用来估算装饰工程的造价及费用开支。

装饰材料的价格直接关系到建筑装饰造价问题。所以，选择材料必须考虑装饰工程一次投资和日后的维修费用。

随着社会的进步和人类文明的发展，人们总是尽力地营造自己的生存环境。值得提醒的是，优美的建筑艺术效果，不在于多种材料的堆积，而要在体察材料内在构造和美的基础上精于选材，贵在材料的合理搭配及材料的色泽、纹理和质感的和谐运用上。对于那些贵重而富有魅力的材料，要采用"画龙点睛"的手法，才能充分发挥材料的可塑性。

建筑装饰材料是构成建筑艺术的物质基础，而人们对建筑艺术无止境的追求，表现在对装饰材料的品种、质量、档次的更高要求上。各种新型装饰材料的不断出现，使建筑装饰风格更新颖，建筑技术更符合人们的欣赏力。

11.2 常用的装饰材料

11.2.1 建筑装饰石材

1. 天然石材

天然石材表面经过加工，可获得优良的装饰性。其装饰效果主要取决于品种，用作装饰的主要有天然大理石、天然花岗岩和天然板岩等。

1) 天然大理石

"大理石"是由于盛产在我国云南省大理县而命名的。云南大理县的大理石材质细腻，光泽柔润，极富有装饰性。目前开采利用的主要有云灰大理石、白色大理石、彩色大理石。我国大理石主要产地还有山东、四川、安徽、江苏、浙江、北京、辽宁、广东、福建、湖北等。

大理石颜色绚丽、纹理多姿。纯的大理石为白色，我国称之为汉白玉。大理石的硬度中等，耐磨性次于花岗岩，耐酸性差(酸性介质会腐蚀其表面)，容易打磨抛光，耐久性次于花岗岩。

在对大理石的选用上，主要以外观质量(板材的尺寸、平整度和角度的允许偏差，磨光板材的光泽度和外观缺陷等)及颜色花纹为主要评价和选择指标。市场上的纯白、纯黑(或带不宽于 5 mm 的白色纹理)、粉红色及浅绿色最受人们欢迎。天然大理石板材的常用规格为 300 mm × 150 mm、300 mm × 300 mm、400 mm × 200 mm、400 mm × 400 mm、600 mm × 300 mm、600 mm × 600 mm、900 mm × 600 mm、1070 mm × 750 mm、1200 mm × 600 mm、1200 mm × 900 mm、305 mm × 152 mm、305 mm × 305 mm、610 mm × 305 mm、610 mm × 610 mm、915 mm × 610 mm、1067 mm × 762 mm、1220 mm × 915 mm，厚度均为 20 mm。

天然大理石板材为高级饰面材料，适用于纪念性建筑、大型公共建筑(如宾馆、展览馆、商场、图书馆、机场、车站等)的室内墙面、柱面、地面、楼梯踏步等，有时也可用作楼梯栏杆、服务台、门脸、墙裙、窗台板、踢脚板等。天然大理石板材的光泽易被酸雨侵蚀，故不宜用作室外装饰。只有少数质地纯正的汉白玉、艾叶青可用于外墙饰面。

2) 天然花岗岩

花岗岩为典型的深成岩，其矿物组成为长石、石英及少量暗色矿物和云母。花岗岩的化学成分主要是 SiO_2 (含量为 65%～70%)和少量的 Al_2O_3、CaO、MgO 和 Fe_2O_3，所以花岗岩为酸性岩石。

花岗岩的特点如下：

(1) 装饰性好。花岗岩的颜色主要由正长石的颜色和少量云母及深色矿物的分布情况而定，通常为肉红色、灰色或灰、红相间的颜色；在加工磨光后便形成色泽深浅不同的美丽的斑点状花纹，而花纹的特征是晶粒细小。黑色云母和闪亮的石英晶粒使花岗岩色彩斑斓、华丽庄重。

(2) 坚硬密实，耐磨性好。

(3) 耐久性好。花岗岩孔隙率低，吸水率小，耐风化。

(4) 具有高抗酸腐蚀性。花岗岩的化学组成主要为酸性的 SiO_2，因此耐酸。

(5) 耐火性差。花岗岩中的石英在 573℃和 870℃会发生晶态转变，致使体积膨胀。因此，火灾发生时将引起花岗岩开裂破坏。

花岗岩板材按表面加工方式的不同分为以下四种：

(1) 剁斧板：表面粗糙，具有规则的条状斧纹。

(2) 机刨板：用刨石机刨成较为平整的表面，且表面呈相互平行的刨纹。

(3) 粗磨板：表面经过粗磨，光滑而无光泽。

(4) 磨光板：经打磨后，表面光亮，色泽鲜明，晶体裸露。磨光板再经刨光处理，成为镜面花岗岩板材。

天然花岗岩剁斧板和机刨板可按图纸要求加工。粗磨板和磨光板的常用尺寸为 300 mm × 300 mm、305 mm × 305 mm、400 mm × 400 mm、600 mm × 300 mm、600 mm × 600 mm、610 mm × 305 mm、610 mm × 610 mm、900 mm × 600 mm、915 mm × 610 mm、1067 mm × 762 mm、1070 mm × 750 mm，厚度均为 20 mm。花岗岩板材的质检内容包括尺寸偏差、平整度和角度偏差、磨光板材的光泽度及外观缺陷等。

著名的花岗岩品种有河南偃师县的菊花青、雪花青和云里梅三个独特品种，其次为山东的济南青、四川的石棉红、江西上高的豆绿色等。

另外，我国湖南衡山、江苏金山和焦山、浙江莫干山、北京西山、安徽黄山、陕西华山、福建、山西、黑龙江等地也出产花岗岩。

花岗岩属高档建筑结构材料和装饰材料,在建筑历史上,多用于室外地面、台阶、基座、纪念碑、墓碑、铭牌、踏步、檐口等处。在现代大城市建筑中,镜面板多用于室内外墙面、地面、柱面、踏步等。

3) 进口石材

不同的地域和不同的地理条件,形成了不同质地的石材。进口石材因其特殊的地理形成条件,无论在质地、色泽与天然纹理上,都异于国产石材,再加上国外先进的加工与抛光技术,所以从整体外观与性能上说,进口石材优于国产石材。现在的一些公共建筑、星级宾馆、高档会场的大面积装饰中常选用进口石材。

进口石材多为浅色系列,常用的有西班牙的象牙白、西班牙红、希腊黑、卡地亚的沙利士红麻、印度的蒙特卡罗蓝、将军红、印度红等。

2. 人造石材

人造石材是人造大理石和人造花岗岩的总称,属水泥混凝土或聚酯混凝土的范畴。它具有天然石材的花纹和质感,且重量仅为天然石材的一半。其强度高、厚度薄、易黏结,故在现代室内装饰中得到了广泛的应用。

1) 人造石材的分类

人造石材按其所用材料不同,通常有以下四类:

(1) 树脂型人造石材。树脂型人造石材是以有机树脂为胶结剂,与天然碎石、石粉及颜料等配制拌成混合料,经浇捣成型、固化、脱模、烘干、抛光等工序制成的。

(2) 水泥型人造石材。水泥型人造石材是以白水泥、普通水泥为胶结材料,与大理石碎石和石粉、颜料等配制拌和成混合料,经浇捣成型、养护制成的。

(3) 复合型人造石材。复合型人造石材是用无机胶凝材料(如水泥)和有机高分子材料(树脂)作为胶结料,制作时先用无机胶凝材料将碎石、石粉等集料胶结成型并硬化,再将硬化体浸渍于有机单体中,使其在一定条件下集合而成的。

目前,普遍使用的为复合型人造石材,其底层用廉价而性能稳定的无机材料制成,面层采用聚酯和大理石粉制作。

(4) 烧结型人造石材。烧结型人造石材的生产方法与陶瓷工艺相似,是将长石、石英、辉绿石、方解石等粉料和赤铁矿粉,以及一定量的高岭土共同混合(一般配合比为石粉60%,高岭土40%),然后用混浆法制备坯料,用半干压法成型,再在窑炉中以1000℃左右的高温焙烧而成的。

2) 人造石材的常用品种

(1) 聚酯型人造石材。聚酯型人造石材是以不饱和聚酯树脂为胶结料而生产的聚酯合成石。聚酯合成石由于生产时所加的颜料,采用的天然石料的种类、粒度和纯度以及制作的工艺方法不同,故所制成的石材的花纹、图案、颜色和质感也不同,通常制成仿天然大理石、天然花岗岩和天然玛瑙石的花纹和质感,分别称为人造大理石、人造花岗石和人造玛瑙石;还可以制成具有类似玉石色泽和透明状的人造石材,称为人造玉石。人造玉石也可仿造出紫晶、彩翠、芙蓉石等名贵玉石产品,达到以假乱真的程度。

聚酯合成石通常可以制作成饰面人造大理石板材、人造花岗岩板材和人造玉石板材,以及制作卫生洁具,如浴缸、带梳妆台的单/双盆洗脸盆、立柱式脸盆、坐便器等,还可制作成人造大理石壁画等工艺品。

(2) 仿花岗岩水磨石砖。仿花岗岩水磨石砖是使用颗粒细小的碎米石，加入各种颜色的色料，采用压制、粗磨、打蜡、磨光等生产工艺制成的。其砖面的颜色、纹理和天然花岗岩十分相似，光泽度较高，装饰效果好。

仿花岗岩水磨石砖可用于宾馆、饭店、办公楼、住宅等的内、外墙和地面装饰。

(3) 仿黑色大理石。仿黑色大理石主要是以钢渣和废玻璃为原料，加入水玻璃、外加剂、水混合成型，烧结而成的。它具有利用废料、节电降耗、工艺简单的特点，可用于内外墙、地面装饰贴铺，也可用于台面等。

(4) 透光大理石。透光大理石是将加工成 5 mm 以下具有透光性的薄型石材和玻璃相复合，芯层为丁醛膜，在 140℃～150℃热压 30 min 而成的。其特点是可以使光线变得很柔和，可用于外墙装饰以及制作采光天棚。

(5) 高级石化瓷砖。高级石化瓷砖具有仿天然花岗岩的外观，以及抗折强度高、耐酸、耐碱、耐磨、抗高温、抗严寒、石质感强、不吸水、防污防潮、不爆裂等优良性能。它主要适用于高级豪华型建筑。

(6) 艺术石。艺术石是由精选硅酸盐水泥、轻骨料、氧化铁混合加工倒模而成的。它的所有石模都是由精心挑选的天然石材制造的。在质感、色泽和纹理方面，它与天然石无异，不加雕饰就富有原始、古朴的雅趣，且质轻、安装简便。它可用于内外墙面、户外景观等场所。

11.2.2　建筑陶瓷

1. 陶瓷的分类

陶瓷制品可分为陶质、瓷质和炻质三大类。

1) 陶质制品

陶质制品为多孔结构，吸水率较大，断面粗糙无光，敲击时声音粗哑，有无釉和施釉两种。

陶质制品根据原料杂质含量的不同，分为粗陶和精陶。粗陶不施釉，建筑上常用的烧结黏土砖就是最普通的粗陶制品。精陶一般经素烧和釉烧两次烧成，通常呈白色或象牙色，吸水率为 9%～22%；建筑饰面用的釉面砖，以及卫生陶瓷和彩陶等均属此类。除建筑陶瓷外，还有日用精陶和美术精陶。

2) 瓷质制品

瓷质制品结构密实，基本上不吸水，色洁白，具有一定的半透明性，且表面通常施有釉层。瓷质制品按其原料化学成分与制作工艺的不同，分为粗瓷和细瓷。瓷质制品多为日用餐茶具、陈设瓷、电瓷及美术用品等。

3) 炻质制品

炻质制品介于陶制制品和瓷质制品之间，也称半瓷。其构造比陶质的密实，吸水率较小，但不如瓷器那么洁白。其坯体多带有颜色，且无半透明性。

炻器有粗炻器和细炻器两种。粗炻器吸水率为 4%～8%，细炻器吸水率小于 2%。建筑饰面用的外墙面砖、地砖和陶瓷锦砖均属粗炻器。细炻器如日用器皿、化工及电器工业用陶瓷等。

建筑装饰工程中所用的陶瓷制品，一般都为精陶至粗炻器范畴的产品。

2. 建筑陶瓷制品的主要技术性质

(1) 外观质量。建筑陶瓷制品往往根据外观质量对产品进行分类。

(2) 吸水率。它与弯曲强度、耐急冷急热性密切相关，是控制产品质量的重要指标。吸水率大的建筑陶瓷制品不宜用于室外。

(3) 耐急冷急热性。陶瓷制品的内部和表面釉层热膨胀系数不同，温度急剧变化可能会使釉层开裂。

(4) 弯曲强度。陶瓷材料质脆易碎，因此对弯曲强度有一定的要求。

(5) 耐磨性。对铺地的彩釉砖要进行耐磨实验。

(6) 抗冻性。室外陶瓷制品有此要求。

(7) 抗化学腐蚀性。室外陶瓷制品和化工陶瓷有此要求。

3. 常用的建筑陶瓷制品

建筑陶瓷制品最常用的有釉面砖、外墙面砖、地面砖、陶瓷锦砖、琉璃制品、陶瓷壁画及卫生陶瓷等。

1) 釉面砖

釉面砖又称瓷砖、瓷片或釉面陶土砖。由于其主要用于建筑物内墙饰面，故又称为内墙面砖。

釉面砖色泽柔和典雅，常用的有白色、彩色、浮雕、图案、斑点等。其装饰效果主要取决于颜色、图案和质感。其装饰特点为朴实大方，热稳定性好，防火、防湿、耐酸碱，表面光滑，易清洗。

釉面砖主要用作厨房、浴室、卫生间、实验室、精密仪器车间及医院等室内墙面、台面或台度的饰面材料，既清洁卫生，又美观耐用。

通常釉面砖不宜用于室外，因釉面砖为多孔精陶坯体，吸水率较大，吸水后将产生湿胀，而其表面釉层的湿胀性很小，若用于室外，经常受到大气温湿度影响及日晒雨淋作用，当砖坯体产生的湿胀应力超过了釉层本身的抗拉强度时，釉层就会产生裂纹或剥落，严重影响建筑物的饰面效果。

釉面内墙砖常用的规格为 108 mm × 108 mm × 5 mm 和 152 mm × 152 mm × 5 mm。

2) 墙地砖

墙地砖是以优质陶土原料加入其他材料配成生料，经半干压成型后于 1100℃左右焙烧而成，分有釉和无釉两种。有釉的称为彩色釉面陶瓷墙地砖，无釉的称为无釉墙地砖。

墙地砖的表面质感多种多样，通过配料和改变制作工艺，可制成平面、麻面、毛面、刨光面、磨光面、纹点面、仿花岗岩表面、压花浮雕表面、无光釉面、金属光泽面、防滑面、耐磨面等，以及丝网印刷、套花图案、单色、多色等多种制品。

墙地砖主要用于建筑物外墙贴面和室内外地面装饰铺贴，用于外墙面的常用规格为 150 mm × 75 mm、200 mm × 100 mm 等，用于地面的常用规格有 300 mm × 300 mm、400 mm × 400 mm，其厚度为 8 mm～12 mm。

3) 陶瓷锦砖

陶瓷锦砖俗称马赛克，是指由边长不大于 40 mm，具有多种色彩和不同形状的小块砖镶拼组成各种花色图案的陶瓷制品。陶瓷锦砖采用优质瓷土烧制成方形、长方形、六角形等薄片状小块瓷砖后，再通过铺贴盒将其按设计图纸反贴在牛皮纸上，称作一联；每联305.5 mm 见方，每 40 联为一箱，每箱约 3.7 m^2。

陶瓷锦砖具有色泽明净、图案美观、质地坚实、抗压强度高、耐污染、耐腐蚀、耐磨、耐水、抗火、抗冻、不吸水、不滑、易清洗等特点，并且坚固耐用、造价低。

陶瓷锦砖主要用于室内地面铺贴。由于这种砖块小，不易破碎，适用于工业建筑的洁净车间、化验室以及民用建筑的餐厅、厨房、浴室的地面铺装等。

将陶瓷锦砖用作高级建筑物的外墙饰面材料，对建筑立面具有很好的装饰效果，并且可增加建筑物的耐久性。彩色陶瓷锦砖还可以拼成文字、花边以及形似天坛、长城、小鹿、熊猫等风景名胜和动物花鸟图案的壁画，形成一种别具风格的锦砖壁画艺术。

4) 陶瓷劈离砖

陶瓷劈离砖是以黏土为原料，经配料、真空挤压成型、烘干、焙烧、劈离(将一块双联砖分为两块砖)等工序制成的。该产品富于个性，古朴高雅，适用于墙面装饰。

5) 琉璃制品

琉璃制品是我国陶瓷宝库中的古老珍品。它是以难容黏土作原料，经配料、成型、干燥、素烧，表面涂以琉璃釉料后，再经烧制而成的。

琉璃制品常见的颜色有金、黄、蓝和青等。琉璃制品表面光滑、色彩绚丽、造型古朴、坚实耐用，富有民族特色。其主要产品有琉璃瓦、琉璃砖、琉璃兽、琉璃花窗、栏杆等装饰制件，还有琉璃桌、绣墩、鱼缸、花盆、花瓶等陈设用的建筑工艺品。琉璃制品主要用于建筑屋面材料，如板瓦、筒瓦、滴水、勾头以及飞禽走兽等用作檐头和屋脊的装饰物，还可以用于建筑园林中的亭、台、楼阁，以增加园林的特色。

6) 陶瓷壁画

陶瓷壁画是大型画，是以陶瓷面砖、陶板等建筑块材经镶拼制作的具有较高艺术价值的现代建筑装饰，属高档装饰。陶瓷壁画不是原画稿的简单复制，而是艺术的再创造。它巧妙地融绘画技法和陶瓷装饰艺术于一体，经过放样、制版、刻画、配釉、施釉、焙烧等一系列工艺，采用浸、点、涂、喷、填等多种施釉技法，以及丰富多彩的窑变技术，创造出神形兼备、巧夺天工的艺术作品。

陶瓷壁画具有单块砖面积大、厚度薄、强度高、平整度好、吸水率小、抗冻、抗化学腐蚀、耐急冷急热等特点。陶瓷壁画施工方便，可具有绘画、书法、条幅等多种效果。陶板表面可制成平滑面、浮雕花纹图案等。

陶瓷壁画适用于大厦、宾馆、酒楼等高层建筑的镶嵌，也可镶贴于公共活动场所，如机场的候机室、车站的候车室、大型会议室、会客室、园林旅游区以及码头、地铁、隧道等公共设施的装饰，给人以美的享受。

7) 卫生陶瓷

卫生陶瓷是由瓷土烧制的细炻制品，如洗面器、大小便器、水箱水槽等，主要用于浴室、盥洗室、厕所等处。

11.2.3 建筑装饰玻璃

玻璃是以石英砂、纯碱、长石和石灰石等为主要原料，经熔融、成型、冷却固化而成的非结晶无机材料。它具有一般材料难于具备的透明性，具有优良的机械力学性能和热工性质，而且，随着现代建筑发展的需要，正不断向多功能方向发展。玻璃的深加工制品具有控制光线、调节温度、防止噪音和提高建筑艺术装饰等功能。玻璃已不再只是采光材料，而且是现代建筑的一种结构材料和装饰材料。

1. 普通平板玻璃

普通平板玻璃是建筑使用量中最大的一种玻璃，它的厚度为 2 mm～12 mm，主要用于装配门窗，起透光、挡风雨、保温隔音等作用，具有一定的机械强度，但易碎、紫外线通过率低。

普通平板玻璃成品以标准箱计。厚度为 2 mm 的平板玻璃，每 10 m² 为一标准箱。其他厚度的平板玻璃通过折算系数换算成标准箱。同时，规定公称 50 kg 的标准箱为 1 重量箱。

2. 安全玻璃

安全玻璃包括物理钢化玻璃、夹丝玻璃、夹层玻璃。其主要特性是力学强度较高，抗冲击能力较好。被击碎时，其碎块不会飞溅伤人，并有防火的功能。

1) 钢化玻璃

钢化玻璃是安全玻璃，它是将普通平板玻璃在加热炉中加热到接近软化点温度(650℃左右)，使之通过本身的形变来消除内部应力，然后移出加热炉，立即用多头喷嘴向玻璃两面喷吹冷空气，使之迅速且均匀地冷却，当冷却到室温后，即形成了高强度的钢化玻璃。钢化玻璃具有强度高、抗冲击性好，以及热稳定性和安全性皆高的特性。钢化玻璃的安全性主要是指整块玻璃具有很高的预应力，一旦破碎，呈现网状裂纹，碎片小且无尖锐棱角，不易伤人。

钢化玻璃在建筑上主要用作高层建筑的门窗、隔墙与幕墙。

2) 夹丝玻璃

夹丝玻璃是将预先编制好的钢丝网压入已软化的红热玻璃中而制成的。其抗折强度高、防火性能好，破碎时即使有许多裂缝，其碎片仍能附着在钢丝上，不致四处飞溅而伤人。

夹丝玻璃主要用于厂房天窗，各种采光屋顶和防火门窗等。

3) 夹层玻璃

夹层玻璃系两片或多片平板玻璃之间嵌夹透明塑料(聚乙烯醇缩丁醛)薄衬片，经加热、加压、黏合而成的平面或曲面的复合玻璃制品。

夹层玻璃的抗冲击性和抗穿透性好，玻璃破碎时不会裂成分离的碎片，只有辐射状的裂纹和少量玻璃碎屑，且碎片仍粘贴在膜片上，不致伤人。

夹层玻璃在建筑上主要用于有特殊安全要求的门窗、隔墙、工业厂房的天窗等。

3. 保温隔热玻璃

保温隔热玻璃包括吸热玻璃、热反射玻璃、中空玻璃等。它们在建筑上主要起装饰作用，并具有良好的保温绝热功能，除用于一般门窗外，常作为幕墙玻璃。

1）吸热玻璃

吸热玻璃既能吸收大量红外线辐射，又能保持良好的透光性能，因此又称为镀膜玻璃或镜面玻璃。

2）热反射玻璃

热反射玻璃不但有较高的热反射能力，且能保持良好的透光性能，又称镀膜玻璃或镜面玻璃。热反射玻璃是在玻璃表面用热解、蒸发、化学处理等方法喷涂金、银、铜、镍、铬、铁等金属或金属氧化物薄膜而成的。

热反射玻璃反射率高达 30% 以上，装饰性好，具有单向透像作用，越来越多地用作高层建筑的幕墙。

3）中空玻璃

中空玻璃由两片或多片平板玻璃构成，用边框隔开，四周边缘部分用密封胶密封，玻璃层间充有干燥气体。构成中空玻璃的玻璃采用平板原片，有普通玻璃、吸热玻璃、热反射玻璃等。

中空玻璃的特性是保温绝热，节能性好，隔声性能优良，并能有效防止结露。中空玻璃主要用于需要采暖、空调、防止噪音、防结露及要求无直接光和需特殊光线的建筑上，如住宅、饭店、宾馆、办公楼、学校、医院、商店等。

4．压花玻璃、磨砂玻璃和喷花玻璃

压花玻璃是将熔融的玻璃在冷却过程中，通过带图案的花纹辊轴连续对辊压延而成的。它可一面压花，也可两面压花。其颜色有浅黄色、浅蓝色、橄榄色等。喷涂处理后的压花玻璃，立体感强，强度可提高 50%～70%。

磨砂玻璃是一种毛玻璃，是将硅砂、金刚石、石榴石粉等研磨材料加水采用机械研磨和手工研磨及氢氟酸溶蚀等方法，把普通玻璃表面处理成均匀毛面而成的。它具有透光不透视，使室内光线不眩目、不刺眼的特点。

喷花玻璃是在平板玻璃表面贴上花纹图案，抹以护面层，并经处理而成的。

压花玻璃、磨砂玻璃和喷花玻璃一般用于建筑物的卫生间、浴室、办公室等的门窗及隔断。

5．玻璃空心砖

玻璃空心砖一般是由两块压铸成凹形的玻璃经熔接或胶结成整块的空心砖。其砖面可为光滑平面，也可压铸多种花纹。砖内腔可为空气，也可填充玻璃棉等。玻璃空心砖绝热、隔声，透射的光线柔和优美，可用来砌筑透光墙壁、隔断、门厅、通道等。

6．玻璃马赛克

玻璃马赛克是以玻璃为基料并含有未溶解的微小晶体(主要是石英)的乳浊制品，颜色有红、黄、蓝、白、黑等几十种。

玻璃马赛克是一种小规格的彩色釉面玻璃。一般尺寸有 20 mm × 20 mm、30 mm × 30 mm、40 mm × 40 mm，厚度为 4 mm～6 mm。该类玻璃一般有透明、半透明、不透明等几种，还有带金色、银色斑点或条纹的。

玻璃马赛克具有色调柔和、朴实典雅、美观大方、化学稳定性和冷热稳定性好等特点。它一面光滑，一面带有槽纹，与水泥砂浆黏结效果好，施工方便，适用于宾馆、医院、办公楼、礼堂、住宅等建筑物的外墙饰面。

7. 镭射玻璃

镭射玻璃有两种：一种是以普通平板玻璃为基材；另一种是以钢化玻璃为基材。前一种主要用于墙面、窗户、顶棚等部位的装饰，后一种主要用于地面装饰。此外，也有专门用于柱面装饰的曲面镭射玻璃，专门用于大面积幕墙的夹层镭射玻璃，还有镭射玻璃砖等产品。

镭射玻璃的各种花型产品宽度一般不超过 500 mm，长度一般不超过 1800 mm；所有图案产品宽度不超过 1100 mm，长度一般不超过 1800 mm；圆柱产品每块弧长不超过 1500 mm，长度不超过 1700 mm。镭射玻璃的主要特点是具有优良的抗老化性能。

11.2.4 建筑装饰涂料

涂敷于建筑物体表面，能干结成膜，具有防护、装饰、防锈、防腐、防水或其他特殊功能的物质称为涂料。天然油漆和涂料是同一概念，历史上统称为油漆。

建筑涂料由以下成分组成：主要成膜物质(基料、胶黏剂及固着剂)、次要成膜物质(颜料及填料)、溶剂(稀释剂)及辅助材料(助剂)。

涂料种类繁多，按主要成膜物质可分为有机涂料、无机涂料和有机无机复合涂料三大类；按使用部位分为外墙涂料、内墙涂料和地面涂料等；按分散介质种类分为溶剂型涂料、水乳型涂料和水溶性涂料。

1. 外墙涂料

外墙涂料的主要功能是美化建筑和保护建筑物的外墙面，因此要求其应有丰富的色彩和质感，以对建筑物外墙有较好的装饰效果；耐水性和耐久性好，能经受日晒、风吹、雨淋、冰冻等侵蚀；耐污染性要强，易于清洗。其主要类型有乳液型涂料、溶剂型涂料、无机硅酸盐涂料。国内常用的外墙涂料有如下几种：

(1) 溶剂型丙烯酸外墙涂料。溶剂型丙烯酸外墙涂料是以改性丙烯酸共聚物为成膜物质，掺入紫外光吸收剂、填料、有机溶剂、助剂等，经研磨而制成的一种溶剂型外墙涂料。其主要特点是无刺激性气味，耐候性良好，不易变色、粉化或脱落，耐碱性高，附着力强，抗渗性较好，施工方便，适用于民用、工业、高层建筑及高级宾馆的内外装饰，也适用于钢结构、木结构的装饰防护。

(2) BSA 丙烯酸外墙涂料。BSA 丙烯酸外墙涂料是以丙烯酸酯类共聚物为基料，掺入各种助剂及填料加工而成的水乳型外墙涂料。该涂料具有无气味、干燥快、不燃、施工方便等优点，适用于民用住宅、商业楼群、工业厂房等建筑物的外墙饰面，具有较好的装饰效果。

(3) 聚氨酯丙烯酸外墙涂料。聚氨酯丙烯酸外墙涂料是由聚氨酯丙烯酸树脂为主要成膜物质，添加优质的颜料、填料及助剂，经研磨配制而成的双组分溶剂型涂料。

聚氨酯丙烯酸外墙涂料主要用于建筑物混凝土或水泥砂浆外墙的装饰。

(4) 坚固丽外墙涂料。坚固丽外墙涂料是以新型丙烯酸树脂为主要成膜物质，添加脂肪烃石油溶剂、优质金红石型钛白粉、填料、助剂，经研磨配制而成的新一代溶剂型丙烯酸外墙涂料。该涂料除具有传统溶剂型涂料和乳胶型涂料两者的优点外，其耐候性、耐沾污性、施工性更优异。

坚固丽外墙涂料适用于高层和多层住宅、工业厂房及其他各类建筑物的外墙面装饰。

(5) 过氯乙烯外墙涂料。过氯乙烯外墙涂料是以过氯乙烯树脂为主，掺少量的改性树脂共同组成主要成膜物质，再添加一定量的增塑剂、填料和助剂等物质，经混炼、切片、溶解、过滤等工艺制成的一种溶剂型外墙涂料。它也可用于内墙装饰。该涂料的色泽丰富，涂抹平滑，干燥快，在常温下 2 小时可全干，冬季晴天亦可全天施工，且具有良好的耐候性及化学稳定性，耐水性也很好。但其热分解温度低，一般应在低于 60℃ 的环境中使用。其涂膜的表干很快，全干较慢，完全固化前对基面的黏附性较差，所以基层含水率不宜大于 8%，施工中应注意。

(6) 沙胶外墙涂料。沙胶外墙涂料是用聚乙烯醇水溶液及少量氯乙烯偏二氯乙烯乳液为成膜物质，加入石英砂、彩色石屑、玻璃细屑及云母粉填料，再混入一定量的细填料、颜料和消泡剂，经搅拌混匀而制成的。无毒、无味、干燥快、黏结力强、装饰效果好等是其优点。

沙胶外墙涂料主要用于住宅、商店、宾馆、工矿、企事业单位的外墙装饰。

(7) 氯化橡胶外墙涂料。氯化橡胶外墙涂料是由氯化橡胶、溶剂、增塑剂、颜料、填料和助剂配制而成的。该涂料对水泥混凝土和钢铁表面具有较好的附着力，且耐水、耐碱及耐候性好。

(8) JH80-1、JH80-2 无机外墙涂料。JH80-1 无机外墙涂料是以硅酸钾为主要黏结剂，加入填料、颜料及其他助剂(六偏磷酸钠)等，经混合、搅拌、研磨而制成的无机外墙涂料。

JH80-2 无机外墙涂料是以硅溶胶(胶态的二氧化硅)为主要胶结剂，掺入助膜剂、填充剂、颜料、表面活性剂等，经均匀混合、研磨而制成的一种新型涂料。

JH80-1、JH80-2 无机外墙涂料的特点为：耐水、耐酸、耐碱、耐冻融、耐老化、耐擦洗，涂膜细腻，颜色均匀明快，装饰效果好，适用于水泥砂浆墙面、水泥石棉板、砖墙、石膏板等基层的装饰。

2．内墙涂料

内墙涂料的主要功能是装饰及保护内墙墙面、顶棚。

(1) 水溶性内墙涂料。106 内墙涂料具有无毒、无味、不燃等特点，能涂饰于稍潮湿的墙面(混凝土、水泥砂浆、纸筋石灰面、石棉水泥板等)上。

803 内墙涂料具有无毒、无味、干燥快、遮盖力强、涂刷方便、装饰效果好等优点。

(2) 合成树脂乳液内墙涂料(乳胶漆)。合成树脂乳液内墙涂料常用的品种有苯丙乳胶漆、乙丙乳胶漆、聚醋酸乙烯乳胶内墙涂料、氯-偏共聚乳液内墙涂料等，一般用于室内墙面装饰，不宜用于厨房、卫生间、浴室等潮湿墙面。

(3) 溶剂型内墙涂料。溶剂型内墙涂料的主要品种有过氯乙烯墙面涂料、氯化橡胶墙面涂料、丙烯酸酯墙面涂料、聚氨酯系墙面涂料等。

其透气性较差，容易结露，较少用于住宅内墙。但其光洁度好，易于冲洗，耐久性好，可用于厅堂、走廊等处。

(4) 多彩内墙涂料。多彩内墙涂料是一种常用的内墙、顶棚装饰材料。

多彩内墙涂料的特点为：涂层色泽丰富，富有立体感，装饰效果好；涂膜的耐久性好；涂膜质地较厚，具有弹性，类似壁纸，整体性好；耐油、耐水、耐腐蚀、耐洗刷，并具有较好的透气性。

(5) 幻彩涂料。幻彩涂料是用特种树脂乳液和专门的有机、无机颜料制成的高档水性内墙涂料，主要用于办公室、住宅、宾馆、商店、会议室等的内墙、顶棚装饰。

3. 地面涂料

地面涂料的主要功能是装饰与保护室内地面，使地面清洁美观，与室内墙面及其他装饰相适应。它具有较好的耐磨性、耐酸性和抗冲击性，且施工方便，价格合理。

常用的地面涂料有过氯乙烯地面涂料、聚氨酯地面涂料、环氧树脂厚质地面涂料。

11.2.5　建筑木装饰

木材历来被广泛用于建筑物室内装修与装饰，如门窗、楼梯扶手、栏杆、地板、护壁板、天花板、踢脚板、装饰吸声板、挂画条等。它不仅给人以自然美感，还能使室内空间产生温暖、亲切感。在古建筑中，木材更是用作细木装修的主要材料，这是一种工艺要求极高的艺术装饰。

1. 条木地板

条木是使用最普遍的木质地面，分空铺和实铺两种。空铺条木地板由龙骨、水平撑和地板三部分构成，地板有单层和双层两种，双层者下层为毛板，面层为硬木板。普通条木地板(单层)的板材常选用松、杉等软木树材，硬木条板多选用水曲柳、榨木、枫木、柚木、榆木等硬质木材。材质要求采用不易腐朽、不易变形开裂的木板。条板宽度一般不大于120 mm，板厚20 mm～30 mm。条木拼缝做成企口或错口，直接铺钉在木龙骨上，端头接缝要相互错开。条木地板铺设完工后，应放置一段时间，待木材变形稳定后再进行抛光、清扫及油漆。条木地板采用调和漆，当地板的木色和纹理较好时，采用透明的清漆作漆层，使木材的天然纹理清晰可见，可极大地增添室内装饰感。

条木地板自重轻，弹性好，脚感舒适，导热性小，冬暖夏凉，易于清洁，是良好的室内地面装饰材料。它适用于办公室、会议室、会客厅、休息室、旅馆客房、住宅起居室、幼儿园及仪器室等地面。

2. 拼花木地板

拼花木地板是较高级的室内地面装饰材料，分双层和单层两种，两者面层均为拼花硬木板层，双层者下层为毛板层。面层拼花板材多选用水曲柳、榨木、核桃木、栎木、榆木、槐木等质地优良、不易腐朽开裂的硬木树材。拼花小木条的尺寸一般长为250 mm～300 mm，宽为40 mm～60 mm，板厚20 mm～25 mm，木条一般均带有企口。

拼花木地板通过小木板条不同方向的组合，可拼造出多种图案花纹，常用的有正芦席纹、斜芦席纹、人字纹、清水砖墙纹等。拼花木地板均采用清漆进行油漆，以显露出木材漂亮的天然纹理。

拼花木地板分高、中、低三个档次。高档产品适合于三星级以上中、高级宾馆，大型会议室等室内地面装修；中档产品适用于办公室、疗养院、托儿所、体育馆、舞厅、酒吧等地面装饰；低档产品适用于各类民用住宅的地面装饰。

3. 护壁板

护壁板铺设于有拼花地板的房间内，从而使室内空间的材料协调一致，给人一种和谐感。护壁板可采用木板、企口条板、胶合板等装修而成，设计和施工时采用嵌条、拼缝、嵌装等手法构图，以实现装饰意图。护壁板下面的墙面一定要做防潮层，表面宜刷涂清漆，以显示木纹饰面。

护壁板主要用于高级宾馆、办公室和住宅的室内墙壁装饰。

4. 木花格

木花格即用木板和仿木制作成具有若干个分格的木架，这些分格的尺寸和形状一般都各不相同。木花格宜选用硬木或杉木树材制作，并要求材质木节少、木色好、无虫蛀和腐朽等缺陷。

木花格多用于建筑物室内的花窗、隔断、博古架等，它能够调整室内设计的格调，改进空间效能和提高室内艺术质量等。

5. 旋切微薄木

旋切微薄木是以色木、桦木或多瘤的树根为原料，经水煮软化后，旋切成厚 0.1 mm 左右的薄片，再用胶黏剂粘贴在坚韧的纸上，制成卷材。或者采用柚木、水曲柳等树材，经过精密旋切，制得厚度为 0.2 mm～0.5 mm 的微薄木，再采用先进的胶粘工艺和胶黏剂，粘贴在胶合板基材上，制成微薄木贴面板。采用树根瘤制作的微薄木，具有鸟眼花纹的特色，装饰效果非常好。

旋切微薄木花纹美丽动人，真实感和立体感强，自然亲切。在采用微薄木装饰立面时，除应根据其花纹的特点区别其上、下端外，还应考虑家具的色调、灯具灯光，以及其他附件的陪衬颜色，合理地选用树种，以求获得尽可能好的装饰效果。

6. 木装饰线条(木线条)

木装饰线条种类繁多，主要有楼梯扶手、压边线、墙腰线、天花角线、弯线、挂镜线等。各类木线条立体造型各异，断面有多种形状，例如平线条、半圆线条、麻花线条、鸠尾形线条、半圆饰、齿型饰、浮饰、弧饰、S 形饰、钳齿饰、十字花饰、梅花饰、叶形饰及雕饰等。

建筑物室内采用的木线条是由较好的树种加工而成的。木线条主要用作建筑物室内墙面的墙腰饰线、墙面洞口装饰线、护壁板和勒脚的压条饰线、门框装饰线、顶棚装饰角线、楼梯栏杆扶手、墙壁挂画条、镜框线以及高级建筑的门窗和家具等的镶边等。

11.2.6 金属装饰材料

金属装饰材料中应用最多的是铝材、不锈钢、铜材等。其装饰主要形式为各种板材，如花纹板、波纹板、压型板、冲孔板等。

1. 铝合金装饰板材

铝合金花纹板是采用防锈合金坯料，用特殊的花纹辊轧而制成的。其花纹美观大方，筋高适中，不易磨损，防滑性好，防腐蚀性能强，便于冲洗。它的表面可以处理成各种美丽的色彩。铝合金花纹板广泛应用于现代建筑的墙面装饰以及楼梯踏板等处。

铝合金波纹板有银白色等多种颜色，有很强的反光能力以及防火、防潮、防腐蚀等性能，在大气中可使用 20 年以上。它主要用于建筑墙面、屋面装修。

铝合金压型板质量轻、外形美、耐腐蚀，经久耐用，经表面处理可得各种美丽的色彩。它主要用作墙面和屋面装饰。

铝合金冲孔板是一种能降低噪音并兼有装饰作用的新产品。其孔型根据需要有圆孔、方孔、长圆孔、长方孔、三角孔、大小组合孔等。它可用于音响效果比较大的公共建筑的顶棚，以改善建筑室内的音响条件。

2. 装饰用钢板

装饰用钢板有不锈钢钢板、彩色不锈钢钢板、彩色涂层钢板、彩色压型钢板。

不锈钢钢板主要是厚度小于 4 mm 的薄板，用量最多的是厚度小于 2 mm 的板材。常用的是平面钢板和凹凸钢板两类，前者通常经研磨、抛光等工序制成；后者是在正常的研磨、抛光之后，再经辊压、雕刻、特殊研磨等工序制成的。平面钢板分为镜面板(板面反射率＞90%)、有光板(板面反射率＞70%)、亚光板(板面反射率＜50%)三类。凹凸钢板也有浮雕板、浅浮雕花纹板和网纹板三类。不锈钢薄板可作内外墙饰面，幕墙、隔墙、屋面等面层。如今不锈钢镜面已被广泛应用于大型商场、宾馆等处，其装饰效果很好。

彩色不锈钢钢板是在不锈钢钢板上再进行技术和艺术加工，使其成为色彩绚丽的装饰板。其颜色有蓝、灰、紫、红、青、绿、金黄、茶色等。彩色不锈钢钢板不仅具有良好的抗腐蚀性，耐磨、耐高温等特点，而且其彩色面层经久不褪色。它常用作厅堂墙板、顶棚、电梯厢板、外墙饰面等。

彩色涂层钢板的涂层有有机、无机和复合涂层三大类。其中有机涂层钢板可以制成不同的颜色和花纹，称为彩色涂层钢板。这种钢板的原板为热轧钢板和镀锌钢板，常用的有机涂层为聚氯乙烯、聚丙烯酸酯、环氧树脂、醇酸树脂等。彩色涂层钢板具有耐污染性强，洗涤后表面光泽、色差不变，热稳定性高，装饰效果好，易加工，耐久性好等优点，可用作外墙板、壁板、屋面板等。

彩色压型钢板是以镀锌钢板为基材，经成型轧制，并敷以各种耐腐蚀涂层与彩色烤漆而成的装饰板材。其性能和用途与彩色涂层钢板相同。

11.2.7 建筑装饰织物

室内装饰织物主要包括地毯、艺术挂毯或壁挂、窗帘以及床单、台布、蒙面布等，合理选用装饰用织物对现代室内装饰有着锦上添花的效果。

1. 地毯

地毯按材质分为纯毛地毯、混纺地毯、化纤地毯和塑料地毯。

纯毛地毯具有图案优美、富丽堂皇、富有弹性、脚感柔软、经久耐用等特点，主要用于高级宾馆、饭店、客房、住宅、楼梯、会客厅等装饰性要求高的场所。

化纤地毯具有质轻、耐磨、色彩鲜艳、脚感舒适、富有弹性、铺设简便、价格便宜、吸声隔声、保温等功能，适用于宾馆、饭店、招待所、接待室、餐厅、住宅居室、船泊、车辆、飞机等的地面装饰铺设。

2. 挂毯

挂毯是一种高雅美观的艺术品，有吸声、吸热等实际作用，又能以特有的质感与纹理给人以亲切感。挂毯的规格各异，大的可达上百平方米，小得不足 1 平方米。它主要挂在墙上作为室内装饰，供观赏。挂毯可以改善室内空间感，使用艺术挂毯装饰室内，能给人以美的享受，并获得很好的空间艺术效果。

3. 墙布

墙布用于不同的环境中，各具特色。其中，常用的有玻璃纤维印花贴墙布、无纺贴墙布、装饰墙布、化纤装饰贴墙布等。

玻璃纤维印花贴墙布是以中碱玻璃纤维布为基材，表面涂以耐磨树脂，印上彩色图案而制成的一种卷材。墙布的厚度为 0.15 mm～0.17 mm，幅宽为 800 mm～840 mm。这种墙布色彩鲜艳，花色繁多，有布纹纸感，经套色印花后，装饰效果好。它适用于宾馆、饭店、商店、展览会、会议室、餐厅、居民住宅等内墙面装饰，特别适用于室内卫生间、浴室等的墙面装饰。

无纺贴墙布是采用棉、麻等天然纤维或涤、腈等合成纤维，经过无纺成型、上涂树脂、印制彩色花纹而成的一种内墙材料。它的特点是富有弹性，不易折断，纤维不老化、不散失，对皮肤无刺激作用。其色彩鲜艳、图案雅致，具有一定的通气性和防潮性，可擦洗而不褪色，适用于宾馆、饭店、商店、会议室、餐厅、住宅等内墙面装饰。

装饰墙布经过表面涂布耐磨树脂处理，经印花制作而成。它具有强度大、静电弱、蠕变形小、无光、吸声、无毒、无味、花型色泽美观大方等特点，可用于宾馆、饭店、公共建筑和较高级民用建筑中的装饰。

化纤装饰贴墙布种类很多，其中"多纶"贴墙布就是多种纤维与棉纱混纺的贴墙布，也有以单纯化纤布为基材，经一定处理后印花而成的化纤装饰贴墙布。它具有无毒、无味、通气、防潮、耐磨、无分层等优点，适用于各级宾馆、旅店、办公室、会议室和住宅。化纤装饰贴墙布一般宽 820 mm～840 mm，厚 0.15 mm～0.18 mm，卷长 50 m。

思 考 与 练 习

1. 建筑装饰材料主要有哪些功能？

2. 选择建筑装饰材料时应主要考虑哪些问题？

3. 大理石板材为何常用于室内？

4. 分析花岗岩板材防火性能差的原因。

5. 什么是人造石材？按所用材料不同，人造石材有几类？

6. 建筑工程中常用的人造石材有哪些品种？

7. 精陶制品、炻质制品、陶质制品各有哪些主要特点？

8. 常用的装饰陶瓷有哪些品种，各适用于何处？

9. 为什么釉面砖只能用于室内，而不适合于室外？

10. 常用的安全玻璃有哪些品种？

11. 中空玻璃有哪些品种？它们都常用于何处？

12. 什么叫建筑涂料？建筑涂料由哪几部分组成？

13. 谈谈木装饰的综合应用。

14. 什么是不锈钢钢板？不锈钢装饰制品有哪些种类？它们都应用于何处？

15. 彩色涂层钢板有哪些优点？它应用于何处？

16. 室内装饰织物有哪些？各有什么装饰作用？

第12章 土木工程材料试验

教学提示 土木工程材料试验是土木工程类专业重要的实践性教学环节，同时也是学习和研究土木工程材料等级和性能的重要手段。通过本章的学习，可熟悉常用土木工程材料技术性能标准和检测标准，对具体材料的性状有进一步的了解，并能够熟悉、验证、巩固与丰富所学的理论知识，掌握所学土木工程材料的试验方法及操作步骤，了解所使用的仪器设备，学会对检测结果进行计算、处理及评定，从而培养基本的试验技能和严谨的科学态度，提高分析问题和解决问题的能力。

教学要求 了解水泥试验的依据，掌握水泥试验(细度、标准稠度用水量、凝结时间、体积安定性、强度)的原理、目的、试验步骤、试验结果处理、强度等级的评定；了解混凝土试验的依据，掌握混凝土坍落度试验的原理、步骤和坍落度的调整原则、方法，混凝土强度等级评定的方法和混凝土表观密度的检测方法，以及砂浆和易性的测定方法和强度等级的评定；了解钢材的取样方法，钢筋拉伸试验的原理、仪器操作步骤，能够给出钢筋等级的评定；了解沥青试验的依据，掌握沥青试验的目的、试验步骤以及所用仪器的操作步骤等。

12.1 水 泥 试 验

12.1.1 水泥试验的一般规定

1. 试验依据

(1) 《水泥取样方法》(GB/T 12573—2008)；

(2) 《水泥细度检验方法 筛析法》(GB/T 1345—2005)；

(3) 《水泥标准稠度用水量、凝结时间、安定性检验方法》(GB/T 1346—2011)；

(4) 《水泥胶砂强度检验方法(ISO 法)》(GB/T 17671—1999)。

2. 取样方法

依据《混凝土结构工程施工质量验收规范》(GB 50204—2015)的规定，水泥进场时按同一水泥生产厂家、同一强度等级、同一品种、同一批号且连续到达的水泥，袋装水泥不超过 200 t 为一检验批，散装水泥不超过 500 t 为一检验批，每批抽样不少于一次，取样应有代表性，可连续取，也可从 20 个以上不同部位分别抽取约 1 kg 水泥，总数至少 12 kg；水泥试样应充分拌匀，通过 0.9 mm 方孔筛，并记录筛余物情况；当试验水泥从取样至试验要保持 24 h 以上时，应把它储存在基本装满和气密的容器里，而且这个容器应不与水泥起反应。试验用水应是洁净的淡水，仲裁试验或重要试验要用蒸馏水，其他试验可用饮用水。仪器、用具和试模的温度应与实验室一致。

3. 养护条件

实验室温度应为(20±2)℃，相对湿度应不低于 50%。湿气养护箱温度应为(20±1)℃，相对湿度应不低于 90%。

4. 试验材料要求

(1) 水泥试样应充分拌匀。

(2) 试验用水必须是洁净的淡水。

(3) 水泥试样、标准砂、仪器、拌合用水等的温度应与实验室温度相同。

12.1.2 水泥细度测定

1. 试验目的

检验水泥颗粒的粗细程度。由于水泥的许多性质(凝结时间、体积安定性、强度等)都与水泥的细度有关，且以它作为评定水泥质量的依据之一，因此必须进行细度测定。

2. 主要仪器设备

(1) 试验筛：由圆形筛框和筛网组成，筛网应符合《试验筛 金属丝编织网、穿孔板和电成型薄板 筛孔的基本尺寸》(GB/T 6005—2008)的要求，分为负压筛、水筛和手工筛三种。负压筛和水筛的结构尺寸如图 12-1 和图 12-2 所示。

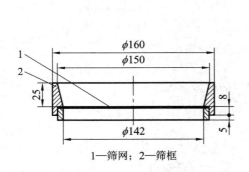

1—筛网；2—筛框

图 12-1 负压筛(单位：mm)

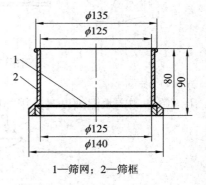

1—筛网；2—筛框

图 12-2 水筛(单位：mm)

负压筛应附有透明筛盖，筛盖与筛上口应有良好的密闭性；手工筛结构应符合规范《金属丝编织网试验筛》(GB/T 6003.1)，其中筛框高度为 50 mm，筛子的直径为 150 mm；水筛架的上筛座内径为 140 mm，喷头直径为 55 mm，面上均匀分布有 90 个孔，孔径为 0.5 mm～0.7 mm。

(2) 负压筛析仪：由筛座、负压筛、负压源及收尘器组成。

(3) 其他：天平(最大称量为 100 g，感量 0.01 g)、浅盘、毛刷等。

3. 试样制备

将用标准取样方法取出的水泥试样取出约 200 g，通过 0.9 mm 方孔筛，盛在浅盘中待用。所用试验筛应保持清洁，负压筛、手工筛应保持干燥。

4. 试验方法与步骤

水泥细度检验分为比表面积法和筛分析法。对于硅酸盐水泥、普通水泥用比表面积法测定，其他四种通用水泥均采用筛分析法测定。筛分析法又分为负压筛法、水筛法和手工筛析法。如果对以上方法检测结果有争议，以负压筛法为准。

1) 负压筛法

采用负压筛法测定水泥细度时采用如图 12-3 所示的装置。

(1) 筛析试验前，应把负压筛放在筛座上，盖上筛盖，接通电源，检查控制系统，调节负压至 4000 Pa～6000 Pa 范围内。当负压小于 4000 Pa 时，应清理吸尘器内水泥，使负压介于规定范围之内。

(2) 称取试样 25 g，置于洁净的负压筛中，放在筛座上，盖上筛盖，接通电源，开动筛析仪连续筛析 2 min。在此期间如有试样附着在筛盖上，可轻轻地敲击筛盖使试样落下。

(3) 筛毕，用天平称量全部筛余物的质量，精确至 0.01 g。

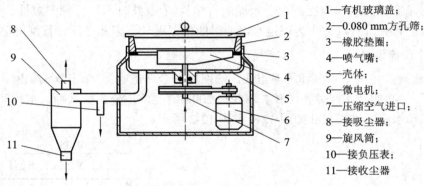

1—有机玻璃盖；
2—0.080 mm方孔筛；
3—橡胶垫圈；
4—喷气嘴；
5—壳体；
6—微电机；
7—压缩空气进口；
8—接吸尘器；
9—旋风筒；
10—接负压表；
11—接收尘器

图 12-3 负压筛析仪示意图

2) 水筛法

用水筛法测定水泥细度时采用如图 12-4 所示的装置。

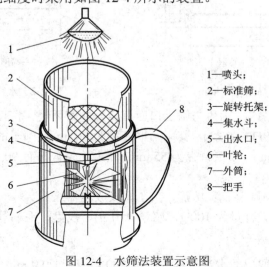

1—喷头；
2—标准筛；
3—旋转托架；
4—集水斗；
5—出水口；
6—叶轮；
7—外筒；
8—把手

图 12-4 水筛法装置示意图

(1) 筛析试验前，检查水中应无泥、沙，调整好水压(0.05 ± 0.02)MPa 及水筛架的位置，使其能正常运转，并控制喷头底面和筛网之间距离为 35 mm～75 mm。

(2) 称取筛过的试样 50 g，置于洁净的水筛中，并立即用洁净淡水冲洗至大部分细粉通过，再将筛子置于水筛架上，用水压为(0.05 ± 0.02)MPa 的喷头连续冲洗 3 min。

(3) 筛毕，用少量水把筛余物冲至蒸发皿中，等水泥颗粒全部沉淀后，小心倒出清水，烘干并用天平称量全部筛余物，精确至 0.01 g。

3) 手工筛析法

在没有负压筛析仪和水筛的情况下，允许用手工筛析法测定。

(1) 称取水泥试样 50 g 并倒入手工筛内。

(2) 用一只手持筛往复摇动，另一只手轻轻拍打，往复摇动和拍打过程应保持近于水平。拍打速度每分钟约 120 次，每 40 次向同一方向转动 60°，使试样均匀分布在筛网上，直至每分钟通过的试样量不超过 0.03 g 为止。最后，用天平称量全部筛余物，精确至 0.01 g。

5. 结果计算与数据处理

水泥试样筛余百分数 F 按下式计算：

$$F = \frac{R_t}{W} \times 100\% \qquad (12\text{-}1)$$

式中：R_t——水泥筛余物的质量(g)。

W——水泥试样的质量(g)，结果计算至 0.1%。

由于试验筛的筛网在试验中会磨损，因此筛析结果应进行修正。修正方法是将水泥试样筛余百分数乘以试验筛标定修正系数，即为最终结果。

6. 试验结果评定

每个样品应称取两个试样分别筛析，取筛余算术平均值为筛析结果。若两次筛余结果的绝对误差大于 0.3%，则应再做一次，并取两次相近的结果进行平均，作为最终结果。

12.1.3 水泥标准稠度用水量的测定(标准法)

水泥标准稠度净浆对标准试杆(或试锥)的沉入具有一定阻力。通过试验不同含水量水泥净浆的穿透性，可确定水泥标准稠度净浆中所需加入的水量。

1. 试验目的

水泥的凝结时间和安定性测定等都与它们的用水量有关。为了便于检验，必须人为规定一个标准稠度，统一用标准稠度的水泥净浆进行检验。该试验的主要目的就是为凝结时间和安定性试验提供标准稠度的水泥净浆，也可用来检验水泥的需水性。

水泥标准稠度用水量可用调整水量法或固定水量法测定，有争议时以调整水量法为准。

2. 主要仪器设备

(1) 水泥净浆搅拌机。NJ-160B 型水泥净浆搅拌机应符合《水泥净浆搅拌机》(JC/T 729—2005)的要求。如图 12-5 所示，其主要结构由底座 17、立柱 16、减速箱 19、滑板 15、搅拌叶片 14、搅拌锅 13、双速电动机 1 组成。

其主要技术参数如下：

搅拌叶宽度——111 mm。

搅拌叶转速——低速挡：(140 ± 5)r/min(自转)，(62 ± 5)r/min(公转)；

高速挡：(258 ± 5)r/min(自转)，(125 ± 10)r/min(公转)。

净重——45 kg。

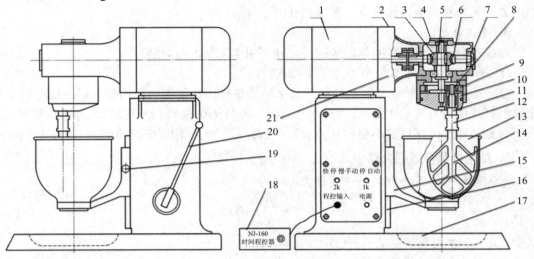

1—双速电动机；2—联接法兰；3—蜗轮；4、7—轴承盖；5—蜗杆轴；6—蜗轮轴；8—行星齿轮；9—内齿圈；
10—行星定位套；11—叶片轴；12—调节螺母；13—搅拌锅；14—搅拌叶片；15—滑板；16—立柱；
17—底座；18—时间程控器；19—减速箱；20—升降手柄；21—电机外壳

图 12-5　水泥净浆搅拌机示意图

(2) 标准法维卡仪。如图 12-6 所示，标准法维卡仪由机身、试杆和试模组成。标准稠度测定用试杆(如图 12-6(c)所示)有效长度为(50 ± 1)mm，由直径为ϕ(10 ± 0.05)mm 的圆柱形耐腐蚀金属制成。测定凝结时间时取下试杆，用试针(如图 12-6(d)、(e)所示)代替试杆。试针由钢制成有效长度初凝针为(50 ±1)mm、终凝针为(30 ± 1)mm、直径为ϕ(1.13 ± 0.05)mm 的圆柱体。滑动部分的总质量为(300 ± 1)g。与试杆、试针连接的滑动杆表面应光滑，能靠重力自由下落，不得有紧涩和摇动现象。

盛装水泥净浆的试模(如图 12-6(a)所示)应由耐腐蚀的、有足够硬度的金属制成。试模为深(40 ±0.2) mm、顶内径为ϕ(65 ± 0.5) mm、底内径为ϕ (75 ± 0.5)mm 的截顶圆锥体。每个试模应配备一个边长或直径约 100 mm、厚度为 4 mm～5 mm 的平板玻璃底板或金属底板。

(3) 其他：天平、铲子、小刀、量筒、玻璃板等。

3. 试样制备

称取 500 g 水泥，准备好洁净自来水(有争议时应以蒸馏水为准)。

4. 试验方法与步骤

(1) 试验前必须检查维卡仪，其滑动杆应能自由滑动；试模和玻璃底板应用湿布擦拭，并将试模放在底板上；调整试杆降至接触玻璃板时指针对准标尺零点；搅拌机应运转正常等。

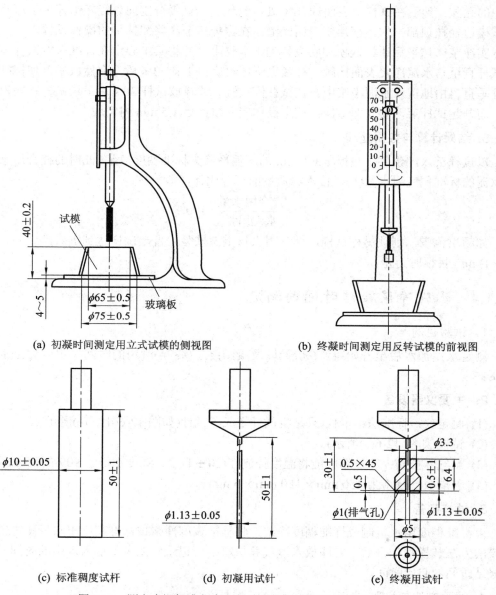

(a) 初凝时间测定用立式试模的侧视图　　　　(b) 终凝时间测定用反转试模的前视图

(c) 标准稠度试杆　　　　(d) 初凝用试针　　　　(e) 终凝用试针

图 12-6　测定水泥标准稠度和凝结时间用的维卡仪(单位：mm)

(2) 水泥净浆的拌和。用水泥净浆搅拌机搅拌，而搅拌锅和搅拌叶片在搅拌前应用湿布擦过。先将拌和水倒入搅拌锅内，然后在 5 s～10 s 内将称好的 500 g 水泥全部加入水中，要防止水和水泥溅出；拌和时，先将锅放在搅拌机的锅座上，升至搅拌位置，旋紧定位螺钉，连接好时间程控器，将净浆搅拌机右侧的"快→停→慢"按钮拨到"停"，"手动→停→自动"按钮拨到"自动"一侧，启动程控器上的按钮，搅拌机将自动低速搅拌 120 s，停 15 s，同时将搅拌叶和搅拌锅内壁上的水泥刮入锅中，接着高速搅拌 120 s 停机。

(3) 拌和结束后，立即取适量水泥净浆一次性将其装入已置于玻璃底板上的试模中，浆体超过试模上端，用宽约 25 mm 的直边刀轻轻拍打超出试模部分的浆体 5 次，以排出浆体中的孔隙；然后在试模上表面约 1/3 处，略倾斜于试模分别向外轻轻锯掉多余净浆，再沿试模边轻抹顶部一次，使净浆表面光滑。在锯掉多余净浆和抹平的操作过程中，注意不要压实净浆。抹平后速将试模和底板移到维卡仪上，并将其中心定在标准稠度试杆下，降低试杆直至与水泥净浆表面接触，拧紧定位螺丝旋钮 1 s～2 s 后，突然放松，使标准稠度试杆垂直自由地沉入水泥净浆中。在试杆停止沉入或释放试杆 30 s 后记录试杆距底板的距离，而升起试杆后，要立即擦净；整个操作应在搅拌后 1.5 min 内完成。

5. 结果计算与数据处理

以试杆沉入净浆并距底板 (6±1)mm 的水泥净浆为标准稠度净浆。此时的拌合用水量为该水泥的标准稠度用水量(P)，按水泥质量的百分比计，即

$$P = \frac{拌合用水量}{水泥用量} \times 100\% \tag{12-2}$$

如超出范围，则须另称试样，调整用水量重做试验，直至试杆达到沉入净浆并距底板 (6±1) mm 目标时为止。

12.1.4 水泥净浆凝结时间的测定

1. 试验目的

测定水泥加水后至开始凝结(初凝)以及凝结终了(终凝)所用的时间，用以评定水泥的性质。

2. 主要仪器设备

(1) 测定仪：标准法维卡仪(只是将试杆换成了试针(如图 12-6(d)、(e)所示))。

(2) 试模(如图 12-6(a)所示)。

(3) 湿气养护箱：养护箱应能将温度控制在(20±1)℃、湿度不低于 90% 的范围。

(4) 玻璃板：规格为 150 mm × 150 mm × 5 mm。

3. 试样制备

以标准稠度用水量制成标准稠度净浆，将标准稠度净浆按标准稠度用水量测定试验时装模的方法装模和刮平后，立即放入湿气养护箱中。记录水泥全部加入水中的时间，并作为凝结时间的起始时间。

4. 试验方法与步骤

(1) 将试模内侧少许涂上一层机油，放在玻璃板上，并调整凝结时间测定仪的试针，当试针接触玻璃板时，指针应对准标尺的零点。

(2) 初凝时间的测定。试样在湿气养护箱中养护至加水后 30 min 时进行第一次测定。测定时，从湿气养护箱中取出试模放到试针下，降低试针与水泥净浆表面接触。拧紧定位螺丝旋钮 1 s～2 s 后，突然放松，试针垂直自由地沉入水泥净浆。观察试针停止下沉或释放试针 30 s 时指针的读数。临近初凝时，每隔 5 min(或更短时间)测定一次，当试针沉至距底板 (4±1)mm 时，为水泥达到初凝状态；到达初凝时应立即重复测一次，两次结论相同时才能定为到达初凝状态。

(3) 终凝时间的测定。为了准确观测试针沉入的状况，在终凝试针上安装了一个环形附件(图 12-6(e))。在完成初凝时间测定后，立即将试模连同浆体以平移的方式从玻璃板上取下，翻转 180°，直径大端向上、小端向下放在玻璃板上(图 12-6(b))，再放入湿气养护箱中继续养护。临近终凝时间时每隔 15 min(或更短时间)测定一次，当试针沉入实体 0.5 mm 时，即环形附件开始不能在试体上留下痕迹时，为水泥达到终凝状态；到达终凝时，需要在试体另外两个不同点测试，确认结论相同才能确定到达终凝状态。

(4) 测定时应注意，在最初测定操作时应轻轻扶持金属柱，使其徐徐下降，以防止试针撞弯，但结果以自由下落为准；在整个测试过程中试针贯入的位置至少要距圆模内壁 10 mm，而每次测定也不能让试针落入原针孔，在每次测定完毕还必须将试针擦拭干净并将试模放回湿气养护箱内，且整个测试过程要防止试模受振。

5. 结果计算与数据处理

(1) 当初凝试针沉至距底板(4 ± 1)mm 时，为水泥达到初凝状态。水泥全部加入水中至初凝状态的时间为水泥的初凝时间，用"min"表示。

(2) 当终凝试针沉入试体 0.5 mm，即环形附件开始不能在试体上留下痕迹时，为水泥达到终凝状态。水泥全部加入水中至终凝状态的时间为水泥的终凝时间，用"min"表示。

12.1.5 水泥安定性检验

1. 试验目的

造成水泥安定性不良的主要原因是游离氧化钙、氧化镁和掺入的石膏过多。当用含有游离氧化钙、氧化镁或石膏较多的水泥拌制混凝土时，会使混凝土出现龟裂、翘曲，甚至崩溃，造成建筑物漏水以及加速腐蚀等危害。所以必须检验水泥加水拌和后在硬化过程中体积变化是否均匀，是否因体积变化而引起膨胀、裂缝或翘曲，从而评定该水泥是否为合格品。

水泥安定性用雷氏夹法(标准法)或试饼法(代用法)检验，有争议时以雷氏夹法为准。

雷氏夹法是观测由两个试针的相对位移所指示的水泥标准稠度净浆体积膨胀的程度，即水泥净浆在雷氏夹中沸煮后的膨胀值。

试饼法是通过观察水泥净浆试饼沸煮后的外形变化来检验水泥的体积安定性。

2. 主要仪器设备

(1) 雷氏沸腾箱：雷氏沸腾箱的内层由不易锈蚀的金属材料制成。箱内能保证试验用水在(30 ± 5)min 由室温升到沸腾，并可始终保持沸腾状态 3 h 以上，整个试验过程无需增添试验用水。箱体有效容积为 410 mm × 240 mm × 310 mm，一次可放雷氏夹试样 36 件或试饼 30～40 个。篦板与电热管的距离大于 50 mm。箱壁采用保温层以保证箱内各部位温度一致。

(2) 雷氏夹：雷氏夹由铜质材料制成，其结构如图 12-7 所示。当一根指针的根部先悬挂在一根金属丝或尼龙丝上，而另一根指针的根部再挂上 300 g 的砝码时，两根指针的针尖距离增加值应在(17.5 ± 2.5)mm 范围以内，即 $2x = (17.5 ± 2.5)$mm，如图 12-8 所示；当去掉砝码后针尖的距离能恢复到挂砝码前的状态。

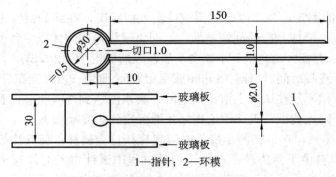

1—指针；2—环模

图 12-7 雷氏夹(单位：mm)

(3) 雷氏夹膨胀值测定仪：如图 12-9 所示，雷氏夹膨胀值测定仪标尺最小刻度为 0.5 mm。

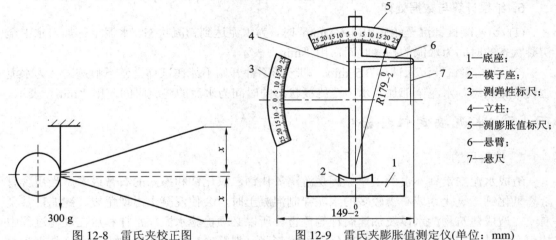

1—底座；
2—模子座；
3—测弹性标尺；
4—立柱；
5—测膨胀值标尺；
6—悬臂；
7—悬尺

图 12-8 雷氏夹校正图　　　　图 12-9 雷氏夹膨胀值测定仪(单位：mm)

(4) 玻璃板：每个雷氏夹需配备两个边长或直径约 80 mm、厚度为 4 mm～5 mm 的玻璃板。若采用试饼法，则一个样品需准备两块约 100 mm × 100 mm × 5 mm 的玻璃板。

(5) 水泥净浆搅拌机：水泥净浆搅拌机如图 12-5 所示。

(6) 量筒或滴定管：精度为 0.5 mL。

(7) 天平：称量 1000 g，感量 1 g。

3. 试样制备

1) 雷氏夹试样(标准法)的制备

将预先准备好的雷氏夹放在已少许擦油的玻璃板上，并立即将已拌和好的标准稠度净浆一次性装满雷氏夹。装浆时一只手轻轻扶住雷氏夹，另一只手用宽约 25 mm 的直边刀在浆体表面轻轻插捣 3 次，然后抹平，盖上擦油的玻璃板，然后立刻将试件移至湿气养护箱内养护(24 ± 2) h。

2) 试饼法试样(代用法)的制备

(1) 从拌好的标准稠度净浆中取出一部分并分成两份，使之成球形，放在预先准备好的涂抹少许油的玻璃板上，然后轻轻振动玻璃板，水泥净浆即扩展成试饼。

(2) 用湿布擦过的小刀，由试饼边缘向中心修抹，并一边修抹一边将试饼略作转动，中间切忌添加净浆，做成直径为 70 mm～80 mm、中心厚约 10 mm、边缘渐薄、表面光滑的试饼，接着将试饼放入湿汽养护箱内养护(24 ± 2) h。

4. 试验方法与步骤

采用沸煮法。

用雷氏夹法时，脱去玻璃板，取下试件，先测量雷氏夹指针尖端间的距离，精确至0.5 mm，然后将试样放入沸煮箱水中箅板上，注意指针朝上，试样之间互不交叉，在(30 ± 5)min 内加热试验用水至沸腾，并恒沸(180 ± 5)min。在沸腾的过程中，应保证水面高出试样 30 mm 以上。沸煮结束后，立即将水放出，打开箱盖，待箱内温度冷却至室温时，取出试样进行判别。

用试饼法时，脱去玻璃板取下试饼，先检查试饼是否完整(如已经有翘曲开裂的现象，应检查其原因，确证无外因时，则该试饼已属不合格品，不必沸煮)，在试饼无缺陷的情况下将试饼放在沸煮箱水中的箅板上，然后在(30 ± 5)min 内加热升至沸腾并恒沸(180 ± 5)min。沸煮结束后，立即放掉箱中的热水，打开箱盖，待箱内温度冷却至室温时，取出试样进行判别。

5. 结果计算与数据处理

(1) 雷氏夹法。沸煮后测量雷氏夹指针尖端间的距离(C)，精确至 0.5 mm。当两个试样煮后增加距离($C-A$)的平均值不大于 5.0 mm 时，即认为该水泥安定性合格；当两个试样的煮后增加距离($C-A$)的平均值大于 5.0 mm 时，应用同一样品立即重做一次试验。以复检结果为准。

(2) 试饼法。沸煮后经肉眼观察未发现裂缝，用钢直尺检查也没有弯曲(使钢直尺和试饼底部紧靠，以两者间不透光为不弯曲)的试饼为安定性合格；反之，为不合格。当两个试饼判别结果有矛盾时，该水泥的安定性也为不合格。

12.1.6　水泥胶砂强度检验(ISO 法)

1. 试验目的

水泥作为主要的胶凝材料，其强度对结构混凝土的强度有决定性的影响。水泥的强度用标准的水泥胶砂试件抗折和抗压强度来表示，并根据强度测定值来划分水泥的强度等级。

检验水泥各龄期强度，以确定强度等级；或已知强度等级，检验强度是否满足原强度等级规定中各龄期强度数值。

2. 主要仪器设备

(1) 水泥胶砂搅拌机。行星式水泥胶砂搅拌机由胶砂搅拌锅和搅拌叶及相应的机构组成。搅拌锅可以随意挪动，但可以很方便地固定在锅底上，而且搅拌时也不会明显晃动和转动；搅拌叶片呈扇形，工作时顺时针自转，又沿搅拌锅周边逆时针公转，并具有高低两种速度，属行星式搅拌机。它应符合《行星式水泥胶砂搅拌机》(JC/T 681—2005)的规定。其基本结构如图 12-10 所示。

水泥胶砂搅拌机的主要技术参数：

搅拌叶宽度——135 mm。

搅拌锅容量——5 L。

搅拌叶转速——低速挡：(140 ± 5)r/min(自转)，(62 ± 5)r/min(公转)；

高速挡：(285 ± 10)r/min(自转)，(125 ± 10)r/min(公转)。

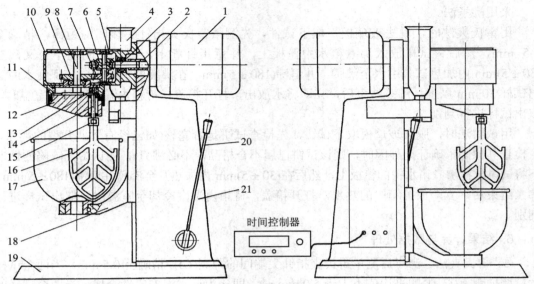

1—电机；2—联轴套；3—蜗杆；4—砂罐；5—传动箱盖；6—蜗轮；7—齿轮Ⅰ；8—主轴；9—齿轮Ⅱ；
10—传动箱；11—内齿轮；12—偏心座；13—行星齿轮；14—搅拌叶轴；15—调节螺母；16—搅拌叶；
17—搅拌锅；18—支座；19—底座；20—升降手柄；21—立柱

图 12-10　胶砂搅拌机结构示意图

(2) 水泥胶砂试体成型振实台。水泥胶砂试体成型振实台由台盘和使其跳动的凸轮等组成，台盘上有固定试模用的卡具，并连有两根起稳定作用的臂，凸轮由电机带动，通过控制器控制其按一定的要求转动并保证台盘平稳上升至一定高度后自由下落，其中心恰好与止动器撞击。它应符合《水泥胶砂试体成型振实台》(JC/T 682—2005)的要求。其基本结构如图 12-11 所示。

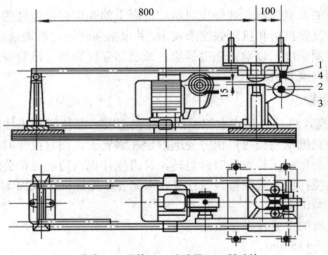

1—突头；2—凸轮；3—止动器；4—随动轮

图 12-11　水泥胶砂试体成型振实台

水泥胶砂试体成型振实台的主要技术参数：

振实台振幅——(15 ± 0.3)mm。

振动频率——60 次/(60 ± 2)秒。

台盘中心至臂杆轴中心距离——(800 ± 1)mm。

突头的工作面为球面，与止动器的接触为点接触。

突头和止动器由洛氏硬度≥55HRC 的全硬化钢制造。

凸轮由洛氏硬度≥40HRC 的钢制造。

当突头落在止动器上时，台盘表面应是水平的，四个角中任一角的高度与其平均高度差应不大于 1 mm。

(3) 试模。试模为可装卸的三联模，由隔板、端板、底板、紧固装置，及定位销组成，如图 12-12 所示，组装后内壁各接触面应互相垂直。试模可同时成型三条 40 mm× 40 mm × 160 mm 的棱形实体，其材质和制造应符合《水泥胶砂试模》(JC/T 726—2005) 的要求。

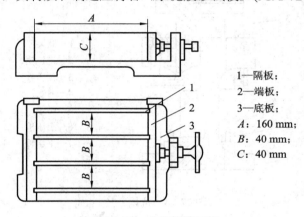

1—隔板；
2—端板；
3—底板；
A：160 mm；
B：40 mm；
C：40 mm

图 12-12　水泥标准试模

(4) 抗折试验机。抗折试验机主要由机架、可逆电机、传动丝杠、标尺、抗折夹具等组成。工作时游动砝码沿着杠杆移动，逐渐增加负荷。它应符合《水泥胶砂电动抗折试验机》(JC/T 724—2005) 的要求。其基本结构如图 12-13 所示。

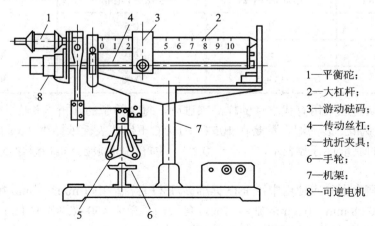

1—平衡砣；
2—大杠杆；
3—游动砝码；
4—传动丝杠；
5—抗折夹具；
6—手轮；
7—机架；
8—可逆电机

图 12-13　水泥胶砂电动抗折试验机

通过三根圆柱轴的三个竖向平面应该平行，并在试验时继续保持平行和等距离垂直试件的方向，其中一根支撑圆柱和加荷圆柱能轻微倾斜，使圆柱与试件完全接触，以便荷载沿试件宽度方向均匀分布，同时不产生任何扭转应力。

(5) 抗压强度试验机。抗压强度试验机最大荷载以 200 kN～300 kN 为宜，在较大的五分之四量程范围内使用时记录的荷载应有±1%的精度，并具有(2400 ± 200)N/s 速率的加荷能力。

(6) 抗压夹具。抗压夹具主要由框架、传压柱、上下压板组成。上压板带有球座，用两跟吊簧吊在框架上，下压板固定在框架上。工作时传压柱、上下压板与框架处于同轴线上。其结构为双臂式，如图 12-14 所示，由硬质钢材制成，加压板宽为(40 ± 0.1)mm，长大于 40 mm，加压面必须磨平。其材质和制造应符合《水泥抗压夹具》(JC/T 683—2005)的要求。

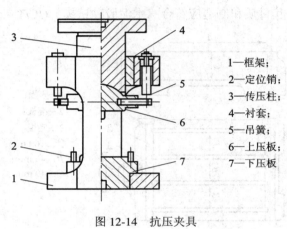

1—框架；
2—定位销；
3—传压柱；
4—衬套；
5—吊簧；
6—上压板；
7—下压板

图 12-14　抗压夹具

3. 水泥胶砂试样用砂

ISO 基准砂是由含量不低于 98%的天然圆形硅质砂组成的，其颗粒分布见表 12-1。

表 12-1　ISO 基准砂颗粒分布

方孔边长(mm)	累计筛余(%)	方孔边长(mm)	累计筛余(%)
2.0	0	0.5	67 ± 5
1.6	7 ± 5	0.16	87 ± 5
1.0	33 ± 5	0.08	99 ± 1

砂的筛析试验应采用有代表性的样品来进行，每个筛子的筛析试验应进行至每分钟通过量小于 0.5 g 为止。砂的湿含量是在 105℃～110℃下用代表性砂样烘 2 h 的质量损失来测定的，以干基的质量百分数表示，应小于 0.2%。生产期间颗粒分布和湿含量的测定每天应至少进行一次。

水泥胶砂强度用砂应使用中国 ISO 标准砂。ISO 标准砂由 1 mm～2 mm 粗砂、0.5 mm～1.0 mm 中砂、0.08 mm～0.5 mm 细砂组成，各级砂质量为 450 g(即各占 1/3)，通常以(1350 ± 5)g 混合小包装供应。灰胶比为 1：3，水胶比为 0.5。

4. 试样成型步骤及养护

(1) 将试模(见图 12-12)擦净，四周模板与底板接触面上应涂黄油，紧密装配，防止漏浆。内壁均匀刷一薄层机油。

(2) 每成型三条试样的材料用量为水泥(450±2)g、ISO 标准砂(1350±5)g、水(225±1)g，适用于硅酸盐水泥、普通硅酸盐水泥、矿渣硅酸盐水泥、粉煤灰硅酸盐水泥、复合硅酸盐水泥、石灰石硅酸盐水泥。

(3) 用搅拌机搅拌砂浆的拌和程序。先使搅拌机处于等待工作状态，然后按以下程序进行操作：先把水加入搅拌锅内，再加入水泥，把锅安放在搅拌机固定架上，上升至固定位置；然后立即开动机器，低速搅拌 30 s 后，在第二个 30 s 开始的同时均匀地将砂子加入；把机器转至高速再拌 30 s；停拌 90 s，在第一个 15 s 内用一胶皮刮具将叶片和锅壁上的胶砂刮入锅中间；在高速下继续搅拌 60 s。各个搅拌阶段的时间误差应在 ±1 s 以内。停机后，将粘在叶片上的胶砂刮下，取下搅拌锅。

(4) 胶砂制备后立即进行成型。将试模和模套固定在振实台上，用一个适当的勺子直接从搅拌锅里将胶砂分两层装入试模，装第一层时，每个槽里约放 300 g 胶砂，用大播料器垂直架在模套顶部，沿每个模槽来回一次将料层播平，接着振实 60 次。再装第二层胶砂，用小播料器播平，再振实 60 次。移开模套，从振实台上取下试模，用一金属直尺以近似 90°的角度架在试模模顶的一端，然后沿试模长度方向以横向锯割动作慢慢向另一端移动，一次将超过试模部分的胶砂刮去，并用同一直尺在近乎水平的情况下将试体表面抹平。

(5) 在试模上做标记或加字条标明试样编号、成型时间和试样相对于振实台的位置。

(6) 试样成型实验室的温度应保持在(20±2)℃，相对湿度不低于 50%。

(7) 试样养护。

① 将做好标记的试模放入雾室或湿气养护箱的水平架子上养护，湿空气(温度保持在(20±1)℃，相对湿度不低于 90%)应能与试模各边接触。养护时不应将试模放在其他试模上。养护到规定的脱模时间(对于 24 h 龄期的，应在破型试验前 20 min 内脱模；对于 24 h 以上龄期的应在成型后 20 h～24 h 之间脱模)时取出脱模。脱模前用防水墨汁或颜料笔对试件进行编号和做其他标记，两个龄期以上的试件，在编号时应将同一试模中的三条试件分在两个以上龄期内。

② 将做好标记的试件立即水平或竖直放在(20±1)℃水槽中养护，水平放置时刮平面应朝上。试件彼此间保持一定距离，以让水与试件的 6 个面接触。养护期间试件之间间隔或试体上表面的水深不得小于 5 mm，不允许在养护期间全部换水。

5. 强度检验

试件从养护箱或水中取出后，在强度试验前应用湿布覆盖。

1) 抗折强度测定

(1) 检验步骤。

① 试件龄期是从水泥加水搅拌开始试验时算起的。各龄期的试体必须在的时间 24 h±15 min、48 h±30 min、72 h±45 min、7 d±2 h 和大于 28 d±8 h 的内取出，三条试样先做抗折强度测定；测定前须擦去试件表面的水分和砂粒，消除夹具上圆柱表面粘着的杂物；试件放入抗折夹具内，应使试件侧面与圆柱接触。

② 采用水泥胶砂电动抗折试验机时(见图 12-13)，在试样放入之前，应先将游动砝码

移至零刻度线，调整平衡砣使杠杆处于平衡状态。试样放入后，调整夹具，使杠杆有一仰角，从而在试样折断时尽可能地接近平衡位置。然后，开启电机，丝杠转动带动游动砝码给试样加荷；试样折断后从杠杆上可直接读出破坏荷载和抗折强度。

③ 抗折强度测定时的加荷速度为(50 ± 10)N/s。

(2) 试验结果。

抗折强度值可在仪器的标尺上直接读出；也可在标尺上读出破坏荷载值，再按下式计算，精确至 0.1 MPa：

$$f_T = \frac{3F_T l}{2bh^2} = 0.00234 F_T \tag{12-3}$$

式中：f_T——抗折强度(MPa)。

$\quad\quad F_T$——折断时加于棱柱体中部的荷载(N)。

$\quad\quad l$——支撑圆柱中心距，即 100 mm。

$\quad\quad b$、h——试样正方形截面宽度，均为 40 mm。

以一组三块试样的抗折结果的平均值作为试验结果。当三个强度值中有某个超过平均值的±10%时，应予剔除，再取平均值作为抗折强度试验结果。

2) 抗压强度测定

(1) 检验步骤。

① 抗折强度试验后的两个断块应立即进行抗压强度试验。抗压强度试验须用抗压夹具进行，试样受压面为 40 mm × 40 mm，试验前应清除试样的受压面与加压板间的砂粒或杂物，检验时以试样的侧面作为受压面，试样的底面靠紧夹具定位销，并使夹具对准压力机压板中心。

② 抗压强度试验在整个加荷过程中以(2400 ± 200)N/s 的速率均匀地加荷，直至破坏。

(2) 试验结果。

抗压强度按下式计算，精确至 0.1 MPa：

$$f_c = \frac{F_c}{A} = 0.000625 F_c \tag{12-4}$$

式中：f_c——抗压强度(MPa)。

$\quad\quad F_c$——破坏荷载(N)。

$\quad\quad A$——受压面面积，即 40 mm × 40 mm = 1600 mm^2。

以一组三个棱柱体上得到的六个抗压强度测定值的算术平均值为试验结果，如果六个测定值中有一个超出六个平均值的 ±10%，就应剔除这个结果，而以剩下五个的平均值为结果；如果五个测定值中再有超过它们平均值 ±10%的，则此组结果作废。

12.2 混凝土用骨料试验

12.2.1 概述

1. 试验依据

(1) 《建设用砂》(GB/T 14684—2011)；

(2) 《建筑用卵石、碎石》(GB/T 14685—2011)。

2. 骨料的取样

1) *砂子的取样方法*

混凝土用细骨料一般以砂为代表，其测试样品的取样工作应分批进行，每批取样体积不宜超过 400 m³。在料堆上取样时，取样部位应均匀分布。取样前应先将取样部位的表层铲除，然后从不同部位随机抽取大致等量的砂 8 份，组成一组试样。从皮带运输机上取样时，应使用与皮带等宽的接料器在皮带运输机机头出料处全断面定时随机抽取大致等量的砂 4 份，组成一组样品。从火车、汽车、货船上取样时，从不同部位和深度抽取大致等量的砂 8 份，组成一组样品。细骨料进行各项试验的每组试样取样数量应不小于表 12-2 的规定。

表 12-2 每一单项试验所需骨料的最少取样数量

试验项目	细骨料(kg)	粗骨料(kg)							
		不同最大粒径(mm)下的最少取样数量							
		9.5	16.0	19.0	26.5	31.5	37.5	63.0	75.0
颗粒级配	4.4	9.5	16.0	19.0	25.0	31.5	37.5	63.0	80
表观密度	2.6	8.0	8.0	8.0	8.0	12.0	16.0	24.0	24.0
堆积密度	5.0	40.0	40.0	40.0	40.0	80.0	80.0	120.0	120.0
含水率	按试验要求的粒级和数量取样								

将取回实验室的试样倒在平整、洁净的平板上，在潮湿状态下拌和均匀，用四分法将拌匀后的试样堆成厚度约为 20 mm 的圆饼，然后于圆饼中心画十字线，将其分成大致相等的 4 份，除去对角的两份，将其余两份重新拌匀，再堆成圆饼。重复上述四分法过程，如此持续进行，直到缩分后的试样质量略多于该项试验所需的数量为止。

2) *石子的取样方法*

混凝土用粗骨料(碎石或卵石)的取样一般都分批进行，每个取样批次的总数量不宜超过 400 m³。在料堆上取样时，取样部位应均匀分布，取样前先将取样部位表层铲除，然后从不同部位随机抽取大致等量的石子 15 份(在料堆的顶部、中部和底部均匀分布的 15 个不同部位取得)组成一组样品。从皮带运输机上取样时，应使用与皮带等宽的接料器在皮带运输机机头出料处全断面定时随机抽取大致等量的石子 8 份，组成一组样品。从火车、汽车、货船上取样时，从不同部位和深度抽取大致等量的石子 16 份，组成一组样品。

单项试验的最少取样数量应符合表 12-2 的规定。若进行几项试验，如确能保证试样经一项试验后不致影响另一项试验的结果，可用同一试样进行几项不同的试验。

将所取样品置于平板上，在自然状态下拌和均匀，并堆成锥体，用前述的四分法缩取各项测试所需数量的试样。堆积密度试验所用试样可不经缩分，在拌匀后直接进行试验。

12.2.2 *砂的颗粒级配试验*

1. 试验目的

测定混凝土用砂的颗粒级配，计算细度模数，评定砂的粗细程度，从而为混凝土配合比设计提供依据。

2. 主要仪器设备

(1) 方孔筛：孔边长为 0.15 mm、0.30 mm、0.60 mm、1.18 mm、2.36 mm、4.75 mm 及 9.50 mm 的方孔筛各一只，并附有筛底和筛盖(筛框内径为 300 mm)；

(2) 天平：称量 1000 g，感量 1 g；

(3) 摇筛机；

(4) 鼓风烘箱：能使温度控制在 (105 ± 5) ℃；

(5) 浅盘、毛刷等。

3. 试样制备

先筛除试样中大于 9.50 mm 的颗粒(并算出其筛余百分率)，如试样中的尘屑、淤泥和黏土的含量超过 5%，应先用水洗净，然后于自然润湿状态下充分搅拌均匀，用四分法缩取每份不少于 550 g 的试样两份，再将两份试样分别置于温度为 (105 ± 5) ℃ 的烘箱中烘干至恒重，冷却至室温后待用。

4. 试验方法与步骤

(1) 称取试样 500 g，精确至 1 g。将孔径尺寸为 9.50 mm、4.75 mm、2.36 mm、1.18 mm、0.60 mm、0.30 mm、0.15 mm 的筛子按孔径大小顺序叠置。孔径最大的放在上层，加底盘后将试样倒入最上层筛内，加盖后将套筛置于摇筛机上(如无摇筛机，可采用手筛)。

(2) 设置摇筛机上的定时器旋钮于 10 min，开启摇筛机进行筛分。筛毕取下套筛，按筛孔大小顺序再逐个用手筛，筛至每分钟通过量小于试样总量 0.1%为止。通过的试样放入下一号筛中，并和下一号筛中的试样一起过筛，按顺序进行，直至各号筛全部筛完为止。

(3) 称出各号筛的筛余量，精确至 1 g。分计筛余量和底盘中剩余试样的质量总和与筛分前的试样总量相比，其差值不得超过 1%。

5. 结果计算与数据处理

(1) 计算分计筛余百分率：各号筛的筛余量与试样总量之比，精确至 0.1%。

(2) 计算累计筛余百分率：该号筛的分计筛余百分率加上该号筛以上各分计筛余百分率之和，精确至 0.1%。

(3) 按下式计算砂的细度模数 M_x，精确至 0.01：

$$M_x = \frac{(A_2 + A_3 + A_4 + A_5 + A_6) - 5A_1}{100 - A_1} \tag{12-5}$$

(4) 累计筛余百分率取两次试验结果的算术平均值，精确至 1%。细度模数取两次试验结果的算术平均值，精确至 0.1；如两次试验的细度模数之差超过 0.20 时，则须重新取样试验。

(5) 根据各号筛的累计筛余百分率并依据相应的标准，判断砂的粗细情况，评定试样的颗粒级配。

12.2.3 砂的表观密度试验

1. 试验目的

测定砂的表观密度，以此评定砂的质量。砂的表观密度也是进行混凝土配合比设计的必要数据之一。

2. 主要仪器设备

(1) 托盘天平：称量 1000 g，感量 0.1 g；

(2) 容量瓶：容积为 500 mL；

(3) 鼓风烘箱：使温度控制在(105 ± 5)℃；

(4) 其他：干燥器、浅盘、滴管、毛刷、温度计等。

3. 试样制备

按规定取样，并将试样缩分至约 660 g，放在干燥箱中于(105 ± 5)℃下烘干至恒重，待冷却至室温后，分为大致相等的两份备用。

4. 试验方法与步骤

(1) 称取烘干试样 300 g，精确至 0.1 g。将试样装入容量瓶，注入 15℃～25℃冷开水至接近 500 mL 的刻度处，用手旋转摇动容量瓶，使砂样充分摇动，排除气泡，塞紧瓶塞，静置 24 h。然后用滴管小心加水至容量瓶 500 mL 刻度处，塞紧瓶塞，擦干瓶外水分，称出其质量 m_1，精确至 1 g。

(2) 倒出瓶内水和试样，洗净容量瓶，再向容量瓶内注入与上项水温相差不超过 2℃的水至 500 mL 刻度处，塞紧瓶塞，并擦干瓶外水分，称出其质量 m_2，精确至 1 g。

5. 结果计算与数据处理

砂的表观密度 ρ_0 按下式计算：

$$\rho_0 = \left(\frac{m_0}{m_0 + m_2 - m_1} - \alpha \right) \times \rho_{水} \tag{12-6}$$

式中：m_0——烘干试样质量(kg)；

m_1——试样、水及容量瓶总质量(kg)；

m_2——水及容量瓶总质量(kg)；

α——水温对表观密度影响的修正系数；

$\rho_{水}$——水的密度(1000 kg/m³)。

砂的表观密度试验以两次试验结果的算术平均值作为测定值，精确至 10 kg/m³。若两次试验所得结果之差大于 20 kg/m³，应重新取样试验。

12.2.4 砂的堆积密度试验

1. 试验目的

测定砂的松散堆积密度、紧密堆积密度和孔隙率，作为混凝土配合比设计的依据。

2. 主要仪器设备

(1) 天平：称量 10 kg，感量 1 g。

(2) 容量筒：圆柱形金属桶，内径为 108 mm，净高为 109 mm，壁厚为 2 mm，筒底厚约为 5 mm，容积为 1 L。

(3) 方孔筛：孔径为 4.75 mm 的筛子一只。

(4) 鼓风烘箱：能使温度控制在(105 ± 5)℃。

(5) 其他：漏斗或料勺、毛刷、浅盘、直尺等。

3. 试样制备

按规定方法取样，用浅盘装取试样约 3 L，放在烘箱中于 (105 ± 5)℃下烘干至恒重，待冷却至室温后，筛除大于 4.75 mm 的颗粒，再分为大致相等的两份备用。

4. 试验方法与步骤

(1) 松散堆积密度测定时，称量容量筒质量 m_1(精确至 1 g)，取试样一份，用漏斗或料勺将试样从容量筒中心上方 50 mm 处徐徐倒入，让试样以自由落体方式落下；当容量筒上部试样呈锥体，且容量筒四周溢满时，即停止加料。然后用直尺沿筒口中心线向两边刮平(试验过程中应防止触动容量筒)，称出试样和容量筒的总质量 m_2(精确至 1 g)。

(2) 紧密堆积密度测定时，称量容量筒的质量 m_1(精确至 1 g)，取另一份试样，用小铲将试样分两次装入容量筒内。装完第一层后(约计稍高于 1/2)，在容量筒底垫处放一根直径为 $\phi10$ mm 的圆钢棒，将筒按住，左右交替击地面各 25 下；然后装第二层，第二层装满后，把垫着的钢棒转 90°，用同样的方法颠实；再加试样，直至超过筒口，用直尺沿筒口中心线向两个相反方向刮平，称其总质量 m_2 (精确至 1 g)。

5. 结果计算与数据处理

砂的堆积密度 ρ_0' 按下式计算：

$$\rho_0' = \frac{m_2 - m_1}{V} \tag{12-7}$$

式中： ρ_0'——砂的松散堆积密度或紧密堆积密度(kg/m³)。

$\quad\quad\quad V$——容量筒的体积(L)。

$\quad\quad\quad m_1$——容量筒的质量(kg)。

$\quad\quad\quad m_2$——容量筒和试样的总质量(kg)。

分别以两次试验结果的算术平均值作为堆积密度测定的结果，精确至 10 kg/m³。

12.2.5 砂的含水率试验

1. 试验目的
测定砂子的含水率，作为调整混凝土施工配合比的依据。

2. 主要仪器设备
(1) 天平：最大称量 1000 g，感量 0.1 g。

(2) 鼓风干燥箱：能使温度控制在 (105 ± 5)℃。

(3) 其他：干燥器、吸管、小勺、毛刷、浅盘等。

3. 试样制备

按砂取样方法，将自然潮湿状态下的试样用四分法缩分至约 1100 g，拌匀后分为大致相等的两份，分别放入已知质量 m_1 的干燥浅盘中备用。

4. 试验方法与步骤

(1) 称出每盘砂样与浅盘的总质量 m_2。

(2) 将装有砂样的浅盘放入(105±5)℃的干燥箱中烘至恒重后取出,称出烘干后的砂样与浅盘的总质量 m_3。

5. 结果计算与数据处理

砂的含水率 ω_s 按下式计算,精确至 0.1%:

$$\omega_s = \frac{m_2 - m_3}{m_3 - m_1} \times 100\%$$ (12-8)

式中:ω_s——砂的含水率(%)。

m_1——干燥浅盘的质量(g)。

m_2——未烘干的砂样与干燥浅盘的总质量(g)。

m_3——烘干后的砂样与干燥浅盘的总质量(g)。

以两次试验结果的算术平均值作为测定值,精确至 0.1%。如果两次试验结果之差大于 0.2%,须重新试验。

12.2.6 石子颗粒级配试验

1. 试验目的

测定石子的分计筛余百分率、累计筛余百分率及评定石子颗粒级配。

2. 主要仪器设备

(1) 方孔石子筛:筛框内径为 300 mm,筛孔孔径尺寸分别为 90.0 mm、75.0 mm、63.0 mm、53.0 mm、37.5 mm、31.5 mm、26.5 mm、19.0 mm、16.0 mm、9.50 mm、4.75 mm、2.36 mm 的筛各一只,并附有筛底和筛盖。

(2) 摇筛机。

(3) 天平:称量 10 kg,感量 1 g。

(4) 鼓风烘箱:能使温度控制在(105±5)℃。

(5) 其他:浅盘、毛刷等。

3. 试样制备

按规定取样,并将试样用四分法缩分至略大于表 12-3 所规定的数量,经烘干或风干后备用。

表 12-3　颗粒级配所需的最少取样数量

最大粒径(mm)	9.5	16.0	19.0	26.5	31.5	37.5	63.0	75.0
最少试样质量(kg)	1.9	3.2	3.8	5.0	6.3	7.5	12.6	16.0

4. 试验方法与步骤

(1) 根据试样的最大粒径,称取表 12-3 所规定数量试样一份,精确到 1 g。

(2) 按测试材料的粒径选用所需的一套筛,再按孔径从大到小组合(附筛底),然后将试样倒入最上层,盖好筛盖进行筛分。将套筛置于摇筛机上,摇 10 min;取下套筛,按孔径大小顺序再逐个用手筛,筛至每分钟通过量小于试样总量 0.1%为止。通过的试样并入下一号筛中,并和下一号筛中的试样一起过筛;按顺序进行,直至各号筛全部筛完为止。当筛余颗粒的粒径大于 19.0 mm 时,在筛分过程中,允许用手指拨动颗粒。(没有摇筛机时可用手筛。)

(3) 称量各筛号的筛余量，精确至 1 g。分计筛余量和底盘中剩余试样的质量总和与筛分前的试样总量相比，其差值不得超过 1%。

5. 结果计算与数据处理

(1) 计算各筛上的分计筛余百分率：各号筛的筛余量与总质量之比，精确至 0.1%。

(2) 计算各筛上的累计筛余百分率：该号筛的筛余百分率加上该号筛以上各分计筛余百分率之和，精确至 1%。

(3) 根据各筛的累计筛余百分率，对照国家规范规定的级配范围，评定试样的颗粒级配是否合格。

12.2.7 石子的表观密度试验(广口瓶法)

1. 试验目的

测定石子的表观密度，即石子单位体积(包括内部封闭孔隙)的质量，作为评定石子质量和混凝土配合比设计的依据。

本方法不宜用于测定最大粒径大于 37.5 mm 的碎石或卵石的表观密度。

2. 主要仪器设备

(1) 天平：最大称量 2 kg，感量 1 g。

(2) 广口瓶：容积为 1000 mL，磨口并带有玻璃片。

(3) 方孔石子筛：孔径为 4.75 mm 的筛子一只。

(4) 鼓风烘箱：能使温度控制在(105 ± 5)℃。

(5) 其他：玻璃片(尺寸约 100 mm × 100 mm)、浅盘、毛巾、温度计等。

3. 试样制备

按规定取样，并缩分至略大于表 12-4 规定的数量，风干后筛除小于 4.75 mm 的颗粒，然后洗刷干净，分为大致相等的两份备用。

表 12-4 表观密度试验所需试样数量

最大粒径(mm)	<26.5	31.5	37.5	63.0	75.0
最少试样质量(kg)	2.0	3.0	4.0	6.0	6.0

4. 试验方法与步骤

(1) 将试样浸水饱和后，装入广口瓶中。装试样时，广口瓶应倾斜放置，注入饮用水，用玻璃片覆盖瓶口。以上、下、左、右摇晃的方法排除气泡。

(2) 气泡排尽后，向瓶中添加饮用水，直至水面凸出瓶口边缘。然后用玻璃片沿瓶口迅速滑行，使其紧贴瓶口水面。擦干瓶外水分后，称出试样、水、瓶和玻璃片总质量 m_1，精确至 1 g。

(3) 将瓶中试样倒入浅盘，放入烘箱中于(105 ± 5)℃下烘干至恒重，待冷却至室温后，称出其质量 m_0，精确至 1 g。

(4) 将瓶洗净并重新注入饮用水，用玻璃片紧贴瓶口水面，在擦干瓶外水分后，称出水、瓶和玻璃片总质量 m_2，精确至 1 g。

5. 结果计算与数据处理

石子的表观密度 ρ_g 按下式计算：

$$\rho_g = \left(\frac{m_0}{m_0 + m_2 - m_1} - \alpha\right)\rho_水 \tag{12-9}$$

式中：m_0——烘干试样质量(kg)。

m_1——试样、水及容量瓶总质量(kg)。

m_2——水及容量瓶总质量(kg)。

α——水温对表观密度影响的修正系数。

$\rho_水$——水的密度(1000 kg/m³)。

石子的表观密度试验以两次试验结果的算术平均值作为测定值，精确至 10 kg/m³。若两次试验所得结果之差大于 20 kg/m³，应重新取样试验。对颗粒材质不均匀的试样，如两次试验结果之差超过 20 kg/m³，可取 4 次试验结果的算术平均值。

12.2.8 石子堆积密度试验

1. 试验目的

测定石子的堆积密度，为计算石子的空隙率和混凝土配合比设计提供数据。

2. 主要仪器设备

(1) 天平：称量 10 kg、感量 10 g 的一台，称量 50 kg 或 100 kg、感量 50 g 的一台。

(2) 容量筒：金属制，规格见表 12-5。

表 12-5 容量筒的规格要求

最大粒径(mm)	容量筒容积(L)	容 量 筒 规 格		
		内径(mm)	净高(mm)	壁厚(mm)
9.5，16.0，19.0，26.5	10	208	294	2
31.5，37.5	20	294	294	3
53.0，63.0，75.0	30	360	294	4

(3) 垫棒：直径为 16 mm、长为 600 mm 的圆钢。

(4) 其他：直尺、平头小铁锹等。

3. 试样制备

按规定取样，烘干或风干后，拌匀并把试样分为大致相等的两份备用。

4. 试验方法与步骤

(1) 按所测试样的最大粒径选取容量筒，称出容量筒质量 m_1，精确至 10 g。

(2) 测松散堆积密度时，取试样一份，用小铁锹将试样从容量筒口中心上方 50 mm 处徐徐倒入，让试样以自由落体方式落下，当容量筒上部试样呈锥体且容量筒四周溢满时，即停止加料。除去凸出容量筒口表面的颗粒，并以合适的颗粒填入凹陷部分，使表面稍凸起部分和凹陷部分的体积大致相等(试验过程应防止触动容量筒)。最后，称出试样和容量筒总质量 m_2，精确至 10 g。

(3) 测紧密堆积密度时，取试样一份分三次装入容量筒。装完第一层后，在筒底垫放一根直径为$\phi 16$ mm 的圆钢，将筒按住，左右交替颠击地面各 25 次。再装入第二层，并以同样的方法颠实(但筒底所垫圆钢的方向与第一层时的方向垂直)，然后装入第三层。第三层装满后用同样的方法颠实(但筒底所垫圆钢的方向与第一层时的方向平行)。试样装填完毕，再加试样直至超过筒口，用钢尺沿筒口边缘刮去高出的试样，并用适合的颗粒填平凹陷部分，使表面稍凸起部分和凹陷部分的体积大致相等。最后，称出试样和容量筒总质量 m_2，精确至 10 g。

5. 结果计算与数据处理

石子松散堆积或紧密堆积密度按下式计算：

$$\rho'_g = \frac{m_2 - m_1}{V_0} \tag{12-10}$$

式中：ρ'_g——石子的松散堆积密度或紧密堆积密度(kg/m^3)。

$\quad\quad m_1$——容量筒的质量(kg)。

$\quad\quad m_2$——容量筒与试样的总质量(kg)。

$\quad\quad V_0$——容量筒容积(L)。

分别以两次试验结果的算术平均值作为堆积密度测定的结果，精确至 10 kg/m^3。

12.2.9　石子的含水率试验

1. 试验目的

测定石子的含水率，作为调整混凝土施工配合比的依据。

2. 主要仪器设备

(1) 天平：称量 10 kg，感量 1 g。

(2) 鼓风烘箱：能使温度控制在$(105 \pm 5)℃$。

(3) 其他：小铲、浅盘、毛刷等。

3. 试样制备

按规定取样，将石子试样(湿)缩分至约 4.0 kg，拌匀后分为大致相等的两份备用，分别放入已知质量 m_1 的干燥浅盘中备用。

4. 试验方法与步骤

(1) 称出石子与浅盘的总质量 m_2，并放入$(105 \pm 5)℃$的烘箱中烘至恒重。

(2) 取出试样，冷却至室温后称出试样与浅盘的总质量 m_3。

5. 结果计算与数据处理

石子含水率按下式计算，精确至 0.1%：

$$\omega_g = \frac{m_2 - m_3}{m_3 - m_1} \times 100\% \tag{12-11}$$

式中：ω_g——石子的含水率(%)。

$\quad\quad m_1$——干燥浅盘的质量(g)。

$\quad\quad m_2$——未烘干的石子与干燥浅盘的总质量(g)。

m_3——烘干后的石子与干燥浅盘的总质量(g)。

石子的含水率试验以两次试验结果的算术平均值作为测定值，精确至 0.1%。

12.3　普通混凝土试验

12.3.1　混凝土拌合物取样及试样制备

1. 试验依据

(1)《普通混凝土拌合物性能试验方法标准》(GB/T 50080—2016)；

(2)《混凝土结构工程施工质量验收规范》(GB 50204—2015)；

(3)《普通混凝土力学性能试验方法标准》(GB/T 50081—2002)；

(4)《普通混凝土配合比设计规程》(JGJ 55—2011)；

(5)《混凝土强度检验评定标准》(GB/T 50107—2010)。

2. 试验目的

学习混凝土拌合物的试验方法，对拌合物的性能进行测试和调整，为混凝土配合比设计提供依据，制作混凝土的各种试件。

3. 主要仪器设备

(1) 搅拌机：容量为 75 L～100 L，转速为 18 r/min～22 r/min。

(2) 磅秤：称量 100 kg，感量 50 g。

(3) 天平：称量 5 kg，感量 1 g。

(4) 筒：容量为 1000 mL。

(5) 板：尺寸约为 1.5 m×2 m，板厚不小于 3 mm。

(6) 其他：钢抹子、坍落度筒、刮尺等。

4. 取样方法

(1) 同一组混凝土拌合物试样应来自同一盘混凝土或同一车混凝土。取样量应多于试验所需量的 1.5 倍，且不宜小于 20 L。

(2) 混凝土拌合物的取样应具有代表性，宜采用多次取样的方法。一般在同一盘混凝土或同一车混凝土中约 1/4 处、1/2 处和 3/4 处分别取样，从第一次取样到最后一次取样时间间隔不宜超过 15 min，然后人工搅拌均匀。

(3) 从取样完毕到开始做各项性能试验不宜超过 5 min。

5. 试样制备

(1) 拌制混凝土的原材料应符合技术要求，并与施工实际用料相同。在拌和前，实验室的温度应保持在(20±5)℃，所用材料的温度应与实验室温度保持一致。(需要模拟施工条件下所用的混凝土时，所用原材料的温度宜与施工现场保持一致。)

(2) 实验室拌制混凝土时，材料用量以质量计。称量的精确度：骨粒为 ±0.5%，水、水泥及掺合料、外加剂的称量精度均为 ±0.2%。

(3) 拌制混凝土所用的各项用具(如搅拌机、拌和钢板和铁锹等)，应预先用水润湿。

(4) 从试样制备完毕到开始做各项性能试验不宜超过 5 min。

6. 拌和方法

混凝土拌和好后，应根据试验要求，立即进行和易性检测或试件成型。从开始加水时算起，全部操作须在 30 min 内完成。

实验室制备混凝土拌合物的搅拌应符合下列规定：

(1) 混凝土拌合物应采用机械搅拌。搅拌前将搅拌机冲洗干净，并预拌少量同种混凝土拌合物或水胶比相同的砂浆，搅拌机内壁挂浆后将剩余料卸出。

(2) 将粗骨料、胶凝材料、细骨料和水依次加入搅拌机，难溶和不溶的粉状外加剂宜与胶凝材料同时加入搅拌机，液体和可溶性外加剂宜与拌和水同时加入搅拌机。

(3) 搅拌 2 min 以上。

(4) 混凝土拌合物一次搅拌量不宜少于搅拌机公称容量的 1/4，不应大于搅拌机公称容量，且不应少于 20 L。

12.3.2 普通混凝土拌合物的和易性测定

1. 坍落度法

坍落度法适用于粗骨料最大粒径不大于 40 mm、坍落度值不小于 10 mm 的混凝土拌合物的和易性测定。

1) 试验目的

测定塑性混凝土拌合物的和易性，以评定混凝土拌合物的质量，作为调整混凝土实验室配合比的依据。

2) 主要仪器设备

(1) 坍落度筒：金属制圆锥体形，筒内必须光滑，无凹凸部位。底面和顶面应互相平行并与锥体的轴线垂直。在坍落度筒外 2/3 高度处安两个把手，下端应焊脚踏板。筒的内部尺寸：底部直径为(200 ± 1)mm，顶部直径为(100 ± 1)mm，高度为(300 ± 1)mm，筒壁厚度大于或等于 1.5 mm，如图 12-15 所示。

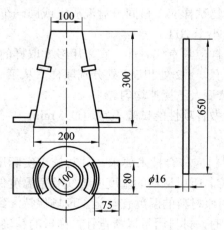

图 12-15　标准坍落度筒和捣棒(单位：mm)

(2) 铁制捣棒：如图 12-15 所示，直径为 16 mm ± 0.2 mm，长为 600 mm ± 5 mm。

(3) 坍落度标尺。

(4) 其他：40 mm 方孔筛、小方铲、抹刀、平头铁锹、1.5 m×1.5 m×3 mm 铁板(拌合板)等。

3) 试样制备

(1) 按拌和 15 L 混凝土试算拌合物的各材料用量。

(2) 按上述计算称量各组成材料，同时还需备好两份为调整坍落度用的水泥、水、砂、石子，其数量可各为原来用量的 5%或 10%，备用的水泥与水的比例应符合原定的水胶比及砂率。拌合用的骨料应提前送入实验室，拌和时实验室的温度应保持在(20±5)℃。

(3) 拌和混凝土。方法同 12.3.1 节。

4) 试验方法与步骤

(1) 将坍落度筒及其他用具用湿布擦拭湿润后，把坍落度筒放在铁板上，漏斗置于坍落度筒顶部并用双脚踩紧踏板，使坍落度筒在装料时位置保持固定。

(2) 用小方铲将拌好的混凝土拌合物分三层均匀地装入坍落度筒内，使每层捣实后高度约为筒高的 1/3。每层用捣棒沿螺旋方向在截面上由外向中心均匀插捣 25 次。插捣深度要求为：插捣底层时应贯穿整个深度，插捣其他两层时则应插到下层表面以下约 10 mm～20 mm。浇灌顶层时应将混凝土拌合物灌至高出筒口。顶层插捣完毕后，刮去多余的混凝土拌合物，并用抹刀抹平。

(3) 清除坍落度筒外周围及底板上的混凝土，将坍落度筒垂直平稳地徐徐提起，轻放于试样旁边。坍落度筒的提离过程应在 3 s～7 s 内完成，从开始装料到提起坍落度筒的整个过程应不中断地进行，并应在 150 s 内完成。

(4) 坍落度的调整。当测得拌合物的坍落度达不到要求时，可在保持水胶比不变的情况下，增加 5%或 10%(或更多)的水泥和水的用量；当坍落度过大时，可在保持砂率不变的情况下，增加 5%或 10%(或更多)的砂和石子的用量；若黏聚性或保水性不好，则需适当调整砂率，适当增加砂用量。每次调整后应尽快拌和均匀，重新进行坍落度测定，直到和易性符合要求为止。

5) 结果评定

(1) 提起坍落度筒后，立即用坍落度标尺测量出混凝土拌合物试体最高点与坍落度筒的高度之差(如图 12-16 所示)，即为该混凝土拌合物的坍落度值，以 mm 为单位，精确至 1 mm。

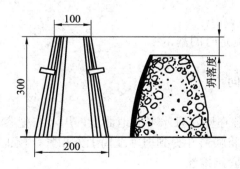

图 12-16　坍落度试验(单位：mm)

(2) 坍落度筒提离后，如试体发生崩坍或一边剪坏现象，则应重新取样进行测定。如第二次仍出现这种现象，则表示该拌合物和易性不好，应予以记录备查。

(3) 测定坍落度后，观察拌合物的黏聚性和保水性。

黏聚性的检测方法：用捣棒在已坍落的拌合物锥体侧面轻轻击打，如果锥体逐渐下沉，表示拌合物黏聚性良好；如果锥体倒坍，部分崩裂或出现离析，即为黏聚性不好。

保水性的检测方法：在插捣坍落度筒内混凝土及提起坍落度筒后，如有较多的稀浆从锥体底部析出，锥体部分的拌合物也因失浆而骨料外露，则表明拌合物保水性不好；如无这种现象，则表明保水性良好。

(4) 混凝土拌合物和易性的评定，应按试验测定值和试验目测情况综合评议。其中，坍落度至少要测定两次，取两次坍落度测定值之差应不大于 20 mm 的测定值为依据，求算术平均值，作为最终的测定结果。

2. 维勃稠度法

维勃稠度法适用于骨料最大公称粒径不大于 40 mm、维勃稠度在 5 s～30 s 之间的混凝土拌合物和易性的测定。测定时需配制拌合物约 15 L。

1) 试验目的

测定干硬性混凝土拌合物的和易性，以评定混凝土拌合物的质量。

2) 主要仪器设备

(1) 维勃稠度仪：应符合《维勃稠度仪》(JG/T 250—2009)中的规定。

① 振动台：台面长 380 mm、宽 260 mm，支承在 4 个减震器上。台面底部安有频率为 (50 ± 3)Hz 的震动器，空载振幅为 (0.5 ± 0.1)mm。

② 容器：钢板制成，内径为 (240 ± 5)mm，高为 (200 ± 2)mm，筒壁厚度为 3 mm，筒底厚度为 7.5 mm。

③ 坍落度筒：同坍落度法的要求和构造，但应去掉两侧的踏板。

④ 旋转架：与测杆及喂料斗相连。测杆下部安装有透明而水平的圆板，并用测杆螺丝将测杆固定在套管中。旋转架安装在支柱上，通过十字凹槽来转换方向，并用定位螺丝来固定其位置。就位后，测杆或喂料斗的轴线均应与容器的轴线重合。

透明圆盘直径为 (230 ± 2)mm，厚度为 (10 ± 2)mm。荷重直接放在圆盘上。由测杆、圆盘及荷重组成的滑动部分总质量应调至 (2750 ± 50)g。测杆上标有刻度以便读出混凝土的数据。

(2) 秒表：精度为 0.5 s。

(3) 其他：与坍落度测定时的基本相同。

3) 试样制备

与坍落度测定时的相同。

4) 试验方法与步骤

(1) 将维勃稠度仪放置在坚实且水平的地面上，用湿布把容器、坍落度筒、喂料斗内壁及其他用具擦拭润湿。将喂料斗提到坍落度筒上方扣紧，校正容器位置，使其中心与喂料斗中心重合，然后拧紧固定螺丝。

(2) 把拌好的拌合物用小铲分三层经喂料斗均匀地装入坍落度筒内，装料及插捣的方法与坍落度测试时的相同。

(3) 把喂料斗转离，垂直地提起坍落度筒，此时应注意不得使混凝土试体产生横向的扭动。

(4) 把透明圆盘转到混凝土圆台体顶面，放松测杆螺丝，降下圆盘，使其轻轻地接触到混凝土顶面，拧紧定位螺丝并检查测杆螺丝是否已完全放松。

(5) 在开启振动台的同时用秒表计时，在振动的作用下，透明圆盘的底部被水泥布满的瞬间停止计时，关闭振动台电机开关。

5) 结果评定

由秒表读出的时间(s)即为该混凝土拌合物的维勃稠度值，精确至 1 s；如维勃稠度值小于 5 s 或大于 30 s，则说明此种混凝土所具有的稠度已超出本试验仪器的适用范围。

12.3.3　混凝土拌合物表观密度测定

1. 试验目的

测定混凝土拌合物捣实后的单位体积质量，作为调整混凝土实验室配合比的依据。

2. 主要仪器设备

(1) 容量筒：金属制成的圆筒，两旁装有把手。骨料最大粒径不大于 40 mm 的拌合物，采用容积为 5 L 的容量筒，其内径与筒高均为(186 ± 2)mm，筒壁厚为 3 mm；骨料最大粒径大于 40 mm 时，容量筒的内径与筒高均应大于骨料最大粒径的 4 倍。容量筒上缘及内壁应光滑平整，顶面与底面应平行并与圆柱体的轴垂直。

容量筒容积应予以标定，标定方法可采用一块能覆盖住容量筒顶面的玻璃板，先称出玻璃板和空筒的质量，再向容量筒中灌入清水，当水接近上口时，一边不断加水，一边把玻璃板沿筒口徐徐推入盖严，应注意使玻璃板下不带入任何气泡；然后擦净玻璃板面及筒壁外的水分，将容量筒连同玻璃板放在台秤上称质量。两次质量之差即为容量筒的容积(L)。

(2) 台秤：称量 50 kg，感量应不大于 10 g。

(3) 振动台：频率应为 50 Hz + 2 Hz，空载时的振幅应为(0.5 ± 0.02)mm。

(4) 其他：捣棒(同上述)、直尺、刮刀等。

3. 试样制备

混凝土拌合物的制备方法与普通混凝土拌合物的制备方法相同。

4. 试验方法与步骤

(1) 用湿布把容量筒内外擦干净并称出筒的质量 m_1，精确至 10 g。

(2) 混凝土的装料及捣实方法应根据拌合物的稠度而定。坍落度不大于 90 mm 的混凝土，用振动台振实为宜，大于 90 mm 的用捣棒捣实为宜。

采用捣棒捣实时，应根据容量筒的大小决定分层与插捣次数。用 5 L 容量筒时，混凝土拌合物应分两层装入，每层的插捣次数应为 25 次；用大于 5 L 的容量筒时，每层混凝土的高度不应大于 100 mm，每层的插捣次数应按每 100 cm^2 截面不小于 12 次计算。各次插捣应均匀地分布在每层截面上，插捣底层时捣棒应贯穿整个深度；插捣第二层时，捣棒应插透本层至下一层的表面。每一层捣完后用橡皮锤轻轻沿容器外壁敲打 5～10 次，进行振实，直至拌合物表面插捣孔消失，并不见气泡向上冒出为止。

采用振动台振实时，应一次将混凝土拌合物灌到高出容量筒口。装料时可用捣棒稍加插捣，振动过程中如混凝土沉落到低于筒口，则应随时添加混凝土，振动直至表面出浆为止。

(3) 用刮刀齐筒口将多余的混凝土拌合物刮去，表面如有凹陷应予以填平。将容量筒外部擦净，称出混凝土与容量筒的总质量 m_2，精确至 10 g。

5. 结果计算与数据处理

混凝土拌合物实测表观密度 $\rho_{c,t}$ 按下式计算，精确至 10 kg/m^3：

$$\rho_{c,t} = \frac{m_2 - m_1}{V_0} \times 1000 \tag{12-12}$$

式中：V_0——容量筒的容积(L)。

m_1——容量筒的质量(kg)。

m_2——容量筒与试样的总质量(kg)。

容量筒容积应经常予以校正，校正方法：采用一块能覆盖住容量筒顶面的玻璃板，先称出玻璃板和空桶的质量，然后向容量筒中灌入清水，灌到接近上口时，一边不断加水，一边把玻璃板沿筒口徐徐推入并盖严。注意玻璃板下应不带入任何气泡。然后擦净玻璃板面及筒壁外的水分，将容量筒连同玻璃板放在台秤上称量。两次称量之差(kg)为所盛水的体积，即为容量筒的容积(L)。

12.3.4 普通混凝土抗压强度试验

1. 试验目的

测定混凝土立方体抗压强度，以检验材料的质量，作为调整混凝土实验室配合比的依据。此外还可用于检验硬化后混凝土的强度性能，为控制施工质量提供依据。

2. 主要仪器设备

(1) 压力试验机：压力试验机除应符合《液压式万能试验机》(GB/T 3159—2008)及《试验机通用技术要求》(GB/T 2611—2007)的规定外，其测量精度为 ±1%，其量程应能使试件的预期破坏荷载值大于全量程的 20% 而小于全量程的 80%。试验机应定期(一年左右)校正。

(2) 振动台：频率(3000 ± 200)次/分钟，振幅 0.35 mm。

(3) 试模：试模由铸铁或钢制成，应具有足够的刚度，并且拆装方便。另有整体式的塑料试模。规格视骨料的最大粒径选用(见表 12-6)。

(4) 其他：捣棒、磅秤、小方铲、平头铁锹、抹刀等。

表 12-6 试模尺寸与骨料粒径、插捣次数及强度换算系数

试模内净尺寸 (mm × mm × mm)	允许骨料最大粒径(mm)	每层插捣次数	每组需混凝土量(kg)	换算系数
100 × 100 × 100	30	12	9	0.95
150 × 150 × 150	40	25	30	1.00
200 × 200 × 200	60	50	65	1.05

3. 试件的成型和养护

(1) 混凝土抗压强度试验以三个试件为一组，每一组试件所用的拌合物根据不同要求应从同一盘或同一车运送的混凝土中取出，在试验时再用机械或人工单独拌制。用以检验现浇混凝土工程或预制构件质量的试件分组及取样原则，应按有关规定执行。

(2) 试件制作前，应将试模擦拭干净并将试模的内表面涂一薄层矿物油或其他不与混凝土发生反应的脱模剂。

(3) 坍落度不大于 70 mm 的混凝土宜用振动台振实。将混凝土拌合物一次装入试模，并稍有富余，然后将试模放在振动台上；开动振动台振动至拌合物表面出现水泥浆时为止；记录振动时间；振动结束后用抹刀沿试模边缘将多余的拌合物刮去，并随即用抹刀将表面抹平。

(4) 坍落度大于 90 mm 的混凝土，宜用人工捣实。混凝土拌合物分两层装入试模，每层厚度大致相等。插捣时按螺旋方向从边缘向中心均匀进行。插捣底层时，捣棒应达到试模底面；插捣上层时，捣棒应穿入下层深约 20 mm～30 mm。插捣时注意捣棒保持垂直，不得倾斜，并用抹刀沿试模内壁插拔数次，以防止试件产生麻面。每层插捣次数见表 12-6 的规定，一般每 100 cm^2 面积应不少于 12 次。最后刮除多余的混凝土，并用抹刀抹平。

(5) 采用标准养护的试件，应在温度为 (20 ± 5)℃ 的环境中静置 1～2 d，然后编号、拆模。拆模后的试件应立即放入温度为 (20 ± 2)℃、相对湿度为 95% 以上的标准养护室中养护。在标准养护室内的试件应放在支架上，彼此间隔 10 mm～20 mm；试件表面应保持潮湿，并不得被水直接冲淋。

(6) 无标准养护室时，混凝土试件可在温度为 (20 ± 2)℃ 的不流动的 $Ca(OH)_2$ 饱和溶液中养护，水的 pH 值应不小于 7。

(7) 与构件同条件养护的试件成型后，应覆盖表面。试件的拆模时间可与实际构件的拆模时间相同。拆模后，试件仍需保持同条件养护。

4. 试验方法与步骤

(1) 试件自养护地点取出后应尽快进行试验，以免试件内部的温、湿度发生显著变化。

(2) 将试件表面擦拭干净并量出其尺寸(精确至 1 mm)，据以计算试件的受压面积 A(mm^2)，将试件安放在下承压板上，试件的承压面应与成型时的顶面垂直，试件的中心应与试验机下压板中心对准。开动试验机，当上压板与试件接近时，调整球座，使接触均衡。

(3) 在试验过程中应连续而均匀地加荷，加荷速度应为：当混凝土强度等级＜C30 时，加荷速度取 0.3 MPa/s～0.5 MPa/s；当混凝土强度等级≥C30 且＜C60 时，加荷速度取 0.5 MPa/s～0.8 MPa/s；当混凝土强度等级≥C60 时，加荷速度取 0.8 MPa/s～1.0 MPa/s。当试件接近破坏而开始迅速变形时，应停止调整试验机油门，直至试件破坏，然后记录破坏荷载 F(N)。

5. 结果计算与数据处理

(1) 混凝土立方体试件抗压强度按下式计算，精确至 0.1 MPa：

$$f_{cc} = \frac{F}{A} \tag{12-13}$$

式中：f_{cc}——混凝土立方体试件的抗压强度(MPa)。

F——破坏荷载(N)。

A——试件的承压面积(mm^2)。

(2) 以三个试件测定值的算术平均值作为该组试件的抗压强度值；如果三个测定值中的最大值或最小值有一个与中间值的差值超过中间值的 15%，则计算时把最大值和最小值一并舍去，取中间值作为该组试件的抗压强度值；如有最大值或最小值两个测定值与中间值的差均超过中间值的 15%，则该组试件的试验结果无效。

(3) 混凝土抗压强度试验的标准立方体尺寸为 150 mm × 150 mm × 150 mm，当混凝土强度等级 < C60 时，用非标准试件测得的强度值均应乘以尺寸换算系数，其值如表 12-6 所示。当混凝土强度等级 ≥ C60 时，宜采用标准试件；使用非标准试件时，尺寸换算系数应由试验确定。

12.3.5　混凝土非破损检验

混凝土非破损检验又称无损检验，它可用同一试件进行多次重复测试而不损坏试件，可以直接而迅速地测定混凝土的强度、内部缺陷的位置和大小，还可判断混凝土结构遭受破坏或损伤的程度等，而这是用破损检验方法难以办到的。因此，无损检验在工程中得到了普遍重视和应用。

用于混凝土非破损检验的方法很多，通常有回弹法、超声波法、电测法、谐振法和取芯法等，还可以将两种或两种以上的方法联合使用，以便综合、准确地判断混凝土的强度和耐久性等。

1. 混凝土强度回弹法检验

混凝土的强度可用回弹仪测定，采用附有拉簧和一定尺寸的金属弹击杆的中型回弹仪，以一定的能量弹击混凝土表面，以弹击后回弹的距离值，表示被测混凝土表面的硬度。根据混凝土表面硬度与强度的关系，可估算混凝土的抗压强度，作为检验混凝土质量的一种辅助手段。

1) 试验目的

学会使用回弹仪，检测混凝土强度。

2) 主要仪器设备

(1) 回弹仪：中型回弹仪，如图 12-17 所示，主要由弹击系统、示值系统和仪壳部分组成，冲击功能为 2.207 J。

(2) 钢钻：洛氏硬度 HRC 为 60 ± 2。

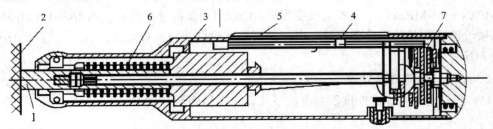

1—弹击杆；2—混凝土试件；3—冲锤；4—指针；5—刻度线；6—拉力弹簧；7—压力弹簧

图 12-17　回弹仪构造

3) 试验方法与步骤

(1) 回弹仪的率定值。将回弹仪垂直向下在钢毡上弹击，取三次稳定回弹值进行平均，弹击杆应分四次旋转，每次旋转约 90°，弹击杆每旋转一次的率定平均值均应符合 80±2 的要求，否则不能使用。

(2) 混凝土构件测区与测面布置。每一构件至少应选取 10 个测区，相邻两测区间距不超过 2 m，测区应均匀分布，并且具有代表性(测区宜选在测面)。每个测区宜有两个相对的测面，每个测面约为 20 cm×20 cm。

(3) 检测面的处理。检测面应平整光滑，必要时可用砂轮进行表面加工，测面应自然干燥。每个测面上布置 8 个测点，若一个测区只有一个测面，应选 16 个测点，测点应均匀分布。

(4) 回弹值测定。将回弹仪垂直对准混凝土表面并轻压回弹仪，使弹击杆伸出、挂钩挂上冲锤；将回弹仪弹击杆垂直对准测试点，缓慢均匀地施压；待冲锤脱钩冲击弹击杆后，冲锤即带动指针向后移动，直至到达一定位置，即读出回弹值。

4) 结果计算与数据处理

(1) 回弹值计算。从测区的 16 个回弹值中分别剔除 3 个最大值和 3 个最小值，取其余 10 个回弹值的算术平均值，精确至 0.1，作为该测区水平方向测试的混凝土平均回弹值。

(2) 回弹值测试角度及浇筑面修正。若测试方向为非水平方向或底面时，按有关规定先进行角度修正，然后再进行浇筑面修正。

(3) 碳化深度修正。混凝土表面碳化后其硬度会提高，测出的回弹值将随之增大，故当碳化深度大于或等于 0.5 mm 时，其回弹值应按有关规定进行修正。

(4) 根据室内试验建立的强度 f 与回弹值关系曲线，查得构件测区混凝土强度值。在无专用测强曲线和地区测强曲线的情况下，可按国家行业标准《回弹法检测混凝土抗压强度技术规程》(JGJ/T 23—2011)中的统一测强曲线，由回弹值与碳化深度求得测区混凝土强度。

(5) 计算混凝土构件强度平均值(精确至 0.1 MPa)和强度标准差(精确至 0.01 MPa)，最后计算出混凝土构件强度推定值(精确至 0.1 MPa)。

2. 混凝土超声波检验

由于超声波在组成材料相同的混凝土中的传播速度(简称波速)与混凝土强度之间存在较好的相关性，一般规律为混凝土密实度愈大，强度愈高，则波速也大，因此可据此来估测混凝土的强度或评定构件混凝土的均匀性。

1) 主要仪器设备

(1) 非金属超声波检测仪：声时范围为 0.5 μs～9999 μs，精确度为 0.1 μs。

(2) 换能器：频率为 50 kHz～100 kHz。

2) 试验方法与步骤

(1) 超声仪零读数校正。

在测试前需校正超声波传播时间(即声时)的零点 t_0，一般用附有标定传播时间 t_1 的标准块，测读超声波通过标准块的时间 t_2，则 $t_0 = t_2 - t_1$。

对于小功率换能器，当仪器性能允许时，可将发、收换能器用耦合剂(黄油或凡士林)直接耦合，调整零点或读取初读数 t_0。

(2) 建立混凝土强度—波速曲线。

① 制作一批不同强度的混凝土立方体试件，数量不少于 30 块，试件边长为 150 mm；可采用不同配合比或不同龄期的混凝土试件。

② 超声波测试。每个试件的测试位置如图 12-18 所示，在收、发换能器的圆面上涂一层耦合剂，并紧贴在试件两侧面的相应测定点上。调节衰减与增益，使所有被测试试件接收信号的首波的波幅调至相同的高度，并将时标点调至首波的前沿，读取声时值。每个试件以 5 个点测值的平均值作为该混凝土试件中超声传播时间(t)的测试结果。

③ 沿超声波传播方向测量试件边长(精确至 1 mm)，取 4 处边长平均值作为传播距离 L。

④ 将测试波速的混凝土试件立即进行抗压强度试验，求得抗压强度 f_{cu}(MPa)。

⑤ 计算波速 V，并由 f_{cu} 及 V 建立 f_{cu}—V 关系曲线。

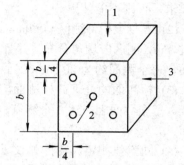

1—浇筑方向；2—超声测试方向；
3—抗压强度测试方向

图 12-18　试件的超声测试位置

(3) 现场测试。

① 在建筑物混凝土构件的相对两面均匀地划出网格，网格的边长一般为 20 cm～100 cm，网格的交点即为测点，相对两测点的距离即为超声波传播路径的长度。

② 测试各相对两测点的超声波声，并计算波速。

③ 按比例绘制出被测件的外形及表面网格分布图，将测试波速标于图中各测试点处，数值偏低的部位可以加密测点，进行补测。

④ 根据构件中钢筋分布及含水率等对波速进行修正。

⑤ 根据室内建立的混凝土强度与波速的专用曲线，换算出各测点处的混凝土强度值。

⑥ 按数理统计方法计算出混凝土强度平均值、标准差和变异系数三个统计特征值，用以比较混凝土各部位的均匀性。

3．超声—回弹综合法简介

单一的非破损试验方法对各种因素影响的反应敏感程度不同，使得测试结果误差较大。如超声波法可以较为精确地测得水胶比和混凝土密实度对混凝土强度的影响，但这种测试方法会过高地反映骨料的种类、级配和环境湿度等因素的影响，而对水泥品种和用量、混凝土硬化条件、龄期等因素的影响很不敏感。回弹法能较为准确地取得有关水泥品种、水胶比、骨料组成和混凝土密实度等对混凝土强度的影响，但该方法过高地评价混凝土硬化条件和龄期对强度的影响，而对水泥用量、骨料种类、混凝土内部密实度和环境湿度等因素的反应不敏感。因此，需要选用两种适当的非破损试验进行综合判断，而这种方法称为综合法。综合法可取长补短，从而提高测试结果的准确性。

超声—回弹综合法即在同一测区的混凝土上同时测试超声波波速与回弹值，以确定混凝土的抗压强度，可显著地减少测试误差。该综合法与前述方法相同，一般需首先建立综合法测强度公式或绘出标准等强曲线，这样在现场条件下，如混凝土组成材料相同，则只要测得声速与回弹值，便可在标准等强曲线上查得或用综合法测强公式计算出构件测区混凝土的抗压强度值。

1) 回弹值的测量

同回弹法检验。

2) 超声声速值的测量与计算

超声测点应布置在回弹测试的同一测区内，且发射和接收换能器是轴线应在同一轴线上，并保证换能器与混凝土耦合良好，测出超生脉冲的传播时间，即声时值 t_m，然后按下式计算测区声速：

$$v = \frac{l}{t_m} \tag{12-14}$$

式中：v——测区声速值(km/s)。

l——超声测距(mm)。

t_m——测区平均声时值(μs)。

3) 混凝土强度的推定

测区的混凝土强度换算值应根据修正后的测区回弹值及修正后的测区声速值，优先采用专用或地区测强曲线推定。当无该类测强曲线时，也可按《超声—回弹综合法检测混凝土强度技术规程》(CECS02—2005)中的测区混凝土强度换算表确定，或按经验公式计算。结构或构件的混凝土强度推定值按规定条件确定。

12.4 建筑砂浆试验

12.4.1 砂浆取样及试样制备

1. 试验依据

(1)《砌筑砂浆配合比设计规程》(JGJ 98—2010)；

(2)《建筑砂浆基本性能试验方法标准》(JGJ/T 70—2009)。

2. 主要仪器设备

(1) 砂浆搅拌机。

(2) 磅秤：称量 100 kg，感量 50 g。

(3) 量筒：1000 mL。

(4) 拌合铁板：尺寸 1.5 m × 2 m 左右，板厚不小于 3 mm。

(5) 其他：拌铲、抹刀、盛器等。

3. 取样方法

(1) 建筑砂浆试验用料应从同一盘砂浆或同一车砂浆中取样。取样量不应少于试验所需量的 4 倍。

(2) 当施工过程中进行砂浆试验时，其取样方法和原则应按相应的施工验收规范执行。一般在使用地点的砂浆槽、砂浆运送车或搅拌机出料口(至少从 3 个不同部位)及时取样。对于现场取来的试样，试验前应人工搅拌均匀。

(3) 从取样完毕到开始进行各项性能检测，不宜超过 15 min。

4. 试样制备

1) 一般规定

(1) 拌制砂浆所用的原材料与现场使用材料一致，并要求提前 24 h 运入实验室内，拌合时实验室的温度应保持在(20±5)℃。

(2) 水泥如有结块，应充分混合均匀，用 0.90 mm 筛过筛，砂也应以 4.75 mm 筛过筛。

(3) 拌制砂浆时，材料用量以质量计，称量精度为：水泥、外加剂、掺合料等为 ±0.5%；砂为 ±1%。

(4) 拌制前应将搅拌机、拌合铁板、拌铲、抹刀等工具表面用水润湿，注意拌合铁板上不得有积水。

2) 人工拌和

按设计的配合比(质量比)，称取各项材料用量，先把水泥和砂放在拌板上干拌均匀，然后将混合物堆成堆，在中间作一凹坑，将称好的石灰膏或黏土膏倒入凹坑中，再倒入一部分水，将石灰膏或黏土膏稀释，然后充分拌和，并逐渐加水，直至观察到混合料色泽一致、和易性符合要求为止，一般需拌和 5 min。可用量筒盛定量水，拌好以后，减去筒中剩余水量，即为用水量。

3) 机械拌和

(1) 先取适量砂浆(应与正式拌和的砂浆配合比相同)，使搅拌机内壁黏附一薄层砂浆，以使正式拌和时的砂浆配合比成分准确。

(2) 先称出各材料用量，再将砂、水泥装入搅拌机内。

(3) 开动搅拌机，将水徐徐加入，搅拌的用量宜为搅拌机容量的 30%～70%，搅拌时间应不少于 2 min，混合砂浆须将石灰膏或黏土膏用水稀释至浆状，搅拌时间不应少于 3 min。

(4) 将砂浆拌合物倒至拌合铁板上，用拌铲翻拌两次，使之均匀，拌好的砂浆应立即进行有关的试验。

12.4.2 砂浆的稠度试验

1. 试验目的

通过稠度试验，可以测得达到设计稠度时的用水量，或在施工期间控制稠度以保证施工质量。

2. 主要仪器设备

(1) 砂浆稠度测定仪：如图 12-19 所示，由试锥、容器和支座三部分组成。试锥由钢材或铜材制成，试锥高度为 145 mm，锥底直径为 75 mm；试锥连同滑杆总质量应为(300±2)g；盛砂浆的容器由钢板制成，筒高为 180 mm，锥底内径为 150 mm；支座分底座、支架及刻度显示三部分，由铸铁、钢及其他金属制成。

(2) 钢制捣棒：直径为 10 mm，长为 350 mm，端部磨圆。

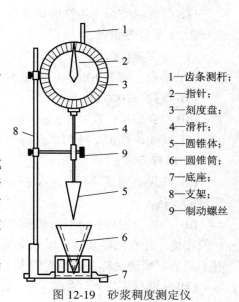

1—齿条测杆；
2—指针；
3—刻度盘；
4—滑杆；
5—圆锥体；
6—圆锥筒；
7—底座；
8—支架；
9—制动螺丝

图 12-19 砂浆稠度测定仪

(3) 其他：台秤、拌合锅、拌合钢板、秒表、量筒等。

3. 试验方法与步骤

(1) 用湿布擦净圆锥筒和试锥表面，将拌好的砂浆一次装入圆锥筒内，装至距筒口约10 mm 为止，用捣棒自容器中心向边缘均匀地插捣 25 次，然后轻轻地将筒体摇动或敲击5～6 下，使砂浆表面平坦，然后将圆锥筒移置于稠度测定仪底座上。

(2) 放松圆锥体滑杆的制动螺丝，向下移动滑杆，使试锥尖端与砂浆表面刚接触时，拧紧制动螺丝，使齿条测杆下端刚好接触滑杆上端，读出刻度盘上的读数，精确至 1 mm。

(3) 拧开制动螺丝，使圆锥体自动沉入砂浆中，同时按下秒表计时，到 10 s 时，立即固定螺丝，将齿条测杆下端接触滑杆上端，从刻度盘上读出下沉深度，精确至 1 mm。两次读数的差值即为砂浆的稠度值。

(4) 圆锥筒内的砂浆只允许测定一次稠度，重复测定时，应重新取样。

如测定的稠度值不符合要求，可酌情加水或石灰膏，经重新拌和后再测，直至稠度满足要求。但自拌和加水时算起，不得超过 30 min。

4. 结果评定

以两次测定结果的算术平均值作为该砂浆的稠度值，精确至 1 mm。如两次测定值之差大于 10 mm，应重新配料测定。

12.4.3 砂浆分层度试验

1. 试验目的

测定建筑砂浆的分层度值，评定砂浆在运输及停放时的保水能力和砂浆内部各组分之间的相对稳定性，以评定其和易性。

2. 主要仪器设备

(1) 分层度筒：如图 12-20 所示。

(2) 其他：同砂浆稠度试验仪器。

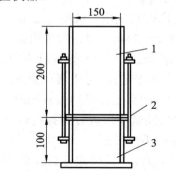

1—无底圆筒；2—连接螺栓；3—有底圆筒
图 12-20 砂浆分层度筒(单位：mm)

3. 试验方法与步骤

(1) 将拌好的砂浆经稠度试验后重新拌和均匀，一次注满分层度筒。然后，用木锤在容器周围距离大致相等的四个不同地方轻轻敲击 1～2 次；如砂浆沉落低于筒口，则应随时添加，再刮去多余的砂浆并用抹刀抹平。

(2) 静置 30 min，去掉上层 200 mm 砂浆；然后取出底层 100 mm 砂浆，放在拌合锅内搅拌 2 min，再按稠度试验方法测定其稠度。

(3) 前、后测得的砂浆稠度之差值，即为砂浆的分层度值，以 mm 计。

4. 结果评定

(1) 应取两次试验结果的算术平均值作为该砂浆的分层度值，精确至 1 mm。

(2) 当两次分层度试验值之差大于 10 mm 时，应重新取样测定。

12.4.4　砂浆立方体抗压强度试验

1. 试验目的

检验砂浆配合比及强度等级能否满足设计和施工要求。

2. 主要仪器设备

(1) 压力试验机：其量程应能使试验预期的破坏荷载值不小于全量程的 20%，且不大于全量程的 80%。

(2) 试模：尺寸为 70.7 mm × 70.7 mm × 70.7 mm 的有底试模，应有足够的刚度并拆装方便；试模内表面应机械加工，其不平度为每 100 mm 不超过 0.05 mm；组装后各相邻面的不垂直度不应超过 ± 0.5°。

(3) 钢制捣棒：直径为 10 mm，长为 350 mm，端部应磨圆。

(4) 垫板：试验机上、下压板及试件之间可垫以钢垫板。垫板的尺寸应大于试件的承压面，其不平度应为每 100 mm 不超过 0.02 mm。

(5) 振动台：空载时台面的垂直振幅应为(0.5 ± 0.05)mm，空载频率应为(50 ± 3)Hz。

3. 试件的制备与养护

(1) 采用立方体试件，每组试件应为 3 个，试模内涂刷薄层机油或脱模剂。

(2) 将拌好的砂浆一次性装满砂浆试模，成型方法应根据稠度确定。当稠度≥50 mm 时，宜采用人工插捣成型；当稠度<50 mm 时，宜采用振动台振实成型。

① 人工插捣：用捣棒均匀地由边缘向中心按螺旋方向插捣 25 次；插捣过程中，当砂浆沉落低于试模口时，应随时添加砂浆，可用镘刀插捣数次；并用手将试模一边抬高 5 mm～10 mm，各振动 5 次；砂浆应高出试模顶面 6 mm～8 mm。

② 机械振动：将砂浆一次装满试模，放置到振动台上；振动时试模不得跳动；振动 5 s～10 s 或持续到表面泛浆为止；不得过振。

(3) 应待表面水分稍干后，再将高出试模部分的砂浆沿试模顶面刮去并抹平。

(4) 装模成型后在室温为(20 ± 5)℃的环境下静置(24 ± 2)h，气温较低或凝结时间大于 24 h 的砂浆，可适当延长时间，但不得超过 2 d。然后，对试件编号，再脱模。试件脱模后应立即放入温度为(20 ± 2)℃、相对湿度为 90%以上的标准养护室中养护。养护期间，试件彼此间隔不小于 10 mm。混合砂浆试件表面应覆盖，以防有水滴落在试件上。

4. 抗压强度测定步骤

(1) 经 28 d 养护的试件，从养护地点取出后应尽快进行试验，以免试件内部的温度、湿度发生显著变化。试验前将试件表面擦拭干净，然后测量尺寸，并检查其外观。试件尺寸测量精确至 1 mm，并据此计算试件的承压面积；若实测尺寸与公称尺寸之差不超过 1 mm，可按公称尺寸进行计算。

(2) 将试件置于压力机的下压板(或下垫板)上，试件的承压面应与成型时的顶面垂直，试件中心应与下压板(或下垫板)中心对准。

(3) 开动压力机，当上压板与试件(或上垫板)接近时，调整球座，使接触面均衡受压。承压试验应均匀而连续地加荷，加荷速度应为 0.25 kN/s～1.5 kN/s(砂浆强度不大于 2.5 MPa 时，取下限为宜；大于 2.5 MPa 时，取上限为宜)；当试件接近破坏而开始迅速变形时，停止调整压力机油门，直至试件破坏；然后记录破坏荷载 F。

5. 结果计算与评定

砂浆立方体抗压强度按下式计算，精确至 0.1 MPa：

$$f_{m,cu} = K \frac{F}{A} \tag{12-15}$$

式中：$f_{m,cu}$——砂浆立方体的抗压强度(MPa)。

F——破坏荷载(N)。

A——试件承压面积(mm^2)。

K——换算系数，取 1.35。

每组试件为 3 个，取 3 个试件测试值的算术平均值作为该组试件的砂浆立方体试件的抗压强度，计算精确至 0.1 MPa。

3 个测试值的最大值或最小值中如有一个与中间值的差值超过中间值的 15%，应把最大值及最小值一并舍去，取中间值作为该组试件的抗压强度值；如有两个测试值与中间值的差值均超过中间值的 15%，则该组试件的试验结果无效。

12.5 钢 筋 试 验

12.5.1 试验依据

(1) 《金属材料——室温拉伸试验方法》(GB/T 228.1—2010)；

(2) 《金属材料弯曲试验方法》(GB/T 232—2010)；

(3) 《钢筋混凝土用热轧带肋钢筋》(GB/T 1499.2—2018)；

(4) 《钢筋混凝土用热轧光圆钢筋》(GB/T 1499.1—2017)；

(5) 《低碳钢热轧圆盘条》(GB/T 701—2008)。

12.5.2 取样方法及验收规定

(1) 钢筋混凝土用热轧钢筋，同一牌号、同一规格、同一炉罐号和同一交货状态组成的钢筋分批检查和验收时，每批质量不大于 60 t。炉罐号不同时，应按《钢筋混凝土用热轧钢筋》的规定验收。

(2) 钢筋应有出厂质量证明书或试验报告单，每捆(盘)钢筋均应有标牌，进场钢筋应按炉罐(批)号及直径分批验收，验收内容包括插队标牌、外观检查，并按有关规定抽取试样做机械性能试验，包括拉力试验和冷弯试验两个项目。两个项目中如有一个项目不合格，则该批钢筋即为不合格品。

(3) 钢筋在使用中如有脆断、焊接性能不良或机械性能显著不正常，则应进行化学成分分析，或其他专项试验。

(4) 取样方法和结果评定规定，每批钢筋的检验项目和取样方法应符合表 12-7 的规定。在截取试样时，应将钢筋端部的 500 mm 截去后再取样，盘条钢筋应在同盘两端截去；然后截取约 200 mm + 5d 和 200 mm + 10d 长的钢筋各一根(d 为钢筋直径)。重复同样方法在另一根钢筋上截取相同的数量，组成一组试样。其中两根短的做冷弯试验，两根长的做拉伸试验。

在拉伸试验的两根试件中，如其中一根试件的屈服点、抗拉强度和伸长率三个指标中有一个指标达不到标准中规定的数值，或在冷弯试验中，有一根试件不符合标准要求，则在同一批钢筋中再抽取双倍钢筋，制取双倍试件重做试验；如仍有一根试件的一个指标达不到标准要求，则不论这个指标在第一次试件中是否达到标准要求，该检验项目均判定为不合格，整批钢筋不得交货。

表 12-7　钢筋的检验项目和取样方法

钢筋种类	取样数量和检验项目	取样方法	试验方法
直条钢筋	2 根拉伸，2 根弯曲	任选两根截取	GB/T 228.1—2010，GB/T 232—2010
盘条钢筋	1 根拉伸，2 根弯曲	同盘两端截取	
冷轧带肋钢筋 CRB550	1 根拉伸，2 根弯曲	逐盘或逐捆两端截取	
冷轧带肋钢筋 CRB650 及以上	1 根拉伸，2 根反复弯曲	逐盘或逐捆两端截取	

(5) 试验应在室温 10℃～35℃下进行，如试验温度超出这一范围，应于试验记录和报告中注明。对温度要求严格的试验，试验温度应控制在(23 ± 5)℃范围之内。

12.5.3　低碳钢拉伸试验

1. 试验目的

测定低碳钢的屈服强度、抗拉强度与延伸率；注意观察拉力与变形之间的变化，确定应力与应变之间的关系曲线，评定钢筋的强度等级。

2. 主要仪器设备

(1) 万能材料试验机：为保证机器安全和试验准确，其所用荷载的范围应在最大荷载的 20%～80% 范围内。试验机的测力示值误差不大于 1%。

(2) 游标卡尺(精度为 0.1 mm)、直钢尺、打点机等。

3. 试样制备

钢筋拉伸试验所用的钢筋试样不进行车削加工，可以用钢筋试样标距仪标距出两个或一系列等分小冲点或用细画线标出原始标距(标记不应影响试样断裂)，如图 12-21 所示。在试样中测量标距长度 L_0(精确至 0.1 mm)，计算钢筋强度所用横截面面积采用表 12-8 所列公称横截面面积。

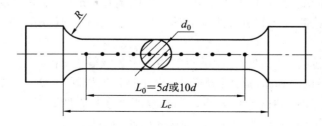

图 12-21　钢筋拉伸试件

表 12-8　钢筋的公称横截面面积

公称直径(mm)	公称横截面面积(mm^2)	公称直径(mm)	公称横截面面积(mm^2)
8	50.27	22	380.1
10	78.54	25	490.9
12	113.1	28	615.8
13	153.9	32	804.2
16	201.1	36	1018
18	254.5	40	1257
20	314.2	50	1964

4. 试验方法与步骤

(1) 调整试验机测力度盘的指针，使其对准零点，并拨动副指针，使之与主指针重合。在试验机右侧的试验记录辊上夹好坐标纸及铅笔等记录设施；有计算机记录的，则应连接好计算机并开启记录程序。

(2) 将试样夹持在试验机夹头内后，开动试验机进行拉伸，试验机活动夹头的分离速率应尽可能保持恒定，按表 12-9 规定取值并保持试验机控制器固定于这一速率位置上，直至测出该性能；屈服后只需测定抗拉强度时，试验机活动夹头在荷载下的移动速度不宜大于 $0.5 L_c$/min，L_c 为试件两夹头之间的距离，如图 12-21 所示。

表 12-9　屈服前的加荷速率

金属材料的弹性模量(MPa)	应力速率(MPa/s)	
	最小	最大
<150 000	2	20
>150 000	6	60

(3) 加载时要认真观测，在拉伸过程中测力度盘的主指针暂时停止转动时的恒定荷载，或主指针回转后的最小荷载，即为所求的屈服点荷载 F_s。继续拉伸，当主指针回转时，副指针所指的恒定荷载即为所求的最大荷载 F_b。

(4) 将已拉断试样的两段在断裂处对齐，尽量使其轴线位于一条直线上。如拉断处由于各种原因形成缝隙，则此缝隙应计入试样拉断后的标距部分长度内。待确保试样断裂部分适当接触后，测量试样断后的标距 L_1(mm)，精确至 0.1 mm。L_1 的测定方法有以下两种：

① 直测法。如拉断处到邻近标距端点的距离大于 $L_0/3$，则可用卡尺直接测量已被拉长的标距长度 L_1。

② 移位法。如拉断处到邻近标距端点的距离小于或等于 $L_0/3$，则可按下述移位法确定 L_1：利用在试验前将试件标距部分等分成 10 个小格，即以断口 O(图 12-22(a))为起点，在长段上量取基本等于短段的格数得 B 点。当长段所余格数为偶数时，则由所余格数的一半得 C 点，将 BC 段长度移到标距的左端，则移位后的 L_1 为

$$L_1 = AO + OB + 2BC \tag{12-16}$$

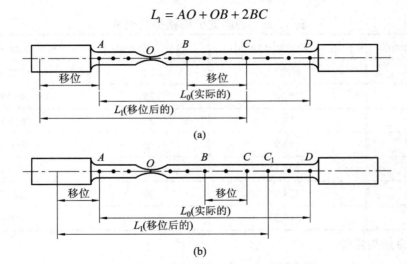

图 12-22　断口移位法示意图

如果在长段取 B 点后所余下的格数为奇数(图 12-22(b))，则取所余格数加 1 除 2 得 C_1 点，减 1 除 2 得 C 点，则移中(即将 BC 移到试件左侧)后的 L_1 为

$$L_1 = AO + OB + BC + BC_1 \tag{12-17}$$

如果直接测量所求得的伸长率能达到技术条件的规定值，则可不采用移位法测量。如果试件在标距点上或标距外断裂，则测试结果无效，应重做试验。将测量出的被拉长的标距长度 L_1 记录在报告中。

5. 试验结果计算与评定

1) 屈服强度

按下式计算试件的屈服强度 σ_s(MPa)：

$$\sigma_s = \frac{F_s}{A} \tag{12-18}$$

式中：F_s——屈服荷载(N)。

A——试样的公称横截面面积(mm^2)。

当 $\sigma_s > 1000$ MPa 时，应精确至 10 MPa；σ_s 为 200 MPa～1000 MPa 时，精确至 5 MPa；$\sigma_s \leqslant 200$ MPa 时，精确至 1 MPa。

2）抗拉强度

按下式计算试件的抗拉强度 σ_b：

$$\sigma_b = \frac{F_b}{A} \tag{12-19}$$

式中：σ_b——抗拉强度(MPa)。

F_b——最大荷载(N)。

A——试样的公称横截面面积(mm^2)。

σ_b 的计算精度要求同 σ_s。

3）伸长率

按下式计算试件的伸长率 $\delta_{10}(\delta_5)$(精确至 1%)：

$$\delta_{10}(\delta_5) = \frac{L_1 - L_0}{L_0} \times 100\% \tag{12-20}$$

式中：$\delta_{10}(\delta_5)$——分别表示 $L_0 = 10d$ 或 $L_0 = 5d$ 时的伸长率。

L_0——原标距长度 10d(5d)(mm)。

L_1——试样拉断后直接量出或按移位法确定的标距部分长度(mm)。

对屈服强度、抗拉强度和断后伸长率的评定应分别对照相应标准进行。

12.5.4　冷弯试验

1. 试验目的

测定钢筋在冷加工时承受规定弯曲程度的弯曲变形能力，显示其缺陷，以评定钢筋质量是否合格。

2. 主要仪器设备

压力机或万能材料试验机：具有两个支辊，支辊间距离可以调节；还应附有不同直径的弯心，弯心直径按有关标准规定。其装置示意图如图 12-23 所示。

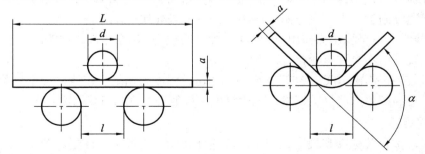

a—钢筋直径；d—弯心直径；l—两支辊间距；L—试样平行长度

图 12-23　支辊式弯曲装置示意图

3. 试样制备

(1) 试件的弯曲外表不得有划痕。

(2) 试件加工时，应去除剪切或火焰切割等形式的影响区域。

(3) 当钢筋直径小于 35 mm 时，不需加工，直接试验；若试验机能量允许，则直径不大于 50 mm 的试件亦可用全截面的试件进行试验。

(4) 当钢筋直径大于 35 mm 时，应加工成直径为 25 mm 的试件。加工时，应保留一侧原表面；弯曲时，原表面应位于弯曲的外侧。

4. 试验方法与步骤

(1) 钢筋冷弯试件不得进行车削加工，试样长度通常按下式确定：

$$L \approx d + 150 \tag{12-21}$$

式中：L——试样长度(mm)。

d——试件原始直径(mm)。

(2) 半导向弯曲。试样一端固定，绕弯心直径进行弯曲，如图 12-24(a)所示。试样弯曲到规定的弯曲角度或出现裂纹、裂缝或断裂为止。

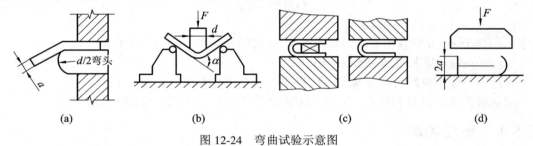

(a)   (b)   (c)   (d)

图 12-24 弯曲试验示意图

(3) 导向弯曲。

① 试样放置于两个支点上，将一定直径的弯心在试样的两个支点中间施加压力，使试样弯曲到规定的角度，如图 12-24(b)所示，或出现裂纹、裂缝或断裂为止。

② 试样在两个支点上按一定弯心直径弯曲至两臂平行时，可一次完成试验；亦可先弯曲到如图 12-24(b)所示的状态，然后放置在试验机平板之间继续施加压力，压至试样两臂平行，此时可以加与弯心直径相同尺寸的衬垫进行试验，如图 12-24(c)所示。

当试样需要弯曲至两臂接触时，首先将试样弯曲到图 12-24(c)所示的状态，然后放置在两平板间继续施加压力，直至两臂接触，如图 12-24(d)所示。

③ 试验时应在平稳压力作用下，缓缓施加试验压力；两个辊间距离为 $(d + 2.5a) \pm 0.5d$，并且在试验过程中不允许有变化。

(4) 试验应在室温 10℃～35℃下进行，如试验温度超出这一范围，应于试验记录和报告中注明。对温度要求严格的试验，试验温度应控制在 23℃ ± 5℃范围之内。

5. 结果评定

弯曲后，按有关标准和规定检查试样弯曲外表面，进行结果评定。若无裂纹、裂缝或断裂，则评定试样冷弯试验合格；否则为不合格。

12.6 沥 青 试 验

12.6.1 试验依据

(1) 《建筑石油沥青》(GB/T 494—2010);
(2) 《沥青取样方法》(GB/T 11147—2010);
(3) 《沥青软化点测定法》(GB/T 4507—2014);
(4) 《沥青延度测定法》(GB/T 4508—2010);
(5) 《沥青针入度测定法》(GB/T 4509—2010)。

12.6.2 取样方法

为检查沥青质量,装运前在生产厂或储存地取样;当不能在生产厂或储存地取样时,在交货地点当时取样。同一批出厂,类别、牌号相同的半固体或未被破碎的固体沥青,从桶、袋、箱中取样,且应在样品表面以下及容器侧面以内至少 75 mm 处采取。若沥青为可敲碎的块体,则用干净的工具将其打碎后取样;若沥青是软的,则用干净的工具切割取样。取样数量为 1 kg~2 kg。

12.6.3 沥青针入度试验

1. 试验目的及一般规定

测定沥青针入度。沥青的黏滞性和针入度也是划分沥青牌号的主要依据之一。

本方法适用于测定针入度范围为(0~500)(1/10 mm)的固体和半固体沥青材料的针入度。沥青的针入度以标准针在一定的荷载、时间及温度条件下垂直穿入沥青试样中的深度表示,单位为 1/10 mm。如未另行规定,标准针、针连杆与附加砝码的总质量为(100 ± 0.05)g,试验温度为(25 ± 0.1)℃,时间为 5 s。特定试验可采用的其他条件如表 12-10 所示。

表 12-10　针入度特定试验条件规定

温度(℃)	荷重(g)	时间(s)
0	200	60
4	200	60
46	50	5

2. 主要仪器设备

(1) 针入度仪:凡能保证针和针连杆在无明显摩擦下垂直运动,并能测出指示穿入深度准确至 0.1 mm 的仪器均可使用。针连杆的质量为(47.5 ± 0.05)g,针和针连杆组合件总质量为(50 ± 0.05)g。另外仪器附有(50 ± 0.05)g 和(100 ± 0.05)g 的砝码各一个,可以组成(100 ± 0.05)g 和(200 ± 0.05)g 的荷载以满足试验所需的荷载条件。仪器设有放置平底玻璃保温皿的平台,并有可调节水平的机构;针连杆应与平台相垂直。仪器设有针连杆制动按钮,紧压按钮,针连杆可自由下落。针连杆要易于拆卸,以便定期检查其质量。仪器还应设有可自由转动与调节距离的悬臂,其端部应有一面小镜或聚光灯泡,借以观察针尖与试样表面接触情况。自动针入度仪的基本要求与此相同，但应附有对计时装置的校正检验方法，以经常校验。

(2) 标准针：由硬化回火的不锈钢制成，洛氏硬度为54～60，针长约为50 mm，长针长约为60 mm，所有针的直径均为1.00 mm～1.02 mm。针的一端应磨成8.7°～9.7°的锥形。圆锥表面粗糙度的算术平均值应为0.2 μm～0.3 μm，且针应装在一个黄铜或不锈钢的金属箍中。针箍及其附件总质量为(2.5±0.05)g，可以在针箍的一端打孔或将其边缘磨平，以控制其质量。每个针箍上打印单独的标志号码。每根针必须附有国家计量部门的检验单，并定期进行检验。

(3) 试样皿：应使用最小尺寸符合表12-11要求的金属或玻璃制的圆柱形平底容器。

表12-11　试样皿选择参照表

针入度范围	直径(mm)	深度(mm)
小于40	33～55	8～16
小于200	55	35
200～350	55～75	45～70
350～500	55	70

(4) 恒温水浴：容量不少于10 L，能保持温度控制在试验温度下±0.1℃范围内的水浴。水浴中距水底部50 mm处应有一带孔的支架，这一支架离水面至少有100 mm。如果针入度测定时在水浴中进行，支架应足够支撑针入度仪。在低温下测定针入度时，水浴中装入盐水。

(5) 平底玻璃皿：容量不少于350 mL，深度要没过最大的样品皿。内设有一不锈钢三脚支架，以保证试样皿稳定。

(6) 计时器：刻度为0.1 s或小于0.1 s，60 s内准确达到±0.1 s的任何计时装置均可。直接连到针入度仪上的任何计时设备应进行精确校正以提供±0.1 s的时间间隔。

(7) 温度计：液体玻璃温度计，符合标准(刻度范围为−8℃～55℃，分度值为0.1℃)，或满足此准确度、精度和灵敏度的测温装置均可。温度计或测温装置应定期按检验方法进行校正。

3. 试样制备

(1) 小心加热样品，不断搅拌以防局部过热，加热到样品易于流动。加热时焦油沥青的加热温度不超过软化点的60℃，石油沥青不超过软化点的90℃。在保证样品充分流动的基础上，加热时间应尽量短。加热、搅拌过程中应避免试样中进入气泡。

(2) 将试样倒入预先选好的试样皿中，试样深度应大于预计穿入深度的120%。

(3) 将试样皿松松地盖住，以防灰尘落入。在15℃～30℃的室温下，冷却45 min～1.5 h(小试样皿)、1 h～1.5 h(中等试样皿)、1.5 h～2 h(大试样皿)。冷却结束后将试样皿和平底玻璃皿一起移入试验温度下的恒温水浴中，水面应没过试样表面10 mm以上。在规定的试验温度下保持恒温，小试样皿恒温45 min～1.5 h，中等试样皿恒温1 h～1.5 h，大试样皿恒温1.5 h～2 h。

4. 试验方法与步骤

(1) 调节针入度仪基座螺丝，使其处于水平状态，检查针连杆和导轨，应无明显摩擦。

如果预测针入度超过 350 mm，应选择长针；否则用标准针。用甲苯或合适溶剂将针清洗干净，再用干净的布擦干，然后将针插入针连杆中固定，按试验条件选择合适的砝码并放好。

(2) 如果测试时针入度仪是在水浴中，则直接将试样皿放于浸在水中的支架上，使试样完全浸在水中。如果测试时针入度仪不在水浴中，将已恒温到试验温度的试样皿放入平底玻璃皿中的三脚支架上，用与水浴相同温度的水完全覆盖样品，将平底玻璃皿放于针入度仪的平台上。

(3) 慢慢放下针连杆，在针尖刚好与试样表面接触时进行固定；必要时用放置在合适位置的光源观察针头位置，使针尖与水中针头的投影刚好接触。轻轻拉下活杆，使其与针连杆顶端相接触，并调节针入度仪上的刻度盘使指针归零。

(4) 在规定的时间内快速释放针连杆，同时启动秒表或计时器装置，使标准针自由下落穿入沥青试样，5 s 后，停压按钮，使针停止下沉。

(5) 再次拉下活杆与针连杆顶端接触，此时刻度盘指针的读数即为试样的针入度。或以自动方式停止锥入，通过数据显示设备直接读出锥入深度数值，得到针入度，用 1/10 mm 表示。

(6) 同一试样至少重复测定三次，各测定点之间及测定点与试样皿边缘之间的距离不应小于 10 mm；每次测定前都应将试样和平底玻璃皿放入恒温水浴中，且每次测定都要用干净的针。

(7) 当针入度小于 200 mm 时，可将针取下用合适的溶剂擦净后继续使用。当针入度大于 200 mm 时，每个试样皿中扎一针，三个试样皿得到三个数据。或者每个试样至少用三根针，每次试验用的针留在试样中，直到三根针扎完再将针从试样中取出。

5. 结果评定

取 3 次针入度测定值的平均值，结果取至整数，作为该试样的针入度，3 次测定的针入度值相差不应大于表 12-12 的数值。若差值超过表 12-12 中的数值，应重做试验。

表 12-12　针入度测定允许最大差值

针入度(mm)	0~49	50~149	150~249	250~350	350~500
最大差值(0.1 mm)	2	4	6	8	20

12.6.4　延度(延伸度)试验

1. 试验目的及一般规定

延度是反应沥青塑性的指标，通过延度测定可以了解沥青抵抗变形的能力并作为确定沥青牌号的依据之一。沥青的延度是指规定形状的试样在 (25 ± 0.5)℃ 下，以 (5 ± 0.25)cm/min 速度拉伸至断开时的长度，以 cm 表示。

2. 主要仪器设备

(1) 延度仪：对于测量沥青的延度来说，凡是能够将试件浸没于水中，能保持规定的试验温度及按照规定拉伸速度拉伸试件，且试验时无明显振动的延度仪均可使用，如图 12-25(a)所示。

(2) 模具：以黄铜制造，由两个弧形端模和两个侧模组成，如图 12-25(b)所示。

(3) 支撑板：为黄铜板，一面应磨光至表面粗糙度 R_a 为 0.63。

(4) 恒温水浴：能保持试验温度变化不大于 0.1℃，容量至少为 10 L，试件浸入水中深度不小于 10 cm，水浴中设有带孔搁架以支撑试件，搁架距水浴底部不得少于 5 cm。

(5) 温度计：0℃～50℃，分度 0.1℃和 0.5℃各一支。

(6) 隔离剂：以质量计，由两份甘油和一份滑石粉调制而成。

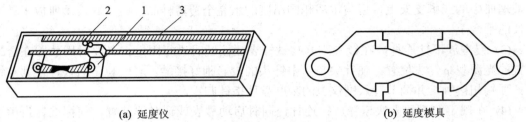

(a) 延度仪　　　　　　　　　　　　　　　　　　(b) 延度模具

1—滑板；2—指针；3—标尺

图 12-25　沥青延度仪及模具

3. 试验制备

(1) 将模具组装在支撑板上，将隔离剂涂于支撑板表面和侧模的内表面，以防沥青粘在模具上。板上模具要水平放好，以便模具的底部能够充分与板接触。

(2) 小心加热样品，不断搅拌以防局部过热，直到样品容易倾倒。加热时煤焦油沥青的加热温度不超过软化点的 60℃，石油沥青的不超过软化点的 90℃。在不影响样品性质和保证样品充分流动的基础上，样品的加热时间应该尽量地短。将溶化后的样品充分搅拌之后，试件应呈细流状；将试件自试模的一端至另一端往返倒入，略高出模具。

(3) 将试件在 15℃～30℃的空气中冷却 30 min～40 min，再放入规定温度的水浴中，保持 30 min 后取出，然后用热的直刀将高出模具的沥青刮去，使沥青面与模面齐平。沥青的刮法应自试模的中间刮向两边，表面应刮得十分光滑。将试件、模具和支撑板一起放入水浴中，并在试验温度下保持 85 min～95 min，然后从板上取下试件，拆掉侧模，立即进行拉伸试验。

(4) 检查延度仪拉伸速度是否符合要求，并移动滑板，使指针对着标尺的零点。保持水槽中水温为(25 ± 0.5)℃。

4. 试验方法与步骤

(1) 将试件移至延度仪水槽中，将模具两端的孔分别套在试验仪器的金属柱上，水面距试件表面应不小于 25 mm，然后去掉侧模。

(2) 测得水槽中水温为(25 ± 0.5)℃时，开动延度仪，观察沥青的拉伸情况。在测定时，如发现沥青细丝浮于水面或沉入槽底，则试验不正常；应在水中加入乙醇或氯化钠调整水的密度，使沥青既不浮于水面又不沉入槽底，然后继续进行测定。

(3) 试件拉断时指针所指标尺上的读数，即为试件的延度，以 cm 表示。在正常情况下，试件应拉成锥形或线形，或柱形，直至在断裂时实际横断面面积接近于零或为均匀断面。如果三次试验得不到正常结果，则应报告在该条件下延度无法测定。

5. 结果评定

若 3 个试件测定值在其平均值的 5%之内，取平行测定的 3 个结果的平均值作为测定结果。若 3 个试件测定值不在其平均值的 5%之内，但其中两个较高值在平均值的 5%之内，则弃去最低测定值,取两个较高值的算术平均值作为测定结果;否则重新测定。

12.6.5 沥青软化点试验(环球法)

1. 试验目的

将规定质量的钢球放在内盛规定尺寸金属环的试样盘上,以恒定的加热速度加热此组件,若试样软化到足以使被包在沥青中的钢球下落达 25 mm,则这时的温度即为沥青的软化点,以℃表示。软化点反映了沥青在温度作用下的温度稳定性,是在不同温度环境下选用沥青的最重要的指标之一。

2. 主要仪器设备

(1) 沥青软化点测定仪由以下几部分组成,如图 12-26 所示。

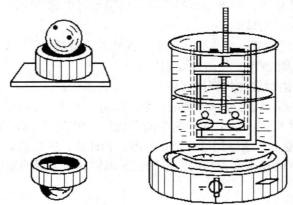

图 12-26　沥青软化点测定仪

① 钢球:两只直径为 9.5 mm、质量为(3.50 ± 0.05)g 的钢制圆球。

② 试样环:两只黄铜肩环或锥环。

③ 钢球定位器:两只钢球定位器,用于使钢球定位于试样环中央。

④ 环支撑架和支架:一只铜支撑架,用于支撑两个水平位置的环。支撑架上肩环的底部距下支撑板的上表面 25 mm,下支撑板的下表面距浴槽底部(16 ± 3)mm。

⑤ 浴槽:可以加热的玻璃容器,内径不小于 85 mm,距加热底部的深度不小于 120 mm。

⑥ 温度计:测温范围为 30℃~180℃,最小分度值为 0.5℃的全浸式温度计。温度计应悬挂在支架上,使得水银球底部与环底部水平,其距离在 13 mm 以内,但不要接触环或支撑架,不允许使用其他温度计代替。

(2) 电炉及其他加热器、金属板或玻璃板、筛(筛孔为 0.3 mm~0.5 mm 的金属网)、小刀(切沥青用)、甘油-滑石粉隔离剂(甘油 2 份,滑石粉 1 份,以重量计)、加热介质(甘油、新煮沸过的蒸馏水)。

3. 试验制备

(1) 小心加热试件,方法同延度试验。若估计软化点在 120℃以上,应将黄铜环与金属板预热至 80℃~100℃,然后将黄铜环置于涂有隔离剂的支撑板上,否则会出现沥青试件从铜环中完全脱落的现象。

(2) 向每个环中倒入略过量的石油沥青试样，让试件在室温下至少冷却 30 min。对于在室温下较软的样品，应将试件在低于预期软化点 10℃以上的环境中冷却 30 min。从开始倒试样起至完成试验的时间不得超过 240 min。当试样冷却后，用稍热的小刀或刮刀刮去多余的沥青，而且要刮干净，使得每一个圆片饱和并和环面齐平。

4. 试验方法与步骤

(1) 选择加热介质。新煮沸过的蒸馏水适于软化点为 30℃～80℃的沥青，起始加热介质的温度应为 5℃±1℃。甘油适于软化点为 80℃～157℃的沥青，起始加热介质的温度应为 30℃±1℃。为了进行仲裁，所有软化点低于 80℃的沥青应在水浴中测定，而软化点在 80℃～157℃的沥青材料应在甘油浴中测定。

(2) 把仪器放在通风橱内并配置两个样品环、钢球定位器，将温度计插入合适的位置，浴槽装满加热介质，并使各仪器处于适当位置。用镊子将钢球置于浴槽底部，使其同支架的其他部位达到相同的起始温度。

(3) 如有必要，将浴槽置于冰水中，或小心加热并维持适当的起始浴温达 15 min，并使仪器处于适当位置，注意不要使浴液受到污染。

(4) 再次用镊子从浴槽底部将钢球夹住并置于定位器中。

(5) 从浴槽底部加热，使温度以恒定的速率 5℃/min 上升。为防止通风的影响，有必要时可用保护装置。试验期间不能取加热速率的平均值，但在 3 min 后，升温速度应达到 (5±0.5)℃/min。若温度上升速率超过此限定范围，则此次试验失败。

当两个试环的球刚触及下支撑板时，分别记录温度计所显示的温度。无需对温度计的浸没部分进行校正。

5. 结果评定

取两个温度的算术平均值，作为测定结果。当软化点在 30℃～157℃时，如果两个温度的差值超过 1℃，则重新试验。

参 考 文 献

[1] 王松成. 建筑材料. 北京：科学出版社，2008.

[2] 张粉芹，赵志曼. 建筑装饰材料. 重庆：重庆大学出版社，2007.

[3] 张云莲，等. 新型建筑材料. 北京：化学工业出版社，2009.

[4] 葛勇. 土木工程材料学. 北京：中国建筑工业出版社，2006.

[5] 赵志曼. 土木工程材料. 北京：机械工业出版社，2006.

[6] 湖南大学，天津大学，同济大学，等. 土木工程材料学. 北京：中国建筑工业出版社，2005.

[7] 李崇智，周文娟，王林. 建筑材料. 北京：清华大学出版社，2009.

[8] 梅杨，夏文杰，于全发. 建筑材料与检测. 北京：北京大学出版社，2010.

[9] 柯国军. 土木工程材料. 北京：北京大学出版社，2006.

[10] 王春阳，裴锐. 土木工程材料. 北京：北京大学出版社，2009.

[11] JC/T 621—2009. 建筑生石灰技术指标. 北京：中国建材工业出版社，2003.

[12] GB/T 9776—2008. 建筑石膏等级标准. 北京：中国标准出版社，2008.

[13] JGJ/T 98—2010. 砌筑砂浆配合比设计规程. 北京：中国建筑工业出版社，2010.

[14] GB 13544—2011. 烧结多孔砖和多孔砌块. 北京：中国标准出版社，2011.

[15] GB/T 11968—2006. 蒸压加气混凝土砌块. 北京：中国标准出版社，2006.

[16] GB/T 9775—2008. 纸面石膏板. 北京：中国标准出版社，2009.

[17] GB/T 700—2006. 碳素结构钢. 北京：中国标准出版社，2006.

[18] GB/T 1591—2008. 低合金高强度结构钢. 北京：中国标准出版社，2009.

[19] GB 1499—2008. 钢筋混凝土用钢. 北京：中国标准出版社，2008.

[20] GB 13788—2008. 冷轧带肋钢筋. 北京：中国标准出版社，2009.

[21] GB/T 15036—2009. 实木地板. 北京：中国标准出版社，2009.

[22] GB/T 494—2010. 建筑石油沥青. 北京：中国标准出版社，2011.

[23] NB/SH/T 0522—2010. 道路石油沥青. 北京：中国石化出版社，2010.

[24] GB 18967—2009. 改性沥青聚乙烯胎防水卷材. 北京：中国标准出版社，2009.

[25] GB/T 14684—2011. 建设用砂. 北京：中国标准出版社，2011.

[26] GB/T 14685—2011. 建筑用卵石、碎石. 北京：中国标准出版社，2011.

[27] GB 50204—2015. 混凝土结构工程施工质量验收规范. 北京：中国建筑工业出版社，2015.

[28] JGJ 55—2011. 普通混凝土配合比设计规程. 北京：中国建筑工业出版社，2011.

[29] GB/T 50107—2010. 混凝土强度检验评定标准. 北京：中国建筑工业出版社，2010.

[30] JGJ/T 23—2011. 回弹法检测混凝土抗压强度技术规程. 北京：中国建筑工业出版社，2011.

[31] JGJ/T 70—2009. 建筑砂浆基本性能试验方法标准. 北京：中国建筑工业出版社，2009.

[32] GB/T 228.1—2010. 金属材料——室温拉伸试验方法. 北京：中国建筑工业出版社，2010.

[33] GB/T 232—2010. 金属材料弯曲试验方法. 北京：中国标准出版社，2011.

[34] GB 50010—2010. 2015 版. 混凝土结构设计规范. 北京：中国建筑工业出版社，2015.

[35]　GB/T 208—2014. 水泥密度测定方法. 北京：中国标准出版社，2014.

[36]　GB/T 25181—2010. 预拌砂浆. 北京：中国标准出版社，2011.

[37]　GB/T 20065—2016. 预应力混凝土用螺纹钢筋. 北京：中国标准出版社，2017.

[38]　GB 50345—2012. 屋面工程技术规范. 北京：中国建筑工业出版社，2012.

[39]　GB/T 50080—2016. 普通混凝土拌合物性能试验方法标准. 北京：中国建筑工业出版社，2017.